DEIN COACH ZUM ERFOLG!

Dein ActiveBook auf My**STARK**:

Du kannst auf alle digitalen Inhalte zu diesem Band online zugreifen. Registriere dich dazu unter **www.stark-verlag.de/mystark** mit deinem **persönlichen Zugangscode:**

C16500-001035

Die Inhalte dieser Auflage stehen bis Schuljahresende zur Verfügung.

Das Active**Book** *bietet dir:*

- Viele zusätzliche interaktive Übungsau[…] zu allen prüfungsrelevanten Kompetenzbereichen
- Sofortiges Feedback und Auswertung der Ergebnisse
- Interaktive Lösungen: in kleinen Schritten zum Ergebnis
- Vorgerechnete Beispiele als weitere Hilfe
- Lernvideos mit Erklärungen zu zentralen Themen
- Online-Glossar zum Nachschlagen wichtiger Definitionen

DEIN COACH ZUM ERFOLG!

So kannst du interaktiv lernen:

Interaktive Aufgaben

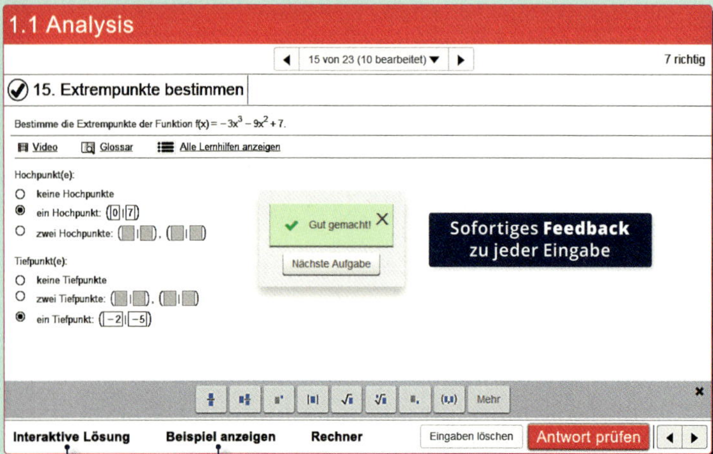

Interaktive Lösung mit kleinschrittiger Anleitung zu jeder Aufgabe

Vorgerechnetes **Beispiel** zu jeder Aufgabe

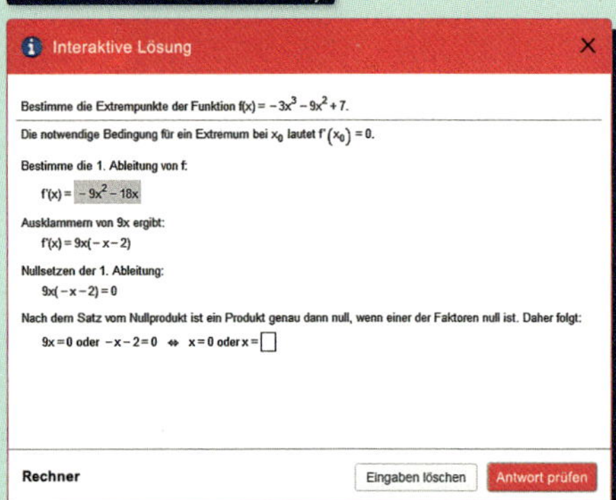

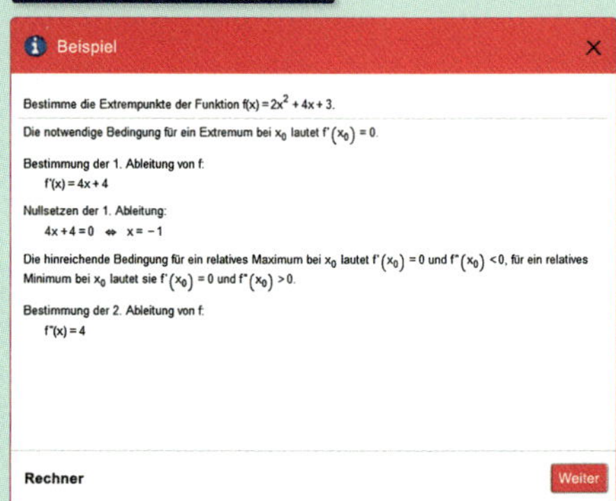

Systemvoraussetzungen:

- Mindestens 1024×768 Pixel Bildschirmauflösung
- Chrome, Firefox oder ähnlicher Webbrowser
- Internetzugang

2023

Abitur

Original-Prüfungsaufgaben
mit Lösungen

Thüringen

Mathematik

STARK

26. ergänzte Auflage
www.stark-verlag.de

Inhalt

Abiturprüfung 2021

Abiturprüfung 2022

Sobald die Original-Prüfungsaufgaben 2022 freigegeben sind, können sie als PDF auf der Plattform MyStark heruntergeladen werden (Zugangscode vgl. Farbseiten vorne im Buch).

ActiveBook
Interaktives Training

Ihr Coach zum Erfolg: Mit dem **interaktiven Training zum hilfsmittelfreien Teil des Abiturs** lösen Sie online Aufgaben, die speziell auf diesen Prüfungsteil zugeschnitten sind. Am besten gleich ausprobieren!
Ausführliche Infos inkl. Zugangscode finden Sie auf den Farbseiten vorne in diesem Buch.

www.

Sitzen alle mathematischen Begriffe? Im interaktiven Training und unter www.stark-verlag.de/mathematik-glossar/ finden Sie ein kostenloses Glossar zum schnellen Nachschlagen aller wichtigen Definitionen mitsamt hilfreicher Abbildungen und Erläuterungen.

Autoren:

Dr. Hubert Langlotz, Wutha-Farnroda (Übungsaufgaben für den hilfsmittelfreien Teil und CAS-Übungsaufgaben 6 bis 9; 2019: Lösungen, Hinweise und Tipps zu Teil A [Aufgaben 1 bis 4], B [Teilaufgaben a bis d] und C2; 2020: Lösungen, Hinweise und Tipps zu Teil A [Aufgaben 1 bis 3], B [Teilaufgabe 2] und C2; 2021: Lösungen, Hinweise und Tipps zu Teil A [Aufgaben 1 bis 5], B [Teilaufgabe 1] und C2; 2022: Lösungen, Hinweise und Tipps zu Teil A [Aufgaben 1 bis 5], B [Teilaufgabe 2] und C2)
Dr. Wilfried Zappe, Ilmenau (Übungsaufgaben für den hilfsmittelfreien Teil und CAS-Übungsaufgaben 1 bis 5; 2019: Lösungen, Hinweise und Tipps zu Teil A [Aufgaben 5 bis 8], B [Teilaufgaben e bis h] und C1; 2020: Lösungen, Hinweise und Tipps zu Teil A [Aufgaben 4 bis 8], B [Teilaufgabe 1] und C1; 2021: Lösungen, Hinweise und Tipps zu Teil A [Aufgaben 6 bis 10], B [Teilaufgabe 2] und C1; 2022: Lösungen, Hinweise und Tipps zu Teil A [Aufgaben 6 bis 10], B [Teilaufgabe 1] und C1)

Vorwort

Liebe Abiturientinnen und Abiturienten,

dieses Buch hilft Ihnen, sich frühzeitig und umfassend auf die **Abiturprüfung 2023 im Kernfach Mathematik** der Oberstufe vorzubereiten. Dazu enthält es neben den **Prüfungsaufgaben der Jahre 2019 bis 2021** speziell auf die Struktur der Prüfung mit Computeralgebrasystem (CAS) abgestimmte **Übungsaufgaben** sowohl für den hilfsmittelfreien Pflichtteil wie für alle anderen Aufgaben. Diese Übungsaufgaben berücksichtigen die Vorgaben des neuen Lehrplans. Wenn Sie anhand dieser Aufgaben die Prüfungssituation „durchspielen", sollten Sie sich sowohl an der vorgegebenen Bearbeitungszeit orientieren als auch die Situation des „Auswählen-Müssens" von bestimmten Aufgaben berücksichtigen. Die **Aufgaben des Jahres 2022** stehen Ihnen zudem als PDF zum Download zur Verfügung, sobald sie zur Veröffentlichung freigegeben sind.

Die Bildschirmausdrucke im Lösungsteil wurden mit einem TI-NspireCX CAS erstellt. Sie sind aber in den meisten Fällen jeweils in annähernd gleicher Weise mit einem anderen CAS reproduzierbar. In vielen Fällen wurde die Möglichkeit genutzt, **alternative Lösungsvorschläge** darzustellen, die zum Teil die verschiedenen Möglichkeiten des digitalen Werkzeugs aufzeigen oder aber ganz ohne Hilfsmittel auskommen.

Weiter finden Sie zusätzliche **Hinweise und Tipps**, die zwischen den Aufgaben und Lösungen stehen und für jede Teilaufgabe ausgearbeitet sind. Diese liefern Denkanstöße zur Lösung und sind nach zunehmendem Grad der Hilfestellung geordnet. Sollten Sie bei einer Aufgabe also keinen eigenen Lösungsansatz finden, so lesen Sie zunächst den **ersten Tipp** zu der entsprechenden Teilaufgabe und verdecken die weiteren Tipps mit einem Blatt. Denken Sie über den Tipp nach und versuchen Sie nun selbst einen Ansatz zu schaffen. Sollten Sie gar nicht weiterkommen, dann lesen Sie den **nächsten Tipp** usw. Schlagen Sie in der Lösung erst nach, wenn Sie mit allen zu der Aufgabe gehörenden Tipps nicht weiterkommen. Im Lösungsteil werden zudem ausführliche **Hinweise** gegeben, die Ihnen die vorgerechnete **Lösung erläutern und erklären**, sodass Sie die Lösung selbstständig nachvollziehen und verstehen können. Bei der Lösungsdarstellung werden teilweise auch alternative Lösungswege aufgezeigt, damit Sie Ihre angefertigte Lösung korrigieren können und um zu zeigen, dass es oft eine Vielfalt von mathematischen Lösungsansätzen gibt.

Sollten nach Erscheinen dieses Bandes noch wichtige Änderungen in der Abitur-Prüfung 2023 vom Ministerium für Bildung, Jugend und Sport bekannt gegeben werden, finden Sie aktuelle Informationen dazu im Internet unter:
http://www.stark-verlag.de/mystark

Viel Erfolg!

Ihr Autorenteam

Stichwortverzeichnis

Das Verzeichnis gliedert sich in drei Themenbereiche:

Analysis
Analytische Geometrie
Stochastik

Folgende Abkürzungen wurden zur Kennzeichnung der einzelnen Aufgaben gewählt:

Ü-1 / 1b	Übungsaufgaben (für den hilfsmittelfreien Teil), Seite **Ü-1**, Aufgabe **1b**
Ü-19 / 3c	(CAS-)Übungsaufgaben, Seite **Ü-19**, Teilaufgabe **3c**
20-13 / 1d	Abitur 2020, Seite 20**20-13**, Teilaufgabe **1d**

Analysis

Analytische Geometrie

Stochastik

Hinweise und Tipps zur schriftlichen Abiturprüfung

1 Ablauf der Prüfung

Im Freistaat Thüringen gibt es im Kernfach Mathematik für Kurse mit erhöhtem Anforderungsniveau ein zentrales schriftliches Abitur. Die Aufgaben werden durch eine Abituraufgabenkommission erstellt, in der erfahrene Lehrerinnen und Lehrer mitarbeiten.

Aufbau der Prüfungsaufgaben

Im Zusammenhang mit der Einführung zentraler Bildungsstandards durch die Kultusministerkonferenz wird eine Angleichung der Lehrpläne und der Abiture in allen deutschen Bundesländern angestrebt. Deshalb wurde der Mathematiklehrplan für Gymnasien auch in Thüringen etwas verändert. Im Unterricht der Mathematik-Kurse mit erhöhtem Anforderungsniveau fällt die Wahl zwischen zwei Vertiefungsthemen Geometrie oder Stochastik weg. Es werden alle Themen behandelt und diese sind auch prüfungsrelevant. Allerdings wird in der Stochastik das Stoffgebiet „Testen von Hypothesen" durch „Prognose- und Konfidenzintervalle" ersetzt. Dieses ist dann auch prüfungsrelevant. Diese Umstände führen zu einer Veränderung des Mathematikabiturs in Thüringen. Die Abiturprüfung hat folgende Struktur:

Teil A: hilfsmittelfreier Teil aus allen Lernbereichen (40 BE)
Teil B: Analysis (40 BE)
Teil C1: Geometrie (25 BE), Stochastik (15 BE)
Teil C2: Stochastik (25 BE), Geometrie (15 BE)

Für den Prüfungsteil A ist ein Arbeitsblatt, das die Aufgaben sowie zu vervollständigende Koordinatensysteme und Platz für die Lösungen enthält, vorgesehen. Nur die Teile B und C1 bzw. C2 können mit CAS bearbeitet werden.
Der Prüfungsteil A besteht in der Regel aus acht Aufgaben, die von allen Prüfungsteilnehmerinnen und -teilnehmern bearbeitet werden müssen; in den Jahren 2021 und 2022 bestand er aus zehn Aufgaben, von denen acht zu bearbeiten waren. Im Prüfungsteil B sind immer alle Teilaufgaben zu bearbeiten. Im Prüfungsteil C kann in der Regel nur zwischen C1 und C2 gewählt werden; in den Jahren 2021 und 2022 gab es zusätzlich die Möglichkeit, nur die Aufgaben zur Vektorrechnung/Analytischen Geometrie (C1 Aufgabe 1 und C2 Aufgabe 2) oder zur Stochastik (C1 Aufgabe 2 und C2 Aufgabe 1) zu lösen.
Die im Zusammenhang mit dem Abituraufgabenpool der Länder veröffentlichte Aufgabensammlung für Mathematik dient als Orientierung für die Weiterentwicklung der Aufgabenformate und Anforderungen in der Abiturprüfung in Thüringen. Sie finden sie im Internet unter: *https://www.iqb.hu-berlin.de/bista/abi/mathematik*

Dauer der Prüfung

Die Bearbeitungszeit beträgt 300 Minuten. Die Aufgaben aus dem Teil A sind von allen Prüfungsteilnehmern zu Beginn der Bearbeitungszeit zu lösen. Als Hilfsmittel sind nur Zeichengeräte zugelassen. Nachdem der Prüfungsteilnehmer die Lösungen für den Teil A abgegeben hat, werden die Wahlaufgaben aus den Teilen B und C mit den angegebenen Hilfsmitteln bearbeitet.

Zugelassene Hilfsmittel

In Teil A dürfen außer Zeichengeräten keine weiteren Hilfsmittel verwendet werden. In den Teilen B und C1 bzw. C2 kann die im Unterricht verwendete Formelsammlung sowie ein Taschenrechner und ein CAS verwendet werden. Dabei wird man sich an dem Gerät oder der Software orientieren, womit im vorangegangenen Unterricht gearbeitet wurde.

2 Inhalte und Schwerpunktthemen

Die verbindlichen Lehrplanvorgaben, nach denen in den vier Kurshalbjahren der Qualifikationsphase der gymnasialen Oberstufe unterrichtet wird, bestimmen die inhaltlichen Anforderungen. Die Binomialverteilung einschließlich der Zwei-Sigma-Regel und deren Anwendungen spielen nach dem veränderten Lehrplan von 2018 eine größere Rolle.
Unter *https://www.schulportal-thueringen.de/media/detail?tspi=1392* finden Sie eine ausführliche Darstellung des weiterentwickelten Lehrplans für den Erwerb der allgemeinen Hochschulreife im Fach Mathematik. Eine (nicht ganz vollständige) Übersicht über wichtige, abiturrelevante Kompetenzen dieses Lehrplans ist nachstehend aufgeführt.

Analysis – Sachkompetenz

Der Schüler kann
- die mittlere Änderungsrate auch in Sachzusammenhängen ermitteln und interpretieren,
- die Ableitung einer Funktion als lokale Änderungsrate und als Differenzialquotient beschreiben, erläutern und geometrisch als Tangentenanstieg interpretieren,
- die Ableitung mithilfe der Approximation durch lineare Funktionen aus der Anschauung heraus deuten,
- Zusammenhänge zwischen Funktion und Ableitungsfunktion erkennen, begründen und darstellen,
- Ableitungen für Funktionen ermitteln, ohne Hilfsmittel für
  - Potenzfunktionen mit rationalen Exponenten,
  - ganzrationale Funktionen (Summe von Potenzfunktionen mit natürlichen Exponenten),
  - Exponentialfunktionen (Basis e),
  - Sinus-, Kosinusfunktionen und die natürliche Logarithmusfunktion $f(x) = \ln x$,
  - Verknüpfungen und einfache Verkettungen dieser Funktionen,
- Potenzfunktionen mit rationalen Exponenten, ganzrationale Funktionen und Exponentialfunktionen (Basis e) sowie deren Verkettungen und Verknüpfungen auf Eigenschaften (Definitions- und Wertebereich, Achsenschnittpunkte, Symmetrie bezüglich der y-Achse und des Koordinatenursprungs, Monotonie, Extrem- und Wendepunkte, Verhalten im Unendlichen) untersuchen,

- von Funktionen
  - Eigenschaften ermitteln,
  - die Stetigkeit anschaulich erläutern,
  - waagerechte und senkrechte Asymptoten angeben,
  - Periodizität angeben,
- die natürliche Logarithmusfunktion $f(x) = \ln x$ als Umkehrfunktion der Exponentialfunktion $f(x) = e^x$ nutzen,
- eine Schar von Funktionen mit reellen Parametern auf Eigenschaften untersuchen,
- Gleichungen von Sekanten, Tangenten und Normalen ermitteln,
- Gleichungen von ganzrationalen Funktionen aus vorgegebenen Eigenschaften ermitteln,
- Extremwertprobleme lösen,
- Eigenschaften von Exponentialfunktionen zur Modellierung von Wachstums- und Zerfallsprozessen nutzen,
- das bestimmte Integral als aus Änderungen rekonstruierter Bestand und als Flächeninhalt beschreiben und erläutern,
- den Zusammenhang zwischen Differenzieren und Integrieren beschreiben und begründen,
- bestimmte Integrale mithilfe des Hauptsatzes der Differenzial- und Integralrechnung berechnen sowie Stammfunktionen und Integrale ermitteln, ohne Hilfsmittel für:
  - Potenzfunktionen mit rationalen Exponenten (außer $f(x) = \frac{1}{x}$),
  - ganzrationale Funktionen,
  - Exponentialfunktionen (Basis e),
  - Sinus- und Kosinusfunktionen,
  - additive Verknüpfungen und Verkettungen (mit innerer linearer Funktion) dieser Funktionen,
- die natürliche Logarithmusfunktion $f(x) = \ln x$ als Stammfunktion von $f(x) = \frac{1}{x}$ nutzen,
- Flächeninhalte von ebenen Figuren, die durch Funktionsgraphen begrenzt sind, bestimmen,
- Volumen von Körpern berechnen, die durch Rotation von Funktionsgraphen um die x-Achse entstanden sind,
- inner- und außermathematische Problemstellungen mithilfe der Differenzial- und Integralrechnung bearbeiten (in einfachen Fällen auch ohne Hilfsmittel).

Analysis – Methodenkompetenz

Der Schüler kann
- selbstständig Problemlösestrategien auswählen und anwenden,
- dynamische Darstellungsmöglichkeiten des CAS nutzen, um mathematische Modelle zu vergleichen und diese zu variieren,
- Lösungswege verständlich, angemessen und nachvollziehbar auch unter Verwendung geeigneter Medien erläutern und präsentieren.

Analysis – Selbst- und Sozialkompetenz

Der Schüler kann
- mit Ergebnissen und Hinweisen, die das CAS anzeigt, kritisch umgehen und seine Lösungsstrategie ggf. entsprechend verändern,
- Informationen aus mathematischen Sachtexten und aus Computerdarstellungen entnehmen und anderen verständlich erläutern,
- selbstständig komplexe Problemstellungen zur Differenzial- und Integralrechnung bearbeiten.

Vektorrechnung/Analytische Geometrie – Sachkompetenz

Der Schüler kann
- Punkte, Strecken, Geraden, Flächen und Körper im dreidimensionalen kartesischen Koordinatensystem darstellen und ihre Lage beschreiben,
- aus Darstellungen sowie Eigenschaften von Körpern und Flächen auf die Koordinaten von Punkten schließen,
- Vektoren in Koordinatendarstellung angeben und geometrisch interpretieren,
- einfache Sachverhalte mit Tupeln beschreiben,
- Vektoren zeichnerisch und rechnerisch (auch ohne Hilfsmittel) addieren, subtrahieren und vervielfachen,
- zwei bzw. drei Vektoren auf lineare Abhängigkeit untersuchen und das Ergebnis geometrisch interpretieren,
- den Betrag eines Vektors ermitteln,
- das Skalarprodukt berechnen (in der Koordinatenform auch ohne Hilfsmittel), geometrisch deuten und zur Berechnung von Winkelgrößen nutzen,
- Geraden durch Gleichungen in der Parameterform beschreiben,
- die Lage eines Punktes zu einer Geraden untersuchen,
- die Lage zweier Geraden zueinander untersuchen,
- den Schnittpunkt und den Schnittwinkel zweier Geraden berechnen,
- das Vektorprodukt berechnen und geometrisch deuten,
- Ebenen durch Gleichungen in Parameter- und Koordinatenformbeschreiben,
- die Hessesche Normalform bestimmen,
- Lagebeziehungen, Schnittmengen und Schnittwinkel ermitteln von
  - Gerade – Ebene,
  - Ebene – Ebene,
- Abstände bestimmen von:
  - Punkt – Gerade,
  - Gerade – Gerade,
  - Punkt – Ebene,
  - Gerade – Ebene,
  - Ebene – Ebene,
- Eigenschaften einer Schar von Geraden bzw. Ebenen ermitteln und beschreiben,
- inner- und außermathematische Problemstellungen mithilfe der Vektorrechnung und analytischen Geometrie bearbeiten (in einfachen Fällen auch ohne Hilfsmittel).

Vektorrechnung/Analytische Geometrie – Methodenkompetenz

Der Schüler kann
- zusammengesetzte Körper in geeigneten Darstellungen skizzieren,
- CAS und dynamische Geometriesoftware zur Lösung ebener sowie räumlicher geometrischer Problemstellungen selbstständig anwenden.

Vektorrechnung/Analytische Geometrie – Selbst- und Sozialkompetenz

Der Schüler kann
- zeichnerische Darstellungen selbstständig analysieren,
- über den Einsatz von Hilfsmitteln verantwortungsbewusst entscheiden.

Stochastik – Sachkompetenz

Der Schüler kann
- Binomialverteilungen berechnen und graphisch darstellen,
- graphische Darstellungen von Binomialverteilungen interpretieren,

- Erwartungswert und Standardabweichung binomialverteilter Zufallsgrößen berechnen und in graphischen Darstellungen interpretieren,
- die Binomialverteilung mit ihren Kenngrößen und der 2σ-Regel als ein mathematisches Modell zur Beschreibung von diskreten Zufallsgrößen anwenden,
- erläutern, dass die bei einer Stichprobe erhobene relative Häufigkeit nur eine Schätzung der unbekannten Wahrscheinlichkeit darstellt,
- mithilfe der 2σ-Regel 95 %-Prognoseintervalle für die absoluten und relativen Häufigkeiten in einer Stichprobe ermitteln und interpretieren,
- mithilfe des Prognoseintervalls beurteilen, welche Wahrscheinlichkeiten p aufgrund der in einer Stichprobe vom Umfang n beobachteten relativen Häufigkeit h vermutlich ausgeschlossen werden können,
- mithilfe der 2σ-Regel
  - basierend auf relativen Häufigkeiten h das 95 %-Konfidenzintervall für die unbekannte Wahrscheinlichkeit p ermitteln und interpretieren,
  - den Stichprobenumfang n für eine geforderte Genauigkeit abschätzen,
- die Gaußsche Glockenkurve graphisch darstellen und als Dichtefunktion der Normalverteilung interpretieren,
- die Normalverteilung
  - mit ihren Kenngrößen als ein mathematisches Modell zur Beschreibung stetiger Zufallsgrößen,
  - zur näherungsweisen Beschreibung der Binomialverteilung

  anwenden,
- inner- und außermathematische Problemstellungen mithilfe der Stochastik bearbeiten (in einfachen Fällen auch ohne Hilfsmittel).

Stochastik – Methodenkompetenz

Der Schüler kann
- Vermutungen formulieren, exemplarisch statistische Erhebungen durchführen, auswerten und mithilfe der 2σ-Regel die Tragfähigkeit der Vermutungen beurteilen,
- Zufallsvorgänge simulieren und stochastische Zusammenhänge mithilfe von Simulationen begründen.

Stochastik – Selbst- und Sozialkompetenz

Der Schüler kann
- die Bedingungen für die Modellierung von Zufallsexperimenten und die dabei gewonnenen Ergebnisse am Sachverhalt prüfen und kritisch werten.

3 Leistungsanforderungen und Bewertung

Bei den Leistungsanforderungen werden drei Anforderungsbereiche[1] unterschieden, die in den Prüfungsaufgaben angemessen repräsentiert sein sollen:

Anforderungsbereich I
Wiedergeben von Sachverhalten in gelernten Zusammenhängen sowie Anwenden und Beschreiben geübter Arbeitstechniken und Verfahren

Anforderungsbereich II
Bearbeiten bekannter Sachverhalte unter vorgegebenen Gesichtspunkten sowie selbstständiges Übertragen und Anwenden des Gelernten auf vergleichbare Zusammenhänge

1 Vgl. Thüringer Ministerium für Bildung, Wissenschaft und Kultur: Lehrplan für den Erwerb der allgemeinen Hochschulreife im Fach Mathematik, Erfurt 2013, Seite 44

Anforderungsbereich III
Verarbeiten komplexer Sachverhalte durch selbstständiges Folgern, Verallgemeinern, Begründen und Werten, Reflektieren des eigenen Vorgehens, selbstständiges Wählen der Arbeitstechniken

Für die Bewertung der Prüfungsarbeit gibt die Aufgabenkommission einen Bewertungsvorschlag und einen Bewertungsmaßstab vor. Auf dieser Grundlage erfolgt die Bewertung Ihrer Abiturarbeit durch zwei Korrektoren. Selbstverständlich werden unkonventionelle, aber richtige Lösungen entsprechend gewürdigt.
Die Erstkorrektur nimmt im Regelfall Ihre Fachlehrkraft vor. Die unabhängige Zweitkorrektur erfolgt durch eine andere Mathematiklehrkraft Ihres oder eines anderen Gymnasiums. Einigen sich Erst- und Zweitkorrektor nicht auf eine abschließende Bewertung, entscheidet der bzw. die Prüfungsvorsitzende ggf. unter Einbeziehung weiterer Gutachten über die Endnote.

Bewertungsmaßstab

In der Prüfung sind insgesamt 120 Bewertungseinheiten (BE) zu erreichen.

Bewertungseinheiten	Notenpunkte	Note
120 – 114	15	1 +
113 – 108	14	1
107 – 102	13	1 –
101 – 96	12	2 +
95 – 90	11	2
89 – 84	10	2 –
83 – 78	9	3 +
77 – 72	8	3
71 – 66	7	3 –
65 – 60	6	4 +
59 – 54	5	4
53 – 48	4	4 –
47 – 40	3	5 +
39 – 32	2	5
31 – 24	1	5 –
23 – 0	0	6

Natürlich sind fachliche Richtigkeit und Vollständigkeit die wichtigsten Grundlagen für die Bewertung. Dabei sollten Sie bei der Anfertigung Ihrer Prüfungsarbeit darauf achten, bei der Lösung der Aufgaben alle Ansätze in mathematisch korrekter Form zu notieren. Wesentliche Zwischenschritte müssen aus Gründen der Nachvollziehbarkeit und wegen der Anerkennung möglicher Folgefehler aufgeschrieben werden.
Bei Verstößen gegen die äußere oder die mathematische Form können bis zu zwei BE abgezogen werden.

4 Operatoren

Bei der Formulierung von zentralen Prüfungsaufgaben werden häufig sogenannte „Operatoren“ verwendet, die sicherstellen sollen, dass alle Schüler und Lehrer unter einer bestimmten Aufgabenstellung das Gleiche verstehen. Damit Sie die Aufgabenstellungen korrekt erfassen können, ist es wichtig, sich mit diesen Operatoren auseinanderzusetzen. Eine Auswahl solcher in den letzten Jahren im Thüringer Mathematikabitur häufig verwendeter Operatoren ist in der folgenden Übersicht zusammengestellt (Quelle: Veröffentlichung des ThILLM im Thüringer Schulportal). Außerdem sind Beispiele für Abituraufgaben angegeben, in denen solche Operatoren vorkommen.

Operator	**Bedeutung**	**Beispiele**
analysieren	Einen gegebenen Sachverhalt in seine Bestandteile zerlegen, seine wesentlichen Merkmale auf der Grundlage von Kriterien erfassen und ihre Beziehungen zueinander darstellen.	
begründen	Für einen gegebenen Sachverhalt einen folgerichtigen Zusammenhang zwischen Ursache(n) und Wirkung(en) herstellen.	2020; B 1b 2021; C2 1a
berechnen	Ausschließlich rechnerische Generierung der Ergebnisse, wobei der Lösungsweg nachvollziehbar ist.	2020; C1 1b
beschreiben	Sachverhalte wie Objekte und Prozesse und Vorgehensweisen räumlich bzw. zeitlich geordnet darlegen.	2021; A 3a
bestimmen, ermitteln	Rechnerische, grafische oder inhaltliche Generierung eines Ergebnisses.	2020; C2 1a
beurteilen, bewerten	Sachverhalte bzw. Aussagen anhand geeigneter Kriterien unter Nutzung von Fachwissen bzw. Fachmethoden reflektieren, prüfen, an Wertkategorien messen und auf dieser Grundlage eine begründete Stellungnahme formulieren.	2020; A 4b
beweisen, zeigen, nachweisen	Mithilfe von sachlichen Argumenten durch logisches Herleiten eine Behauptung/Aussage belegen bzw. widerlegen.	2020; C2 3a
darstellen, präsentieren	Sachverhalte, Zusammenhänge, Methoden, Ergebnisse etc. strukturiert wiedergeben.	2021; B 2d
definieren	Die Bedeutung eines Begriffs unter Abgrenzung zu benachbarten Begriffen und der Angabe unveränderlicher Merkmale bestimmen.	
entscheiden	Sich bei Alternativen eindeutig auf eine Möglichkeit festlegen.	2020; B 2a 2021; A 8b
erklären	Strukturen, Prozesse, Zusammenhänge usw. des Sachverhaltes erfassen und auf allgemeine Aussagen/Gesetze zurückführen.	
erläutern	Wesentliche Seiten eines Sachverhalts/Gegenstands/Vorgangs an Beispielen verständlich machen.	2020; B 2e
interpretieren	Sachverhalte/Zusammenhänge/Fakten oder Daten analysieren, sie deuten bzw. erklären.	

Operator	Bedeutung	Beispiele
klassifizieren, ordnen	Begriffe, Gegenstände etc. auf der Grundlage bestimmter Merkmale systematisch einteilen.	2019; A 8a 2021; A 4a
messen	Größen mithilfe geeigneter Messgeräte bestimmen.	
nennen, angeben	Fakten/Sachverhalte, Begriffe ohne Erläuterung wiedergeben.	2020; C2 4d
protokollieren	Den Ablauf und mögliche Zwischen- und Endergebnisse einer Handlung, eines Versuchs oder eines Vorgangs übersichtlich und gegliedert festhalten.	
prüfen	Wahrheitsgehalt feststellen.	
skizzieren	Sachverhalte, Objekte, Strukturen oder Ergebnisse auf das Wesentliche reduziert (vereinfacht) übersichtlich darstellen.	2019; A 4a
untersuchen	Sachverhalte/Objekte erkunden, Merkmale und Zusammenhänge herausarbeiten.	2020; C1 1f
vergleichen	Gemeinsamkeiten und Unterschiede von Sachverhalten, Objekten, Lebewesen und Vorgängen auf der Basis festgelegter Kriterien feststellen.	
zeichnen	Eine exakte grafische Darstellung unter Verwendung von Zeichengeräten darstellen.	2020; A 5a 2021; C1 1f

5 Methodische Hinweise und allgemeine Tipps zur schriftlichen Prüfung

Vorbereitung

- Fangen Sie nicht zu spät mit der Vorbereitung auf die schriftliche Prüfung an. Warten Sie damit nicht auf eine Aufforderung durch Ihre Lehrerin oder Ihren Lehrer. Sie sind selbst verantwortlich für Ihren Prüfungserfolg.
- Pauken allein nützt nichts. Gelerntes muss möglichst vielfältig im Kopf vernetzt werden und wirklich verstanden worden sein.
- Fertigen Sie sich exakte und überschaubare Aufzeichnungen an, auf die Sie in der unmittelbaren Prüfungsvorbereitung rasch zurückgreifen können.
- Stellen Sie sicher, dass Sie wirklich mit den zugelassenen Hilfsmitteln umgehen können.
- Versuchen Sie die Aufgaben in diesem Übungsbuch zunächst allein und ohne sofortige Zuhilfenahme des Lösungsteils zu bearbeiten. Sprechen Sie dann mit einem Partner über Ihre Lösungswege, versuchen Sie auch dessen Lösungsideen zu verstehen. Fragen Sie ggf. Ihre Lehrerin oder Ihren Lehrer, wenn Sie fachliche Unklarheiten nicht selbst beseitigen können.

Prüfungssituation

- Gehen Sie ausgeruht und möglichst gelassen zur Prüfung.
- Legen Sie schon am Tag vorher die notwendigen Hilfsmittel und Utensilien zurecht.
- Sie müssen sich für Aufgaben entscheiden. Lesen Sie deshalb die Texte genau durch.
- Markieren Sie Schlüsselworte in Aufgabenstellungen ggf. farbig.
- Überlegen Sie, was die Operatoren von Ihnen verlangen.

- Beißen Sie sich nicht zu lange an für Sie schwierigen Aufgabenteilen fest. Mitunter ist es hilfreich, erst einmal eine andere Teilaufgabe zu lösen und dann mit einer neuen Idee zur schwierigen Aufgabe zurückzukehren.
- Die für Teilaufgaben vorgesehenen Bewertungseinheiten geben Ihnen eine gewisse Orientierung über den Umfang der von Ihnen erwarteten Kenntnisse.
- Schreiben Sie nicht alles zunächst ins „Unreine“, sondern fertigen Sie bei Anforderungen, die Ihnen leicht und vertraut vorkommen, sofort eine Reinschrift an. Das spart Zeit.
- Schreiben Sie sauber und übersichtlich, das freut nicht nur die Korrektoren und erspart unnötigen Punktabzug, sondern erleichtert Ihnen selbst die Orientierung in Ihren Aufzeichnungen.

6 Technische Grundlagen für den Umgang mit CAS-Rechnern

Sie arbeiten seit mehr als zwei Jahren im Mathematikunterricht mit einem CAS-Rechner. Hier werden Ihnen noch einige Tipps zu grundlegenden „CAS-Kompetenzen“ und anschließend Hinweise zur Dokumentation der Lösungen gegeben, die Sie mit dem CAS ermittelt haben. Das Weitere beschränkt sich auf den TI-Nspire CAS, aber die meisten Hinweise sind einfach auf das CAS übertragbar, welches Sie genutzt haben.

Einstellungen
Die wichtigsten Einstellungen können Sie vornehmen unter:
[⌂on] Einstellungen – Dokumenteinstellungen

Dazu gehören u. a.:
- Winkelmaß (Grad- und Bogenmaß)
- angezeigte Ziffern
- Helligkeit des Displays
- Standby-Zeit

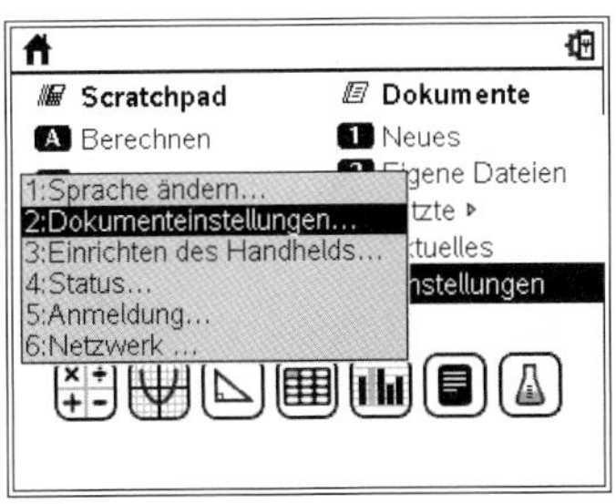

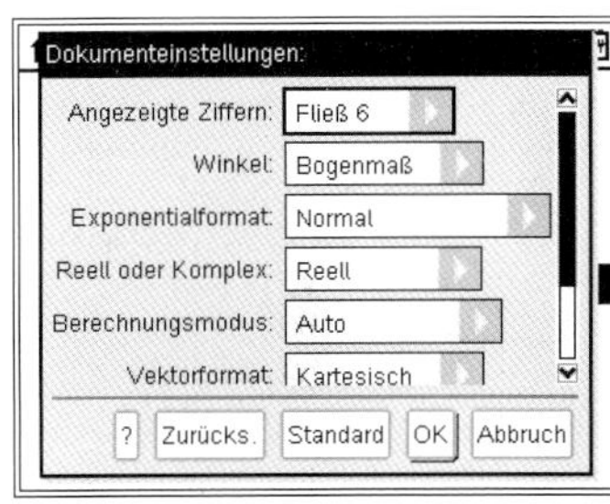

Die Einstellungen des Winkelmaßes u. a. können Sie auch in einem aktuellen Graphs- oder Geometry-Dokument durchführen, wenn Sie dort wählen:
[menu] Einstellungen ...

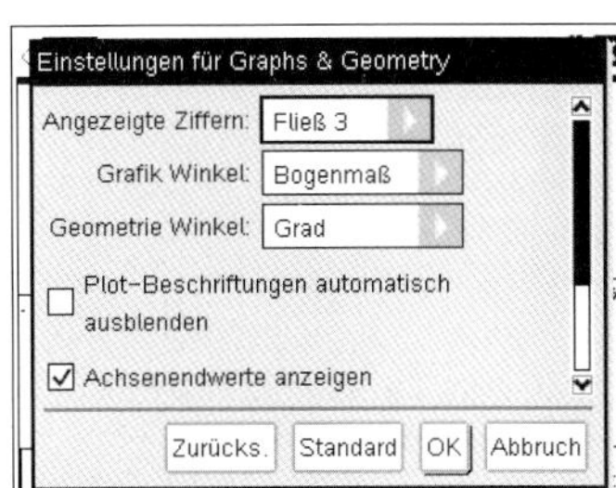

Dokumente
Es ist sinnvoll, jede Aufgabe in einem Dokument zu speichern, damit Sie die Übersicht bewahren bzw. zu einem späteren Zeitpunkt wieder mit diesem Dokument arbeiten können.

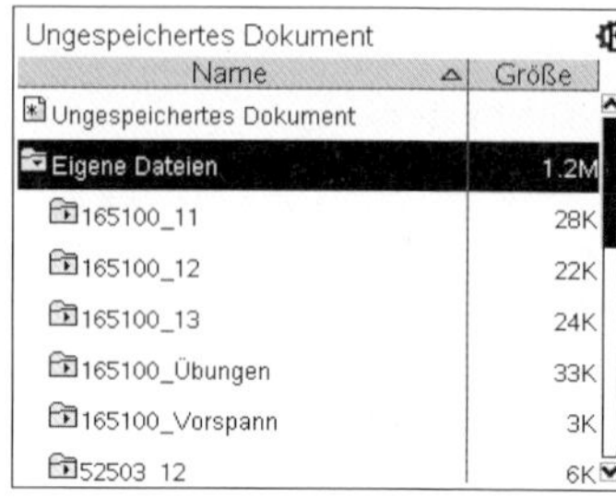

[doc▾] Datei speichern oder speichern unter

Mit [⌂on] Eigene Dateien können Sie auf gespeicherte Dokumente zugreifen.

Die Dokumente lassen sich in Ordnern speichern.

Jedes Dokument kann in Seiten und Probleme untergliedert werden.

Variable
Sie können Zahlen, mathematischen Termen oder Funktionen Variable zuordnen. Das hat den Vorteil, dass man z. B. lange Ausdrücke nicht immer wieder neu eintippen muss und mit den Variablenbezeichnungen arbeiten kann. Zum Definieren von Variablen gibt es drei Möglichkeiten:

- Define (im Calculator unter [menu] Aktionen)
- der Zuweisungsoperator [sto→] (über [ctrl][var])
- der Zuweisungsoperator [:=] (über [ctrl][⊞])

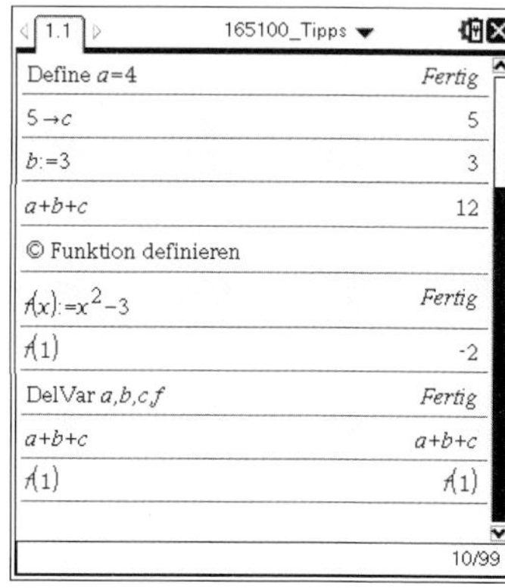

Durch Drücken von [var] kann man erkennen, welche Variablen definiert wurden.

Mit DelVar (über [menu] Aktionen – Variable löschen) werden Variable gelöscht.
Definierte Variable sind nur innerhalb ein und desselben Dokuments und dort immer nur in ein und demselben Problem gültig.

Katalog
Die Syntax eines Rechnerbefehls können Sie im Katalog nachlesen: [📖][1]

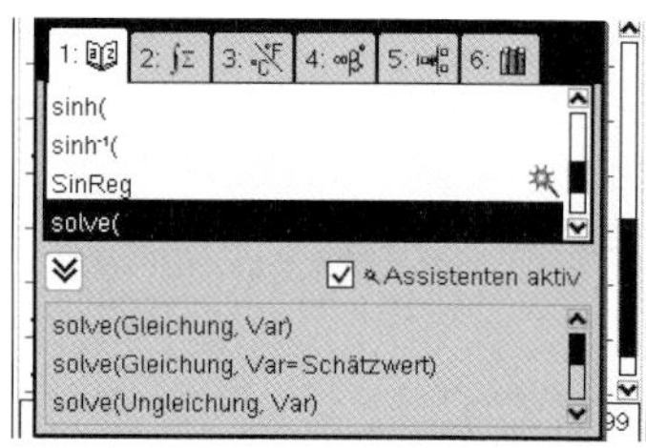

Bedingungsoperator (WITH-Operator)
Mit dem Bedingungsoperator (als senkrechter Strich | erkennbar) lassen sich z. B. Termwerte berechnen oder Intervalle (u. a. beim Lösen von Gleichungen) einschränken.

Der Bedingungsoperator kann mit [|≠≥▸] (über [ctrl][=]) geöffnet werden.

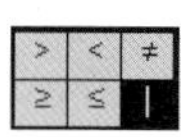

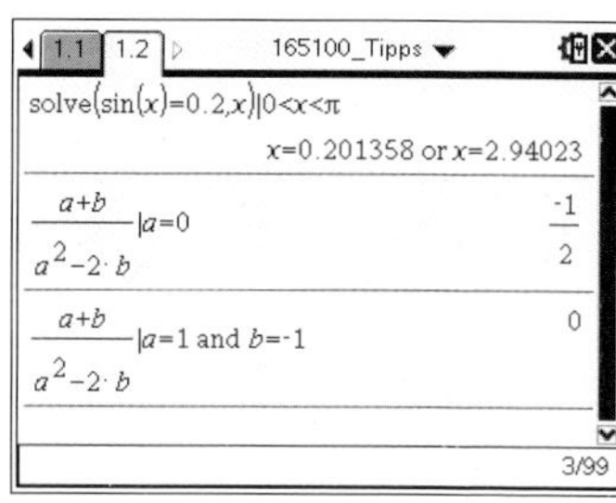

Hinweis: Setzen Sie den WITH-Operator immer **hinter** die den solve-Befehl schließende Klammer, nicht in die Klammer.

Terme umformen
Ausmultiplizieren oder Polynomdivision mit:
expand()
(über [menu] Algebra – Entwickle)
oder propFrac()
(über [menu] Zahl – Bruchwerkzeuge – Echter Bruch)

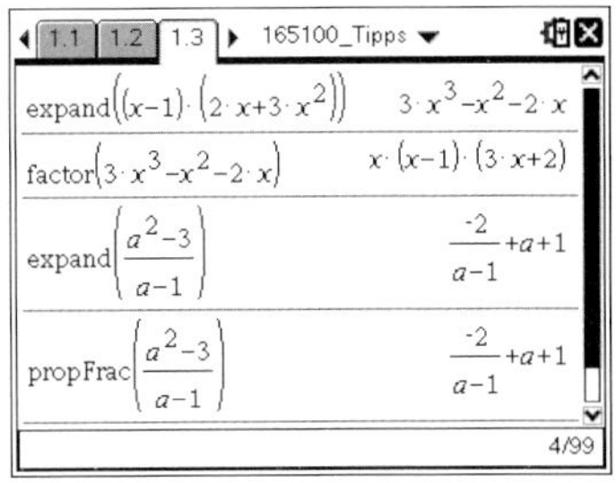

Faktorisieren mit:
factor()
(über [menu] Algebra – Faktorisiere)

Gleichungen / Ungleichungen / Gleichungssysteme lösen
Der Befehl solve() wird eingefügt durch:
[menu] Algebra – Löse

Für die Eingabe eines Gleichungssystems können Sie die Vorlagen unter [Vorlagen] oder [Katalog] [5] nutzen. Die zweite Variante hat den Vorteil, dass ein Assistent die Bedeutung der Vorlage erläutert.

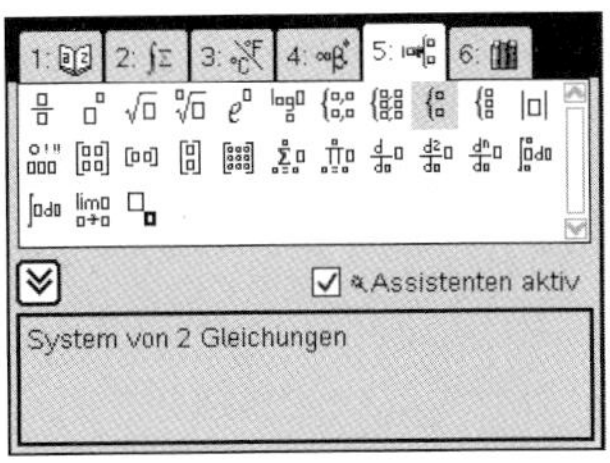

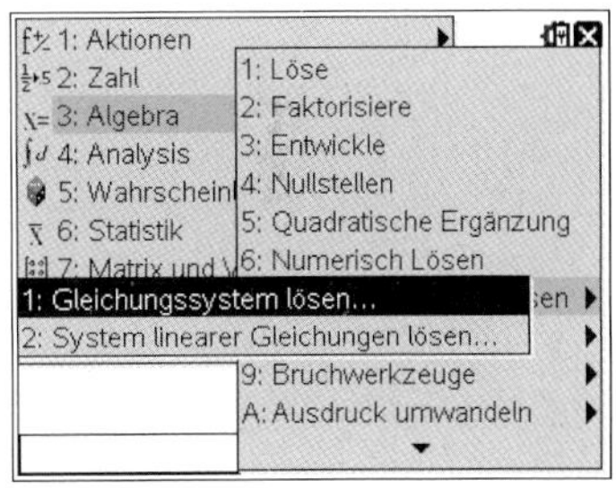

Alternativ kann beim Lösen von Gleichungssystemen die Vorlage auch geöffnet werden durch:
[menu] Algebra – Gleichungssystem lösen…

Die Anzeigen des Rechners müssen richtig interpretiert werden:

- Bei $x^2 = -1$ erscheint *false*, weil keine reellen Lösungen existieren.
- Bei $x^2 \geq 0$ erscheint *true*, weil diese Ungleichung für alle reellen Zahlen erfüllt ist.
- Bei $\sin(x) = 0$ wird die Lösungsmenge mit einer ganzzahligen Zählvariablen (n2) angezeigt. Die Anzeige ist so zu interpretieren: $L = \{k \cdot \pi, k \in \mathbb{Z}\}$
- Beim Lösen von Gleichungssystemen, in denen ein zusätzlicher Parameter vorkommt, muss man in der Variablenliste alle vorkommenden Variablen angeben: Im nebenstehenden Beispiel wird beim ersten Lösungsversuch der Fall a = 1 nicht berücksichtigt. Die Lösungsmenge des Gleichungssystems (letzte Zeile im Bildschirmabdruck) wird zunächst nicht vollständig angezeigt. Scrollt man nach rechts, so erhält man auch die restlichen Daten.

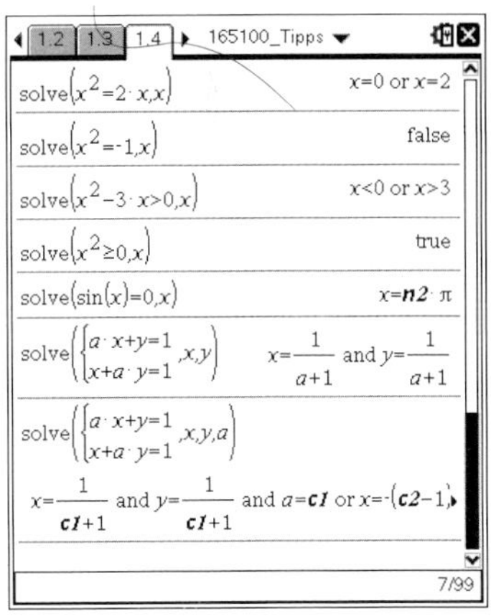

Die vollständige Anzeige ist:

$x = \dfrac{1}{c1+1}$ and $y = \dfrac{1}{c1+1}$ and $a = c1$ or $x = -(c2-1)$ and $y = c2$ and $a = 1$

Hier ist die Variable c1 (bzw. c2) eine reelle Zählvariable. Die Lösung lautet in der üblichen mathematischen Notation:

$$L = \begin{cases} \left\{\left(\dfrac{1}{a+1}; \dfrac{1}{a+1}\right)\right\}, & \text{falls } a \neq \pm 1 \\ \{\ \}, & \text{falls } a = -1 \\ \{(1-y; y), y \in \mathbb{R}\}, & \text{falls } a = 1 \end{cases}$$

Nullstellen berechnen

Neben dem solve-Befehl lässt sich mitunter der Befehl zeros(Ausdruck, Variable) (über menu Algebra – Nullstellen) sinnvoll zum Lösen von Gleichungen einsetzen.

Mit dem Befehl zeros() wird das Ergebnis als Liste ausgegeben. Diese Liste können Sie einer Variablen zuweisen und dann mit dieser Variablen weitere Berechnungen anstellen.

Es ist darauf zu achten, dass beim Befehl zeros() keine Gleichung, sondern ein Term eingegeben werden muss.

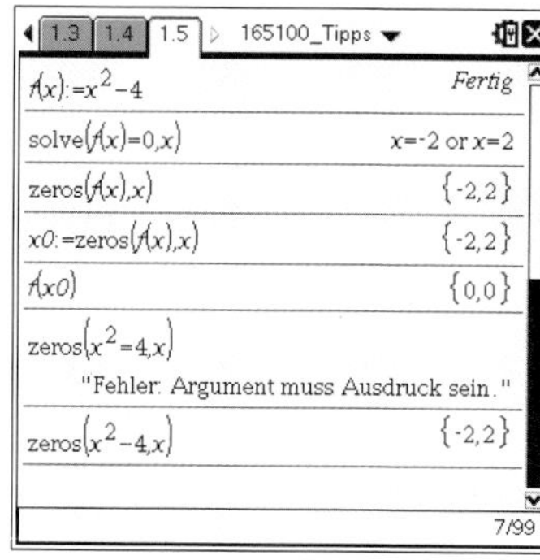

Will man z. B. die Gleichung $x^2 = 4$ mit zeros() lösen, muss so umgeformt werden, dass auf einer Seite der Gleichung der Wert null erreicht ist:

$x^2 - 4 = 0$

Den Term auf der anderen Seite der Gleichung kann man dann als Ausdruck für zeros(Ausdruck, Variable) verwenden:

zeros($x^2 - 4$, x)

Graphen zeichnen

Unter Graphs lassen sich u. a. Funktionen zeichnen und analysieren. Dabei muss gegebenenfalls die Fenstereinstellung so gewählt werden, dass Sie interessante Aspekte des Graphen auf dem Bildschirm auch erkennen können.

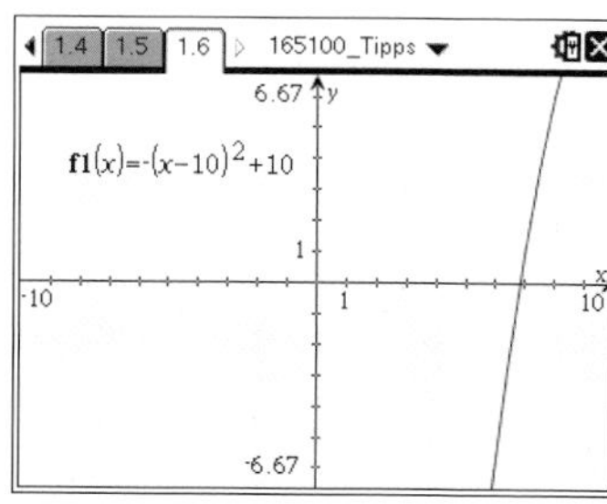

Zeichnen Sie z. B. den Graphen von

$y = -(x-10)^2 + 10$

im Standardfenster, so ist nur ein Stück der zugehörigen Parabel zu erkennen. Erst nach einer geeigneten Veränderung des Koordinatensystems (z. B. mit menu Fenster – Fenstereinstellungen oder durch „Anfassen" einer Achse und „Ziehen") wird der Graph mit dem Scheitelpunkt sichtbar.

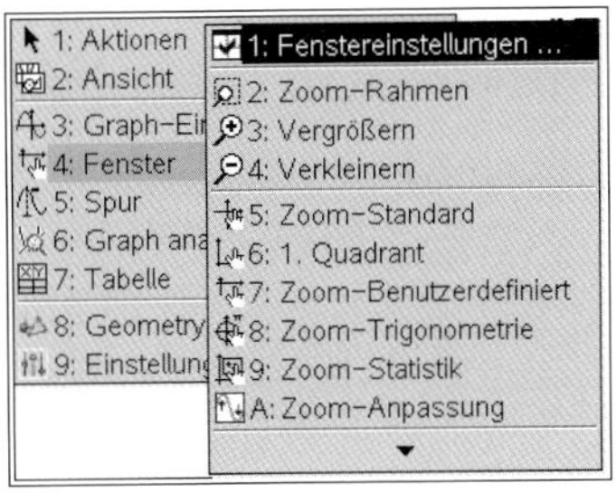

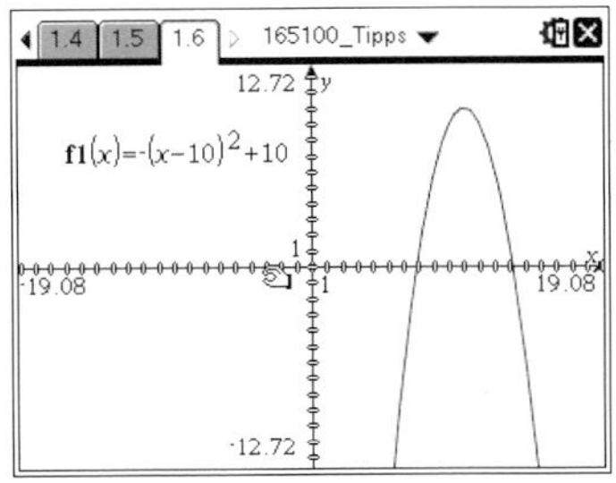

Die Eingabezeile für Funktionen lässt sich mit [tab] öffnen.

Wertetabellen

Eine Wertetabelle wird mit [ctrl][T] angezeigt. Dabei wird automatisch die Seite geteilt.

Mit [ctrl][tab] können Sie zwischen den Seitenhälften wechseln. Die aktive Seite des Bildschirms ist an einem dickeren Rahmen erkennbar.

Mit [ctrl][T] wird die Wertetabelle auch wieder geschlossen. Sie müssen das aber von der linken Seite des Bildschirms aus vornehmen.

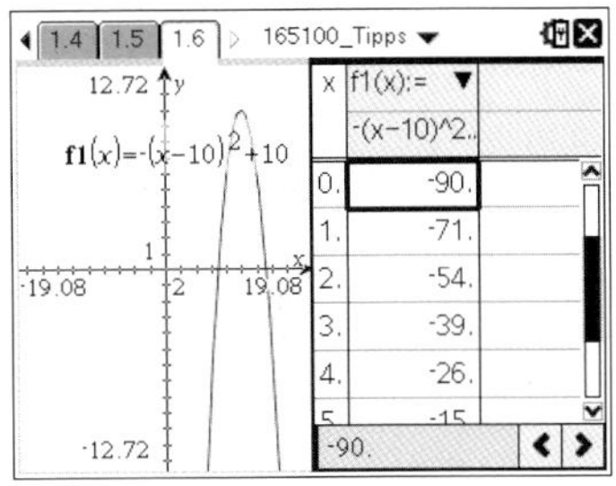

Stückweise definierte Funktionen, Funktionenscharen

Für die Eingabe einer stückweise definierten Funktion nutzen Sie die Vorlage unter [⊞][5]:

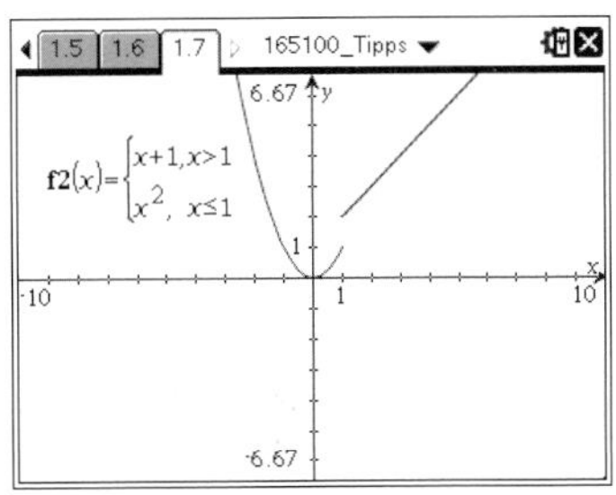

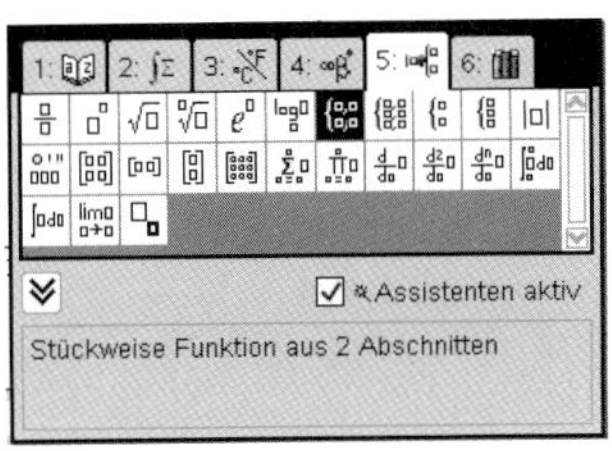

Funktionenscharen lassen sich z. B. mit dem WITH-Operator definieren.

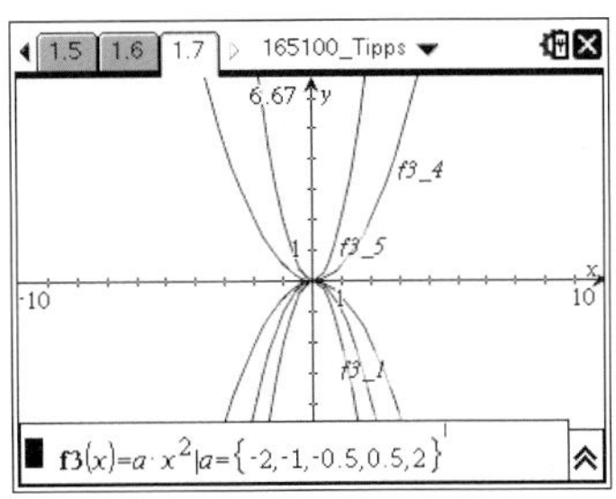

Graphen analysieren

Koordinaten interessanter Punkte lassen sich sehr rasch bestimmen: menu Graph analysieren

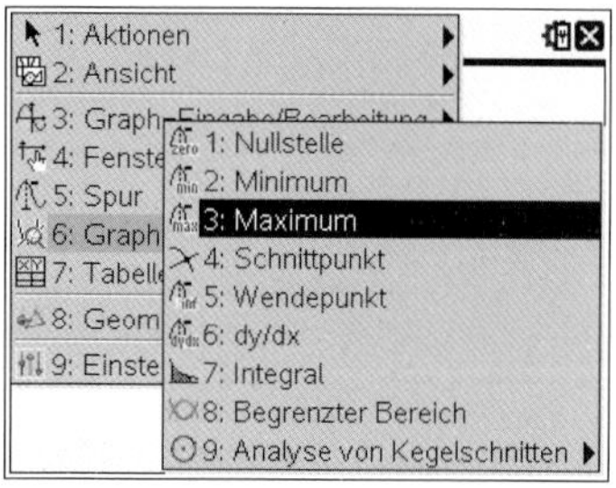

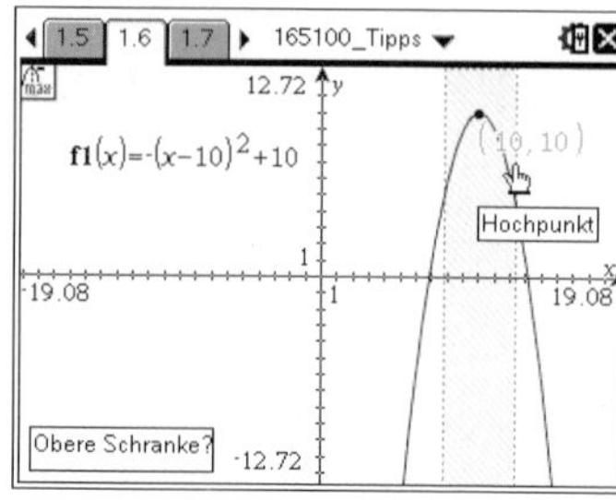

Nach Auswahl eines Menüpunktes wird oben links auf dem Bildschirm eine Hilfe angezeigt, die man durch Anklicken öffnen kann.

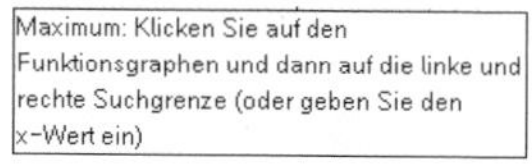

Schieberegler

In den Applikationen Graphs, Geometry und Data & Statistics ist unter menu Aktionen, in der Applikation Notes unter menu Einfügen ein Schieberegler verfügbar.

Mit einem Schieberegler lassen sich einer Variablen Zahlenwerte aus einem zu definierenden Intervall zuordnen. Dient diese Variable zur Beschreibung eines Objektes, z. B. der Gleichung einer Funktion, so kann ihr Einfluss auf Eigenschaften dieses Objektes, z. B. der Lage und Gestalt des Graphen der Funktion, dynamisch untersucht werden.

Beispiel: Es soll der Einfluss des reellen Parameters a auf den Verlauf des Graphen von $f_a(x) = x^3 - a \cdot x^2$ sowohl grafisch als auch rechnerisch untersucht werden.

Schritt 1:
Definieren der Funktion unter der Bezeichnung f(a, x) im Calculator.

Schritt 2:
Einfügen einer Seite mit der Anwendung Graphs. Es wird empfohlen, für die Eingabe der Funktion f(a, x) den Parameter a umzubenennen, ihn hier z. B. mit t zu bezeichnen (siehe Schritt 4). Es öffnet sich sofort ein Fenster für die Eingabe des Schiebereglers für den Parameter t, die man durch Anklicken von OK bestätigt.

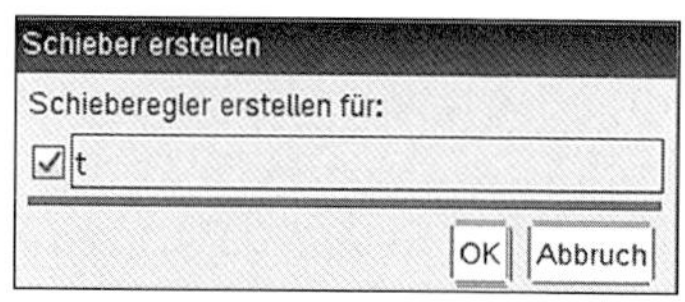

Schritt 3:
Die Funktion wird für den automatisch generierten Startwert des Parameters t grafisch dargestellt. Außerdem erscheint der Schieberegler, den man noch verschieben und dann durch „Anfassen" des Reglers betätigen kann. Falls notwendig, lassen sich durch Setzen des Cursors auf den Schieberegler nach dem Öffnen des Kontextmenüs (ctrl menu) Einstellungen und Form des Schiebereglers verändern.

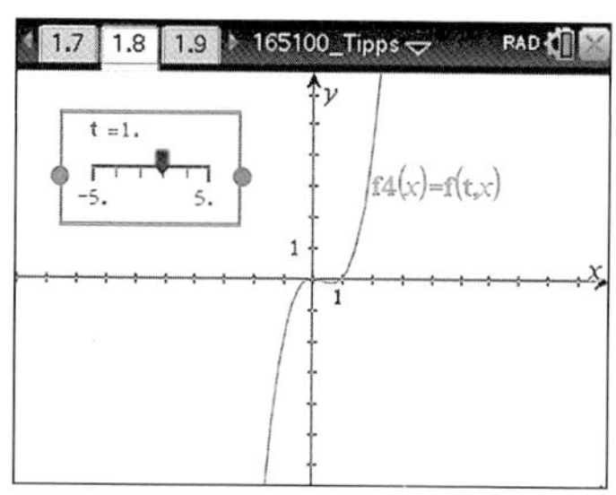

Schritt 4:
Zur rechnerischen Untersuchung von Funktionseigenschaften geht man zurück in die Anwendung Calculator. Nun kann man z. B. die Nullstellen mit der im Schritt 1 definierten Funktion f(a, x) berechnen.

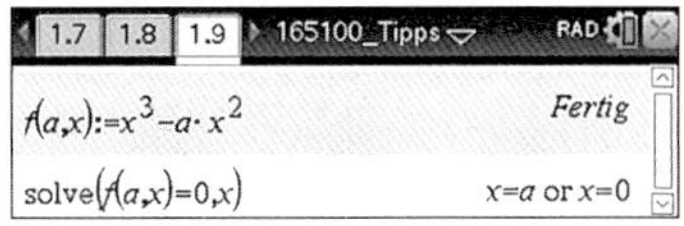

Hätte man im Schritt 2 nicht die Umbenennung der Variablen vorgenommen, dann wäre jetzt die Variable a mit dem Zahlenwert belegt, der als letzter im Schieberegler verwendet wurde. Eine **rechnerische** Untersuchung der Nullstellen in Abhängigkeit von a wäre dann im Calculator mit f(a, x) nicht mehr möglich.

Dynamische Geometriesoftware – Zugmodus

Beispiel: Das Mittenviereck in einem Viereck

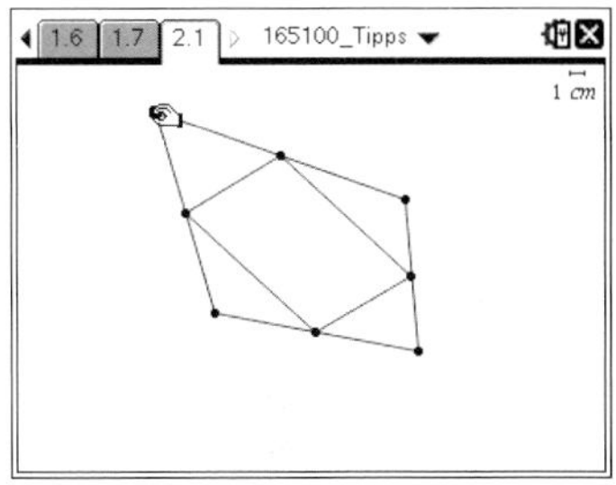

Fügen Sie die Applikation Geometry ein. Konstruieren Sie ein beliebiges Viereck:
[menu] Formen – Polygon

Hinweis: Beachten Sie die Hilfe in der linken oberen Ecke des Bildschirms.

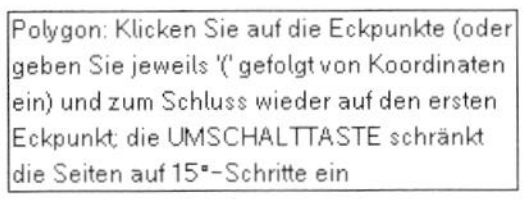
Polygon: Klicken Sie auf die Eckpunkte (oder geben Sie jeweils '(' gefolgt von Koordinaten ein) und zum Schluss wieder auf den ersten Eckpunkt; die UMSCHALTTASTE schränkt die Seiten auf 15°-Schritte ein

Konstruieren Sie die Mittelpunkte der Seiten des Vierecks: [menu] Konstruktion – Mittelpunkt

Verbinden Sie diese Mittelpunkte zu einem zweiten Polygon, dem Mittenviereck. Die Eckpunkte des ersten Polygons sind unabhängige Punkte. Diese können Sie mit dem Cursor greifen und ihre Lage im Zugmodus verändern. Beobachten Sie, wie sich das durch die abhängigen Punkte (Seitenmittelpunkte) bestimmte Polygon in seiner Form verändert.

Dynamische Geometriesoftware – messen

Beispiel: Einbeschriebenes Dreieck mit maximalem Flächeninhalt

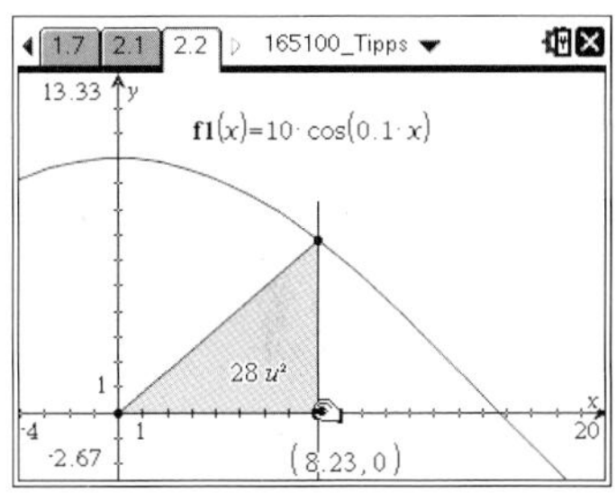

Fügen Sie die Applikation Graphs ein und zeichnen Sie in einem geeigneten Fenster (siehe nebenstehendes Bild) den Graphen der Funktion:

$y = 10\cos(0{,}1x)$

Konstruieren Sie eine Senkrechte zur x-Achse:
[menu] Geometry – Konstruktion – Senkrechte

Konstruieren Sie den Schnittpunkt der Senkrechten mit dem Graphen:
[menu] Geometry – Punkte & Geraden – Schnittpunkt

Zeichnen Sie das Dreieck, das durch den Ursprung und die Schnittpunkte der Senkrechten mit der x-Achse bzw. dem Graphen gegeben ist:
[menu] Geometry – Formen – Dreieck

Wählen Sie [menu] Geometry – Messung – Fläche, setzen Sie den Cursor auf das Dreieck und zeigen Sie durch einen Doppelklick das Ergebnis der Messung auf dem Bildschirm an. Zeigen Sie die Koordinaten des Schnittpunktes der Senkrechten mit der x-Achse an. Setzen Sie dazu den Cursor auf den Punkt und wählen Sie [ctrl] [menu] Koordinaten/Gleichung. Bewegen Sie nun diesen Punkt im Zugmodus und beobachten Sie, für welche Lage das Dreieck den größten Flächeninhalt hat.

Listen erstellen, mit Listen arbeiten

Listen werden in geschweifte Klammern gesetzt und die Listenelemente durch Kommata voneinander getrennt.
Speichern Sie am besten Listen unter sinnvollen Variablennamen ab. Sie können dann mit diesen Variablen operieren.

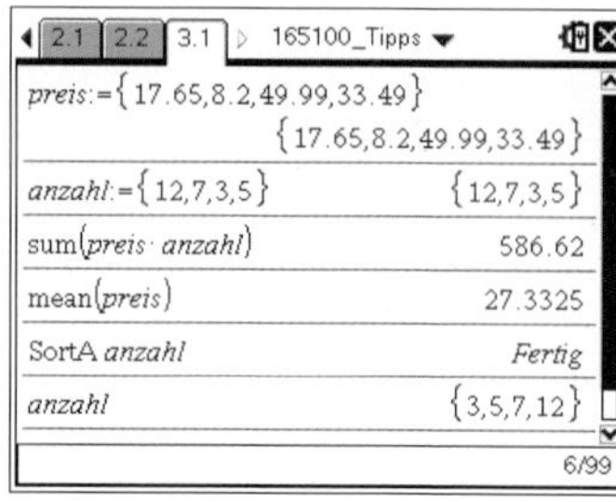

Beispiele für Listenoperationen:
mean(Liste) gibt das arithmetische Mittel der Liste an.
SortA(Liste) sortiert die Listenelemente aufwärts.

Weitere Listenoperationen finden Sie unter:
[menu] Statistik – Listen Mathematik und
[menu] Statistik – Listenoperationen

Folgen erstellen

Mit dem Befehl
seq(Ausdruck, Variable, Anfangswert, Endwert, Schrittweite)
(unter [menu] Statistik – Listenoperationen) lassen sich auch längere Folgen erzeugen, wenn für sie eine Bildungsvorschrift bekannt ist.

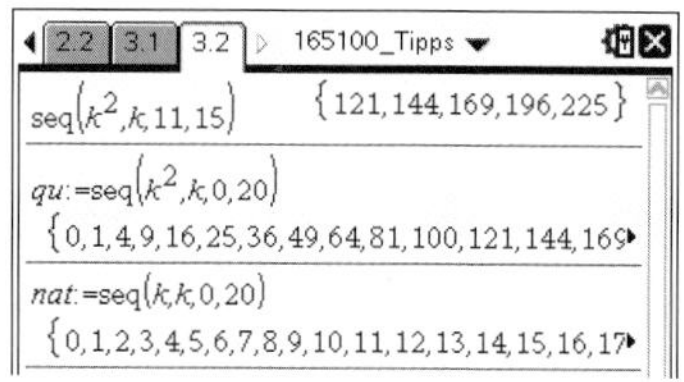

Im *Beispiel* steht der Name qu für die Liste der Quadratzahlen von 0 bis 20.
Unter dem Namen nat wurde die Liste der natürlichen Zahlen von 0 bis 20 abgespeichert.

Tabellenkalkulation nutzen: Lists & Spreadsheet

Sie können in dieser Tabellenkalkulation Listen eintragen, die bereits definiert sind. Im *Beispiel* sind es in den Spalten A bzw. B die oben definierten Listen qu und nat.

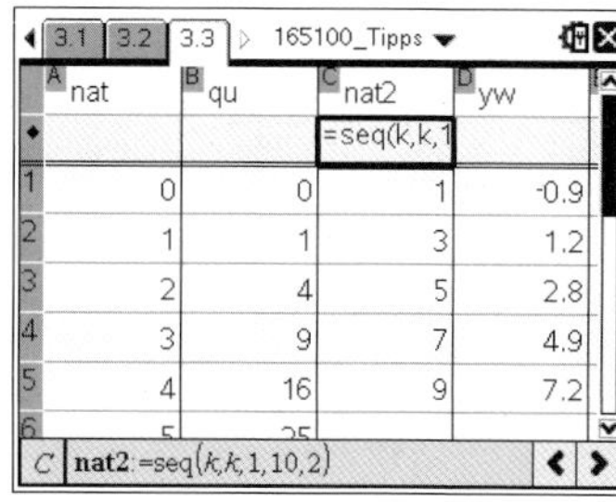

Listen lassen sich auch direkt in der Tabellenkalkulation erzeugen oder von Hand eintragen. Im *Beispiel* wurde in der Spalte C die Folge der natürlichen Zahlen von 1 bis 10 mit der Schrittweite 2 erzeugt und im Spaltenkopf mit dem Variablennamen nat2 benannt. In der Spalte D wurden die Zahlen per Hand eingetragen. Diese Liste erhielt den Variablennamen yw.

Streudiagramm in Data & Statistics erstellen

Fügen Sie die Applikation Data & Statistics ein.

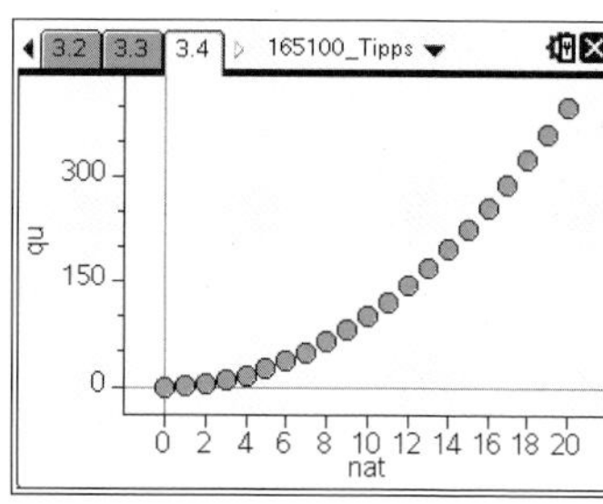

Im folgenden *Beispiel* werden die Listen von oben verwendet:
Klicken Sie auf die x-Achse und wählen Sie die Variable nat aus.
Klicken Sie auf die y-Achse und wählen Sie die Variable qu aus.
Sie erhalten das Diagramm, das die Zuordnung nat → qu veranschaulicht.

Streudiagramm mit Regression analysieren

Wählen Sie für ein vorliegendes Streudiagramm
menu Analysieren – Regression
und unter den vorgeschlagenen Regressionstypen einen zum Sachverhalt passenden Typ aus. Dabei kann man sich von inhaltlichen Erwägungen (z. B. dem charakteristischen Verlauf bekannter Funktionstypen) leiten lassen und den inhaltlichen Bezug des Problems berücksichtigen.

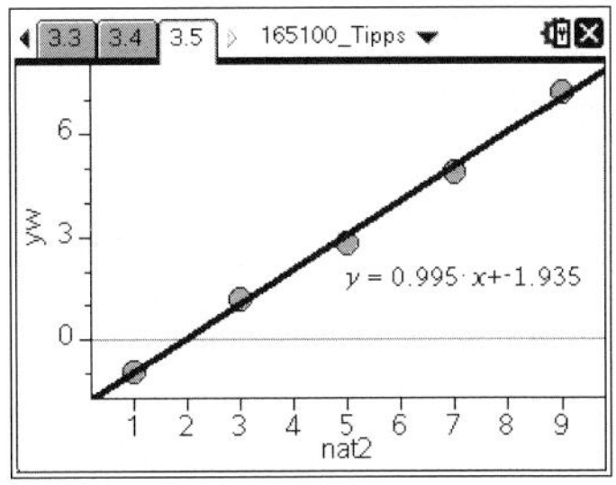

Im *Beispiel* wurden zunächst die Listen nat2 und yw (siehe oben) gegeneinander aufgetragen und eine lineare Regression gewählt. Als Ergebnis wird eine Ausgleichsgerade eingezeichnet und deren Gleichung (y = 0,995x – 1,935) angezeigt.

Stochastik – Zufallszahlen erzeugen

rand() ergibt eine Zufallszahl zwischen 0 und 1.

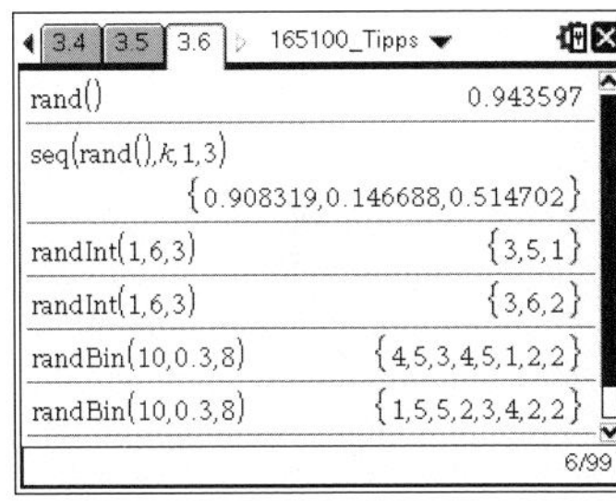

randint(a, b) ergibt eine ganzzahlige Zufallszahl im Intervall [a; b], randint(a, b, m) gibt eine Liste mit m ganzzahligen Zufallszahlen aus dem Intervall [a; b] zurück.

randbin(n, p) gibt eine Zufallszahl aus einer Binomialverteilung mit den Parametern n und p zurück, randbin(n, p, m) gibt eine Liste mit m Zufallszahlen aus einer Binomialverteilung mit den Parametern n und p zurück.

randnorm(μ, σ) gibt eine Zufallszahl aus einer Normalverteilung mit den Parametern μ und σ zurück.

randnorm(μ, σ, m) gibt eine Liste mit m Zufallszahlen aus einer Normalverteilung mit den Parametern μ und σ zurück.

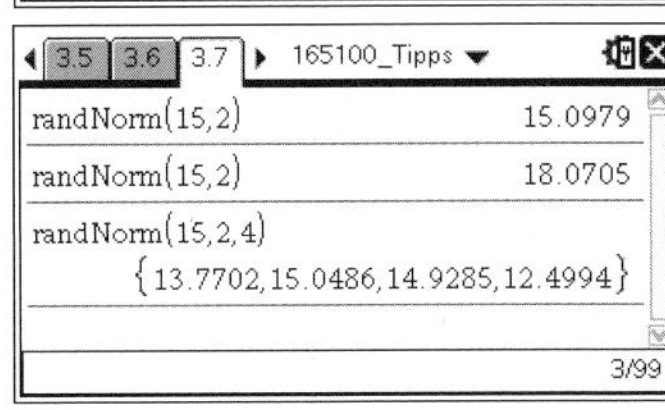

Binomialverteilung – Wahrscheinlichkeiten berechnen

binomPdf(n, p) erzeugt die Liste der (n + 1) Einzelwahrscheinlichkeiten einer Binomialverteilung mit den Parametern n und p.

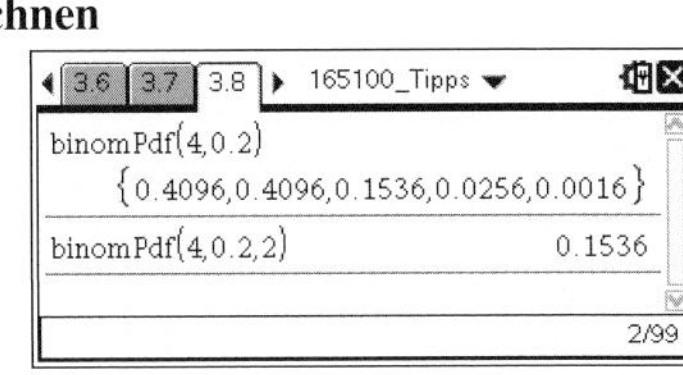

binomPdf(n, p, k) erzeugt die (k + 1)-te Einzelwahrscheinlichkeit $(0 \le k \le n)$ einer Binomialverteilung mit den Parametern n und p:

$$\binom{n}{k} \cdot p^k \cdot (1-p)^{n-k}$$

binomCdf(n, p) erzeugt die Liste der (n + 1) Einzelwahrscheinlichkeiten der Summenfunktion einer Binomialverteilung mit den Parametern n und p.

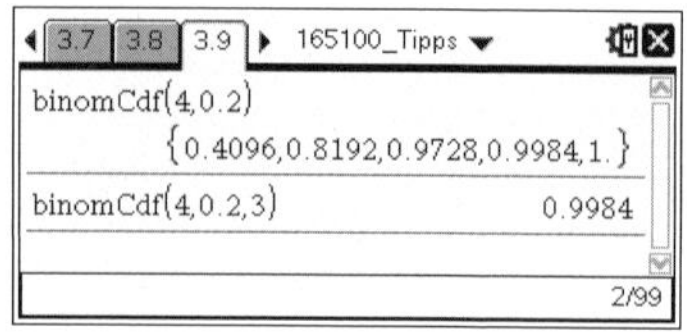

binomCdf(n, p, a, b) erzeugt die Summe der Einzelwahrscheinlichkeiten von a bis b einer Binomialverteilung mit den Parametern n und p:

$$\sum_{k=a}^{b} \binom{n}{k} \cdot p^k \cdot (1-p)^{n-k}$$

Inverse Binomialverteilung

Es wird eine Binomialverteilung sowie ein gegebener (Näherungs-)Wert $\hat{P}$ für $P(0 \leq X \leq a)$ betrachtet:

$$P(0 \leq X \leq a) = \sum_{k=0}^{a} \binom{n}{k} \cdot p^k \cdot (1-p)^{n-k} \leq \hat{P}$$

Bei gegebenen Werten für n und p wird mit dem Befehl invBinom($\hat{P}$, n, p) die **kleinste** ganze Zahl a + 1 zurückgegeben, für die gilt:

$P(0 \leq X \leq a+1) > \hat{P}$

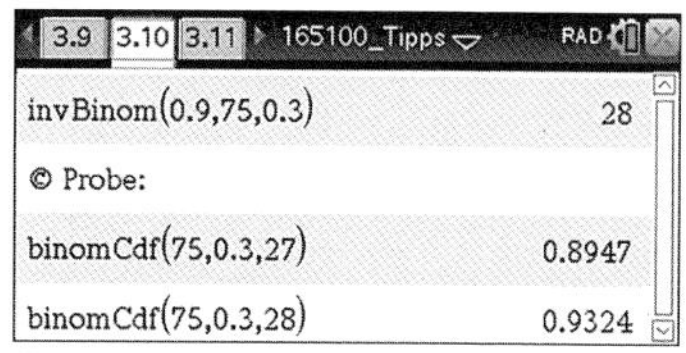

Bei gegebenen Werten für a und p wird mit dem Befehl invBinomN($\hat{P}$, p, a) die **kleinste** ganze Zahl n zurückgegeben, für die gilt:

$P(0 \leq X \leq a) \leq \hat{P}$

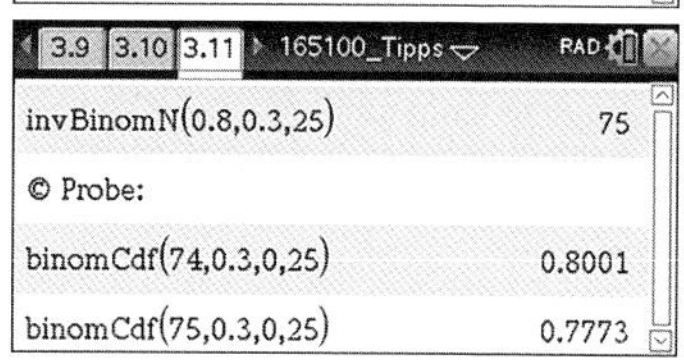

Normalverteilung – Wahrscheinlichkeiten berechnen

normPdf(x, μ, σ) berechnet den Wert der Wahrscheinlichkeitsdichtefunktion der Normalverteilung an der Stelle x für gegebene μ, σ. Außerdem kann normPdf(x, μ, σ) für das Zeichnen des Graphen einer Normalverteilung genutzt werden.

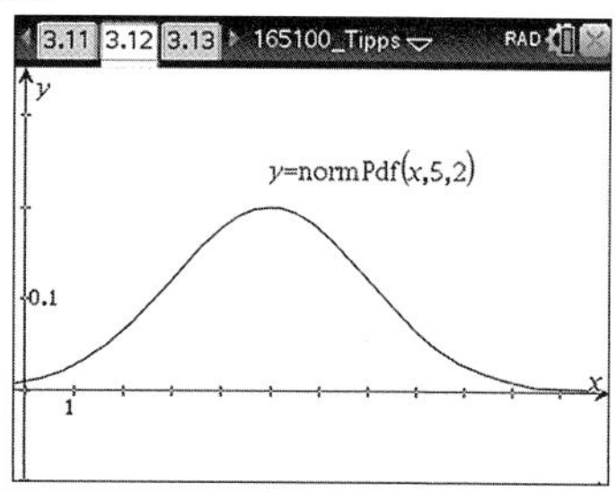

normCdf(a, b, μ, σ) berechnet die Wahrscheinlichkeit einer Normalverteilung mit den Parametern μ, σ zwischen der unteren Grenze a und der oberen Grenze b.
Für $P(X \leq b)$ wird für die untere Grenze $-\infty$ eingesetzt.

invNormCdf(p, μ, σ) berechnet die obere Grenze b für eine gegebene Wahrscheinlichkeit der Größe p: $P(X \leq b) = p$

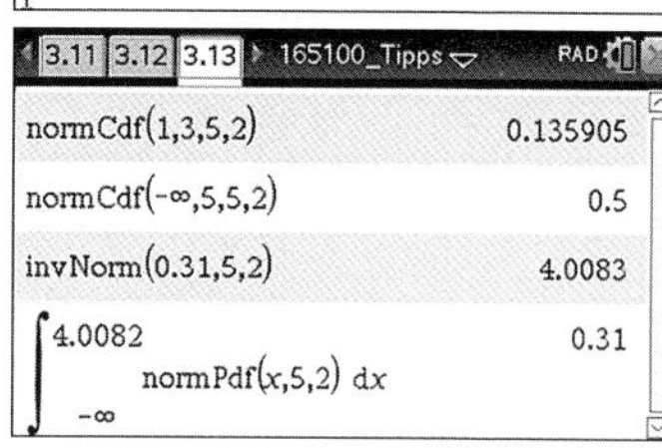

Die Befehle binomPdf(), binomCdf(), invBinom(), invBinomN(), normPdf(), normCdf() und invNorm() finden Sie unter [menu] Wahrscheinlichkeit – Verteilungen … oder im Katalog [📖][1].

Vektoren, Betrag eines Vektors

Vektoren können als Spalten- oder Zeilenvektoren eingegeben werden:
[x; y; z] erzeugt einen Spaltenvektor.
[x, y, z] erzeugt einen Zeilenvektor.

Für die Eingabe von Vektoren lassen sich auch Vorlagen benutzen:

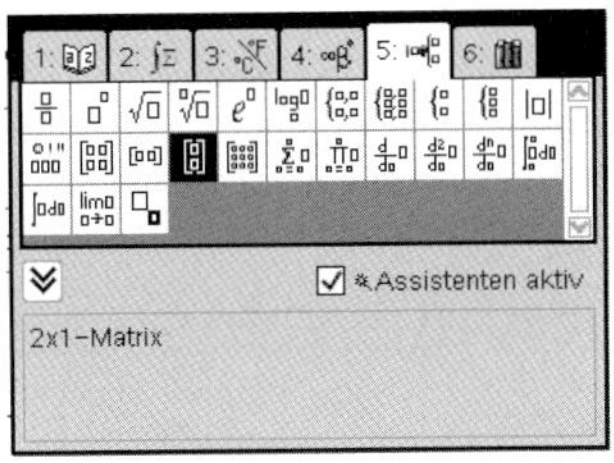

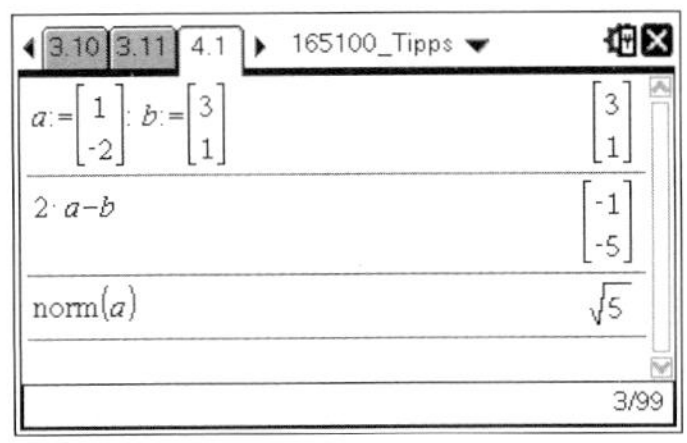

Mit der Taste ⏎ können weitere Zeilen in einen Vektor eingefügt werden.

Am besten speichern Sie Vektoren unter Variablenbezeichnungen ab, um sich die Eintipparbeit zu vereinfachen.

Vektoren lassen sich vervielfachen und addieren.

Den Betrag eines Vektors erhält man durch den Befehl norm(Vektor).

Lineare Abhängigkeit

Im *Beispiel* ist der Vektor $\vec{e}$ linear abhängig von den Vektoren $\vec{c}$ und $\vec{d}$, denn es gilt $1 \cdot \vec{c} - 1 \cdot \vec{d} = \vec{e}$.

Die Vektoren $\vec{c}$, $\vec{d}$ und $\vec{g}$ hingegen sind linear unabhängig.

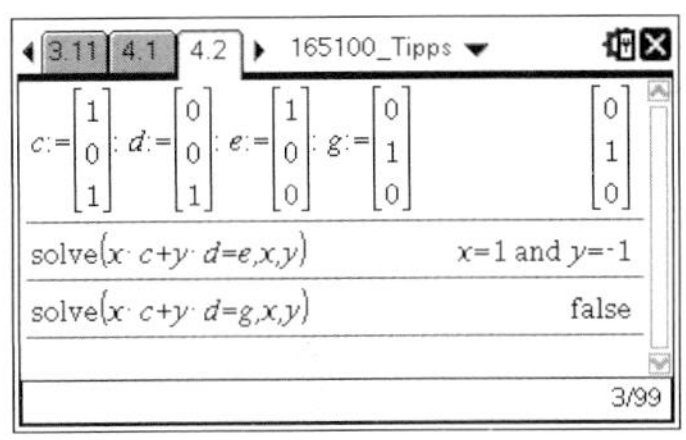

Geradengleichungen

Eine Geradengleichung der Form $\vec{x} = \vec{p}_0 + t \cdot \vec{a}$ können Sie z. B. unter der Variablen g(t) speichern und dann mit dieser Variablen arbeiten.

Im *Beispiel* wurden die Geraden auf ihren Schnittpunkt untersucht. Ihre Gleichungen wurden gleichgesetzt und das Gleichungssystem gelöst. Der Schnittpunkt wurde als Funktionswert h(–2) berechnet. Der Funktionswert ist hier ein Vektor.

Damit das Ergebnis als Zeilenvektor angezeigt wird (aus Platzgründen), wurde der Vektor h(–2) transponiert. Das Symbol ᵀ finden Sie unter 📖 4.

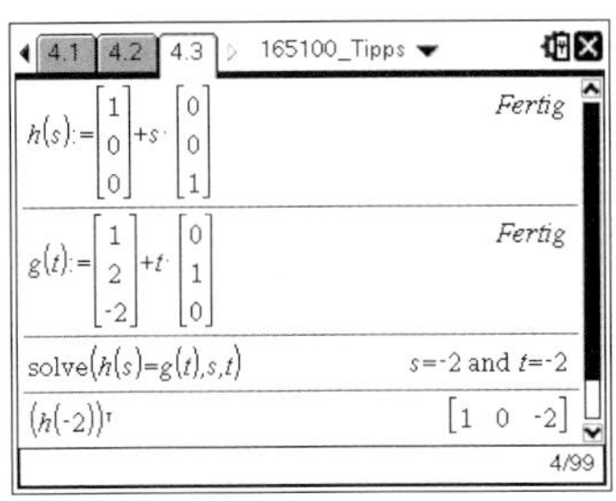

Abstand eines Punktes von einer Geraden
Die Berechnung des Abstandes eines Punktes P von einer Geraden g(t) lässt sich als Minimierungsproblem lösen. Man muss denjenigen Parameterwert t* der Geraden finden, für den der Betrag der Differenz des Ortsvektors eines beliebigen Punktes der Geraden und des Ortsvektors des gegebenen Punktes minimal wird.

Mit t* kann dann der Betrag dieses Differenzvektors berechnet werden.

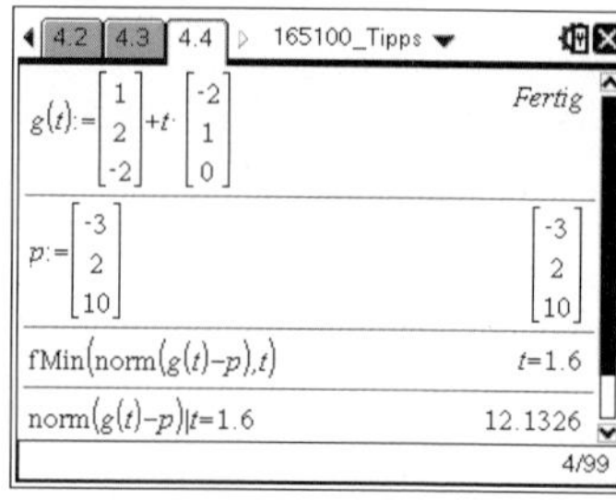

Skalarprodukt und Vektorprodukt
Skalarprodukt:
dotP(Vektor1, Vektor2)

Vektorprodukt (Kreuzprodukt):
crossP(Vektor1, Vektor2)

Sie finden diese Befehle z. B. unter [menu] Matrix und Vektor – Vektor oder im Katalog [📖][1].

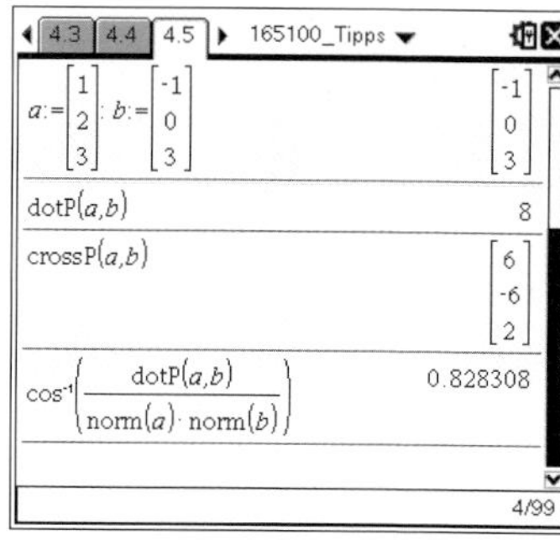

Winkel zwischen Vektoren berechnen
Die Berechnung erfolgt nach der Formel:

$$\cos(\alpha) = \frac{\vec{a} \circ \vec{b}}{|\vec{a}| \cdot |\vec{b}|} \quad \text{bzw.} \quad \alpha = \arccos\left(\frac{\vec{a} \circ \vec{b}}{|\vec{a}| \cdot |\vec{b}|}\right)$$

Die Anweisung arccos() finden Sie unter [trig] als $\cos^{-1}$. (Eine Eingabe von $\cos^{-1}$ mit der Taste [^] ist nicht möglich!)

Die Umrechnung eines im Bogenmaß angegebenen Winkels ist z. B. mithilfe des Konvertierungsoperators ▸ möglich, den Sie unter [📖][4] finden können:
▸DD wandelt Bogenmaß in Gradmaß um.
▸RAD wandelt Gradmaß in Bogenmaß um.

Alternativ können Sie ein Ergebnis im Bogenmaß auch durch 1° dividieren, um eine Umrechnung in das Gradmaß vorzunehmen. Das Gradzeichen finden Sie unter [?!▸].

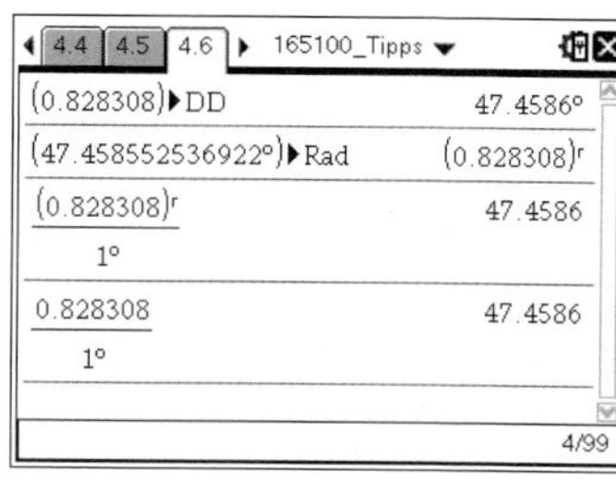

Ableitungen von Funktionen
Sie finden die Vorlagen zum Differenzieren von Funktionen z. B. unter [📖][5]:

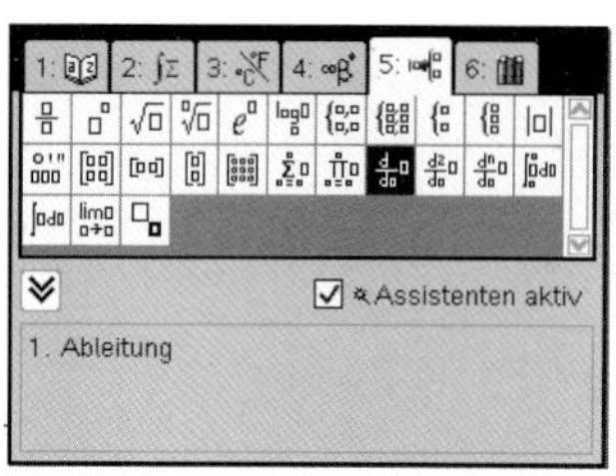

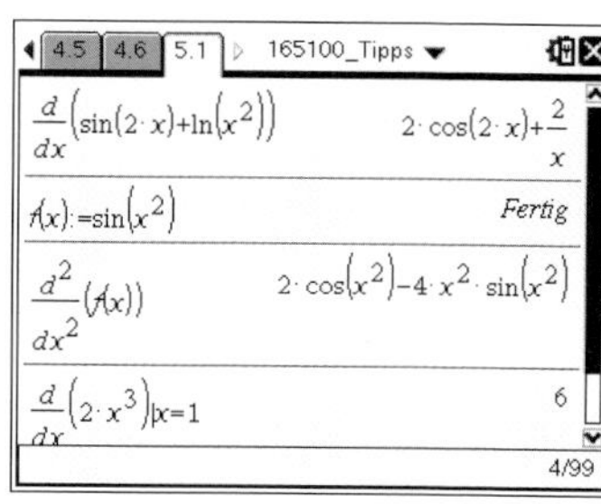

Sie können den Funktionsterm direkt eingeben oder mit den ggf. zugewiesenen Variablen arbeiten. Für Ableitungen an einer Stelle x_0 geben Sie diese mit dem WITH-Operator ein.

Dynamische Definitionen vermeiden
Beim Abspeichern z. B. von Ableitungsfunktionen mit Parametern müssen Sie folgenden Fehler vermeiden:

Beispiel: Für $f(x) = k \cdot x^2$ ist die 1. Ableitungsfunktion $f'(x) = 2k \cdot x$ und damit gilt für die 1. Ableitung von f an der Stelle k:

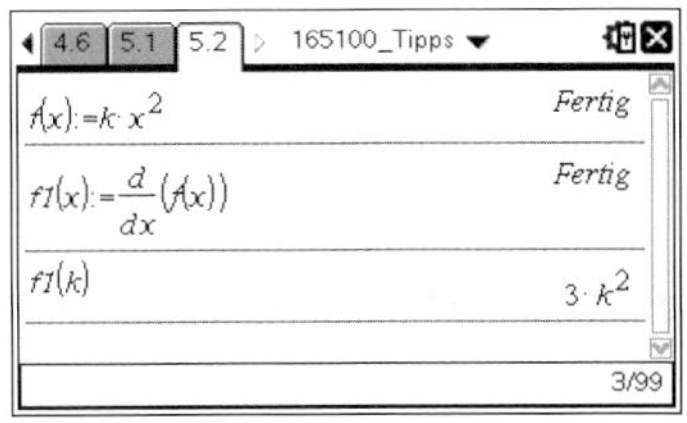

$f'(k) = 2k^2$

Das CAS gibt bei folgendem – **falschen!** – Vorgehen aber den Term $f'(k) = 3 \cdot k^2$ an.

Woran liegt das? Speichert man wie im Beispiel nur die Vorschrift zum Bilden der 1. Ableitung unter dem Namen f1(x) ab, so rechnet das CAS erst den Wert von f(x) an der Stelle x = k aus und bildet davon die 1. Ableitung nach k:

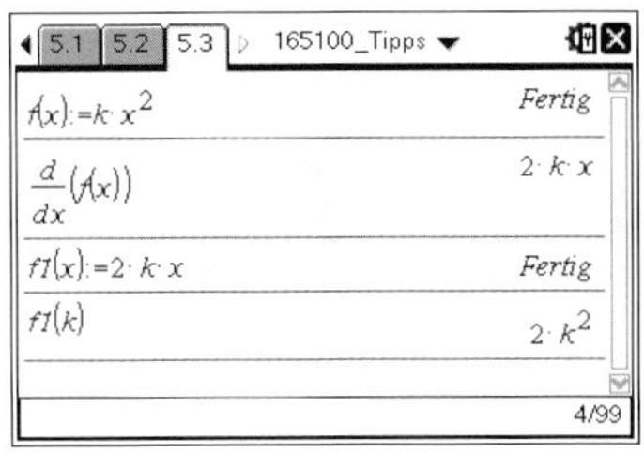

$f(k) = k \cdot k^2 = k^3$ und damit $f'(k) = 3k^2$

Sie vermeiden solche „dynamischen Definitionen", indem Sie immer erst den Term der Ableitungsfunktion ausgeben lassen und den Funktionsterm dann unter einem geeigneten Namen abspeichern, wie es für dieses Beispiel gezeigt wird.

Integrieren von Funktionen
Sie können die Vorlagen zur Eingabe nutzen (siehe oben bei „Ableitungen von Funktionen").

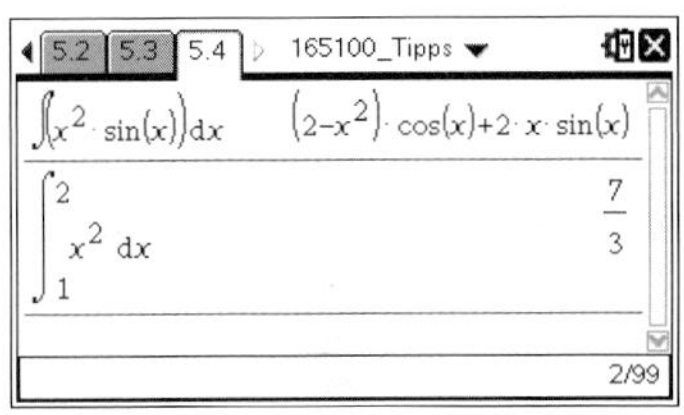

Unbestimmte Integrale werden im Allgemeinen ohne Integrationskonstante angezeigt. Diese müssen Sie beim Notieren des Ergebnisses selbstständig ergänzen.

Hinweis: Bestimmte Integrale lassen sich auch im Grafikmodus unter [menu] Graph analysieren näherungsweise bestimmen. Bei der Abfrage von unterer und oberer Grenze können die Zahlenwerte über die Tastatur eingegeben werden.

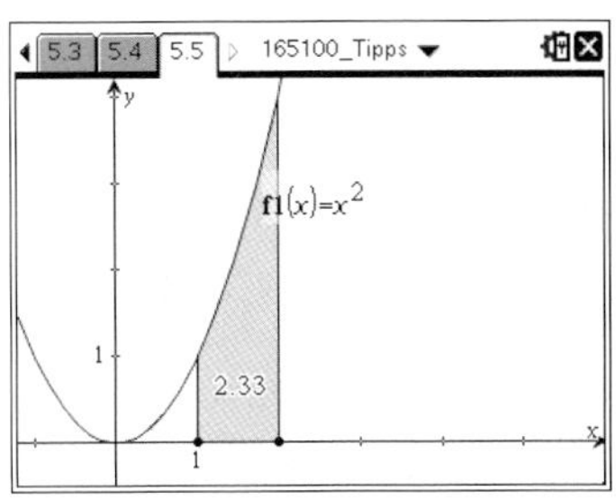

Grenzwerte von Funktionen

Nutzen Sie die Vorlagen (siehe oben bei „Ableitungen von Funktionen“).

Das Unendlich-Symbol ∞ finden Sie unter [π▸].

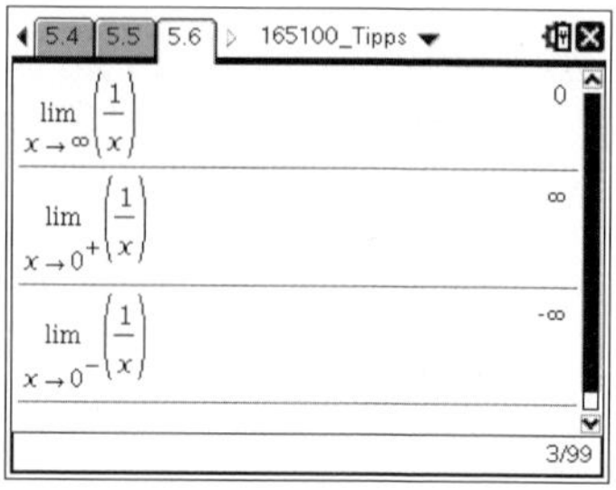

Tangenten- und Normalengleichungen bestimmen

Nutzen Sie die Befehle
tangentLine(f(x), x, x_0)
(unter [menu] Analysis – Tangententerm)
bzw.
normalLine(f(x), x, x_0)
(unter [menu] Analysis – Normalenterm)

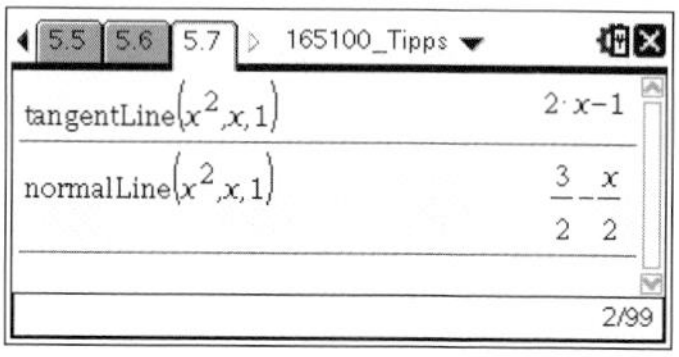

Hinweis: Tangenten lassen sich auch im Grafikmodus an den Graphen einer Funktion legen:
[menu] Geometry – Punkte & Geraden

Die Tangentengleichung erhalten Sie, nachdem Sie den Cursor auf die Tangente gesetzt haben, durch [ctrl][menu] Koordinaten / Gleichung.

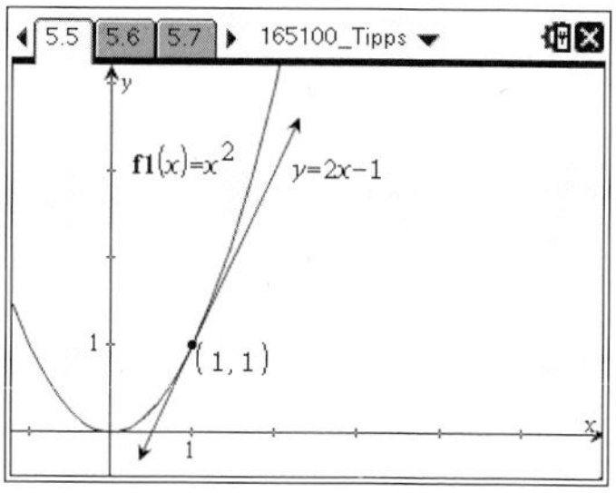

Definitionsbereich bestimmen

Mithilfe des domain()-Befehls kann man den Definitionsbereich eines Terms ermitteln.

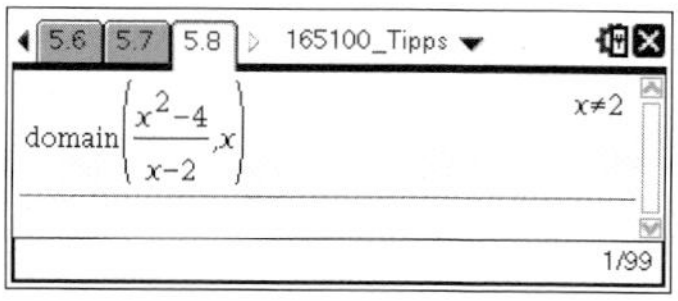

Systematisches Probieren

Es gibt Situationen, bei denen systematisches Probieren eine gute Wahl zur Lösungsfindung ist. Dies trifft z. B. auf solche Probleme zu, die durch endliche, diskrete mathematische Modelle gekennzeichnet sind.

Beispiel: Die Tischtennismannschaft eines Gymnasiums gewinnt erfahrungsgemäß 70 % ihrer Spiele. Wie viele Spiele muss diese Mannschaft mindestens durchführen, um mit einer Wahrscheinlichkeit von mindestens 98 % mindestens drei Spiele zu gewinnen?

Es ist der Parameter n einer binomialverteilten Zufallsgröße X mit $p = 0{,}70$ zu bestimmen, sodass $P(X \geq 3) \geq 0{,}98$ gilt. Gesucht ist also die Lösungsmenge der Ungleichung

$$\sum_{k=3}^{n} \binom{n}{k} \cdot 0{,}7^k \cdot 0{,}3^{n-k} \geq 0{,}98$$

oder „in der Sprache des Rechners“:
binomCdf(n, 0.7, 3, n) ≥ 0.98

- solve() hilft hier nicht:
  Wie Sie im Bildschirmabdruck rechts sehen, hilft in diesem Falle der solve()-Befehl in Verbindung mit der Anweisung binomCdf() nicht weiter.

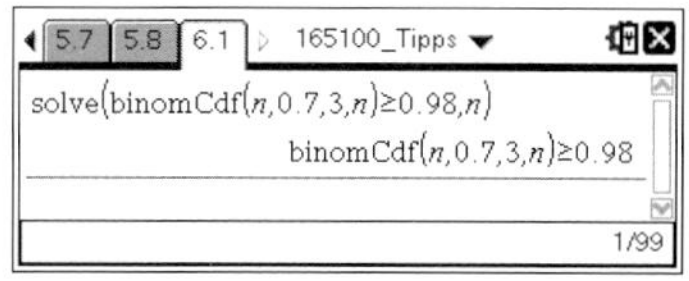

- Systematisches Probieren im Calculator:
  Setzen Sie in binomCdf(n, 0.7, 3, n) für n verschiedene natürliche Zahlen ein. Beachten Sie, dass binomCdf(n, 0.7, 3, n) mit wachsendem n immer größer wird. Beurteilen Sie, ob die angezeigte Wahrscheinlichkeit kleiner oder größer als die gegebene Grenze 0,98 ist. Vergrößern oder verkleinern Sie n, bis Sie den gesuchten Wert für n gefunden haben.

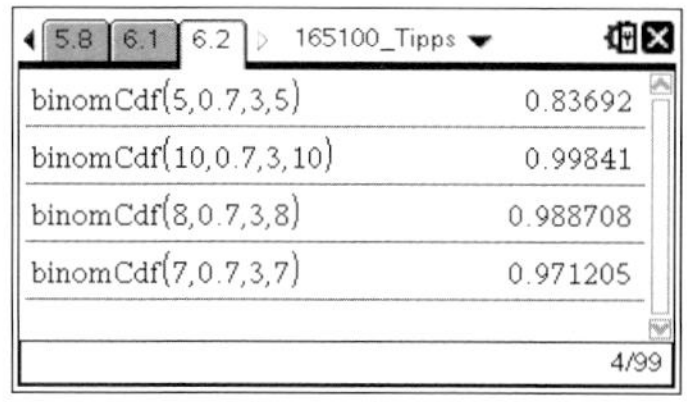

- Systematisches Probieren mit Tabellenkalkulation:
  Etwas eleganter können Sie die Lösung mithilfe der Tabellenkalkulation finden. Tabellieren Sie dazu in der Spalte A die Werte für n von n = 3 bis n = 50 mithilfe des in die ♦-Zelle dieser Spalte einzutragenden Befehls:
  = seq(n, n, 3, 50)
  In der ♦-Zelle der Spalte B tragen Sie den Befehl
  = seq(binomCdf(n, 0.7, 3, n), n, 3, 50)
  ein. Damit werden die Werte aller zugehörigen Binomialverteilungen tabelliert. Sie brauchen jetzt nur noch in der Tabelle nach unten zu gehen, bis Sie den kleinsten Wert für n finden, für den binomCdf(n, 0.7, 3, n) größer als 0,98 ist.

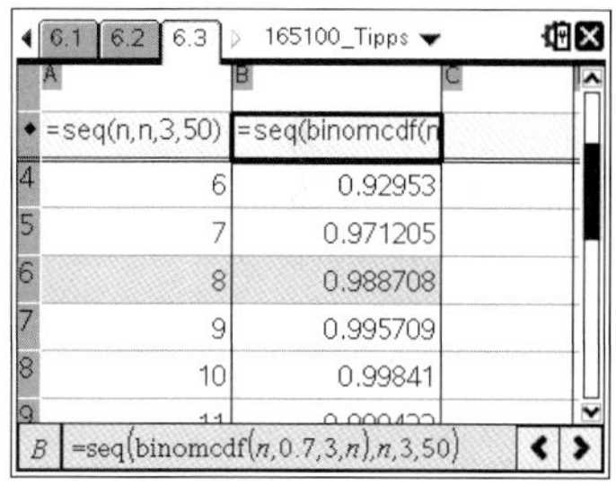

- Systematisches Probieren mit Notes und Schieberegler:
  Fügen Sie ein neues Problem und hier ein Notes-Dokument ein. Fügen Sie mit ctrl M ein Mathe-Feld ein. Geben Sie dort den Befehl ein: binomCdf(n, 0.7, 3, n). In der zweiten Zeile fügen Sie (ohne ein Mathe-Feld zu aktivieren) über menu Einfügen einen Schieberegler ein. Setzen Sie für die Variable v1 die Variable n ein.

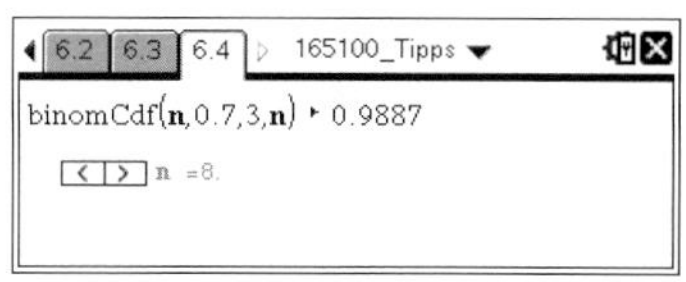

  Entsprechend des Parameters n der gegebenen Binomialverteilung wird als Anfangswert 5, als Minimum 3, als Maximum 50 und als Schrittweite 1 gewählt. Außerdem wird die Anzeige des Schiebereglers minimiert.
  Entsprechend der Belegung der Variablen n im Schieberegler wird der zugehörige Wert der Binomialverteilung angezeigt.
  Betätigen Sie nun den Schieberegler, bis Sie den gesuchten Wert für n gefunden haben.

Lösungsplan

Aufgrund des Umfangs und der Komplexität von Aufgaben auf Abiturniveau empfiehlt es sich, beim Lösen systematisch zu arbeiten. Folgende Vorgehensweise hilft Ihnen dabei:

Schritt 1:
Nehmen Sie sich ausreichend Zeit zum **Analysieren** der Aufgabenstellung. Stellen Sie fest, zu welchem Themenbereich die Aufgabe gehört. Sammeln Sie alle Informationen, welche direkt gegeben sind, und achten Sie darauf, ob evtl. versteckte Informationen enthalten sind.

Schritt 2:
Markieren Sie die **Operatoren** in der Aufgabenstellung. Diese geben an, was in der Aufgabe von Ihnen verlangt wird. Vergegenwärtigen Sie sich die Bedeutung der verwendeten Fachbegriffe.

Schritt 3:
Versuchen Sie, den Sachverhalt zu veranschaulichen. Fertigen Sie gegebenenfalls mithilfe der Angaben und Zwischenergebnisse aus vorherigen Teilaufgaben eine **Skizze** an. Versuchen Sie, Vermutungen zum Ergebnis zu formulieren.

Schritt 4:
Erarbeiten Sie nun schrittweise den **Lösungsplan**, um aus den gegebenen Größen die gesuchte Größe zu erhalten. Notieren Sie sich, welche Einzel- bzw. Zwischenschritte auf dem Lösungsweg notwendig sind. Prinzipiell haben Sie zwei Möglichkeiten, oft hilft auch eine Kombination beider Vorgehensweisen:

- Sie gehen vom Gegebenen aus und versuchen, das Gesuchte zu erschließen.
- Sie gehen von dem Gesuchten aus und überlegen „rückwärts“, wie Sie zur Ausgangssituation kommen.

Bei diesem Schritt wird dann sukzessive die **Lösung dargestellt**.

Schritt 5:
Suchen Sie nach geeigneten Möglichkeiten, das Endergebnis zu **kontrollieren**. Oftmals sind bereits Überschlagsrechnungen, Punktproben oder Grobskizzen ausreichend.

Hinweise zur Dokumentation: Beispielaufgabe mit dem CAS-Rechner

Am Beispiel einer Analysisaufgabe soll kurz dargestellt werden, was bei der Dokumentation der Lösungen zu beachten ist.

Gegeben sind Funktionen f_k (k ist ein Parameter) durch die Gleichung $f_k(x) = k \cdot x^3 + 4x^2$ mit $k \in \mathbb{R} \setminus \{0\}$. Der Graph von f_k sei G_k.

a) Untersuchen Sie den Einfluss des Parameters k auf die Lage und Art der lokalen Extrempunkte von G_k.

b) Der Graph G_k schließt mit der x-Achse eine Fläche ein. Ermitteln Sie die Werte des Parameters k, für die der Inhalt dieser Fläche $\frac{512}{3}$ FE beträgt.

Lösungsvorschlag für Teilaufgabe a:

Schritt 1:

- Themenbereich: Kurvendiskussion einer Funktionenschar
- Lage und Art lokaler Extrempunkte in Abhängigkeit von k sind zu bestimmen.
- Für den reellen Parameter k gilt $k \neq 0$.

Schritt 2 (Operatoren):
Der Operator „Untersuchen“ bedeutet, Sachverhalte bzw. Objekte zu erkunden und Merkmale und Zusammenhänge herauszuarbeiten.

Schritt 3 (Veranschaulichung, Vermutungen):

- Eine Veranschaulichung für positive und negative Werte des Parameters k ergibt nebenstehendes Bild.

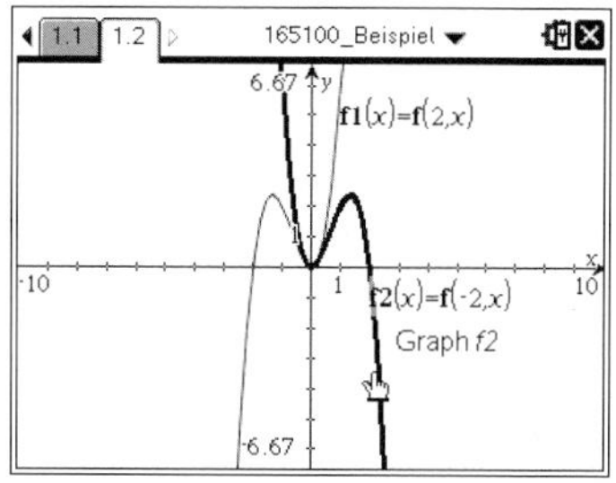

- Eine Veranschaulichung für verschieden große positive bzw. negative Werte von k zeigen die nächsten Bilder:

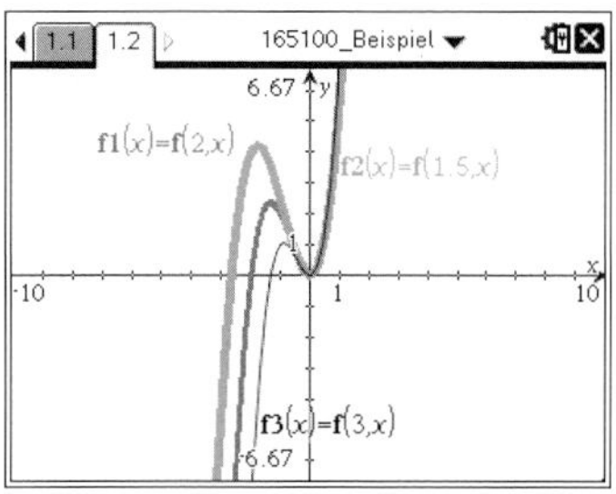

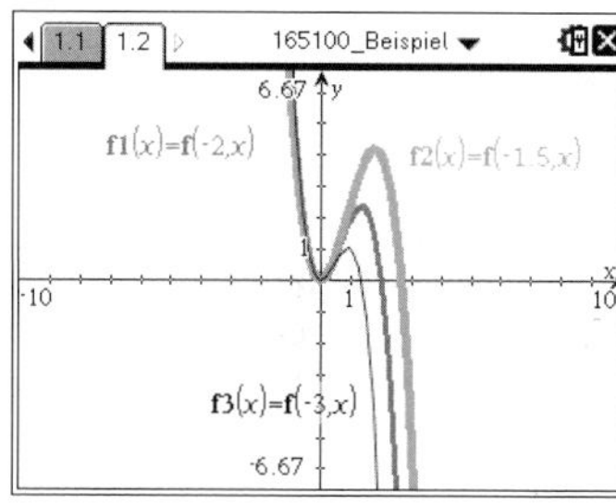

- Vermutungen zur Lage der Extremstellen:
  $k > 0$: Hochpunkt im II. Quadranten, $k < 0$: Hochpunkt im I. Quadranten
  Betrag von k zunehmend: Hochpunkt rückt näher an den Ursprung heran.
  Unabhängig von k existiert ein lokaler Tiefpunkt im Ursprung.

  Vermutung zur Art der Extremstellen:
  Es gibt einen „fixen" Tiefpunkt im Ursprung.
  Es gibt einen Hochpunkt in Abhängigkeit von k, aber mit stets positiver Ordinate.

Schritt 4 (Lösungsplan und -darstellung):

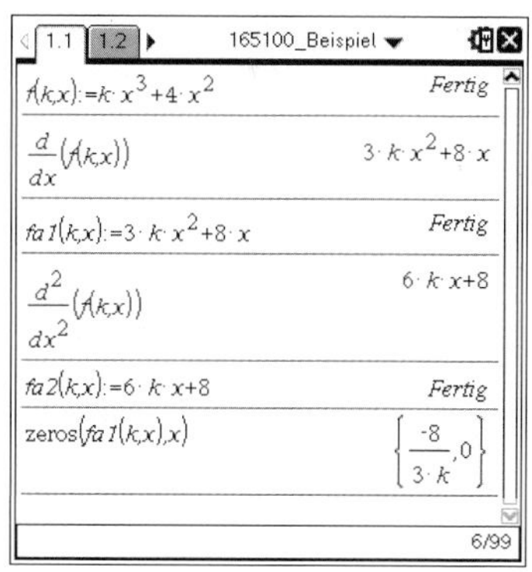

- 1. und 2. Ableitung von f_k bilden: Geben Sie die Funktionsgleichung ein und bilden Sie die Ableitungsfunktionen, speichern Sie die Funktion und die Ableitungen.
- Notieren Sie die gefundenen Funktionen auf dem Prüfungsbogen. Die Gleichungen der Ableitungsfunktionen sind:
  $f_k'(x) = 3kx^2 + 8x; \quad f_k''(x) = 6kx + 8$
- Notwendige Bedingung für lokale Extremstellen untersuchen und notieren:
  Die Nullstellen von $f_k'(x)$, also mögliche Extremstellen, sind:
  $x_{e1} = \frac{-8}{3k}$ sowie $x_{e2} = 0$

- Hinreichende Bedingung für lokale Extrempunkte untersuchen und notieren:

  $f_k''\left(\frac{-8}{3k}\right) = -8 < 0$

  Da der Wert -8 der zweiten Ableitung an der Stelle x_{e1} unabhängig von k ist, liegt hier also stets ein lokaler Hochpunkt vor.

  $f_k''(0) = 8 > 0$

  Auch an der Stelle x_{e2} ist die 2. Ableitung unabhängig von k und zwar stets 8, also gibt es an dieser Stelle immer einen lokalen Tiefpunkt.

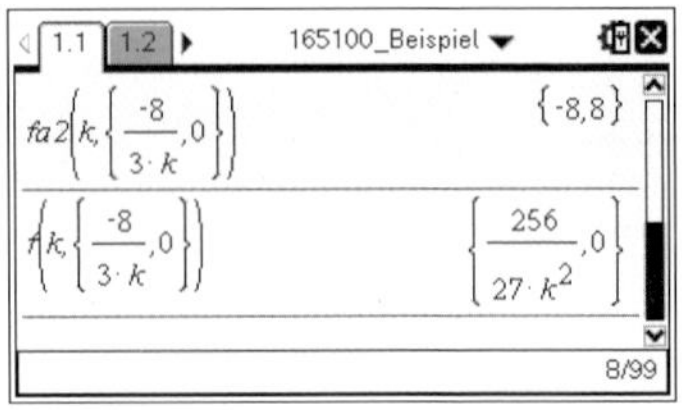

- Berechnen Sie die Ordinaten $f(x_e)$ und geben Sie die geordneten Paare $(x_e \mid y_e)$ an:

  Hochpunkt $H\left(\frac{-8}{3k} \middle| \frac{256}{27k^2}\right)$ Tiefpunkt $T(0 \mid 0)$

  Interpretation der Ergebnisse:

  Für alle $k \neq 0$ gilt $\frac{256}{27k^2} > 0$, also liegt H immer oberhalb der x-Achse.

  Für negative k liegt der Hochpunkt H immer im I. Quadranten, weil dann $\frac{-8}{3k} > 0$ ist.
  Für positive k ist $\frac{-8}{3k} < 0$, also liegt H im II. Quadranten.

  Weil k sowohl bei x_e als auch bei y_e nur im Nenner steht, rückt der Hochpunkt für betragsmäßig größer werdende Werte von k immer näher zum Ursprung.
  Der Tiefpunkt hängt nicht von k ab.
  Damit sind die Vermutungen aus dem Schritt 3 bestätigt.

Schritt 5 (Probe):
Berechnen des Hochpunktes für $k = -2$ in Graphs und Vergleich mit den berechneten Extrempunkten für $k = -2$ zeigt Übereinstimmung.

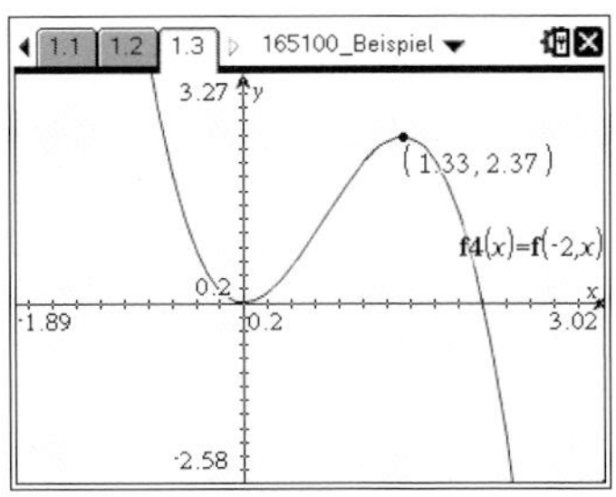

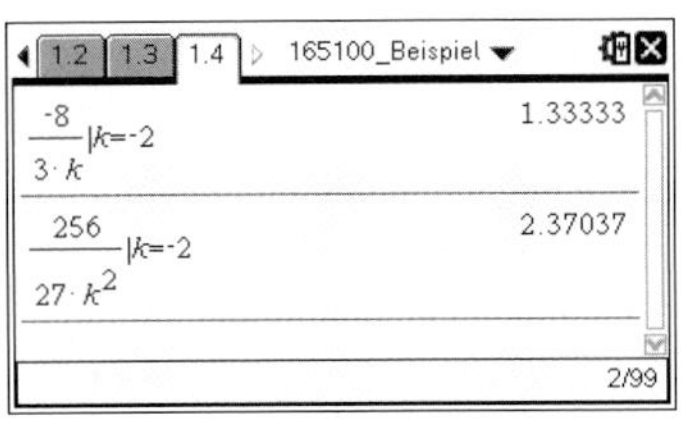

Lösungsvorschlag für Teilaufgabe b:

Schritt 1:
- Themenbereich: Flächenberechnung mithilfe des bestimmten Integrals
- Indirekt gegeben und durch die Beispiele in Teilaufgabe a verdeutlicht:
  Integrationsgrenzen sind die beiden Nullstellen von f_k.
  Es muss (mindestens) zwei Werte für k geben.

Schritt 2 (Operatoren):
„Ermitteln" heißt rechnerische, grafische oder inhaltliche Generierung eines Ergebnisses.

Schritt 3 (Veranschaulichung, Vermutungen):
Aus der Lage der Graphen von Funktionen mit entgegengesetztem k kann man vermuten, dass diese symmetrisch bezüglich der y-Achse sind. In diesem Falle müssen aus Symmetriegründen die von G_k und der x-Achse eingeschlossenen Flächen gleich groß sein. Da eine kubische Funktion nicht mehr als zwei lokale Extrempunkte haben kann, gibt es auch keine weiteren Nullstellen als die auf dem Bildschirm dargestellten. Es müsste deshalb genau zwei Werte für k geben.

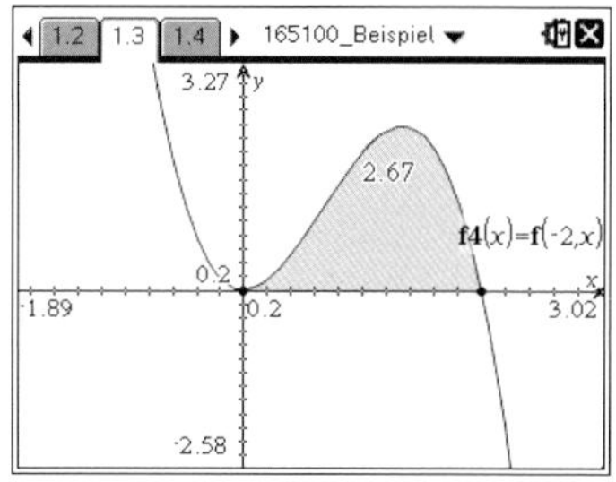

Schritt 4 (Lösungsplan und -darstellung):

- Die Nullstellen von $f_k(x) = k \cdot x^3 + 4x^2$ sind:

  $x_{01} = 0$ und $x_{02} = \frac{-4}{k}$

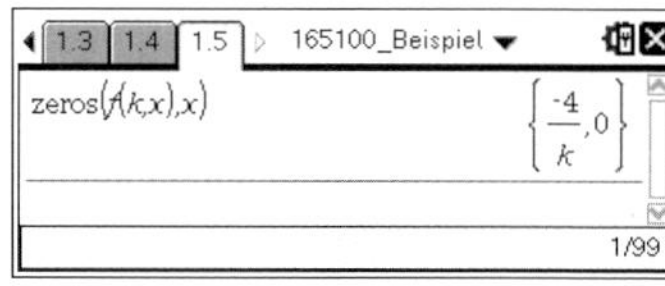

- Es gibt also genau zwei Nullstellen für jede Funktion f_k.
- Wenn die Graphen der Funktionen f_k und f_{-k} achsensymmetrisch bezüglich der y-Achse sind, so muss für alle reellen x gelten: $f_k(-x) = f_{-k}(x)$ Diese Gleichung wird durch den CAS-Rechner als „wahr" bestätigt.

- Für negative k liegt die von null verschiedene Nullstelle rechts von null. Sie kommt also als obere Integrationsgrenze infrage. Der Ansatz

  $\int_0^{\frac{-4}{k}} f_k(x)\,dx = \frac{512}{3}$ für die Flächenberechnung

  liefert $k = \frac{-1}{2}$ als Ergebnis.

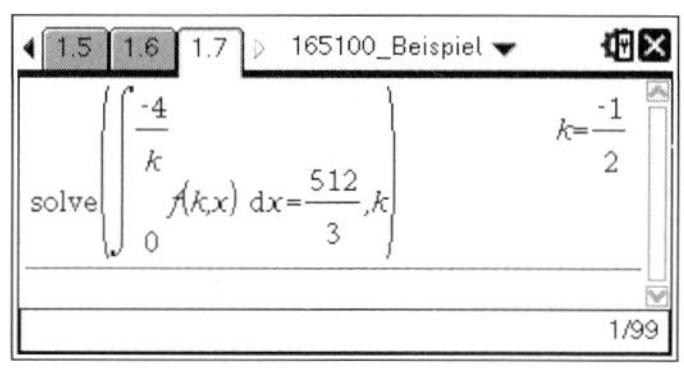

- Wegen der genannten und nachgewiesenen Symmetrie muss auch für $k = \frac{1}{2}$ der Graph G_k mit der x-Achse eine Fläche von $\frac{512}{3}$ FE einschließen.

Schritt 5 (Probe):
Mit dem CAS-Rechner werden die beiden Integrale $\int_0^{\frac{-4}{k}} f_k(x)\,dx$ für $k = -\frac{1}{2}$ und $k = \frac{1}{2}$ berechnet.
Im ersten Fall ergibt sich als Flächeninhalt $\frac{512}{3}$ FE. Im zweiten Fall ergibt sich $-\frac{512}{3}$ FE.
Das Minuszeichen ist dadurch zu erklären, dass für positive k die Integrationsgrenzen vertauscht werden müssen. Auch eine Flächenberechnung in Graphs bestätigt näherungsweise die Ergebnisse.

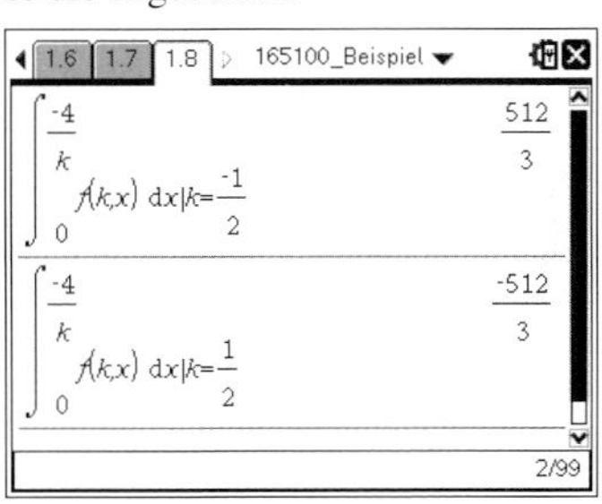

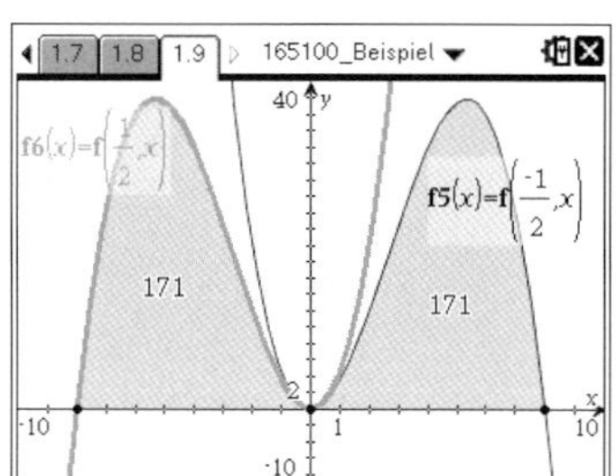

Damit Sie die Vorteile, die die Verwendung von CAS-Rechnern mit sich bringt, auch effektiv nutzen können, sind hier einige allgemeine Hinweise für das Lösen von Abituraufgaben mit CAS-Rechnern aufgelistet.

- Das Thüringer Ministerium für Bildung, Jugend und Sport verlangt wegen der Gleichwertigkeit der äußeren Bedingungen, dass bei der Prüfung verwendete CAS-Rechner **vor dem Beginn des schriftlichen Mathematikabiturs** in einen für alle Abiturienten einheitlichen Ausgangszustand mit leerem Arbeitsspeicher zurückgesetzt werden. Das Löschen aller Dateien sollten Sie bereits spätestens am Vortag zu Hause vornehmen. So können Sie wichtige Dateien von Ihrem Taschencomputer auf einen PC übertragen und abspeichern, um sie später wieder zur Verfügung zu haben. Bei der Gelegenheit sollten Sie auch den technischen Zustand Ihres Taschencomputers überprüfen und eventuell den Akku aufladen.

- Es kommt nicht oft vor, aber man kann es nicht völlig ausschließen, dass der Taschencomputer an seine **technischen Grenzen** stößt. Deshalb sollte man **Warnhinweise** des Rechners **ernst nehmen** und versuchen, die **Lösung auf einem anderen Lösungsweg abzusichern**. (Jedoch ist nicht jeder dieser Warnhinweise auch berechtigt.)

  Beispiel: Die Lösungen der Gleichung $\sin x = e^x$ werden mit dem Taschencomputer auf algebraischem Wege ermittelt.

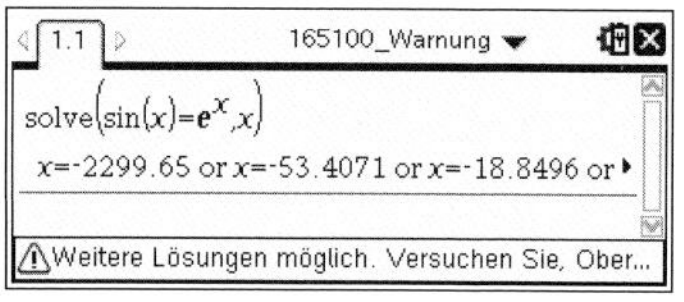

  Algebraisch werden nur endlich viele Näherungslösungen ermittelt, aber es wird eine Warnung „Weitere Lösungen möglich." angezeigt. In der grafischen Veranschaulichung erkennt man, dass es mehr als zwei Lösungen geben muss. Durch inhaltliche Überlegungen (Periodizität der Sinusfunktion und asymptotisches Verhalten der e-Funktion bezüglich der negativen x-Achse) wird klar, dass es sogar unendlich viele Lösungen dieser Gleichung gibt.

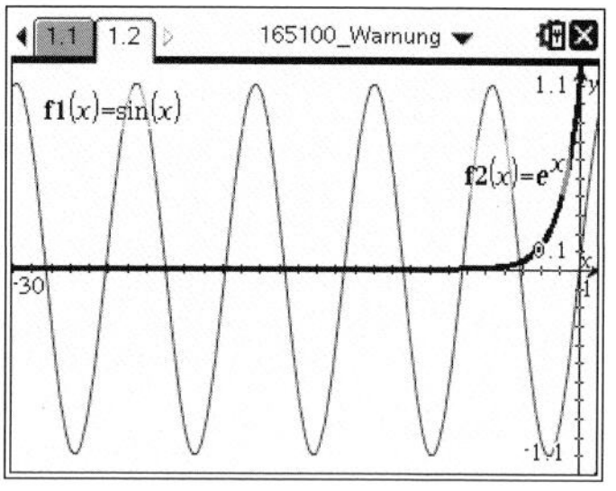

- Auch wenn der Taschencomputer keinen Warnhinweis anzeigt, kann die **Kontrolle auf einem anderen Lösungsweg** helfen, Fehler zu vermeiden, die z. B. durch falsche inhaltliche Überlegungen oder Eingabefehler entstehen können.

  Beispiele:

  a) Es soll diejenige Stelle x bestimmt werden, für die die Funktion $y = f(x) = x^2 \cdot e^{-x}$ ein lokales Minimum annimmt.

  In einem ersten Lösungsversuch wird der Befehl fMin(f(x),x) verwendet. Hat die Funktion zwei lokale Minima?

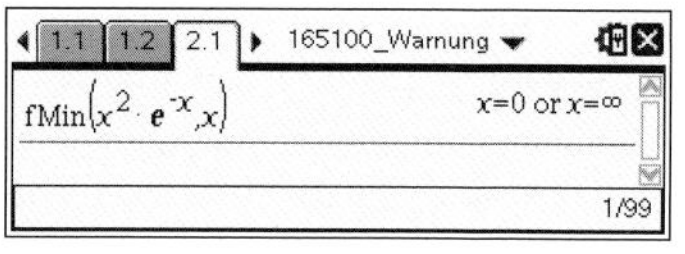

Eine grafische Darstellung lässt vermuten, dass dieses Ergebnis nicht richtig sein kann, denn für $x \to \infty$ kann man eher eine asymptotische Annäherung an die x-Achse erwarten.

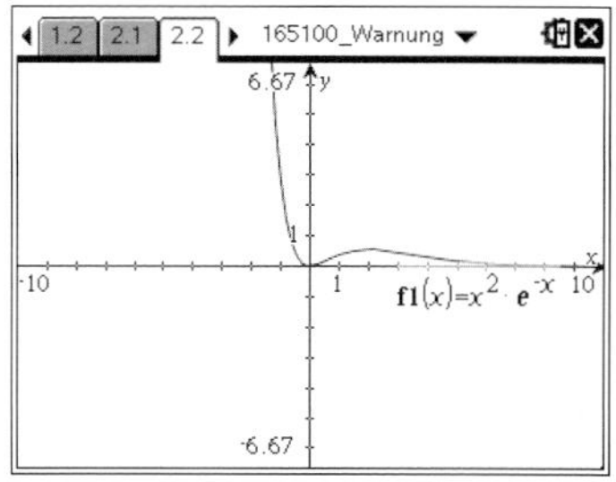

Weitere Untersuchungen mit dem Ableitungskalkül bestätigen, dass nur für $x = 0$ ein lokales Minimum vorliegt. Für $x \to \infty$ nähern sich die Funktionswerte asymptotisch der x-Achse, ein weiteres lokales Minimum existiert also nicht.

b) Der Graph der Funktion

$$y = f(x) = \frac{(x-5)\cdot(x+3)}{x+4}$$

soll auf lokale Extrempunkte untersucht werden. Er besitzt genau zwei lokale Extrempunkte. Die grafische Darstellung im Standardfenster zeigt aber nur einen lokalen Tiefpunkt an, obwohl die Funktion auch einen lokalen Hochpunkt besitzt.

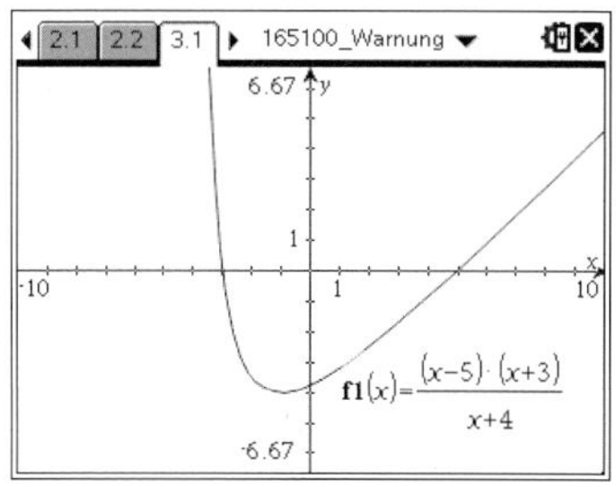

Der Nachweis über die Existenz und Anzahl aller lokalen Extrempunkte gelingt letztlich nur mithilfe algebraischer Methoden.

- Rechnungen lassen sich weitgehend an das CAS übertragen. Das spart Zeit und vermeidet Rechenfehler. Sie sollten stets sehr **sorgfältig die Eingabe** in den Rechner **kontrollieren**, um Eingabefehler zu vermeiden. Auch bei der Auswahl der Variablenbezeichnungen muss man aufpassen, dass keine rechnerinternen Überschneidungen entstehen.

  Beispiel: Es führt zu einem Fehler, innerhalb ein und desselben Problems die Variable t gleichzeitig als Parameter für den Ortsvektor d(t) eines Punktes und außerdem als Bezeichnung eines anderen Objektes wie einer Geraden zu verwenden.

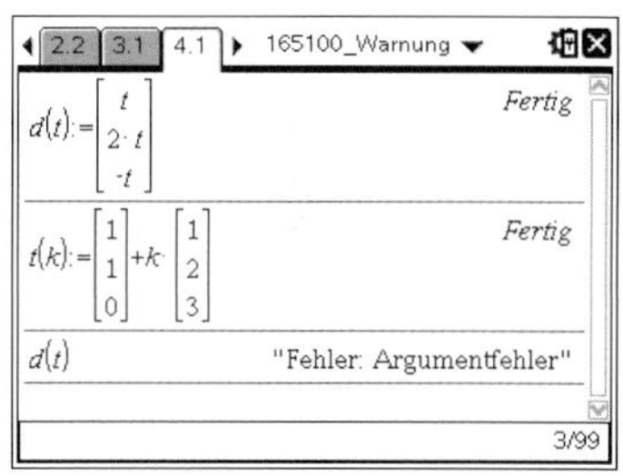

  Die Fehlermeldung kommt dadurch zustande, dass der Rechner bei d(t) für t die Eingabe einer Variablen oder Zahl erwartet, aber t hier als ein Vektor abgespeichert ist.

- Um Rundungsfehler zu vermeiden, sollte man die **Zwischenergebnisse** direkt **über Kopieren und Einfügen** (ctrl C bzw. ctrl V) im weiteren Rechengang **nutzen**.

  Beispiel: Eine Stadt hatte 70 000 Einwohner im Jahr 2010, im Jahr 2016 sind es 85 000. Unter der Annahme, dass exponentielles Wachstum vorliegt, soll das Jahr berechnet werden, in dem sich die Bevölkerungszahl gegenüber dem Jahr 2010 verdoppelt hat.

  Aus dem Ansatz ergibt sich ein exakter Wachstumsfaktor oder ein als Dezimalbruch angegebener Faktor mit vielen Nachkommastellen (siehe Bildschirmausdruck). Man ist versucht, mit einem gerundeten Wert weiterzurechnen, beispielsweise hier mit $x = 1{,}03$. Mit diesem gerundeten Zwischenergebnis erhält man eine Abweichung von fast zwei Jahren gegenüber dem Ergebnis, das aus dem nicht gerundeten Wert entsteht.

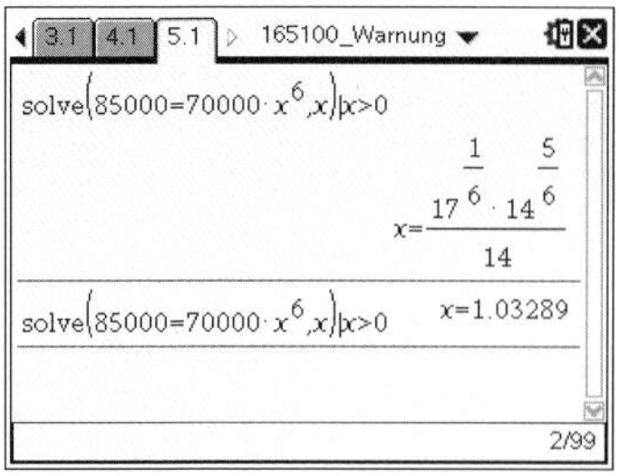

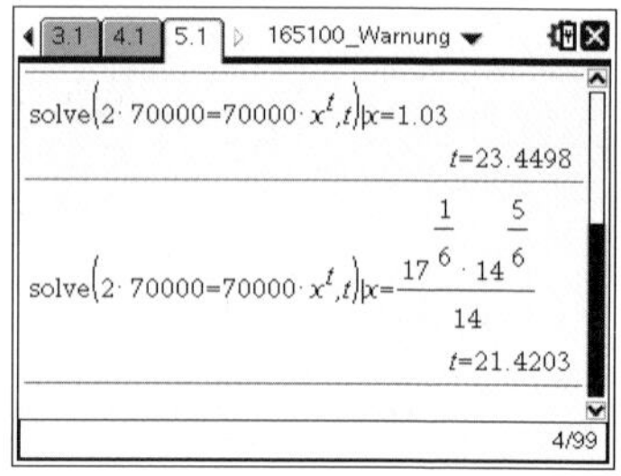

- Weil der Taschencomputer Ihnen viel Arbeit abnimmt, kann es passieren, dass Ihre Lösungsdarstellung zu knapp ausfällt. Gewöhnen Sie sich beizeiten daran, den Lösungsweg immer so zu notieren, dass er von anderen gut nachvollzogen werden kann. **Kommentieren Sie Ihre Lösungsansätze, notieren Sie Zwischenschritte und nehmen Sie in der Antwort immer Bezug auf die gestellte Aufgabe.** So haben Sie eine nachträgliche Kontrolle, ob Sie wirklich alle gestellten Aufgabenteile bearbeitet haben. Eventuell ist es dann auch möglich, bei der Korrektur Folgefehler anzuerkennen. Selbstverständlich trägt eine saubere und übersichtliche Darstellung des Lösungsweges zu einem positiven Gesamteindruck Ihrer Abiturarbeit bei.

Kernfach Mathematik (Thüringen)
Übungsaufgaben für den hilfsmittelfreien Teil

Aufgabe 1

Gegeben ist die Funktion f durch $f(x) = \sin(2x)$ mit $x \in \mathbb{R}$.

a) Skizzieren Sie den Graphen von f im Intervall $0 \le x \le 2\pi$. (2 BE)

b) Entscheiden Sie, welche der folgenden Funktionen mit der 1. Ableitungsfunktion von f übereinstimmt.
A: $g(x) = \cos(2x)$ B: $h(x) = -2\cos(2x)$ C: $k(x) = 2\cos(2x)$ (1 BE)

c) Ermitteln Sie die Lösungsmenge der Ungleichung $f(x) \ge 0$ im Intervall $-\pi \le x \le \pi$. (2 BE)

Aufgabe 2

Herr K. verfügt über ein Sparguthaben von 2 000 Euro. Er will davon jeden zehnten Tag Geld abheben und zwar stets die Hälfte seines noch verbliebenen Guthabens.

a) Ermitteln Sie, wie groß sein Guthaben nach 40 Tagen ist. (1 BE)

b) Entscheiden Sie, welche der folgenden Funktionsvorschriften die Entwicklung des Guthabens von Herrn K. beschreiben, wenn die Variable K für das Guthaben in Euro und die Variable t für die Zeit in Tagen steht.

A: $K(t) = 2\,000 - \frac{1}{2} \cdot t \cdot 10$ B: $K(t) = 2\,000 \cdot \left(\frac{1}{2}\right)^{\frac{t}{10}}$

C: $K(t) = 2\,000 \cdot \left(\frac{1}{2}\right)^{10 \cdot t}$ D: $K(t) = 2\,000 \cdot 2^{\frac{-t}{10}}$ (2 BE)

c) Ermitteln Sie, wann Herr K. nur noch $\frac{1}{8}$ seines ursprünglichen Guthabens besitzt. (2 BE)

Aufgabe 3

Für eine Funktion f gelte $f'(5) = 0$.
Was lässt sich hieraus eindeutig folgern? Begründen Sie jeweils Ihre Entscheidung.
(A) An der Stelle 5 hat die Ableitungsfunktion von f den Wert 0. (1 BE)
(B) $x = 5$ ist Extremstelle von f. (1 BE)
(C) $x = 5$ ist Sattelstelle (Wendestelle mit waagerechter Tangente) von f. (1 BE)
(D) $x = 5$ ist Extrem- oder Sattelstelle von f. (1 BE)
(E) An der Stelle $x = 5$ hat der Graph der Funktion f eine waagerechte Tangente. (1 BE)

Aufgabe 4

Eine heiße Substanz kühlt an der Luft (konstante Umgebungstemperatur 20 °C) ab. Es werden in den ersten 20 Minuten folgende Werte gemessen:

Zeit t in Minuten	0	10	20
Temperatur ϑ in °C	80	56	42

Die folgenden drei mathematischen Modelle werden zur Beschreibung des Abkühlungsprozesses betrachtet.

Modell A

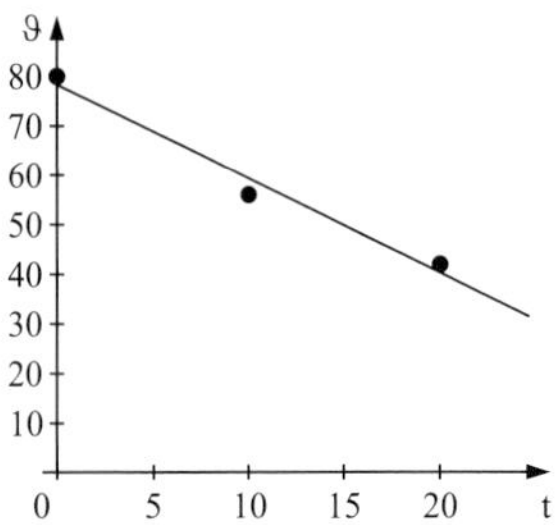

$\vartheta(t) = -1{,}9t + 78{,}33$

Modell B

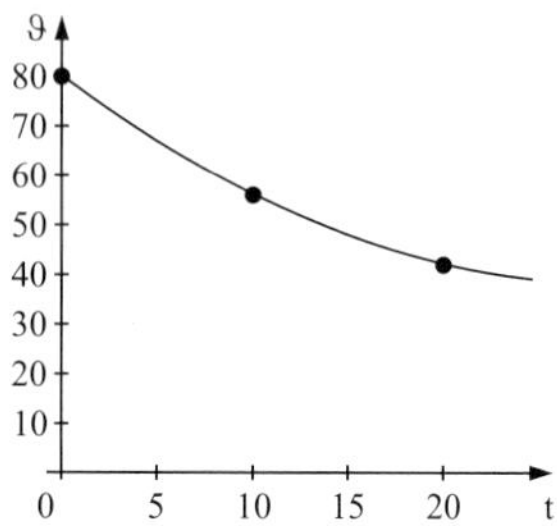

$\vartheta(t) = \frac{1}{20} \cdot \left((t-29)^2 + 759\right)$

Modell C

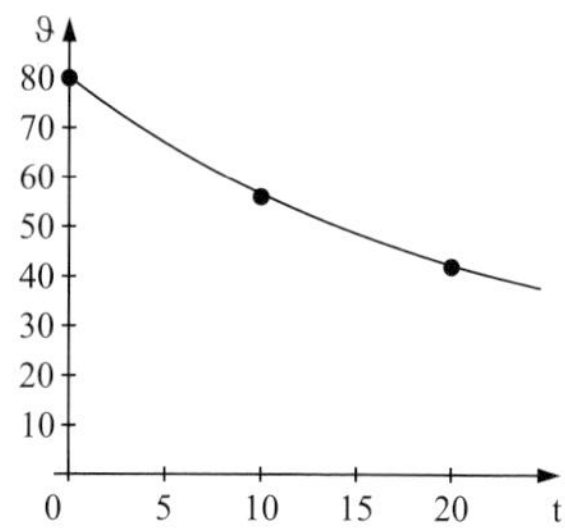

$\vartheta(t) = 20 + 60 \cdot e^{-0{,}05t}$

a) Begründen Sie, weshalb das Modell C den gesamten Abkühlungsprozess am sinnvollsten beschreibt. (3 BE)

b) Ermitteln Sie für Modell C eine Gleichung, die die Zeit t in Abhängigkeit von der Temperatur ϑ beschreibt. (2 BE)

Aufgabe 5

Der Graph der Funktion f mit $f(x) = 2x^2 + ax + b$ mit $a, b, x \in \mathbb{R}$ hat im Punkt $P(2\,|\,1)$ den Anstieg 2.

a) Beschreiben Sie, wie aus diesen Angaben auf die Größe der Koeffizienten a und b geschlossen werden kann. (2 BE)

b) Berechnen Sie a und b. (3 BE)

Aufgabe 6

Gegeben sind die Funktionen f durch $f(x) = x^4 + bx^2$ mit $b, x \in \mathbb{R}$.

a) Begründen Sie, weshalb die Funktionen f für $b \geq 0$ keine Wendepunkte besitzen. (3 BE)

b) Ermitteln Sie die Koordinaten der Wendepunkte für $b = -6$. (2 BE)

Aufgabe 7

In einem Koordinatensystem ist der Graph einer der Funktionen f mit
$f(x) = x^3 - x$
oder g mit
$g(x) = x^3 + x$
mit $x \in \mathbb{R}$ dargestellt.

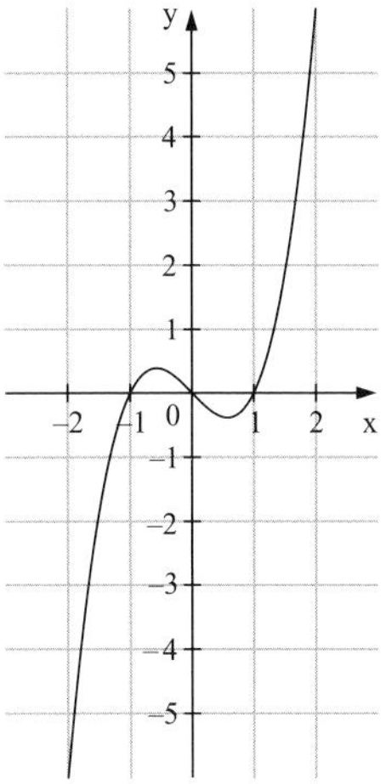

a) Entscheiden Sie, welche der Funktionen grafisch dargestellt ist. (1 BE)

b) Skizzieren Sie den Verlauf der Ableitungsfunktion der dargestellten Funktion in dasselbe Koordinatensystem. (2 BE)

c) Berechnen Sie:
$$\int_{-1}^{0} (x^3 - x)\,dx$$ (2 BE)

Aufgabe 8

Gegeben ist die Funktion f durch $f(x) = -(x-2)^2 + 4$ mit $x \in \mathbb{R}$.

a) Skizzieren Sie den Graphen von f im Intervall $0 \le x \le 4$. (1 BE)

b) Ermitteln Sie eine Gleichung der Tangente an den Graphen von f an der Stelle $x_0 = 4$. (2 BE)

c) Die Funktion f beschreibe im Intervall $0 \le x \le 4$ die Geschwindigkeit eines Fahrzeugs in Meter pro Sekunde (x: Zeit in Sekunden).
Erläutern Sie, welche physikalische Bedeutung in diesem Sachzusammenhang dem Term $\int_{0}^{4} f(x)\,dx$ zukommt. Berechnen Sie auch den Wert dieses Terms. (2 BE)

Aufgabe 9

Gegeben ist die Funktion f durch $f(x) = 1 - \frac{1}{x}$ mit $x \in \mathbb{R}$, $x \neq 0$.

a) Beschreiben Sie, wie der Graph von f aus dem Graphen der Funktion g mit $g(x) = \frac{1}{x}$ mit $x \in \mathbb{R}$, $x \neq 0$ hervorgeht. (2 BE)

b) Skizzieren Sie den Graphen von f. (1 BE)

c) Ermitteln Sie eine Gleichung derjenigen Stammfunktion F von f, die an der Stelle $x_0 = 1$ den Funktionswert 2 hat. (2 BE)

Aufgabe 10

Gegeben sind die Graphen der Funktionen f mit $f(x) = e^x$ und g mit $g(x) = x$ mit $x \in \mathbb{R}$.

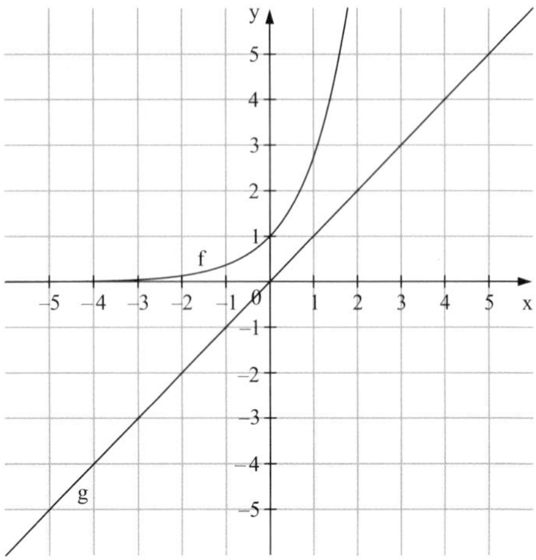

a) Skizzieren Sie in dieses Koordinatensystem den Graphen der Funktion h mit $h(x) = e^x - x$. (1 BE)

b) Berechnen Sie Art und Koordinaten des lokalen Extrempunktes von h. (2 BE)

c) Die Graphen von f und g schließen im Intervall $0 \leq x \leq 1$ mit den Geraden $x = 0$ und $x = 1$ eine Fläche A ein.
Weisen Sie nach, dass die Fläche A einen Flächeninhalt von $e - \frac{3}{2}$ Flächeneinheiten hat. (2 BE)

Aufgabe 11

Ein Gefäß enthält zu Beginn 10 Liter Wasser. Der Zu- und Abfluss wird über ein Ventil gesteuert. Die Änderungsrate in $\frac{\text{Liter}}{\text{min}}$ wird durch nebenstehendes Diagramm veranschaulicht.

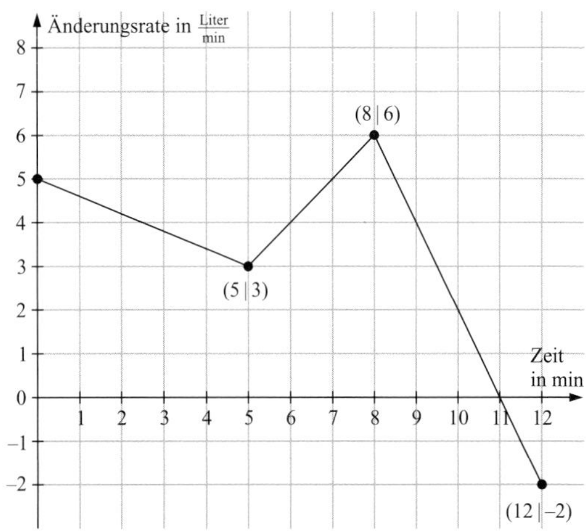

a) Beschreiben Sie, woran man am Diagramm erkennen kann, dass es sich um einen Zufluss bzw. einen Abfluss handelt. (1 BE)

b) Erläutern Sie die Bedeutung des Inhaltes der Fläche zwischen Graph und Zeitachse in diesem Sachzusammenhang. (2 BE)

c) Ermitteln Sie die Menge an Wasser in dem Gefäß nach 12 Minuten. (2 BE)

Aufgabe 12

In der Grafik wird die vertikale Geschwindigkeit eines Heißluftballons dargestellt, der zum Zeitpunkt $t = 0$ am Boden war (v in $\frac{m}{min}$, t in min).

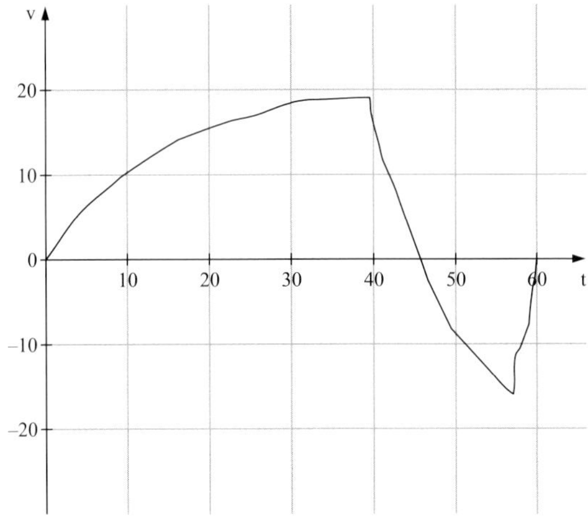

a) Bestimmen Sie durch eine Schätzung die nach 30 Minuten erreichte Höhe. (2 BE)

b) Begründen Sie, dass die Ballonfahrt an einem höher gelegenen Ort endet. (1 BE)

c) Bestimmen näherungsweise die Höhe des Ballons bei der Landung nach 60 Minuten. (2 BE)

Aufgabe 13

Der Graph der Funktion f mit $f(x) = -\frac{4}{9}x + 2$ schließt mit der x-Achse und den Geraden $x = 1$ sowie $x = 2$ eine Fläche ein.

a) Bestimmen Sie die Größe dieser Fläche. (2 BE)

b) Bestimmen Sie für a und b je einen konkreten Wert, sodass $\int_a^b f(x)\,dx = 0$ mit $a < b$ gilt. Beschreiben Sie zunächst Ihre Überlegungen. (3 BE)

Aufgabe 14

Die Graphen der Funktionen $y = 2$ und f mit $f(x) = x^2 - 2$ schließen eine Fläche ein.

a) Veranschaulichen Sie diesen Sachverhalt in einer Skizze. (2 BE)

b) Zeigen Sie, dass der Inhalt dieser Fläche $\frac{32}{3}$ Flächeneinheiten beträgt. (3 BE)

Aufgabe 15

a) Ermitteln Sie eine quadratische Funktion g der Form $g(x) = -x^2 + a$ mit $x; a \in \mathbb{R}; a > 0$, die ein Flächenstück vom Inhalt $\frac{4}{3}$ Flächeneinheiten mit der x-Achse eingrenzt. (3 BE)

b) Skizzieren Sie den Graphen von g aus Aufgabenteil a für $a = 1$. (2 BE)

Aufgabe 16

a) Berechnen Sie alle Werte des reellen Parameters a ($a \neq 0$), sodass der Graph der Funktion f_a mit $f_a(x) = a \cdot (x-2) \cdot x^2$ mit der x-Achse eine Fläche mit dem Inhalt $A = \frac{4}{3}$ FE vollständig einschließt. (3 BE)

b) Skizzieren Sie die Graphen von f_a aus Aufgabenteil a für $a = 2$ und $a = -2$. (2 BE)

Aufgabe 17

Gegeben sind die drei Punkte O (Koordinatenursprung), A und B.

a) Erläutern Sie, welche Punktmenge durch die Gleichung $\vec{x} = \overrightarrow{OA} + r \cdot \overrightarrow{AB}$ mit $r \in \mathbb{R}$ und $0 \leq r \leq 2$ bzw. $|r| \leq 1$ beschrieben wird. (3 BE)

b) Ermitteln Sie einen Punkt C auf der Geraden g(AB), der vom Punkt B doppelt so weit entfernt ist wie vom Punkt A. Beschreiben Sie dies durch eine geeignete Vektorgleichung. (2 BE)

Aufgabe 18

In einem kartesischen Koordinatensystem sind die Punkte A, B, C und D gegeben: $A(5|0|0)$, $B(5|4|3)$, $C(0|4|3)$, $D(0|0|0)$

a) Zeigen Sie, dass das Viereck ABCD ein Quadrat ist. (3 BE)

b) Bestimmen Sie den Mittelpunkt der Diagonalen des Quadrats ABCD. (2 BE)

Aufgabe 19

Gegeben sind die Gerade g, die durch die Punkte $A(1|0|0)$ und $B(-1|1|1)$ verläuft, sowie die Ebene E mit der Gleichung $2x + 3y + 3z = 12$.

a) Bestimmen Sie die Koordinaten des Punktes S, in dem die Gerade g die Ebene E schneidet. (2 BE)

b) Die Ebene E bildet mit den Koordinatenebenen eine Pyramide. Stellen Sie diese Pyramide in einem Schrägbild dar und berechnen Sie ihr Volumen. (3 BE)

Aufgabe 20

Gegeben ist ein Würfel ABCOEFGH mit achsenparallelen Kanten und mit $A(1|0|0)$, $B(1|1|0)$ sowie $G(0|1|1)$.

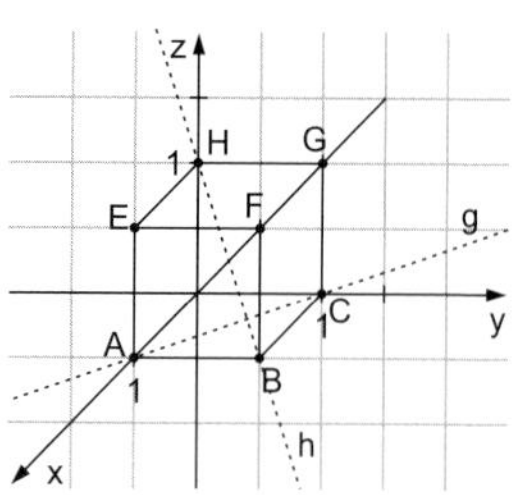

a) Weisen Sie nach, dass die beiden Geraden g(AC) und h(BH) zueinander windschief verlaufen. (3 BE)

b) Beschreiben Sie eine Möglichkeit zur Bestimmung des Abstandes der beiden Geraden voneinander. (2 BE)

Aufgabe 21

Gegeben ist ein Würfel mit der Kantenlänge 5 cm entsprechend der nebenstehenden Abbildung.

Der Würfel steht mit seiner Grundfläche ABCD auf der xy-Ebene. Der Punkt M sei der Mittelpunkt der Seitenfläche BCGF.

Untersuchen Sie, ob die Gerade g durch die Punkte A und G die Gerade h durch die Punkte M und H schneidet.

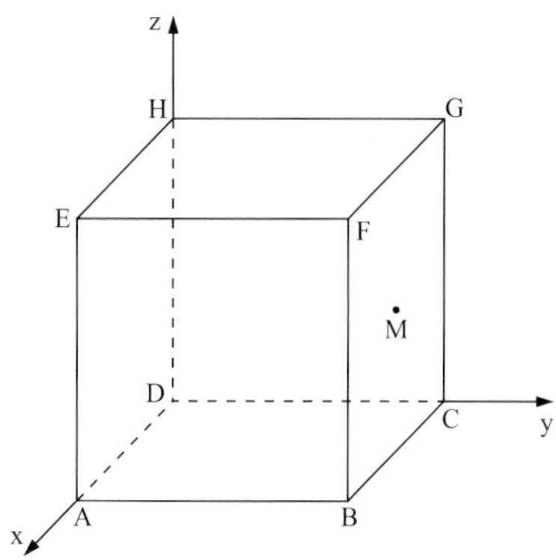

(5 BE)

Aufgabe 22

Die Ebene E ist gegeben durch die Gleichung $2x + 2y + z = 4$.

a) Begründen Sie, dass der Punkt $P(-1 \mid -1 \mid -1)$ nicht auf E liegt. (1 BE)

b) Ermitteln Sie die Koordinaten des Punktes P', der durch Spiegelung von P an der Ebene E entsteht. (4 BE)

Aufgabe 23

Gegeben ist die Pyramide ABCD mit den Eckpunkten $A(1 \mid 0 \mid 1)$, $B(1 \mid 2 \mid 1)$, $C(0 \mid 1 \mid 1)$, $D(1 \mid 1 \mid 3)$.

a) Zeichnen Sie ein Schrägbild der Pyramide ABCD und beschreiben Sie deren besondere Lage und Form. (2 BE)

b) Ermitteln Sie das Volumen der Pyramide ABCD. (3 BE)

Aufgabe 24

Zwei Würfel unterschiedlicher Farbe werden gleichzeitig geworfen.

a) Begründen Sie, dass die Wahrscheinlichkeit für einen „Pasch" (also bei beiden Würfeln die gleiche Augenzahl) $\frac{1}{6}$ ist, wenn die beiden Würfel einmal gleichzeitig geworfen werden. (2 BE)

b) Berechnen Sie die Wahrscheinlichkeit, dass es bei drei Würfen mit beiden Würfeln jedes Mal einen „Pasch" gibt. (2 BE)

c) Erläutern Sie, ob sich am Ergebnis von Aufgabenteil b etwas ändern würde, wenn man zwei gleichfarbige Würfel hätte. (1 BE)

Aufgabe 25

Drei Würfel werden einmal gleichzeitig geworfen. Bestimmen Sie die Wahrscheinlichkeit, dass

a) nur gleiche Zahlen vorkommen, (1 BE)

b) genau zwei verschiedene Zahlen vorkommen, (2 BE)

c) keine Zahl mehrfach vorkommt. (2 BE)

Aufgabe 26

a) In einer Urne liegen drei rote und zwei grüne Kugeln.
Beschreiben Sie ein Zufallsexperiment und ein dazu gehörendes Ereignis, dessen Wahrscheinlichkeit sich mit dem folgenden Term berechnen lässt:
$\binom{5}{3} \cdot 0{,}6^3 \cdot 0{,}4^2$ (2 BE)

b) Entscheiden Sie, welches der abgebildeten Diagramme zu einer Binomialverteilung mit $n = 10$ Versuchen und einer Erfolgswahrscheinlichkeit von $p = 0{,}8$ gehört.
Begründen Sie kurz Ihre Wahl.

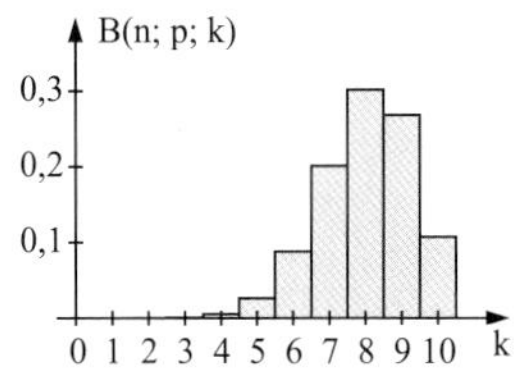

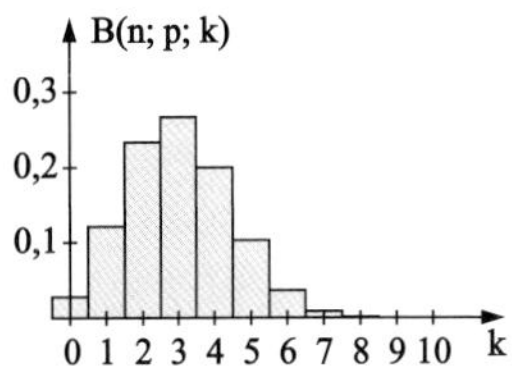

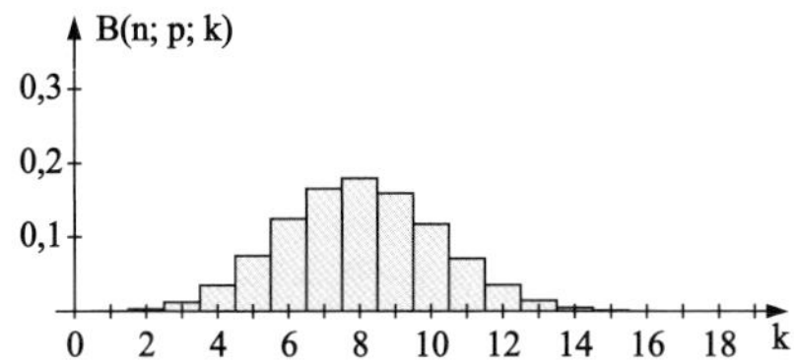

(3 BE)

Aufgabe 27

Ein zweistufiges Zufallsexperiment wird durch das nebenstehende Baumdiagramm beschrieben.
Bestimmen Sie x so, dass die Wahrscheinlichkeit P(E) möglichst groß wird.

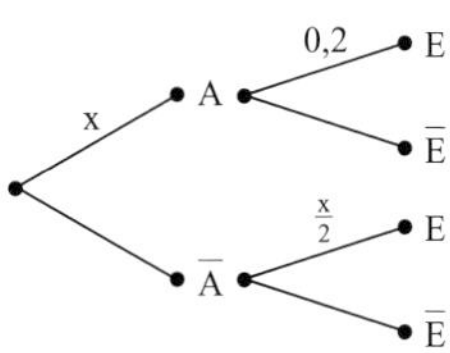

(5 BE)

Aufgabe 28

Ein Schütze trifft mit einer Wahrscheinlichkeit von 60 % sein Ziel. Nach einem Treffer erhöht sich seine Chance auf einen Treffer um ein Zehntel des bisherigen Wertes, nach einem Fehlschuss verringert sich seine Trefferwahrscheinlichkeit um ein Viertel des bisherigen Wertes. Berechnen Sie die Wahrscheinlichkeit für genau einen Treffer, genau zwei Treffer bzw. keinen Treffer aus zwei Versuchen. (5 BE)

Aufgabe 29

„Jeder Fünfte in Deutschland ist tätowiert", so wurde eine Zeitungsmeldung überschrieben.

Es werden 100 zufällig ausgewählte Personen in Deutschland befragt, ob sie tätowiert sind. Die binomialverteilte Zufallsgröße X gibt die Anzahl der Personen an, die diese Frage bejahen.

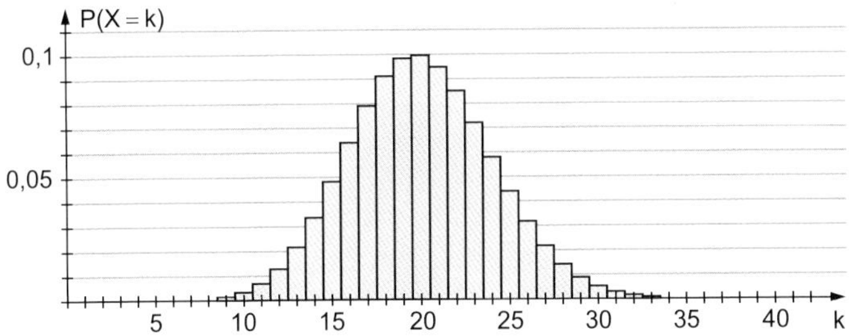

a) Berechnen Sie den Erwartungswert und die Standardabweichung von X. (2 BE)

b) Markieren Sie im Histogramm das 95-%-Prognoseintervall. (1 BE)

c) Entscheiden Sie, ob eine signifikante Abweichung von der Behauptung „Jeder Fünfte in Deutschland ist tätowiert" vorliegt, wenn in dieser Stichprobe 35 Personen mit „Ja" antworten. (2 BE)

Aufgabe 30

Gegeben ist der Graph der N(0; 1)-verteilten Zufallsgröße X (Standardnormalverteilung).

a) Begründen Sie, weshalb für diese Verteilung $P(X \leq 0) = 0{,}5$ gilt. (2 BE)

b) Kennzeichnen Sie in die Graphen die Wahrscheinlichkeiten für die angegebenen Intervalle durch zugehörige Flächen und schätzen Sie den Wert dieser Wahrscheinlichkeiten.

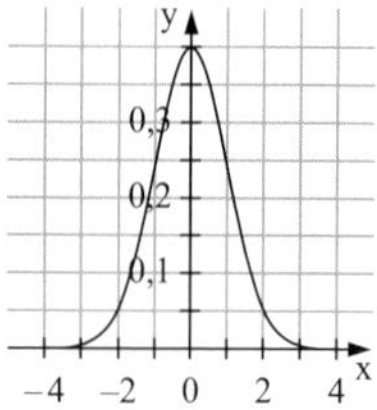

P(X < 1)

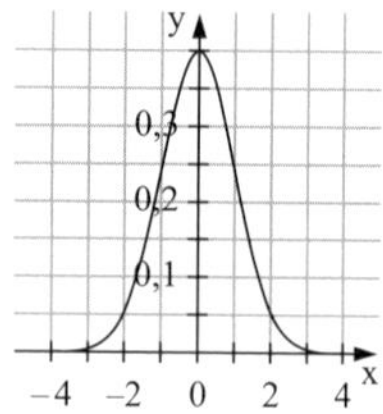

P(−1 ≤ X ≤ 1)

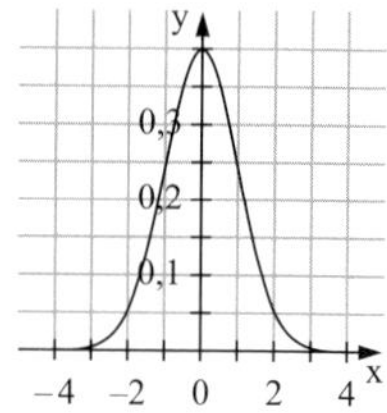

P(X > −0,5)

(3 BE)

Aufgabe 31

Begründen Sie, welcher der dargestellten Graphen zu einer Normalverteilung gehören kann. Geben Sie ggf. den Erwartungswert μ und näherungsweise die Standardabweichung σ an.

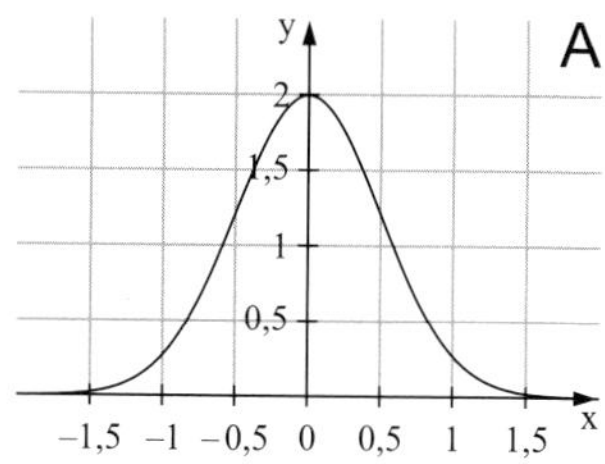

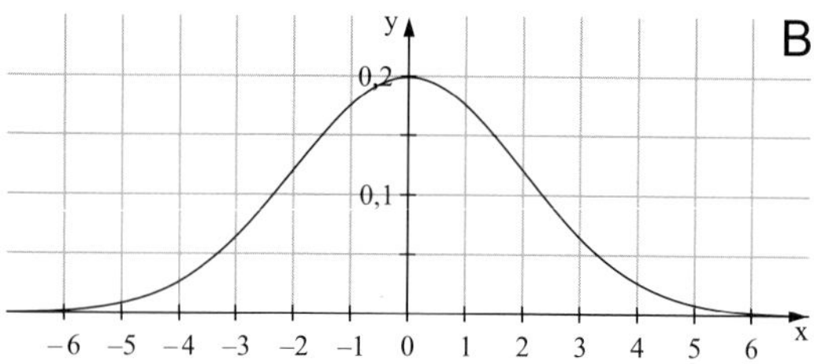

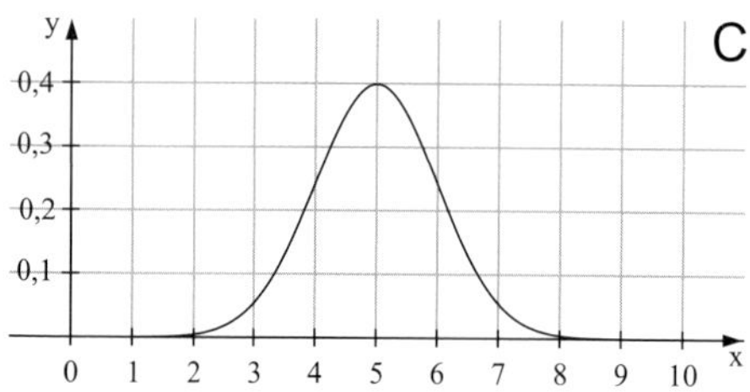

(5 BE)

Aufgabe 32

a) Begründen Sie, weshalb man die folgenden Zufallsgrößen nicht mit der Binomialverteilung modellieren kann:
   (1) Aus einer Urne mit sechs roten und vier weißen Kugeln werden drei Kugeln ohne Zurücklegen entnommen. Als Zufallsgröße X wird die Anzahl der roten Kugeln unter den gezogenen betrachtet.

(2) In Deutschland haben ca. 4 % der Bevölkerung die Blutgruppe AB. Als Zufallsgröße wird die Anzahl der Personen mit Blutgruppe AB in der Familie Maier betrachtet. (2 BE)

b) Beschreiben Sie, wie sich der Erwartungswert und die Standardabweichung von Binomialverteilungen verändern, wenn bei einer fest vorgegebenen Trefferwahrscheinlichkeit p die Versuchsanzahl n immer größer wird. Welche Veränderung passiert dabei mit dem Histogramm der Binomialverteilung? (3 BE)

Aufgabe 10

Teilaufgabe a

Ermitteln Sie einige Punkte des Graphen von h durch „Addition“ der zum selben x-Wert gehörenden Ordinaten von f und g.

Teilaufgabe b

Beachten Sie notwendige und hinreichende Bedingungen für lokale Extrempunkte.

Teilaufgabe c

Berechnen Sie zum Nachweis das zugehörige bestimmte Integral.

Aufgabe 11

Teilaufgabe a

Gehen Sie auf die Bedeutung des Vorzeichens der Zuflussrate ein.

Teilaufgabe b

Verwenden Sie die Deutung des bestimmten Integrals als aus Änderungen rekonstruierter Bestand.

Teilaufgabe c

Zerlegen Sie die Fläche zwischen Graph und Zeitachse in Teilflächen und berechnen Sie deren Flächeninhalte.

Teilflächen, die unterhalb der Zeitachse liegen, erhalten ein negatives Vorzeichen.

Die Summe dieser Flächeninhalte ergibt unter Beachtung ihres Vorzeichens die gesuchte Größe.

Aufgabe 12

Teilaufgabe a

Die nach 30 Minuten erreichte Höhe entspricht der Fläche unter dem Graphen von v im Intervall [0; 30].

Nähern Sie den Graphen im Intervall [0; 30] durch eine Gerade an.

Teilaufgabe b

Welche Bedeutung haben Flächen oberhalb bzw. unterhalb der waagerechten Achse bezogen auf diesen Sachverhalt?

Teilaufgabe c

Eine gute Näherung kann man z. B. durch Dreiecke erreichen.

Aufgabe 13

Teilaufgabe a

Überlegen Sie, ob die zur Funktion f gehörende Gerade und die x-Achse eine Fläche einschließen, die vollständig oberhalb der x-Achse liegt.

Den Flächeninhalt können Sie entweder elementar als Trapezfläche oder mithilfe der Integralrechnung bestimmen.

Teilaufgabe b

Berücksichtigen Sie, dass die Gerade die x-Achse schneidet.

Aufgabe 14

Teilaufgabe a

Die Gerade $y = 2$ verläuft parallel zur x-Achse, die Parabel $y = x^2 - 2$ ist nach oben geöffnet.

Teilaufgabe b

Bestimmen Sie die Schnittpunkte beider Kurven.

Vereinfachen Sie die Flächenberechnung mittels Integration durch Ausnutzung der Symmetrie zur y-Achse.

Aufgabe 15

Die zu g gehörende Parabel ist nach unten geöffnet und besitzt wegen $a > 0$ einen oberhalb der x-Achse liegenden Scheitelpunkt.

Bestimmen Sie die Nullstellen von g als Integrationsgrenzen und nutzen Sie zur Vereinfachung für den Ansatz der Flächenberechnung die Achsensymmetrie der Parabel aus.

Aufgabe 16

Teilaufgabe a

Machen Sie sich klar, dass die Funktion f_a genau zwei Nullstellen hat, und berechnen Sie diese Nullstellen.

Beachten Sie, dass die zu berechnende Fläche in Abhängigkeit vom Vorzeichen des Parameters a oberhalb oder unterhalb der x-Achse liegen kann.

Teilaufgabe b

Berechnen Sie zum Skizzieren jeweils einen Funktionswert, der zwischen den beiden Nullstellen liegt, und ggf. zwei weitere einfach zu berechnende Werte.

Aufgabe 17

Teilaufgabe a

Skizzieren Sie den Sachverhalt.

Veranschaulichen Sie die gegebenen Vektoren.

Teilaufgabe b

Skizzieren Sie sich einen möglichen Punkt C; was muss für die Länge des Vektors $\overrightarrow{AC}$ gelten?

Aufgabe 18

Teilaufgabe a

Es müssen drei Bedingungen erfüllt sein, z. B. $\overrightarrow{AB} = -\overrightarrow{CD}$ und $\overrightarrow{AB} \perp \overrightarrow{BC}$ sowie $|\overrightarrow{AB}| = |\overrightarrow{BC}|$.

Die Orthogonalität zweier Vektoren kann mit dem Skalarprodukt überprüft werden.

Teilaufgabe b

Kennt man die Koordinaten einer Strecke, so kann man hiermit den Mittelpunkt der Strecke bestimmen.

Alternative: Bestimmen Sie zwei Geradengleichungen und den zugehörigen Schnittpunkt.

Aufgabe 19

Teilaufgabe a

Stellen Sie eine Parameterform $\vec{x} = \overrightarrow{OA} + t \cdot \overrightarrow{AB}$ der Geradengleichung auf.

- Setzen Sie zeilenweise die Koordinaten der Geradengleichung in die Ebenengleichung ein.
- Berechnen Sie den Wert des Parameters t und setzen ihn in die Gleichung von g ein.

Teilaufgabe b

- Ermitteln Sie die Durchstoßpunkte der Koordinatenachsen durch die Ebene E (Achsenabschnittsform!), um ein Schrägbild mit der beschriebenen Pyramide zeichnen zu können.
- Berechnen Sie das Volumen der Pyramide, indem Sie die Grundfläche und die Höhe geschickt auswählen.

Aufgabe 20

Teilaufgabe a

- Stellen Sie die Geradengleichungen auf.
- Untersuchen Sie, ob die Geraden parallel zueinander verlaufen oder nicht.
- Prüfen Sie, ob es einen gemeinsamen Schnittpunkt gibt.

Teilaufgabe b

- Der Abstand windschiefer Geraden ist die kürzeste Entfernung zwischen beiden.
- Nutzen Sie die Orthogonalitätsbedingung.

Aufgabe 21

- Sie können die Aufgabe elementargeometrisch lösen.
- Alternativ ist auch eine rechnerische Lösung möglich. Stellen Sie dazu die Gleichungen der Geraden g(AG) und h(MH) auf, setzen Sie gleich und zeigen Sie, dass das Gleichungssystem genau eine Lösung hat.

Aufgabe 22

Teilaufgabe a

- Führen Sie eine Punktprobe durch.

Teilaufgabe b

- Nutzen Sie das Lotfußpunktverfahren.
- Ermitteln Sie die Gleichung einer Geraden, die senkrecht zu E durch den Punkt P verläuft.
- Der Lotfußpunkt ergibt sich als Schnittpunkt dieser Geraden mit der Ebene. Ermitteln Sie dann die Lage des Spiegelpunktes P'.

Aufgabe 23

- Überlegen Sie, wie Sie die Höhe der Grundfläche ABC und die Höhe der Pyramide erhalten.

Aufgabe 24

- Bestimmen Sie die Wahrscheinlichkeit für einen Pasch.
- Beachten Sie die Unabhängigkeit der Ergebnisse beim dreimaligen Werfen zweier Würfel.

Aufgabe 25

- Überlegen Sie, wie viele mögliche Ergebnisse es beim dreifachen Wurf geben kann.
- Überlegen Sie, wie viele mögliche Ergebnisse es gibt, wenn genau zwei Zahlen unterschiedlich sind bzw. wenn sich beim ersten, zweiten und dritten Würfel kein Ergebnis wiederholen darf.

Aufgabe 26

Teilaufgabe a

Der Term gehört zu einer Bernoulli-Kette. Bestimmen Sie zunächst aus dem Term die Länge der Kette und die Wahrscheinlichkeit für einen Treffer.

Teilaufgabe b

Nutzen Sie bei Ihrer Wahl den Erwartungswert für eine binomialverteilte Zufallsgröße.

Aufgabe 27

Beschreiben Sie die Wahrscheinlichkeit P(E) mithilfe der Pfadregeln in Abhängigkeit von x durch eine Funktion f(x).

Untersuchen Sie f(x) auf lokale Maxima.

Aufgabe 28

Zeichnen Sie ein Baumdiagramm.

Kennzeichen Sie die Pfade für genau einen, zwei bzw. keinen Treffer aus zwei Versuchen.

Ermitteln Sie die gesuchte Wahrscheinlichkeit mithilfe der Pfadregeln.

Aufgabe 29

Teilaufgabe a

Überlegen Sie, welche Wahrscheinlichkeit der Aussage „Jeder Fünfte …“ zukommt.

Berechnen Sie Erwartungswert und Standardabweichung mit den bekannten Formeln.

Teilaufgabe b

Entscheiden Sie, welche Sigma-Regel zum 95-%-Prognoseintervall gehört.

Berechnen Sie das zu diesem Sigma-Bereich gehörende Intervall und markieren Sie die zugehörigen Säulen des Histogramms.

Teilaufgabe c

Von einer signifikanten Abweichung wird gesprochen, wenn das Stichprobenergebnis nicht im 95-%-Prognoseintervall liegt.

Aufgabe 30

Welche besondere Eigenschaft hat der Graph der Standardnormalverteilung?

Aufgabe 31

Berücksichtigen Sie bei Ihrer Entscheidung die Lage des Erwartungswertes der Verteilung sowie die Bedeutung der Fläche unter dem Graphen der Verteilung.

Aufgabe 32

Teilaufgabe a

Beachten Sie die Voraussetzungen für die Annahme einer Binomialverteilung.

Teilaufgabe b

Überlegen Sie, wie Erwartungswert und Standardabweichung einer binomialverteilten Zufallsgröße berechnet werden und welche Auswirkungen das auf die Gestalt des Histogramms hat.

Lösungen

Aufgabe 1

a) Die kleinste Periode von $y=\sin(2x)$ ist $p=\frac{2\pi}{2}=\pi$.

b) $\underline{\underline{C}}$ ist die richtige Lösung (Kettenregel).

c) Die Skizze wird wie nebenstehend ergänzt.
Hieraus kann man die Lösungsmenge ablesen:

$$\underline{\underline{L=\left[-\pi;-\frac{\pi}{2}\right]\cup\left[0;\frac{\pi}{2}\right]}}$$

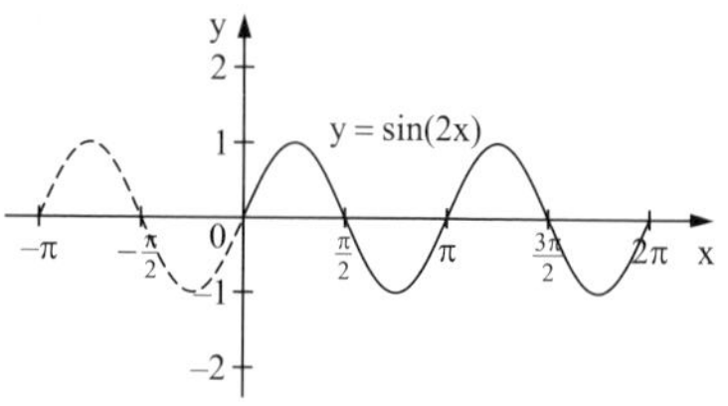

Aufgabe 2

a) Das Guthaben wird viermal halbiert ($4\cdot 10$ Tage $=40$ Tage):

$$2\,000\,€ \xrightarrow[\text{bierung}]{\text{1. Hal-}} 1\,000\,€ \xrightarrow[\text{bierung}]{\text{2. Hal-}} 500\,€ \xrightarrow[\text{bierung}]{\text{3. Hal-}} 250\,€ \xrightarrow[\text{bierung}]{\text{4. Hal-}} 125\,€$$

Nach 40 Tagen hat Herr K. noch ein Vermögen von $\underline{\underline{\text{125 Euro}}}$.

b) Richtig sind $\underline{\underline{B}}$ und $\underline{\underline{D}}$, denn es ist $\frac{1}{2}=2^{-1}$.

c) $\frac{1}{8}=\left(\frac{1}{2}\right)^3$, also nach 3 Abhebungen, d. h. nach $3\cdot 10=\underline{\underline{30\text{ Tagen}}}$

Man kann auch nach dem Lösungsweg von Teilaufgabe a schauen: Ein Achtel von 2 000 € sind 250 €, also der Betrag nach der 3. Halbierung, also nach 30 Tagen.

Aufgabe 3

Nur die Aussagen $\underline{\underline{A}}$, $\underline{\underline{D}}$ und $\underline{\underline{E}}$ sind richtig, da für die Aussage B das hinreichende Kriterium $f''(5)\neq 0$ fehlt und für die Aussage C nichts über die 2. Ableitung ausgesagt wird.

Aufgabe 4

a) Obwohl alle drei Kurven eine angemessene Näherung für den Zeitraum $0\le t\le 20$ bieten, sind die Modelle A und B für den Gesamtprozess nicht sinnvoll:
Modell A liefert eine Nullstelle für $t\approx 40$. Bei einer konstanten Umgebungstemperatur von 20 °C können aber nach 40 Minuten nicht 0 °C erreicht werden.
Modell B würde einen Verlauf der Abkühlungskurve liefern, bei dem nach 29 Minuten die Temperatur wieder ansteigt, weil die zugehörige Parabel den Scheitelpunkt $S\left(29\,\middle|\,\frac{759}{20}\right)$ besitzt. Auch das ist für den Abkühlungsprozess ohne weitere äußere Wärmezufuhr nicht zu erwarten.
Die Werte im Modell C hingegen nähern sich für immer größer werdende Zeiten immer mehr dem Wert von 20 °C an.
Das $\underline{\underline{\text{Modell C}}}$ beschreibt den Abkühlungsprozess am sinnvollsten.

b) Gleichung umstellen:

$$\vartheta(t) = 20 + 60 \cdot e^{-0{,}05t} \quad \Rightarrow \quad \vartheta(t) - 20 = 60 \cdot e^{-0{,}05t}$$

$$\frac{\vartheta(t) - 20}{60} = e^{-0{,}05t}$$

$$\ln\left(\frac{\vartheta(t) - 20}{60}\right) = -0{,}05t$$

$$\frac{1}{-0{,}05} \cdot \ln\left(\frac{\vartheta(t) - 20}{60}\right) = t \quad \Rightarrow \quad \underline{\underline{t = -20 \cdot \ln\left(\frac{\vartheta(t) - 20}{60}\right)}}$$

Aufgabe 5

a) Man bestimmt zunächst den Term der Ableitungsfunktion f'. Aus der Gleichung für f' und der Angabe des Anstiegs lässt sich eine erste Gleichung für die Bestimmung von a und b aufstellen. Die Koordinaten des Punktes P müssen die Gleichung von f erfüllen, damit ergibt sich eine zweite Bedingung für a und b. Die Lösungen dieses Gleichungssystems sind zu ermitteln.

b) Mit der Ableitung $f'(x) = 4x + a$ ist das Gleichungssystem $f(2) = 1$ und $f'(2) = 2$ zu lösen:

$8 + 2a + b = 1$ und $8 + a = 2$

Es ergibt sich für $\underline{\underline{a = -6}}$ und für $\underline{\underline{b = 5}}$.

Aufgabe 6

a) $f(x) = x^4 + bx^2$; $f'(x) = 4x^3 + 2bx$; $f''(x) = 12x^2 + 2b$; $f'''(x) = 24x$

Notwendige Bedingung für Wendepunkte:

$$f''(x) = 0 \quad \Rightarrow \quad 12x^2 + 2b = 0 \quad \Rightarrow \quad x = \pm\sqrt{-\frac{b}{6}} \quad (*)$$

Diese Gleichung ist nur für $b \leq 0$ lösbar. Für $b > 0$ ist also die notwendige Bedingung nicht erfüllt und die Funktion kann keine Wendepunkte haben.

Für $b = 0$ haben sowohl die 2. als auch die 3. Ableitung an der Stelle $x = 0$ den Wert null. Damit ist mit der notwendigen und hinreichenden Bedingung keine Aussage über die Existenz eines Wendepunktes möglich. Für $b = 0$ gilt $f(x) = x^4$. Diese Funktion hat an der Stelle $x = 0$ ein lokales Minimum, also insbesondere keinen Wendepunkt.

b) Für $b = -6$ ergeben sich mit Gleichung (*) die möglichen Wendestellen $x = -1$ und $x = 1$. Für beide Werte ist auch die hinreichende Bedingung erfüllt:

$f'''(-1) = -24 \neq 0$ bzw. $f'''(1) = 24 \neq 0$

Für $b = -6$ ergeben sich damit die Wendepunkte $\underline{\underline{W_1(-1|-5)}}$ und $\underline{\underline{W_2(1|-5)}}$.

Aufgabe 7

a) $f(1) = 1^3 - 1 = 0$ entspricht der rechten Nullstelle der abgebildeten Funktion, während $g(1) = 1^3 + 1 = 2$ nicht auf dem abgebildeten Graphen liegt.
Der Graph gehört zur Funktion $\underline{\underline{f}}$.

b) Skizze des Graphen der Ableitungsfunktion f' mit $f'(x) = 3x^2 - 1$ siehe nebenstehende Abbildung.

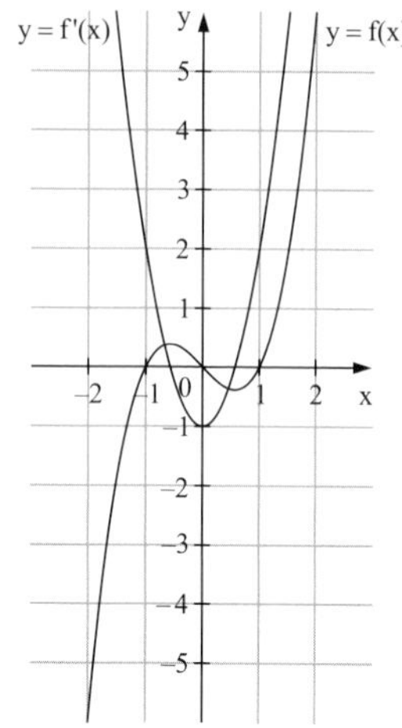

c) $\int_{-1}^{0} (x^3 - x)\,dx = \left[\frac{1}{4}x^4 - \frac{1}{2}x^2\right]_{-1}^{0} = 0 - \left(\frac{1}{4} - \frac{1}{2}\right) = \underline{\underline{\frac{1}{4}}}$

Aufgabe 8

a) Skizze des Graphen siehe nebenstehende Abbildung.

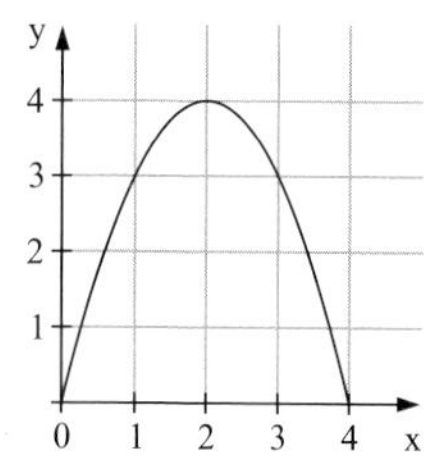

b) $f'(x) = -2(x-2) \Rightarrow m = f'(4) = -4$
Außerdem ist $f(4) = 0$. Dies und m wird in den Ansatz $y = m \cdot x + n$ eingesetzt:
$0 = -4 \cdot 4 + n \Rightarrow n = 16$
Damit ergibt sich die Tangentengleichung: $\underline{\underline{y = -4x + 16}}$

c) Der Term $\int_0^4 f(x)\,dx$ beschreibt den in 4 Sekunden zurückgelegten Weg.

$$\int_0^4 f(x)\,dx = \int_0^4 \left(-(x-2)^2 + 4\right) dx = \left[-\frac{1}{3}(x-2)^3 + 4x\right]_0^4 = -\frac{8}{3} + 16 - \frac{8}{3} = \underline{\underline{\frac{32}{3}}}$$

Aufgabe 9

a) Das Vorzeichen „minus“ vor dem Summanden $\frac{1}{x}$ von f bewirkt eine Spiegelung des Graphen von g an der x-Achse. Der Summand 1 in der Gleichung von f bewirkt eine Verschiebung des Graphen von g um eine Einheit in die positive y-Richtung.

b) Skizze des Graphen siehe nebenstehende Abbildung.

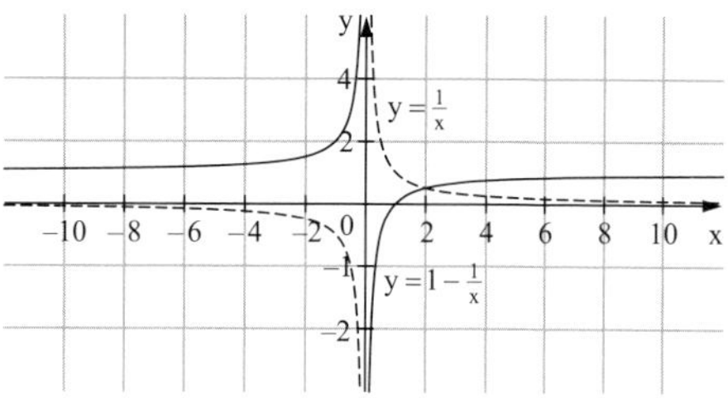

c) Die Menge aller Stammfunktionen F ist das unbestimmte Integral

$\int \left(1-\frac{1}{x}\right) dx = x - \ln|x| + c.$

Mit $F(1)=2$ folgt $2 = 1 - \ln(1) + c$. Wegen $\ln(1)=0$ ist also $c = 1$.

Die gesuchte Stammfunktion hat die Gleichung $\underline{\underline{y = F(x) = x - \ln|x| + 1}}$.

Aufgabe 10

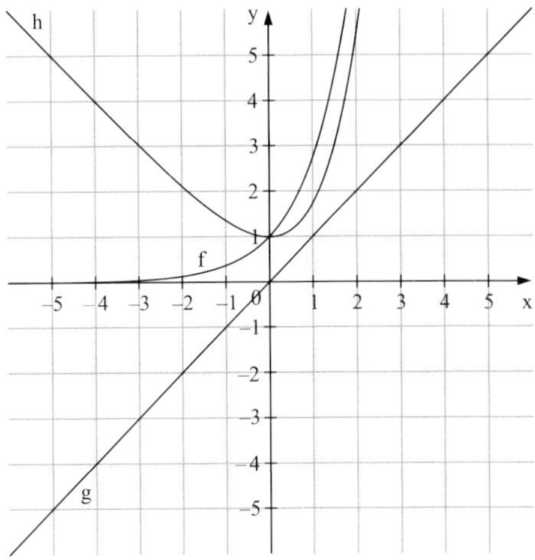

a) Skizze des Graphen von h siehe nebenstehende Abbildung.

b) $h'(x) = e^x - 1$; $h''(x) = e^x$

Notwendige Bedingung für einen lokalen Extrempunkt:

$h'(x) = 0 \Rightarrow e^x - 1 = 0 \Rightarrow x = 0$

Hinreichende Bedingung:

$h''(0) = 1 > 0 \Rightarrow$ lokales Minimum

Die Koordinaten des lokalen Tiefpunktes sind $\underline{\underline{T(0|1)}}$.

c) $\int_0^1 \left(e^x - x\right) dx = \left[e^x - \frac{1}{2}x^2\right]_0^1$

$= e - \frac{1}{2} - 1 = e - \frac{3}{2}$

Aufgabe 11

a) Liegt der Graph oberhalb der Zeitachse, ist die Zuflussrate positiv, d. h., es handelt sich um einen Zufluss. Liegt der Graph unterhalb der Zeitachse, ist die Zuflussrate negativ, d. h., es handelt sich um einen Abfluss.

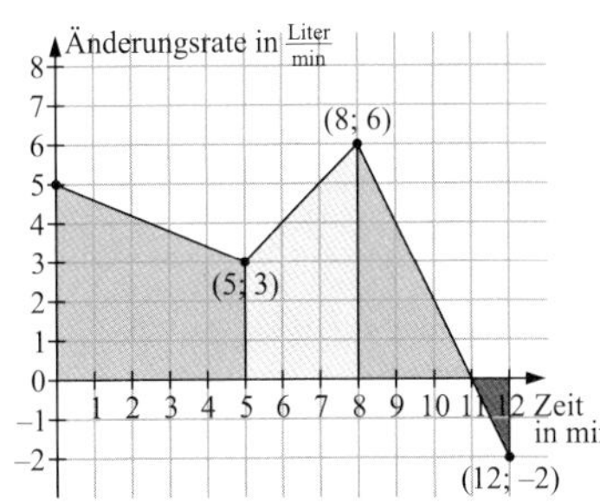

b) Der Inhalt der Fläche zwischen dem Graphen der Zuflussrate und der Zeitachse ist ein Maß für die im betrachteten Intervall zu- oder abgeflossene Wassermenge. Man erkennt das z. B. an den Einheiten: $\frac{\text{Liter}}{\text{Minute}} \cdot \text{Minute} = \text{Liter}$

c) Die Fläche von $t=0$ bis $t=11$ unter der Randkurve zählt als Zufluss. Die zugehörigen Teilflächen (zwei Trapeze und ein Dreieck) ergeben zusammen

$\frac{5+3}{2} \cdot 5 + \frac{6+3}{2} \cdot 3 + \frac{1}{2} \cdot 6 \cdot 3 = 20 + 13{,}5 + 9 = 42{,}5,$

also fließen in diesem Zeitraum 42,5 Liter zu.

Die Fläche von $t=11$ bis $t=12$ liegt unterhalb der Abszissenachse, sie muss als Abfluss gezählt werden. Ihr Inhalt beträgt 1 FE, also fließt ein Liter ab. Die Gesamtbilanz ergibt: 10 Liter + 42,5 Liter – 1 Liter = $\underline{\underline{51{,}5 \text{ Liter}}}$ befinden sich nach 12 Minuten im Gefäß.

Aufgabe 12

a) Ein möglicher Schätzwert ergibt sich, indem man z. B. durch die Punkte P(0 | 0) und Q(30 | 19) eine lineare Funktion legt. Die Fläche A_1 unter diesem Graphen entspricht näherungsweise der Höhe; zusätzlich muss ein Schätzwert s ergänzt werden, da die lineare Funktion vollständig unterhalb der Kurve liegt. Ein Kästchen im Koordinatensystem hat eine Seitenlänge von 10 LE und deshalb einen Flächeninhalt von 100 FE. Dieser Flächeninhalt entspricht im gegebenen Sachverhalt einem Weg von 100 m. Man kann s daher mit ungefähr 100 m abschätzen und erhält damit für die Höhe:

$$h \approx \frac{1}{2} \cdot 30\ \text{min} \cdot 19\ \frac{\text{m}}{\text{min}} + s = 285\ \text{m} + 100\ \text{m} = \underline{\underline{385\ \text{m}}}$$

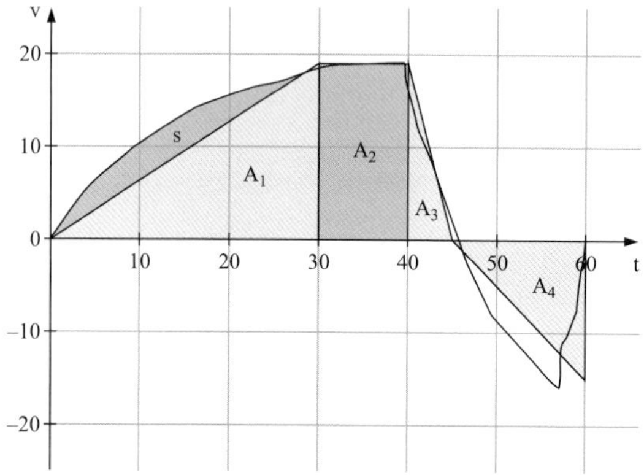

b) Der Ballon muss nach 60 s an einem höher gelegenen Ort landen, da die Fläche unter der t-Achse offensichtlich kleiner ist als die in Teilaufgabe a berechnete Fläche.

c) Mit den Ergebnissen aus Teilaufgabe a ergibt sich, dass sich die gesuchte Höhe näherungsweise aus dem Wert h, den dargestellten Dreiecksflächen A_3 und A_4 sowie der Rechtecksfläche A_2 berechnen lässt:

$$385\ \text{m} + 10\ \text{min} \cdot 19\ \frac{\text{m}}{\text{min}} + \frac{1}{2} \cdot 5\ \text{min} \cdot 19\ \frac{\text{m}}{\text{min}} - \frac{1}{2} \cdot 15\ \text{min} \cdot 15\ \frac{\text{m}}{\text{min}} \approx \underline{\underline{510\ \text{m}}}$$

Der Ballon landet an einem Ort, der ca. 500 m oberhalb des Startplatzes liegt.

Aufgabe 13

a) Der Graph von f ist eine fallende Gerade. Wegen $f(2) = \frac{10}{9} > 0$ liegt die Fläche komplett oberhalb der x-Achse. Die Größe berechnet sich daher zu:

$$\int_1^2 \left(-\frac{4}{9}x + 2\right) dx = \left[-\frac{4}{9} \cdot \frac{1}{2} \cdot x^2 + 2x\right]_1^2 = \left(-\frac{4}{9} \cdot 2 + 4\right) - \left(-\frac{4}{9} \cdot \frac{1}{2} + 2\right) = \underline{\underline{\frac{4}{3}}}$$

b) a und b müssen punktsymmetrisch zur Nullstelle $x = \frac{9}{2} = 4{,}5$ auf der x-Achse liegen. Eine mögliche Lösung ist also $a = 4$ und $b = 5$.

Die allgemeine Lösung lautet $b = 9 - a$ für beliebiges $a \in \mathbb{R}$ mit $a < 4{,}5$.

Aufgabe 14

a) Veranschaulichung siehe nebenstehende Abbildung.

b) Die Schnittstellen der beiden Graphen sind zugleich die Integrationsgrenzen für die Bestimmung des Flächeninhalts:

$x^2 - 2 = 2 \;\Rightarrow\; x_{1/2} = \pm 2$

Unter Ausnutzung der Achsensymmetrie zur y-Achse ergibt sich als Flächeninhalt der zu zeigende Wert:

$$A = 2 \cdot \int_0^2 \left(2 - (x^2 - 2)\right) dx = 2 \cdot \int_0^2 (4 - x^2)\, dx$$

$$= 2 \cdot \left[4x - \frac{1}{3} \cdot x^3\right]_0^2 = 2 \cdot \left(8 - \frac{8}{3}\right) = \frac{32}{3}$$

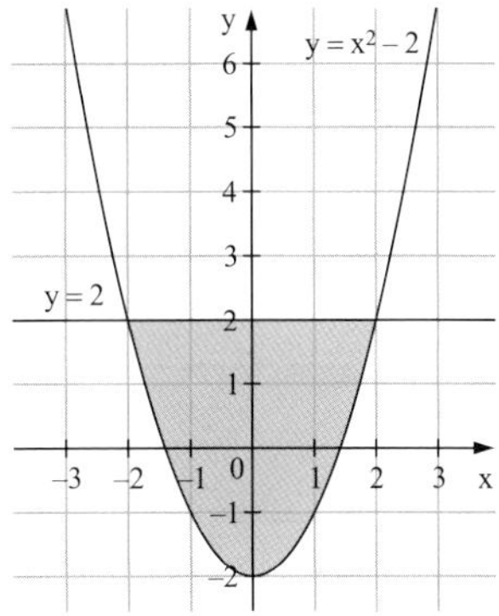

Aufgabe 15

a) Die Nullstellen von g sind die Integrationsgrenzen für die Bestimmung des Flächeninhalts:

$-x^2 + a = 0 \;\Rightarrow\; x_{1/2} = \pm\sqrt{a}$

Unter Ausnutzung der Achsensymmetrie zur y-Achse ergibt sich für den Flächeninhalt:

$$2 \cdot \int_0^{\sqrt{a}} (-x^2 + a)\, dx = \frac{4}{3} \;\Rightarrow\; 2 \cdot \left[-\frac{1}{3} \cdot x^3 + a \cdot x\right]_0^{\sqrt{a}} = \frac{4}{3}$$

$$2 \cdot \left[-\frac{1}{3} \cdot a^{\frac{3}{2}} + a^{\frac{3}{2}}\right] = \frac{4}{3}$$

$$\frac{4}{3} \cdot a^{\frac{3}{2}} = \frac{4}{3}$$

$$a = 1$$

Die Funktion g hat die Gleichung $\underline{\underline{g(x) = -x^2 + 1}}$.

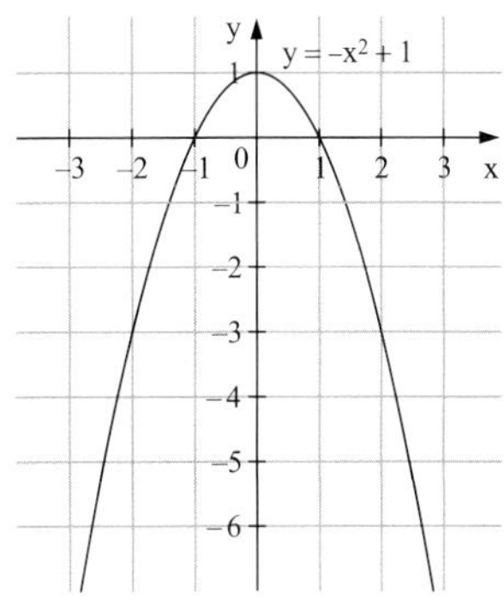

b) Skizze siehe nebenstehende Abbildung.

Aufgabe 16

a) Aus der Funktionsgleichung von f_a lassen sich sofort die beiden einzigen Nullstellen $x_{01} = 0$ und $x_{02} = 2$, die zugleich die Integrationsgrenzen sind, ablesen.

Die Fläche kann oberhalb oder unterhalb der x-Achse liegen. Für ihren Inhalt A gilt dann:

$$A = \left|\int_0^2 f_a(x)\, dx\right| \quad \text{und} \quad A = \frac{4}{3}$$

Für die Integration ist es sinnvoll, den Funktionsterm auszumultiplizieren:

$f_a(x) = a \cdot (x^3 - 2x^2)$

Damit gilt:

$$\left| a \cdot \int_0^2 (x^3 - 2x^2)\,dx \right| = \frac{4}{3} \Rightarrow \left| a \cdot \left[\frac{1}{4} \cdot x^4 - 2 \cdot \frac{1}{3} \cdot x^3\right]_0^2 \right| = \frac{4}{3}$$

$$\left| a \cdot \left[\frac{2^4}{4} - \frac{2 \cdot 2^3}{3}\right] \right| = \frac{4}{3}$$

$$\left| a \cdot \left(-\frac{4}{3}\right) \right| = \frac{4}{3}$$

$$|a| = 1$$

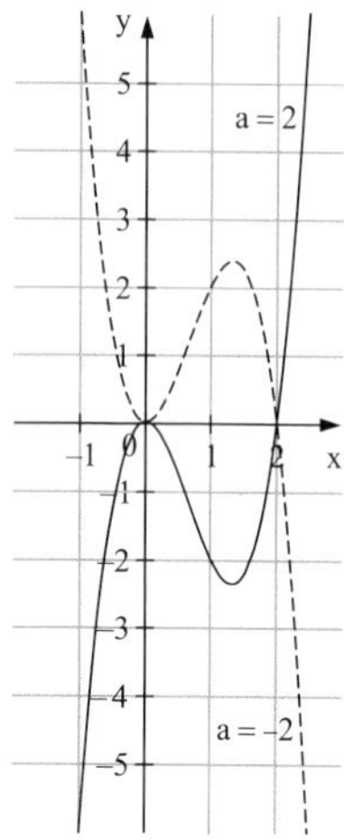

Für $\underline{\underline{a = 1}}$ oder $\underline{\underline{a = -1}}$ hat die Funktion f_a die in der Aufgabe verlangte Eigenschaft.

b) Skizze siehe nebenstehende Abbildung.

Aufgabe 17

a) Für $0 \le r \le 2$ beschreibt die Punktmenge eine Strecke, die vom Punkt A beginnend in Richtung des Vektors $\overrightarrow{AB}$ verläuft und doppelt so lang ist wie dieser Vektor.

Für $|r| \le 1$ beschreibt die Punktmenge eine Strecke, die durch die Punkte B und B' bestimmt wird, wobei B' der Spiegelpunkt von B bei der Punktspiegelung an A ist.

b) $\underline{\underline{\overrightarrow{OC} = \overrightarrow{OA} + \frac{1}{3}\overrightarrow{AB}}}$

Aufgabe 18

a) $\overrightarrow{AB} = \begin{pmatrix} 0 \\ 4 \\ 3 \end{pmatrix}$; $\overrightarrow{BC} = \begin{pmatrix} -5 \\ 0 \\ 0 \end{pmatrix}$; $\overrightarrow{CD} = \begin{pmatrix} 0 \\ -4 \\ -3 \end{pmatrix}$ $\Rightarrow$ $\overrightarrow{AB} = -\overrightarrow{CD}$; $|\overrightarrow{AB}| = 5$; $|\overrightarrow{BC}| = 5$ und $\overrightarrow{AB} \circ \overrightarrow{BC} = 0$

b) $M\left(\frac{5+0}{2} \,\middle|\, \frac{4+0}{2} \,\middle|\, \frac{3+0}{2}\right) = \underline{\underline{M(2{,}5 \,|\, 2 \,|\, 1{,}5)}}$

Aufgabe 19

a) Man bestimmt zunächst eine Gleichung der Geraden g, z. B.:

$\vec{x} = \overrightarrow{OA} + t \cdot \overrightarrow{AB} = \begin{pmatrix} 1 \\ 0 \\ 0 \end{pmatrix} + t \cdot \begin{pmatrix} -2 \\ 1 \\ 1 \end{pmatrix}$; $t \in \mathbb{R}$

Einsetzen in die Ebenengleichung:

$$2 \cdot (1-2t) + 3 \cdot (0+1t) + 3 \cdot (0+1t) = 12$$
$$2 - 4t + 3t + 3t = 12$$
$$2t = 10$$
$$t = 5$$

Einsetzen in die Geradengleichung:

$$\overrightarrow{OS} = \begin{pmatrix} 1 \\ 0 \\ 0 \end{pmatrix} + 5 \cdot \begin{pmatrix} -2 \\ 1 \\ 1 \end{pmatrix} = \begin{pmatrix} -9 \\ 5 \\ 5 \end{pmatrix} \Rightarrow \underline{\underline{S(-9|5|5)}}$$

b) Achsenabschnittsform:

$$2x + 3y + 3z = 12 \quad |:12$$

$$\frac{x}{6} + \frac{y}{4} + \frac{z}{4} = 1$$

Schrägbild:

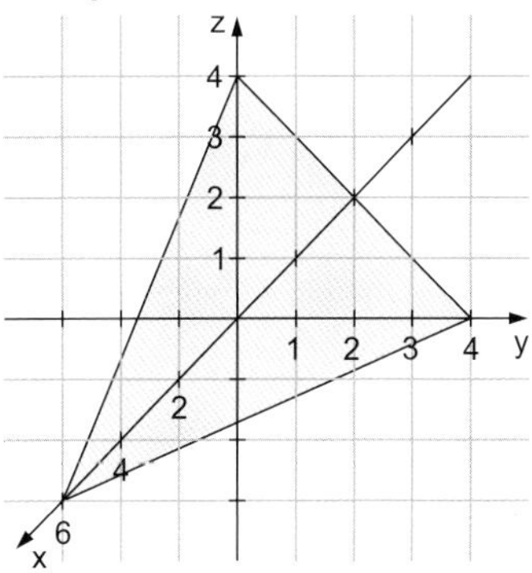

Volumen:

$$V = \frac{1}{3} \cdot A_g \cdot h$$

$$V = \frac{1}{3} \cdot \frac{4 \cdot 6}{2} \cdot 4 = \underline{\underline{16 \text{ VE}}}$$

Aufgabe 20

a) Eine Gleichung der Geraden g(AC) ist z. B.:

$$\vec{x} = \overrightarrow{OA} + r \cdot \overrightarrow{AC} = \begin{pmatrix} 1 \\ 0 \\ 0 \end{pmatrix} + r \cdot \begin{pmatrix} -1 \\ 1 \\ 0 \end{pmatrix}; \ r \in \mathbb{R}$$

Eine Gleichung der Geraden h(BH) ist z. B.:

$$\vec{x} = \overrightarrow{OB} + s \cdot \overrightarrow{BH} = \begin{pmatrix} 1 \\ 1 \\ 0 \end{pmatrix} + s \cdot \begin{pmatrix} -1 \\ -1 \\ 1 \end{pmatrix}; \ s \in \mathbb{R}$$

Die beiden Geraden verlaufen nicht parallel zueinander, da sich für

$$\begin{pmatrix}-1\\1\\0\end{pmatrix}=t\cdot\begin{pmatrix}-1\\-1\\1\end{pmatrix}$$

keine gemeinsame Lösung für t ergibt.

Das LGS zu

$$\begin{pmatrix}1\\0\\0\end{pmatrix}+r\cdot\begin{pmatrix}-1\\1\\0\end{pmatrix}=\begin{pmatrix}1\\1\\0\end{pmatrix}+s\cdot\begin{pmatrix}-1\\-1\\1\end{pmatrix}$$

liefert keine Lösung. Damit ist gezeigt, dass die Geraden windschief zueinander verlaufen.

b) P sei ein Punkt auf g und L ein Punkt auf h. Wenn der Vektor $\overrightarrow{LP}$ sowohl auf dem Richtungsvektor von g als auch dem von h senkrecht steht, so gibt sein Betrag den Abstand der beiden Geraden an.

Der Vektor $\overrightarrow{LP}$ steht senkrecht auf den Richtungsvektoren der Geraden, wenn die zugehörigen Skalarprodukte null sind. Das sich aus diesen Bedingungen ergebende LGS muss gelöst werden.

Aufgabe 21

Elementargeometrische Lösung:
Die Geraden g und h müssen einander schneiden, denn sie liegen beide in der Ebene, die durch die Punkte A, B, G und H aufgespannt wird. Der Punkt M liegt ebenfalls in dieser Ebene, weil er der Mittelpunkt der Strecke $\overline{BG}$ ist.

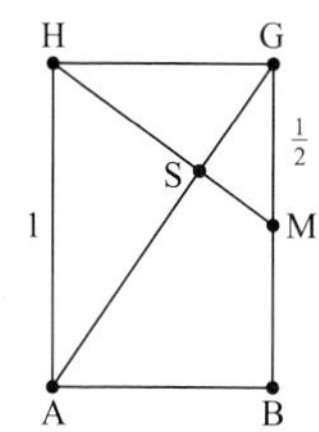

Lösung als Schnitt zweier Geraden:
Die Gerade g(AG) hat die Gleichung:

$$\vec{x}=\begin{pmatrix}5\\0\\0\end{pmatrix}+r\cdot\begin{pmatrix}-5\\5\\5\end{pmatrix}$$

Der Punkt M hat die Koordinaten M(2,5 | 5 | 2,5) und somit kann die Gerade h(MH) durch die Gleichung $\vec{x}=\begin{pmatrix}0\\0\\5\end{pmatrix}+s\cdot\begin{pmatrix}2{,}5\\5\\-2{,}5\end{pmatrix}$ beschrieben werden.

Gleichsetzen beider Geradengleichungen führt auf das Gleichungssystem:

$$5-5r=2{,}5s$$
$$5r=5s$$
$$5r=5-2{,}5s$$

Aus der zweiten Gleichung folgt r = s, dies eingesetzt in die erste bzw. dritte Gleichung ergibt $r=s=\frac{2}{3}$. Da die Richtungsvektoren nicht parallel sind, schneiden sich die Geraden g und h.

Aufgabe 22

a) Koordinaten von P in E einsetzen:
$2 \cdot (-1) + 2 \cdot (-1) + (-1) = -5 \neq 4$

b) Lotfußpunktverfahren:
Die Gerade g, die durch den Punkt P und senkrecht zur Ebene E mit dem Normalenvektor $\vec{n}$ verläuft, hat die Gleichung:

$$\vec{x} = \overrightarrow{OP} + t \cdot \vec{n} = \begin{pmatrix} -1 \\ -1 \\ -1 \end{pmatrix} + t \cdot \begin{pmatrix} 2 \\ 2 \\ 1 \end{pmatrix}; \; t \in \mathbb{R}$$

Der Lotfußpunkt L ergibt sich durch Einsetzen in die Ebenengleichung:
$2 \cdot (-1 + 2t) + 2 \cdot (-1 + 2t) + 1 \cdot (-1 + t) = 4 \quad \Leftrightarrow \quad t = 1$

$$\overrightarrow{OL} = \begin{pmatrix} -1 \\ -1 \\ -1 \end{pmatrix} + 1 \cdot \begin{pmatrix} 2 \\ 2 \\ 1 \end{pmatrix} = \begin{pmatrix} 1 \\ 1 \\ 0 \end{pmatrix}$$

Für den gesuchten Spiegelpunkt P' gilt damit:

$$\overrightarrow{OP'} = \overrightarrow{OP} + 2 \cdot \overrightarrow{PL} = \begin{pmatrix} -1 \\ -1 \\ -1 \end{pmatrix} + 2 \cdot \left(\begin{pmatrix} 1 \\ 1 \\ 0 \end{pmatrix} - \begin{pmatrix} -1 \\ -1 \\ -1 \end{pmatrix} \right) = \begin{pmatrix} -1 \\ -1 \\ -1 \end{pmatrix} + \begin{pmatrix} 4 \\ 4 \\ 2 \end{pmatrix} = \begin{pmatrix} 3 \\ 3 \\ 1 \end{pmatrix} \quad \Rightarrow \quad \underline{\underline{P'(3|3|1)}}$$

Aufgabe 23

a) Die Punkte A, B und C liegen in der gleichen Höhe $z = 1$, d. h., die Grundfläche der Pyramide liegt parallel zur xy-Ebene. Die Punkte A, B und C bilden ein gleichschenkliges Dreieck mit der Basis $\overline{AB} = 2$ LE.

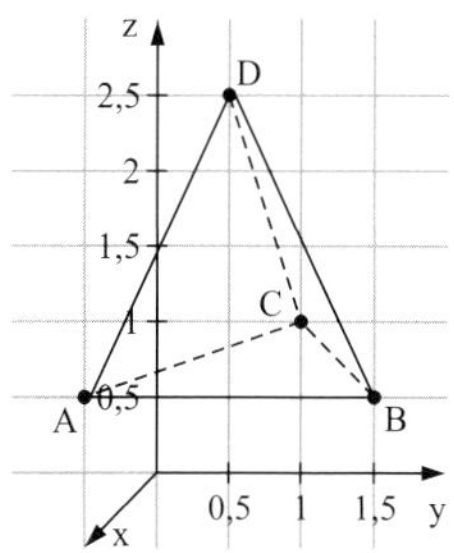

b) Der Mittelpunkt der Basis des Dreiecks ABC hat die Koordinaten M(1 | 1 | 1). Die Höhe der Grundfläche ABC ist durch $\overline{MC} = 1$ LE gegeben. Der Punkt D liegt senkrecht über M, somit kann $\overline{MD} = 2$ LE als Höhe der Pyramide gewählt werden. Für das Volumen der Pyramide ergibt sich:

$$V = \frac{1}{3} \cdot \frac{1}{2} \cdot 2 \cdot 1 \cdot 2 = \underline{\underline{\frac{2}{3}}} \text{ VE}$$

Aufgabe 24

a) Es gibt insgesamt 36 verschiedene Elementarereignisse (1; 1), (1; 2), …, (6; 5), (6; 6). Davon sind 6 sogenannte Pasche. Da die Elementarereignisse gleichwahrscheinlich sind, ist die Wahrscheinlichkeit für einen Pasch $\frac{1}{6}$.

b) Da die Wahrscheinlichkeit für einen Pasch $\frac{1}{6}$ beträgt, bedeutet dies für dreimal nacheinander auftretende Pasche also:

$$\left(\frac{1}{6}\right)^3 = \underline{\underline{\frac{1}{216}}}$$

c) Aufgrund der Unabhängigkeit beider Würfel spielt die Farbe keine Rolle.

Aufgabe 25

a) Es gibt bei drei Würfeln genau $6 \cdot 6 \cdot 6 = 216$ Elementarereignisse. Drei gleiche Zahlen treten genau sechsmal auf: (1; 1; 1), …, (6; 6; 6). Die Wahrscheinlichkeit beträgt also:

$$\frac{6}{6 \cdot 6 \cdot 6} = \frac{1}{6^2} = \underline{\underline{\frac{1}{36}}}$$

b) Für den ersten Würfel gibt es 6 mögliche Zahlen, für den zweiten nur 5 und für den dritten nur noch eine Zahl; zusätzlich kann man diese drei Zahlen nun auf drei Arten anordnen, da die Zahl, die nur einmal geworfen wird, an erster, zweiter oder dritter Stelle stehen kann. Damit erhält man als Wahrscheinlichkeit:

$$3 \cdot \frac{6 \cdot 5 \cdot 1}{6 \cdot 6 \cdot 6} = 3 \cdot \frac{5}{36} = \underline{\underline{\frac{5}{12}}}$$

c) Für den ersten Würfel gibt es 6 mögliche Zahlen, für den zweiten nur noch 5 und für den dritten nur noch 4:

$$\frac{6 \cdot 5 \cdot 4}{6 \cdot 6 \cdot 6} = \frac{20}{36} = \underline{\underline{\frac{5}{9}}}$$

Aufgabe 26

a) Der Term gibt für eine Bernoulli-Kette der Länge $n = 5$ mit der Trefferwahrscheinlichkeit $p = 0{,}6$ die Wahrscheinlichkeit an, genau drei Treffer zu haben.

b) Da für den Erwartungswert $E(X) = np$ gilt, muss dieser bei 8 liegen, dies trifft nur für die beiden rechten Abbildungen zu. Allerdings ist bei der unteren Abbildung zu erkennen, dass die Trefferzahl auch größer als 10 sein kann. Demzufolge ist die obere (rechte) Abbildung die gesuchte.

Aufgabe 27

$$P(E) = x \cdot 0{,}2 + (1 - x) \cdot \frac{x}{2} = 0{,}2 \cdot x + 0{,}5 \cdot x - 0{,}5 \cdot x^2 = 0{,}7 \cdot x - 0{,}5 \cdot x^2$$

Die Funktion f mit $f(x) = 0{,}7 \cdot x - 0{,}5 \cdot x^2$ ist zu maximieren. Für die Ableitungen von f gilt:

$f'(x) = 0{,}7 - x$ und $f''(x) = -1$

Die Bedingungen $f'(x_E) = 0$ und $f''(x_E) < 0$ für ein lokales Maximum liefern $\underline{\underline{x_E = 0{,}7}}$.

Aufgabe 28

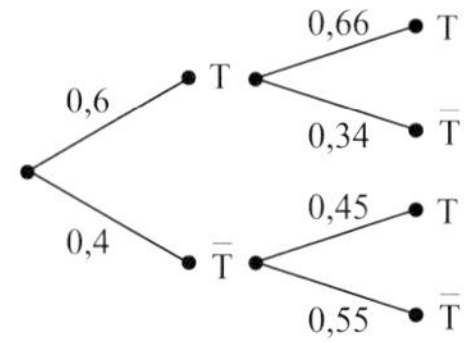

$$P(\text{genau ein Treffer}) = P(T\overline{T}) + P(\overline{T}T)$$
$$= 0{,}6 \cdot (1 - 0{,}66) + (1 - 0{,}6) \cdot 0{,}45$$
$$= 0{,}6 \cdot 0{,}34 + 0{,}4 \cdot 0{,}45$$
$$= 0{,}204 + 0{,}18$$
$$= \underline{\underline{0{,}384}}$$

$$P(\text{genau zwei Treffer}) = P(TT) = 0{,}6 \cdot 0{,}66 = \underline{\underline{0{,}396}}$$

$$P(\text{kein Treffer}) = P(\overline{T}\,\overline{T}) = 0{,}4 \cdot 0{,}55 = \underline{\underline{0{,}22}}$$

Aufgabe 29

a) Für den Erwartungswert μ und die Standardabweichung σ erhält man:
$\mu = n \cdot p = 100 \cdot 0{,}2 = \underline{\underline{20}}$ und $\sigma = \sqrt{n \cdot p \cdot (1-p)} = \sqrt{100 \cdot 0{,}2 \cdot 0{,}8} = \sqrt{16} = \underline{\underline{4}}$

b) 95-%-Prognoseintervall mit der 2σ-Regel:
$\mu - 2\sigma \le X \le \mu + 2\sigma \quad \Leftrightarrow \quad 20 - 8 \le X \le 20 + 8 \quad \Leftrightarrow \quad 12 \le X \le 28$

Alternative:
95-%-Prognoseintervall mit der 1,96σ-Regel und unter Beachtung der Regel „Runden nach außen“:
$\mu - 1{,}96\sigma \le X \le \mu + 1{,}96\sigma \quad \Leftrightarrow \quad 20 - 7{,}84 \le X \le 20 - 7{,}84$, also auch $12 \le X \le 28$

Markieren im Histogramm:

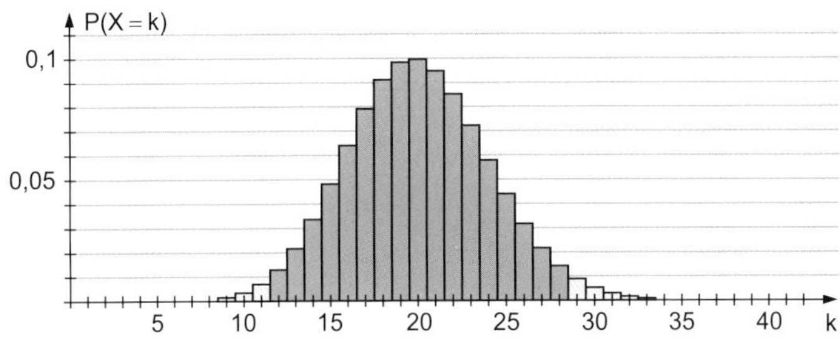

c) Da 35 nicht im 95-%-Prognoseintervall liegt, weicht das Stichprobenergebnis signifikant von der Behauptung $p = 0{,}2$ ab.

Aufgabe 30

a) Der Graph der Standardnormalverteilung ist symmetrisch zum Erwartungswert $\mu = 0$. Die Fläche unter dem Graphen hat den Flächeninhalt 1. Dieser Zahlenwert entspricht der Wahrscheinlichkeit $\lim\limits_{k \to \infty} P(-k < X < k)$. Deshalb hat die halbe Fläche den Inhalt 0,5.

b) Die Schätzwerte ergeben sich z. B., wenn man erkennt, dass 1 Kästchen 0,05 Einheiten (5 „Prozentpunkte") der gesuchten Wahrscheinlichkeit entspricht:
$\underline{\underline{P(X<1)\approx 0{,}8}}$; $\underline{\underline{P(-1\le X\le 1)\approx 0{,}7}}$; $\underline{\underline{P(X>-0{,}5)\approx 0{,}7}}$ (oder auch $0{,}75$)

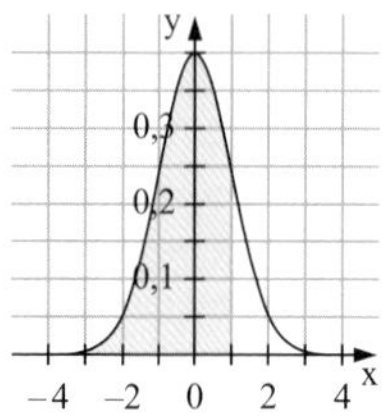

P(X < 1)

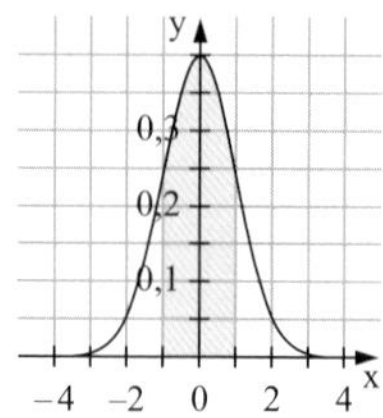

P(−1 ≤ X ≤ 1)

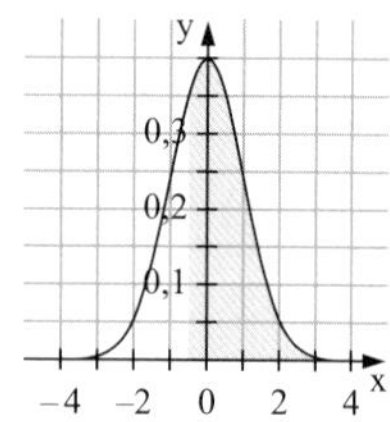

P(X > −0,5)

Aufgabe 31

A kann nicht zu einer Normalverteilung gehören, da die Fläche unter der Kurve größer als 1 ist.
B könnte zu einer Normalverteilung mit dem Mittelwert $\mu = 0$ und einer geschätzten Standardabweichung von ca. $\sigma = 2$ gehören.
C könnte zu einer Normalverteilung mit dem Mittelwert $\mu = 5$ und einer geschätzten Standardabweichung von ca. $\sigma = 1$ gehören.

Aufgabe 32

a) In beiden Fällen ist eine wichtige Grundannahme, die Unabhängigkeit der Trefferwahrscheinlichkeit in den Stufen der Bernoulli-Kette, nicht gewährleistet.
   (1) Durch das Ziehen ohne Zurücklegen ist die Unabhängigkeit der Trefferwahrscheinlichkeit beim aufeinanderfolgenden Ziehen nicht gegeben.
   (2) Hier werden Mitglieder ein und derselben Familie betrachtet. Da Blutgruppen vererbt werden, ist die Unabhängigkeitsbedingung verletzt.

b) Der Erwartungswert einer binomialverteilten Zufallsgröße wird durch $\mu = np$ berechnet, die Standardabweichung durch $\sigma = \sqrt{np(1-p)}$. Bei festem p und wachsendem n werden diese Kenngrößen größer. Das Histogramm rückt mit dem Erwartungswert immer weiter nach rechts und weil die Standardabweichung ebenfalls größer wird, wird das Histogramm flacher, es fließt gewissermaßen auseinander.

Kernfach Mathematik (Thüringen)
CAS-Übungsaufgabe 1: Analysis

Gegeben sei die Funktion f_t durch $f_t(x) = (x-t)^2 \cdot e^{-\frac{x}{2t}}$ mit $x, t \in \mathbb{R}; t > 0$.

1. Berechnen Sie die exakten Koordinaten der
   a) Schnittpunkte mit den Achsen (2 BE)
   b) Extrempunkte (5 BE)
   c) Wendepunkte (4 BE)

   des Graphen von f_t in Abhängigkeit von t.

2. Ermitteln Sie den Inhalt der Fläche A_t, die der Graph von f_t mit den Koordinatenachsen vollständig einschließt. (2 BE)

3. Untersuchen Sie, ob es einen Wert für den Parameter t gibt, für den die Wendetangenten orthogonal zueinander sind. (2 BE)

Es sei nun bei den folgenden Teilaufgaben t = 2.

4. Die Punkte $P(2 \mid f_2(2))$, $Q(u \mid 0)$ und $R(u \mid f_2(u))$ mit $u \in \mathbb{R}; u > 2$ sind die Eckpunkte des Dreiecks PQR.
   a) Begründen Sie, dass die Funktion $A(u) = \frac{1}{2} \cdot (u-2)^3 \cdot e^{-\frac{u}{4}}$ mit $u \in \mathbb{R}; u > 2$ den Flächeninhalt des Dreiecks PQR beschreibt. (3 BE)
   b) Geben Sie alle Näherungswerte von u an, für die $A(u) = 10$ ist. (1 BE)
   c) Erläutern Sie, weshalb es keine Werte für u geben kann, für die $A(u) = 10e$ gilt. (3 BE)
   d) Begründen Sie, dass man u nicht so wählen kann, dass das Dreieck PQR gleichseitig ist. (2 BE)
   e) Untersuchen Sie, ob man u so wählen kann, dass das Dreieck PQR gleichschenklig ist. (4 BE)
   f) Bestimmen Sie denjenigen Wert von u, für den das Dreieck PQR maximalen Flächeninhalt hat. (2 BE)

5. Die Funktion f_2 beschreibe modellhaft für $0 \le x \le 24$ die Wachstumsgeschwindigkeit einer Bakterienkultur. Die Variable x steht für die Zeit in Stunden. Der Zeitpunkt $x = 0$ beschreibt den Beobachtungsbeginn. Die Wachstumsgeschwindigkeit wird in Bakterienanzahl in Tausend pro Stunde angegeben. Es wird davon ausgegangen, dass zum Zeitpunkt $x = 0$ genau 1 000 Bakterien vorhanden waren und dass im Zeitraum $0 \le x \le 24$ keine Bakterien verloren gehen.

   Entscheiden Sie, ob die folgenden Aussagen im hier betrachteten Sachzusammenhang wahr oder falsch sind. Begründen Sie Ihre Entscheidung.

   A: Im Zeitraum von $0 \le x \le 2$ nimmt die Anzahl der Bakterien ab. (2 BE)

   B: Zum Zeitpunkt $x = 2$ sind keine Bakterien mehr vorhanden. (2 BE)

   C: Nach 10 Stunden sind ungefähr 28 500 Bakterien vorhanden. (2 BE)

D: Wenn die Wachstumsgeschwindigkeit maximal ist, dann ist auch die Anzahl der vorhandenen Bakterien maximal. (2 BE)

E: Im Zeitraum von $x = 5$ bis $x = 10$ steigt die Bakterienanzahl um 100 %, weil sich die Wachstumsgeschwindigkeit in diesem Zeitraum etwa verdoppelt. (2 BE)

(40 BE)

Hinweise und Tipps

Aufgabe 1

Schnittpunkte mit den Achsen

Definieren Sie die Funktion f_t auf Ihrem Rechner.

Schnittpunkte mit der x-Achse erhalten Sie durch Lösen der Gleichung $f_t(x) = 0$.

Der Schnittpunkt mit der y-Achse ergibt sich für $x = 0$ und aus $f_t(0)$.

Extrem- und Wendepunkte

Bilden Sie die 1., 2. und 3. Ableitung der Funktion f_t.

Speichern Sie die Ableitungsfunktionen unter geeigneten Bezeichnungen ab.

Extrempunkte:
- Berechnen Sie für die notwendige Bedingung die Nullstellen x_e der 1. Ableitungsfunktion.
- Stellen Sie für die Überprüfung der hinreichenden Bedingung die Vorzeichen der 2. Ableitung an den Stellen x_e fest.
- Berechnen Sie die Funktionswerte an den Stellen x_e und geben Sie die Koordinaten der Extrempunkte als geordnete Paare an.

Wendepunkte:
- Berechnen Sie für die notwendige Bedingung die Nullstellen x_w der 2. Ableitungsfunktion.
- Stellen Sie für die Überprüfung der hinreichenden Bedingung die Vorzeichen der 3. Ableitung an den Stellen x_w fest.
- Berechnen Sie die Funktionswerte an den Stellen x_w und geben Sie die Koordinaten der Wendepunkte als geordnete Paare an.

Achten Sie auf eine ausreichende Dokumentation des Lösungsweges.

Aufgabe 2

Flächeninhalt

Veranschaulichen Sie die zu berechnende Fläche durch eine grafische Darstellung für einen speziellen Wert des Parameters t.

Beachten Sie für die Festlegung der Integrationsgrenzen Ergebnisse der Teilaufgabe 1 a.

Kontrollieren Sie für einen speziellen Wert von t das Ergebnis auf grafischem und rechnerischem Wege.

Aufgabe 3

Orthogonalität der Wendetangenten

Zwei Geraden stehen aufeinander senkrecht, wenn das Produkt ihrer Anstiege den Wert –1 hat.

Beachten Sie die Einschränkung $t > 0$ aus der Aufgabenstellung.

Kontrollieren Sie rechnerische Ergebnisse auf grafischem Wege.

Aufgabe 4

Flächeninhalt des Dreiecks

Der Flächeninhalt eines rechtwinkligen Dreiecks kann über die Längen seiner Katheten ermittelt werden.

Die Länge einer der Katheten ist in diesem Falle die Differenz der x-Werte der Punkte P und Q, die Länge der anderen Kathete ergibt sich als Funktionswert an der Stelle u.

Näherungswert für vorgegebenen Flächeninhalt

- Ermitteln Sie die Lösungen der Gleichung $A(u) = 10$.

vorgegebener Flächeninhalt wird nicht angenommen

- Untersuchen Sie, wie groß der Flächeninhalt A(u) maximal werden kann. Vergleichen Sie diesen Wert mit der Zahl 10e.

gleichseitiges Dreieck

- Beachten Sie die Gleichheit der Innenwinkel eines gleichseitigen Dreiecks.

gleichschenkliges Dreieck

- Beachten Sie, dass das Dreieck PQR rechtwinklig ist. Die dem rechten Winkel gegenüberliegende Seite kann also nicht als Kathete infrage kommen.
- Setzen Sie die Terme für die beiden Kathetenlängen gleich. Vereinfachen Sie diese Gleichung und versuchen Sie, eine Lösung mit dem CAS zu finden.
- Falls das CAS keine Lösung anzeigt, so überlegen Sie, was die mathematische Ursache dafür sein könnte.
- Zeigen Sie, dass sich als vereinfachte Gleichung angeben lässt:
  $1 = (u-2) \cdot e^{-\frac{u}{4}} \quad (u > 2)$
  Fassen Sie die linke und die rechte Seite dieser Gleichung als Funktionen auf. Untersuchen Sie die Funktion $h(u) = (u-2) \cdot e^{-\frac{u}{4}}$ für $u > 2$ auf lokale Extrema und ihr Verhalten im Unendlichen.

maximaler Flächeninhalt

- Geben Sie den Flächeninhalt des Dreiecks PQR in Abhängigkeit von u an.
- Ermitteln Sie das Maximum dieses Terms im angegebenen Intervall mithilfe des CAS-Rechners.

Aufgabe 5

Wahrheitsgehalt von Aussagen beurteilen

- Beachten Sie, dass f_2 die Wachstumsgeschwindigkeit, also die Änderungsrate des Wachstums, beschreibt. Die Funktion f_2 repräsentiert also die Ableitungsfunktion der Wachstumsfunktion.
- Nutzen Sie den Zusammenhang zwischen den Vorzeichen von Werten der Ableitungsfunktion und dem Monotonieverhalten der zugehörigen Stammfunktion.
- Unter Beachtung des Anfangswertes des Bakterienbestandes zum Beobachtungsbeginn können Sie eine Gleichung oder Werte der Stammfunktion herleiten.
- Stellen Sie die Funktion f_2 und die zugehörige Stammfunktion grafisch dar.
- Beachten Sie, dass Sie Ihre Entscheidungen begründen sollen.

Lösungen

1. a) Schnittpunkte mit der x-Achse ergeben sich für $f_t(x) = 0$. Lösung dieser Gleichung ist $x = t$:

   $\underline{\underline{S_x(t \mid 0)}}$

   Der Schnittpunkt mit der y-Achse wird für $x = 0$ berechnet:

   $\underline{\underline{S_y(0 \mid t^2)}}$

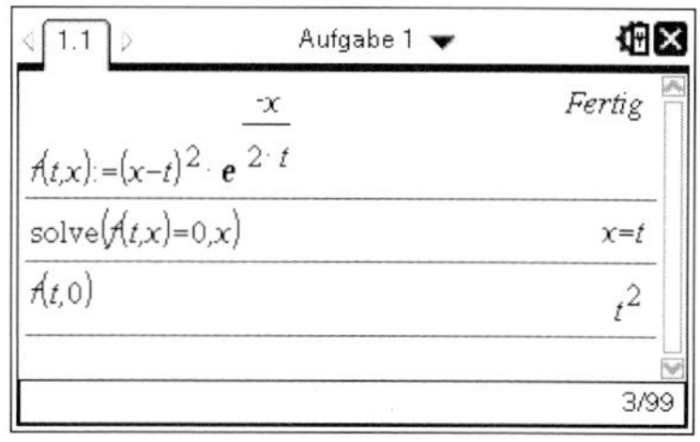

   b) Für die Berechnung der Extrem- und Wendepunkte werden die ersten drei Ableitungen von f_t gebraucht.
   Sie werden mit dem CAS-Rechner bestimmt und unter geeigneten Variablen gespeichert.

   1. Ableitung:

   $$f_t'(x) = -\frac{1}{2t} \cdot (x - 5t) \cdot (x - t) \cdot e^{-\frac{x}{2t}}$$

   2. Ableitung:

   $$f_t''(x) = \frac{1}{4t^2} \cdot (x^2 - 10t \cdot x + 17t^2) \cdot e^{-\frac{x}{2t}}$$

   3. Ableitung:

   $$f_t'''(x) = -\frac{1}{8t^3} \cdot (x^2 - 14t \cdot x + 37t^2) \cdot e^{-\frac{x}{2t}}$$

   Extrempunkte
   Notwendige Bedingung:
   $f_t'(x) = 0$
   Lösungen dieser Gleichung und damit mögliche Extremstellen sind:
   $x_{e1} = 5t$ und $x_{e2} = t$

   Hinreichende Bedingung:
   $f_t''(x_e) \neq 0$

   $f_t''(5t) = -2 \cdot e^{-\frac{5}{2}} < 0 \quad \Rightarrow \quad$ lokales Maximum

   $f_t''(t) = 2 \cdot e^{-\frac{1}{2}} > 0 \quad \Rightarrow \quad$ lokales Minimum

   Koordinaten:

   Hochpunkt $\underline{\underline{H(5t \mid 16 \cdot e^{-\frac{5}{2}} \cdot t^2)}}$

   Tiefpunkt $\underline{\underline{T(t \mid 0)}}$

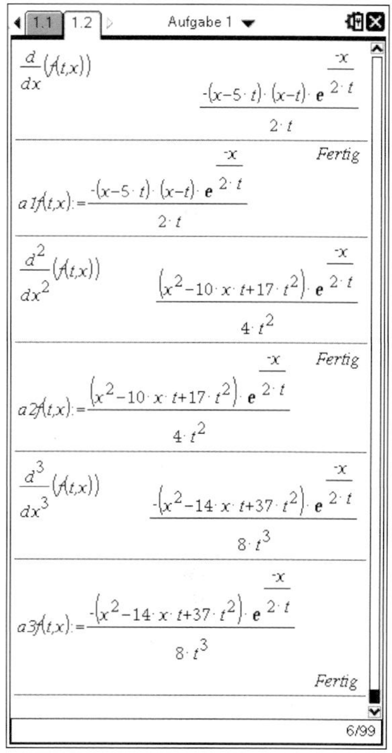

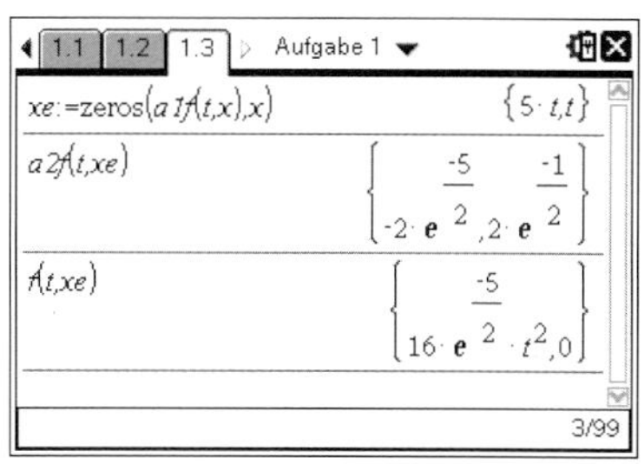

c) **Wendepunkte**

Notwendige Bedingung:

$f_t''(x) = 0$

Lösungen dieser Gleichung und damit mögliche Wendestellen sind:

$x_{w1} = -(2 \cdot \sqrt{2} - 5) \cdot t$ und

$x_{w2} = (2 \cdot \sqrt{2} + 5) \cdot t$

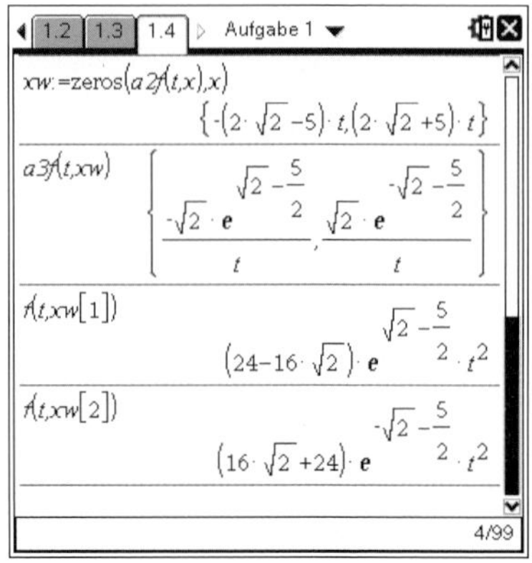

Hinreichende Bedingung:

$f_t'''(x_w) \neq 0$

$f_t'''(x_{w1}) = -\dfrac{\sqrt{2}}{t} \cdot e^{\sqrt{2} - \frac{5}{2}} \neq 0$

$f_t'''(x_{w2}) = \dfrac{\sqrt{2}}{t} \cdot e^{-\sqrt{2} - \frac{5}{2}} \neq 0$

Koordinaten:

Wendepunkt $\underline{\underline{W_1\left((2 \cdot \sqrt{2} - 5) \cdot t \,\middle|\, (24 - 16 \cdot \sqrt{2}) \cdot e^{\sqrt{2} - \frac{5}{2}} \cdot t^2\right)}}$

Wendepunkt $\underline{\underline{W_2\left((2 \cdot \sqrt{2} + 5) \cdot t \,\middle|\, (24 + 16 \cdot \sqrt{2}) \cdot e^{-\sqrt{2} - \frac{5}{2}} \cdot t^2\right)}}$

2. Die zu berechnende Fläche liegt nach den Ergebnissen von Teilaufgabe 1 a im Intervall $0 \leq x \leq t$.
Ihr Inhalt wird durch $\int\limits_0^t f_t(x)\,dx$ berechnet und hat den Wert $\underline{\underline{(10 - 16 \cdot e^{-\frac{1}{2}}) \cdot t^3 \text{ FE}}}$.

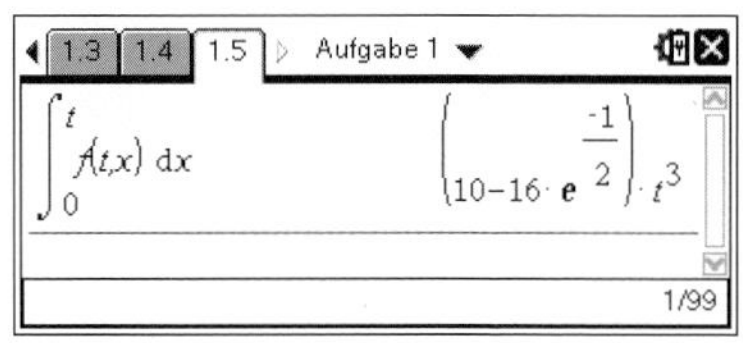

Eine grafische Kontrolle kann z. B. für t = 2 durchgeführt werden. Der berechnete Wert stimmt mit dem aus der Grafik ermittelten Wert (Graph analysieren – Integral) nahezu überein.

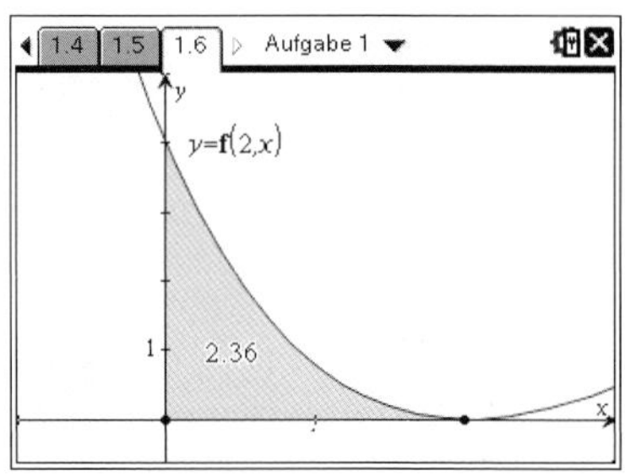

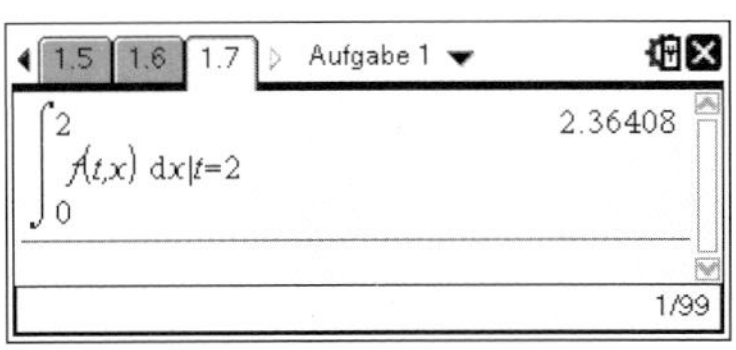

3. Wenn die Wendetangenten orthogonal zueinander sein sollen, dann muss für ihre Anstiege m_1 und m_2 gelten: $m_1 \cdot m_2 = -1$
Die Anstiege ergeben sich aus den Werten der 1. Ableitung an den Wendestellen:
$m_1 = 4t \cdot (\sqrt{2} - 1) \cdot e^{\sqrt{2} - \frac{5}{2}}$
$m_2 = -4t \cdot (\sqrt{2} + 1) \cdot e^{-\sqrt{2} - \frac{5}{2}}$

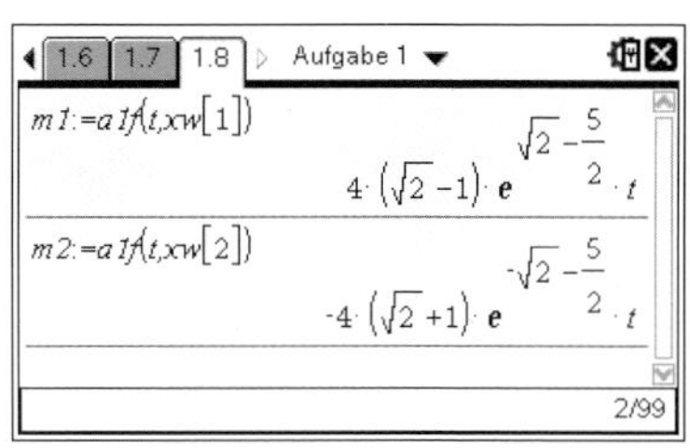

Die Gleichung $m_1 \cdot m_2 = -1$ hat für $t > 0$ die Lösung:

$$t = \frac{1}{4} \cdot e^{\frac{5}{2}} \approx 3{,}05$$

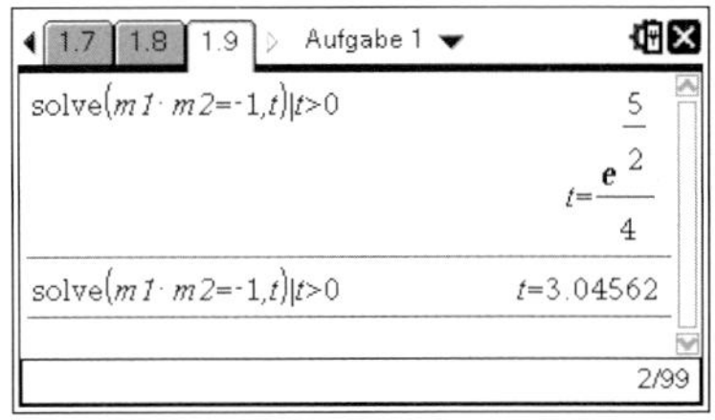

Für diesen Wert des Parameters t stehen die Wendetangenten senkrecht aufeinander.

Die rechnerisch ermittelte Lösung kann geometrisch kontrolliert werden. Dazu werden die Wendetangenten für $t = \frac{1}{4} \cdot e^{\frac{5}{2}}$ eingezeichnet und ihr Schnittwinkel wird gemessen.

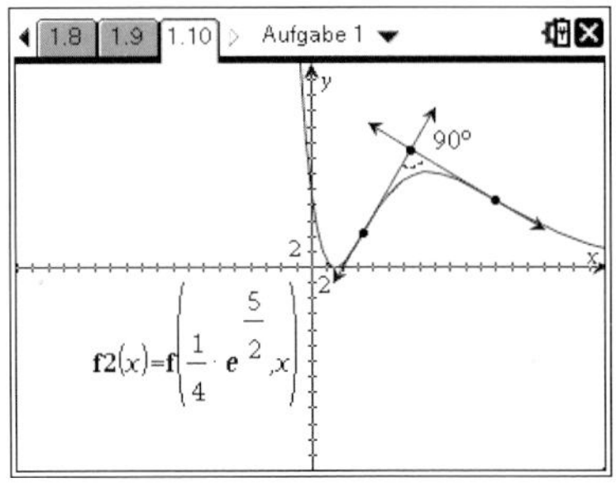

Alternativ kann die Untersuchung auch durch systematisches Probieren erfolgen. Dazu werden die Wendetangenten eingezeichnet und ihr Schnittwinkel wird gemessen.
Der Wert des Parameters t wird über einen Schieberegler so lange verändert (eventuell mit immer kleiner werdender Schrittweite), bis ein Schnittwinkel von (näherungsweise) 90° erreicht ist.

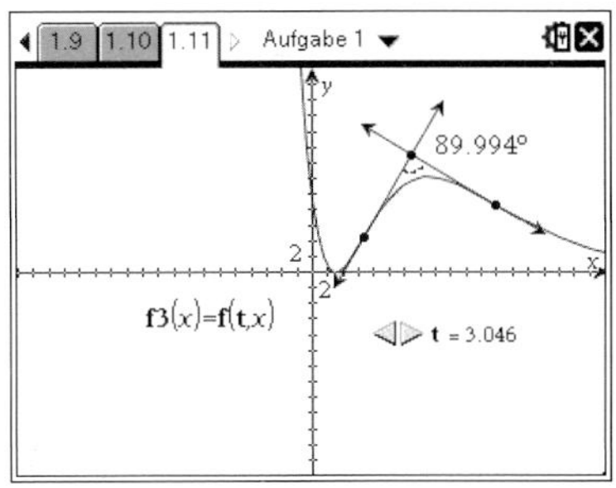

4. a) Dreieck PQR mit $P(2 \mid f_2(2))$, $Q(u \mid 0)$ und $R(u \mid f_2(u))$ mit $u \in \mathbb{R}; u > 2$

Für $t = 2$ erhält man die Gleichung:

$f_2(x) = (x-2)^2 \cdot e^{-\frac{x}{4}}$

Das Dreieck PQR ist rechtwinklig mit den Katheten $\overline{PQ}$ und $\overline{QR}$. Sein Flächeninhalt A kann durch

$$A = \frac{1}{2} \cdot \overline{PQ} \cdot \overline{QR}$$

berechnet werden. Wegen $\overline{PQ} = u - 2$ und $\overline{QR} = f_2(u) = (u-2)^2 \cdot e^{-\frac{u}{4}}$ gilt

$$A = \frac{1}{2} \cdot (u-2) \cdot (u-2)^2 \cdot e^{-\frac{u}{4}},$$

also wie behauptet:

$$A = \frac{1}{2} \cdot (u-2)^3 \cdot e^{-\frac{u}{4}}$$

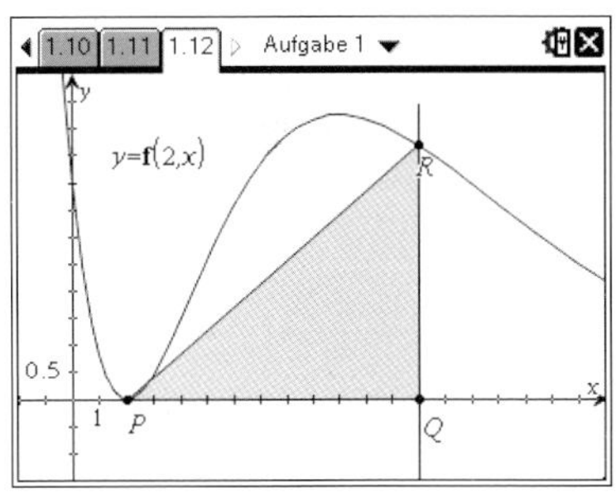

b) Die Formel zur Berechnung des Flächeninhaltes von Dreieck PQR wird als Funktion a(u) gespeichert.
Die Gleichung $a(u) = 10$ hat zwei Näherungslösungen:
$\underline{\underline{u_1 \approx 6{,}77}}$ und $\underline{\underline{u_2 \approx 26{,}31}}$

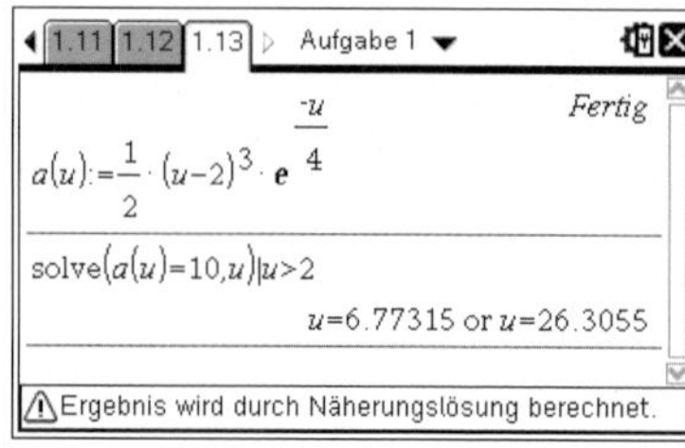

Alternativ kann man die Näherungslösungen auch geometrisch ermitteln, indem man das Dreieck PQR konstruiert, seine Fläche misst und die Koordinaten des Punktes Q anzeigen lässt. Durch Verschieben von Q auf der x-Achse bestimmt man die beiden Stellen, für die der Flächeninhalt ca. 10 FE beträgt.

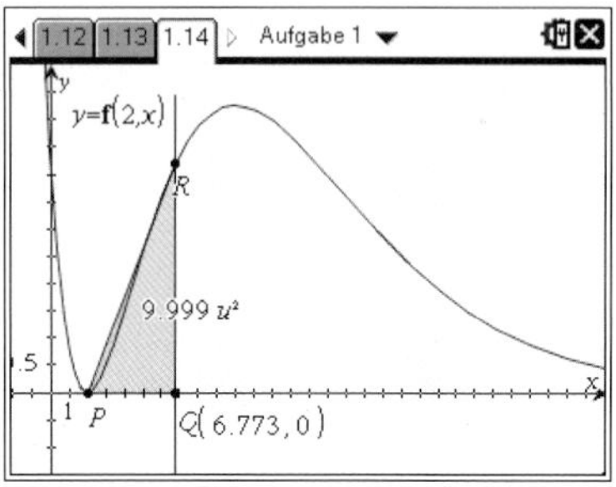

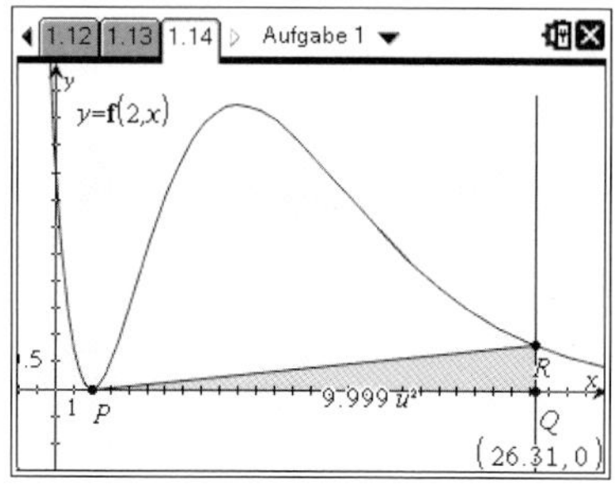

c) Der Versuch, die Gleichung $a(u) = 10e$ zu lösen, bringt kein Ergebnis.

Die Ursache liegt darin begründet, dass das Dreieck einen maximalen Flächeninhalt von

$a(14) \approx 26{,}09$ FE

hat und dass

$10e \approx 27{,}18 > 26{,}09$

ist. Es gibt also kein Dreieck PQR mit dem Flächeninhalt 10e.

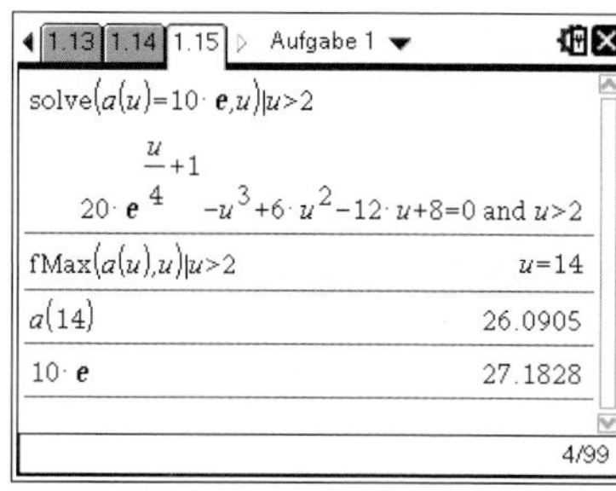

d) Da das Dreieck PQR rechtwinklig ist, ein gleichseitiges Dreieck aber nur Innenwinkel von 60° hat, kann PQR nicht gleichseitig sein.

e) Da das Dreieck PQR rechtwinklig mit dem rechten Winkel bei Q ist, kann es nur dann gleichschenklig sein, wenn $\overline{PQ} = \overline{QR}$ ist.

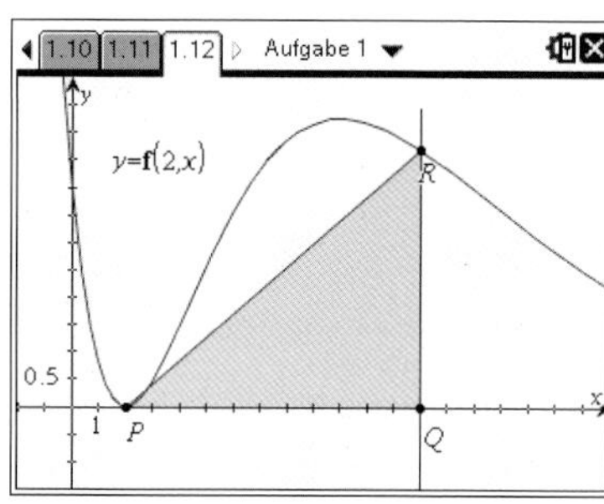

Wegen $\overline{PQ} = u - 2$ und $\overline{QR} = (u-2)^2 \cdot e^{-\frac{u}{4}}$ ist zu untersuchen, ob die Gleichung
$u - 2 = (u-2)^2 \cdot e^{-\frac{u}{4}}$
für $u > 2$ Lösungen besitzt. Nach Division durch $u - 2$ entsteht daraus die Gleichung:
$1 = (u-2) \cdot e^{-\frac{u}{4}}$

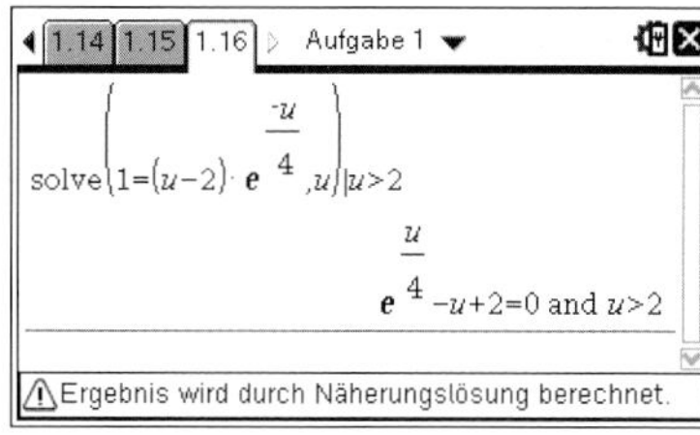

Das CAS löst die Gleichung nicht, obwohl angezeigt wird, dass eine Näherungslösung berechnet wird.

Ist das CAS „überfordert" oder besitzt diese Gleichung vielleicht prinzipiell keine Lösung?

Zur Beantwortung dieser Frage betrachtet man nun beide Seiten der Gleichung als die Funktionen
$g(x) = 1$ sowie $h(x) = (x-2) \cdot e^{-\frac{x}{4}}$
und prüft, ob sie sich für $x > 2$ schneiden.

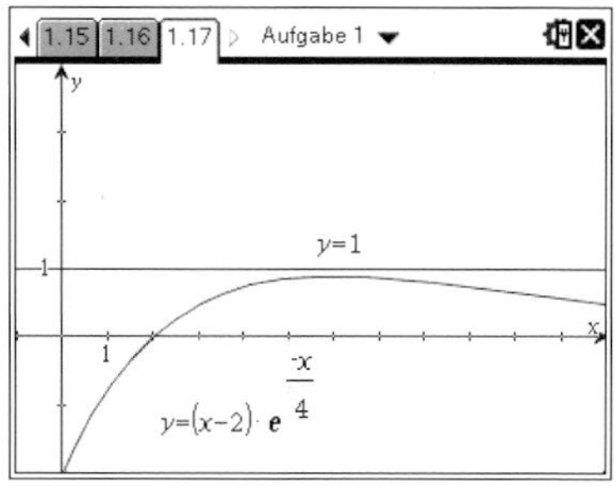

Eine erste Überprüfung erfolgt grafisch. Es sieht hier so aus, als verlaufe die Parallele $y = 1$ zur x-Achse immer oberhalb des Graphen von h. Aber da man nur einen Teil beider Graphen sehen kann, reicht das noch nicht aus.

Eine genaue Überprüfung ist erst durch eine analytische Untersuchung möglich. Dazu wird h auf lokale Extrema und das Verhalten im Unendlichen untersucht.

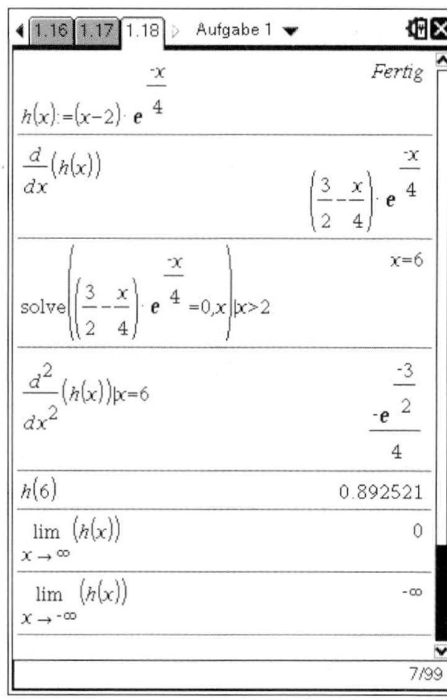

Die 1. Ableitung
$h'(x) = \left(\frac{3}{2} - \frac{x}{4}\right) \cdot e^{-\frac{x}{4}}$
besitzt nur die Nullstelle $x = 6$ als mögliche Extremstelle.
$h''(6) = -\frac{1}{4} \cdot e^{-\frac{3}{2}}$
ist negativ, also ist bei $x = 6$ das einzige lokale Maximum der Funktion h.

Der Funktionswert $h(6) \approx 0{,}893$ ist kleiner als 1 und wegen
$\lim\limits_{x \to \infty} h(x) = 0$ und $\lim\limits_{x \to -\infty} h(x) = -\infty$
schneiden sich die Graphen von
$g(x) = 1$ und $h(x) = (x-2) \cdot e^{-\frac{x}{4}}$
nicht.

Die Gleichung $1 = (u-2) \cdot e^{-\frac{u}{4}}$ hat keine Lösung, also gibt es keinen Wert für u, sodass das Dreieck PQR gleichschenklig ist.

f) Für $\underline{\underline{u = 14}}$ hat das Dreieck PQR maximalen Flächeninhalt.

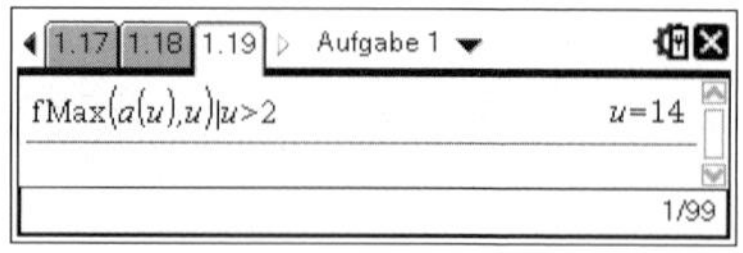

5. Zeichnen Sie die Funktion zu f_2 und verwenden Sie den Graphen zur Entscheidung und Begründung.

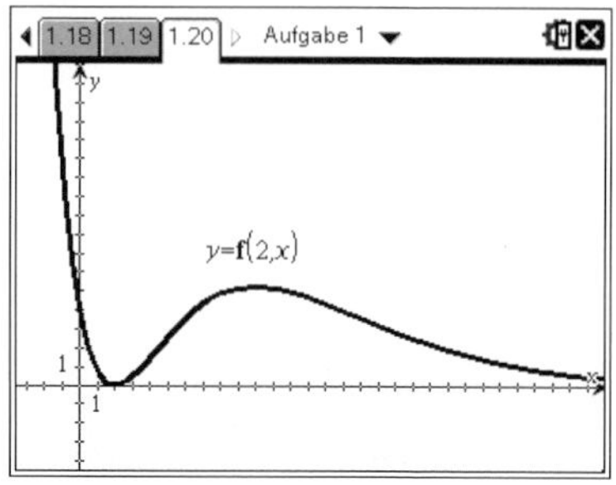

A: Diese Aussage ist **falsch**. Es sinkt zwar die Wachstumsgeschwindigkeit, da sie aber im Zeitraum $0 \leq x \leq 2$ niemals negativ ist, nimmt die Anzahl der Bakterien nicht ab, sondern lediglich immer langsamer zu.

B: Diese Aussage ist **falsch**. Zum Zeitpunkt $x = 2$ ist zwar die Wachstumsgeschwindigkeit null, das bedeutet aber nicht, dass keine Bakterien mehr vorhanden sind. Es wurden nur zu diesem Zeitpunkt keine neuen „produziert".

C: Diese Aussage ist **wahr**. Durch Berechnung (mit dem CAS-Rechner) lässt sich das nachweisen.

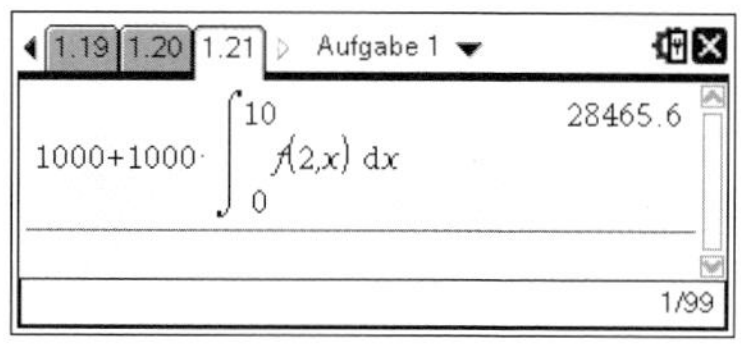

D: Diese Aussage ist in diesem Sachzusammenhang **falsch**. Auch nach Erreichen der maximalen Wachstumsgeschwindigkeit ist diese positiv, sodass eine weitere Zunahme der Bakterienanzahl erfolgt.

E: Die Wachstumsgeschwindigkeit zum Zeitpunkt $x = 5$ ist ca. 2 579 Bakterien pro Stunde, zum Zeitpunkt $x = 10$ ca. 5 253 Bakterien pro Stunde. Das ist ungefähr das Doppelte gegenüber der Wachstumsgeschwindigkeit zum Zeitpunkt $x = 5$.

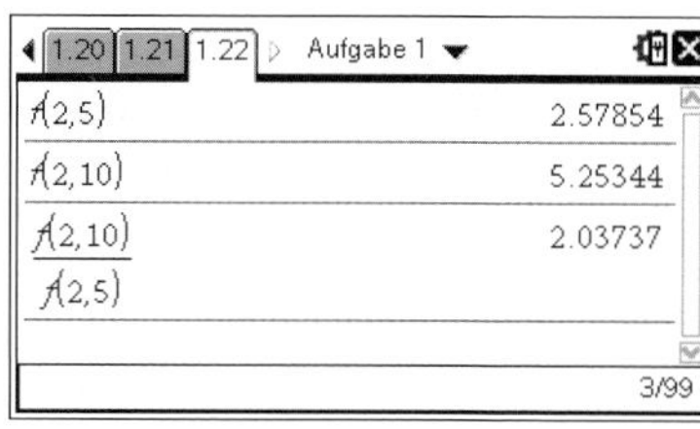

Zum Zeitpunkt $x = 5$ sind ca. 6 509 Bakterien vorhanden. Zum Zeitpunkt $x = 10$ sind ca. 28 466 Bakterien vorhanden. Das ist mehr als das Vierfache gegenüber dem Bestand für $x = 5$.

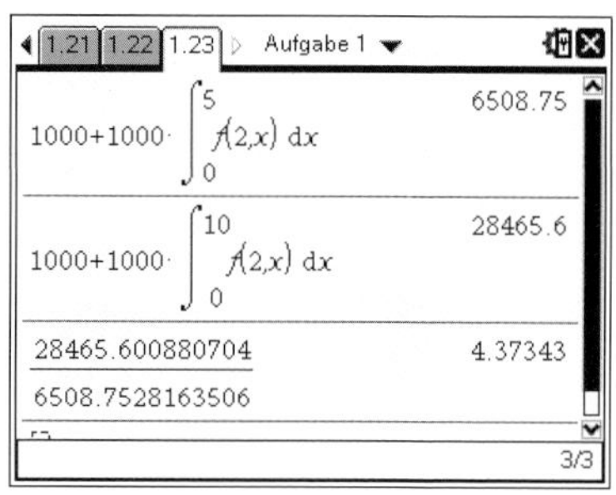

Es stimmt zwar, dass sich die Wachstumsgeschwindigkeit in diesem Zeitraum etwa verdoppelt, aber die Aussage ist **falsch**, denn die Bakterienanzahl würde sich mehr als vervierfachen, auf etwa 437% steigen.

Kernfach Mathematik (Thüringen)
CAS-Übungsaufgabe 2: Analysis

1. **Wetterballon**
Ein aufsteigender Wetterballon ermittelte u. a. folgende Daten über die Höhe h in Meter und den Luftdruck p in Hektopascal (hPa).

h in m	2 000	4 000	6 000	8 000	10 000	12 000
p in hPa	789	614	479	373	290	226

a) Begründen Sie anhand der Werte in der Tabelle, dass kein linearer, wohl aber ein exponentieller Zusammenhang zwischen der Höhe h und dem Luftdruck p zugrunde gelegt werden kann. (4 BE)

b) Beschreiben Sie, wie eine Gleichung der Form $p(h) = p_0 \cdot e^{-k \cdot h}$ für die Funktion h (in m) $\mapsto$ p (in hPa) ermittelt werden kann, und bestimmen Sie eine solche Gleichung.
Beschreiben Sie, welche Bedeutung die Variable p_0 im Zusammenhang mit der Aufgabenstellung hat. (5 BE)
Kontrollergebnis: $p(h) \approx 1\,013{,}14 \cdot e^{-0{,}000125 \cdot h}$

c) Zeigen Sie handschriftlich, dass für die Funktion $p(h) = p_0 \cdot e^{-k \cdot h}$ der Quotient aus der momentanen Änderungsrate des Luftdrucks und dem aktuellen Wert des Luftdrucks konstant ist.
Nennen Sie die dabei verwendeten Ableitungsregeln. (2 BE)

d) Berechnen Sie, um wie viel Prozent der Luftdruck jeweils sinkt, wenn die Höhe um 1 000 m zunimmt. (3 BE)

e) Zeigen Sie, dass die Höhendifferenz d für den Fall, dass der Luftdruck halbiert wird, immer denselben Wert hat, und ermitteln Sie diesen Wert. (2 BE)

f) Auf dem Brocken im Harz (1 141 m über dem Meeresspiegel) wurden über einen Zeitraum von sieben Wintertagen folgende Luftdruckwerte gemessen:

Tag	1	2	3	4	5	6	7
Luftdruck in hPa	867	865	870	863	859	860	870

Berechnen Sie den durchschnittlichen Luftdruck während dieses Zeitraums.
Vergleichen Sie diesen Durchschnittswert mit dem Luftdruck, der sich aus der Formel in Teilaufgabe b ergibt.
Beurteilen Sie, welche Wetterlage besser zu den verwendeten Daten passt:
Wetterlage 1: umfangreiches Tief **Wetterlage 2:** neues Hoch (2 BE)

g) Erläutern Sie die grafische Darstellung im gegebenen Sachzusammenhang. (2 BE)

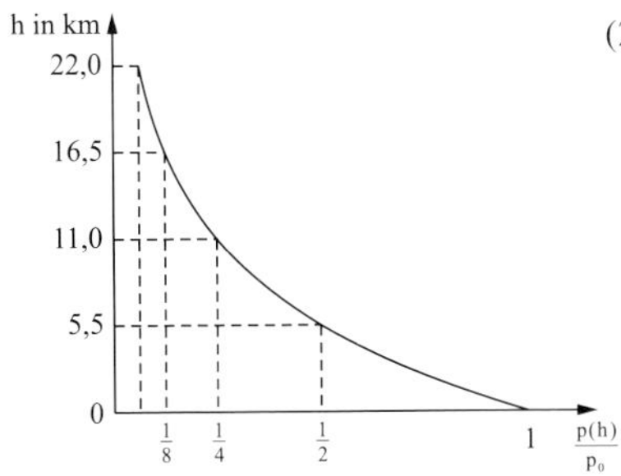

2. a) Finden Sie die Gleichung einer ganzrationalen Funktion 3. Grades, deren Graph im Punkt P(2; 0) den Anstieg $m = -6$, an der Stelle $x = -1$ einen lokalen Extrempunkt und auf der y-Achse einen Wendepunkt hat. (5 BE)

b) Die Graphen der Funktionen f mit $f(x) = -\frac{2}{3} \cdot (x-2) \cdot (x+1)^2$ und g mit $g(x) = \frac{1}{2} \cdot e^{-x}$ mit $x \in \mathbb{R}$ schließen einige Flächen vollständig ein. Berechnen Sie den Gesamtinhalt dieser Flächen. (5 BE)

c) Die Punkte $P(-1 \mid f(-1))$, $Q(u \mid 0)$ und $R(u \mid f(u))$ mit $-1 < u < 2$ und mit $f(x) = -\frac{2}{3} \cdot (x-2) \cdot (x+1)^2$ begrenzen ein Dreieck PQR.

Ermitteln Sie u so, dass der Inhalt des Dreiecks PQR maximal ist. (2 BE)

Gegeben sei nun die Funktion f_t mit $f_t(x) = -\frac{2}{3} \cdot (x + t^2) \cdot (x+1)^2$ und $t \in \mathbb{R}$.

d) Untersuchen Sie die Funktion f_t auf die Anzahl und die Koordinaten ihrer Nullstellen in Abhängigkeit von t. (2 BE)

e) Untersuchen Sie die Funktion f_t auf lokale Extrema und geben Sie deren Koordinaten in Abhängigkeit von t an. (3 BE)

f) Begründen Sie, dass die Tangente, die man für $t \neq \pm 1$ in der Mitte zwischen den beiden Nullstellen an den Graphen der Funktion f_t legt, die x-Achse immer in einer der Nullstellen schneidet. (3 BE)

(40 BE)

Hinweise und Tipps

Aufgabe 1

Zusammenhang zwischen Höhe und Luftdruck

- Ein linearer Zusammenhang liegt vor, wenn die Differenzen der Druckwerte bei gleicher Differenz der Höhenwerte immer annähernd gleich groß sind.
- Ein exponentieller Zusammenhang liegt vor, wenn die Quotienten der Druckwerte bei gleicher Differenz der Höhenwerte immer annähernd gleich groß sind.
- Setzen Sie in die Gleichung $p(h) = p_0 \cdot e^{-k \cdot h}$ zwei Wertepaare (h; p) ein und lösen Sie dieses Gleichungssystem.
- Die Bedeutung von p_0 ergibt sich für $h = 0$ m.
- Beachten Sie, dass die momentane Änderungsrate einer Funktion f(x) deren 1. Ableitung f'(x) ist.

Luftdruckänderung

- Berechnen Sie den Quotienten $\frac{p(h+1\,000)}{p(h)}$, um die prozentuale Abnahme des Luftdrucks auf 1 000 m Höhenzunahme zu erhalten.
- Lösen Sie die Gleichung $\frac{1}{2} \cdot p(h) = p(h + d)$, um die Höhendifferenz d für die Halbierung des Luftdrucks zu bestimmen.

Monatswerte

- Der durchschnittliche Luftdruck ist das arithmetische Mittel der gegebenen Werte.

grafische Darstellung

- Beachten Sie die Bezeichnungen und Einheiten auf den Achsen des Koordinatensystems.

Aufgabe 2

Funktion mit vorgegebenen Eigenschaften

- Stellen Sie aus den gegebenen Zusammenhängen ein lineares Gleichungssystem für die Koeffizienten a, b, c und d in $f(x) = ax^3 + bx^2 + cx + d$ auf.
- Beachten Sie, dass sich der Anstieg einer Funktion an einer Stelle x_0 durch den Wert ihrer 1. Ableitung an dieser Stelle ergibt.
- Verwenden Sie die notwendigen Bedingungen für lokale Extrempunkte bzw. für Wendepunkte, um weitere Gleichungen für das System aus den gegebenen Bedingungen aufzustellen.
- Lösen Sie das Gleichungssystem.
- Überprüfen Sie, ob sich aus der gefundenen Gleichung für f die geforderten Eigenschaften der Funktion ableiten lassen. Untersuchen Sie dabei auch die hinreichenden Bedingungen für Extrem- und Wendepunkte.

Gesamtflächeninhalt

- Veranschaulichen Sie den Sachverhalt durch grafische Darstellung.
- Berechnen Sie die Schnittstellen der Graphen von f und g. Vergleichen Sie die rechnerischen Ergebnisse mit der grafischen Darstellung. Verändern Sie dazu ggf. die Fenstereinstellungen.
- Berechnen Sie die Inhalte der Teilflächen durch Integration. Beachten Sie dabei die gegenseitige Lage der Graphen von f und g.
- Ermitteln Sie die Summe der Flächeninhalte.

maximaler Flächeninhalt des Dreiecks

- Veranschaulichen Sie das Dreieck in einer Skizze.
- Überlegen Sie, wo der rechte Winkel des Dreiecks PQR liegt und wie Sie die Längen der Katheten mithilfe der Funktion f bzw. von u angeben können.
- Geben Sie eine Gleichung für den Flächeninhalt a(u) des Dreiecks PQR an.
- Bestimmen Sie das Maximum der Funktion $a(u) = \frac{1}{2} \cdot (u+1) \cdot f(u)$ im Intervall $-1 < u < 2$.
- Kontrollieren Sie das Ergebnis auf geometrischem Wege. Sie können dazu einen Schieberegler für u verwenden.

Nullstellen

- Da die Gleichung von f_t in faktorisierter Form gegeben ist, können Sie die Anzahl der Nullstellen durch Untersuchung der Faktoren bestimmen.
- Überlegen Sie, wann jeder der Faktoren $(x + t^2)$ bzw. $(x + 1)^2$ null werden kann und für welche Werte von t diese Nullstellen zusammenfallen.

Koordinaten lokaler Extrema

- Beachten Sie die notwendige und hinreichende Bedingung für lokale Extrema von Funktionen.
- Beachten Sie notwendige Fallunterscheidungen für den Parameter t.

Tangente

- Bestimmen Sie den Mittelpunkt zwischen den beiden Nullstellen (für $t \neq \pm 1$).
- Ermitteln Sie die Tangentengleichung an dieser Stelle.
- Berechnen Sie die Nullstelle der Tangente und vergleichen Sie diese mit den Nullstellen der Funktion.

1. a) Würde ein **linearer Zusammenhang** vorliegen, so müssten die Werte für den Druck bei gleichem Abstand der Höhenwerte immer dieselbe Differenz aufweisen. Dies ist aber nicht der Fall, die Differenzen werden größer:
$-175,\ -135,\ -106,\ -83,\ -64$
(Die Differenzen wurden mithilfe der Tabellenkalkulation bestimmt.)

Es liegt also kein linearer Zusammenhang vor.

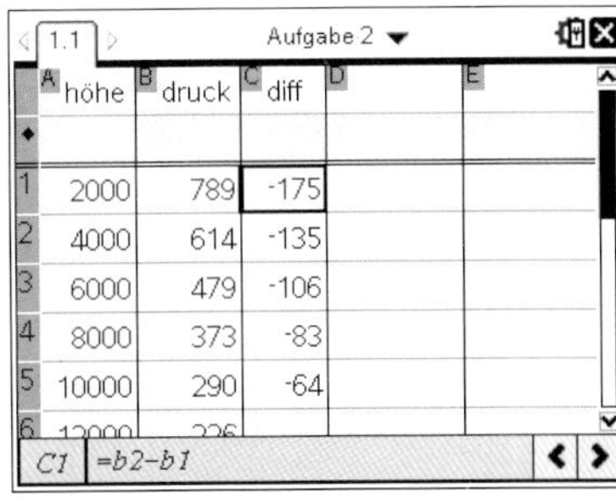

Auf einen **exponentiellen Charakter** kann man schließen, wenn die Quotienten aufeinanderfolgender Drücke (bei gleichem Abstand der Höhenwerte) gleich sind. Dies ist hier der Fall:
Die Folge der Höhenwerte in der Tabelle wächst immer um 2 000 m.
Die Quotienten aufeinanderfolgender Druckwerte sind näherungsweise:
0,778, 0,780, 0,779, 0,777, 0,779

Sie haben annähernd den Wert 0,78. Man kann deshalb von einem exponentiellen Zusammenhang ausgehen.

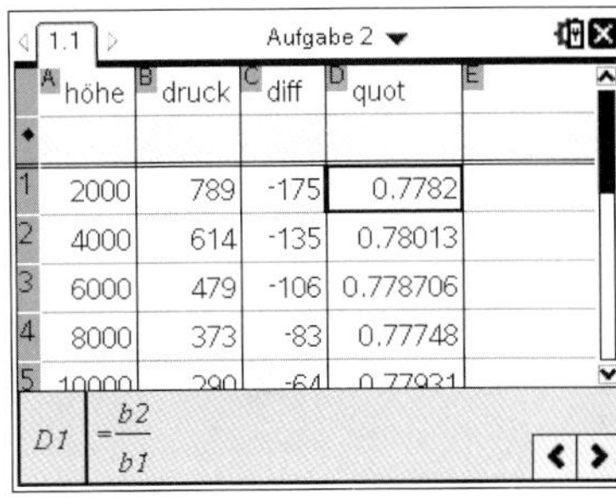

b) *Variante 1:*
Für die Funktion $p(h) = p_0 \cdot e^{-k \cdot h}$ wird das Gleichungssystem

$p(2\,000) = 789$ und $p(12\,000) = 226$

nach p_0 und k gelöst. Es ergibt sich
$p_0 = 1\,013{,}14$ und $k = 0{,}000125$, also:

$$\underline{\underline{p(h) = 1\,013{,}14 \cdot e^{-0{,}000125 \cdot h}}}$$

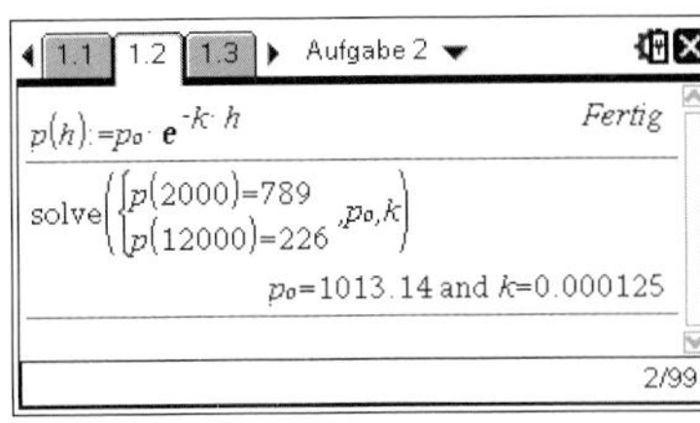

Das Gleichungssystem kann auch mit anderen Wertepaaren der Tabelle aufgestellt und gelöst werden.
Es ergeben sich geringfügig andere Werte für den Anfangswert p_0, also den Luftdruck in der Höhe 0 m.

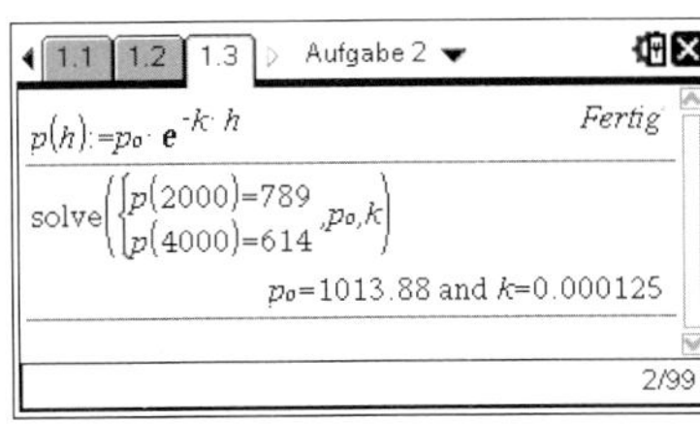

Variante 2:

Die Exponentialgleichung wird durch exponentielle Regression über alle Tabellenwerte bestimmt:

$p(h) = 1\,013{,}24 \cdot 0{,}999875^h$

Dies ist aber noch nicht die verlangte Form einer Exponentialgleichung mit der Basis e. Um den Exponenten k in e^{-k} zu bestimmen, wird die Gleichung $0{,}999875 = e^{-k}$ gelöst, was $k = 0{,}000125$ ergibt. Ergebnis:

$\underline{\underline{p(h) = 1\,013{,}24 \cdot e^{-0{,}000125 \cdot h}}}$

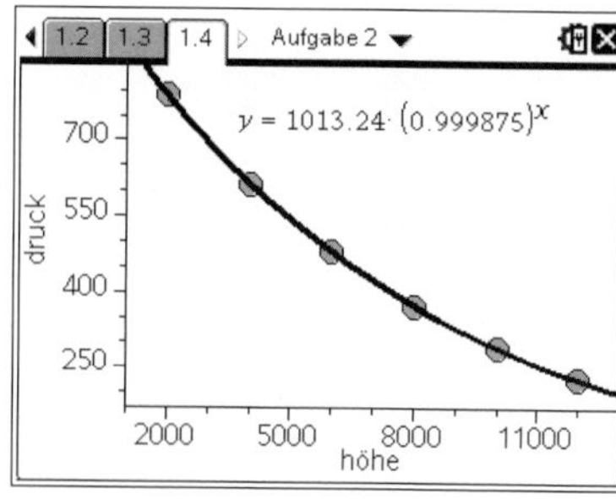

Für $h = 0$ ergibt sich aus $p(h) = p_0 \cdot e^{-k \cdot h}$:

$p(0) = p_0 \cdot 1 = p_0$

Die Variable p_0 beschreibt also den Luftdruck in der Höhe von 0 m.

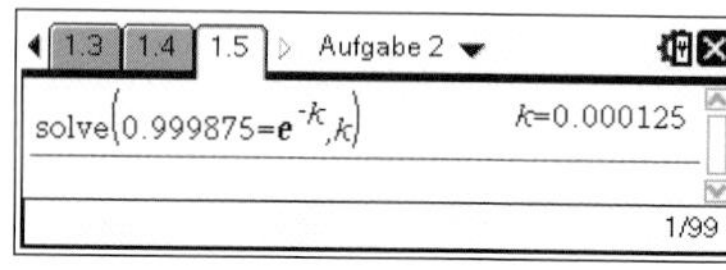

c) Die momentane Änderungsrate der Funktion p(h) ist die 1. Ableitung p'(h) dieser Funktion. Der aktuelle Wert des Luftdrucks wird durch p(h) angegeben.

Die Ableitung der Funktion $p(h) = p_0 \cdot e^{-k \cdot h}$ ist nach Faktor- und Kettenregel die Funktion:

$p'(h) = (-k) \cdot p_0 \cdot e^{-k \cdot h}$

Für den Quotienten aus Änderungsrate und Bestand gilt nach Kürzen wegen $p_0 \neq 0$:

$$\frac{p'(h)}{p(h)} = -k$$

Der Quotient hat also einen konstanten Wert.

d) Unter Verwendung der Gleichung

$p(h) = 1\,013{,}24 \cdot e^{-0{,}000125 \cdot h}$

wird der Quotient

$$\frac{p(h + 1\,000)}{p(h)} \approx 0{,}88$$

bestimmt. Der Luftdruck nimmt bei einem Höhenzuwachs von 1 000 m um etwa $\underline{\underline{12\,\%}}$ ab.

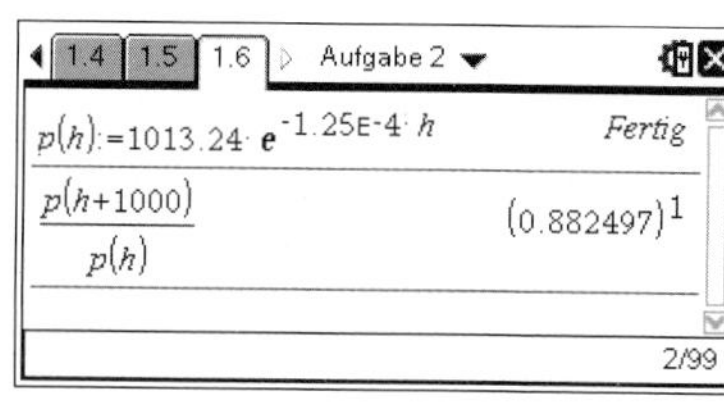

e) Um die Höhendifferenz d zu bestimmen, in der sich der Luftdruck jeweils halbiert, muss die Gleichung

$$\frac{1}{2} \cdot p(h) = p(h + d)$$

gelöst werden. Diese Gleichung hat die Lösung $d = 5\,545{,}18$. Der Luftdruck halbiert sich nach einer Höhenzunahme von ca. $\underline{\underline{5\,545 \text{ m}}}$.

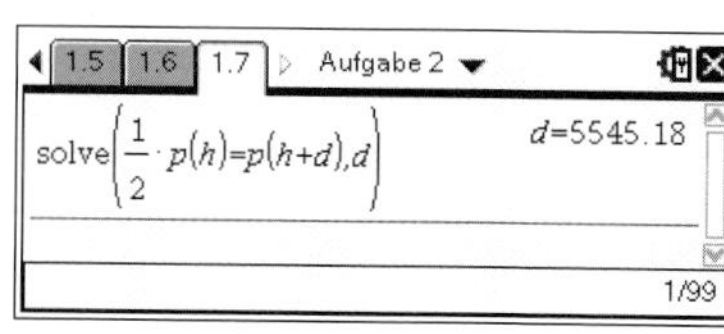

f) Der Durchschnittswert des Luftdrucks während der sieben Tage beträgt etwa 865 hPa.

Er ist kleiner als der Wert von ca. 878 hPa, der sich aus der Formel von Teilaufgabe b ergibt. Deshalb passt die **Wetterlage 1** besser, denn der Luftdruck ist tiefer, als für die angegebene Höhe zu erwarten wäre.

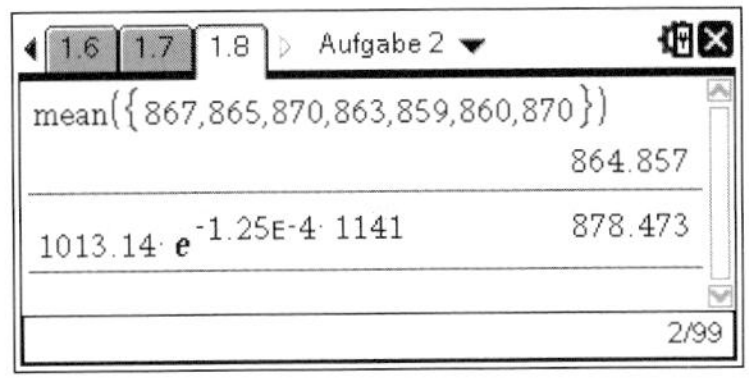

g) Die waagerechte Achse ist eingeteilt nach dem Verhältnis $\frac{p(h)}{p_0}$, also dem Quotienten aus dem Luftdruck in der Höhe h und Luftdruck in der Höhe null. Dieser Quotient hat den Wert 1, wenn h = 0 m beträgt.
Die senkrechte Achse gibt die Höhe in km an. Die Abbildung zeigt, dass der Druck bereits in einer Höhe von 5,5 km auf die Hälfte des Drucks am Boden abgesunken ist. In 11 km Höhe beträgt er nur noch ein Viertel davon, in 16,5 km nur noch ein Achtel. Er nimmt exponentiell ab.

2. a) Aus den in der Aufgabe gegebenen Bedingungen wird ein Gleichungssystem für eine ganzrationale Funktion
$f(x) = a \cdot x^3 + b \cdot x^2 + c \cdot x + d$
und ihre ersten beiden Ableitungsfunktionen
$f'(x) = 3a \cdot x^2 + 2b \cdot x + c$ sowie
$f''(x) = 6a \cdot x + 2b$
aufgestellt und nach a, b, c und d aufgelöst:
$f(2) = 0,\ f'(2) = -6,\ f'(-1) = 0,\ f''(0) = 0$

Man erhält:

$$a = -\frac{2}{3},\quad b = 0,\quad c = 2,\quad d = \frac{4}{3}$$

Die gesuchte Funktionsgleichung lautet:

$$f(x) = -\frac{2}{3} \cdot x^3 + 2 \cdot x + \frac{4}{3}$$

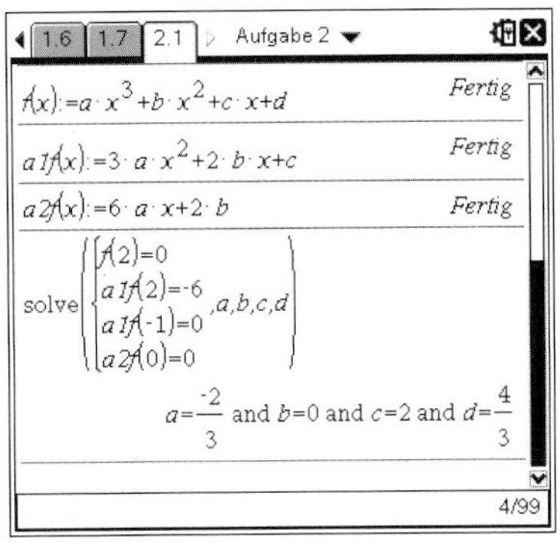

Anschließend wird überprüft, ob diese Funktion tatsächlich alle gegebenen Bedingungen erfüllt. Das kann rechnerisch (inklusive der hinreichenden Bedingung $f'''(0) \neq 0$ für Wendepunkte) oder analytisch-geometrisch (mittels Graph analysieren) erfolgen.

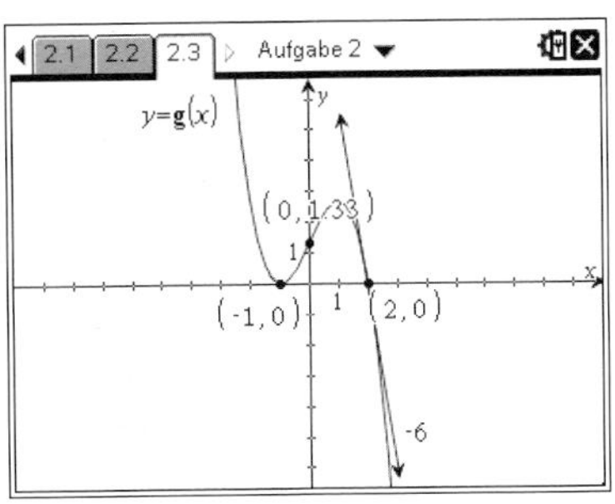

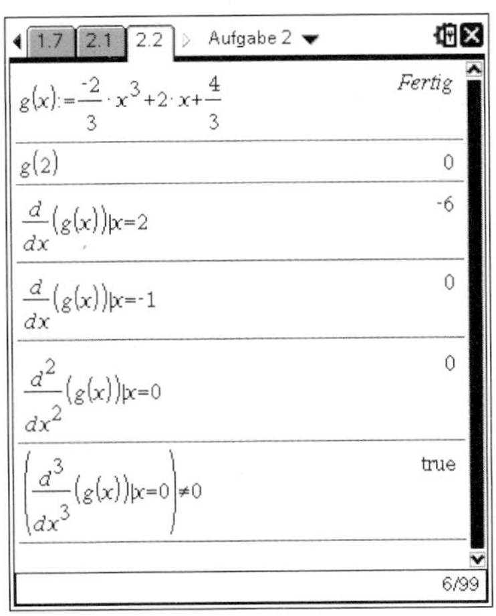

b) Aus der grafischen Darstellung beider Funktionen und den bekannten Eigenschaften kubischer Funktionen und von Exponentialfunktionen kann man schließen, dass sich die beiden Graphen in genau vier Punkten schneiden.

Die Funktion f(x) entspricht der in Teilaufgabe a zu bestimmenden Funktion.

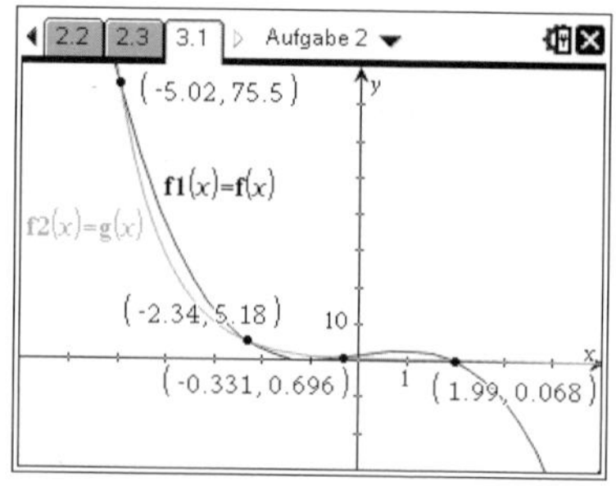

Die Schnittstellen der Kurven werden durch Lösen der Gleichung

$$\frac{1}{2}\cdot e^{-x} = -\frac{2}{3}\cdot(x-2)\cdot(x+1)^2$$

ermittelt. Die Lösungen lauten (gerundet):

$x_1 \approx -5{,}02;\quad x_2 \approx -2{,}34;$

$x_3 \approx -0{,}33;\quad x_4 \approx 1{,}99$

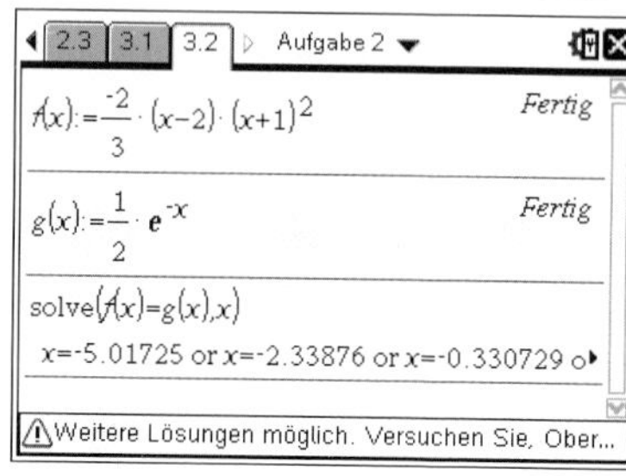

Die Warnmeldung „Weitere Lösungen möglich …“ ist hier nicht berechtigt.

Es muss also drei Teilflächen geben, aber Achtung: Die ganz links liegende Teilfläche ist im Standardbildschirm kaum zu erkennen.

Unter Beachtung der gegenseitigen Lage werden nun die Inhalte der drei Teilflächen mithilfe der Integralrechnung bestimmt:

$$A_1 = \int_{x_1}^{x_2} (f(x)-g(x))\,dx \approx 14{,}18$$

$$A_2 = \int_{x_2}^{x_3} (g(x)-f(x))\,dx \approx 2{,}19$$

$$A_3 = \int_{x_3}^{x_4} (f(x)-g(x))\,dx \approx 3{,}71$$

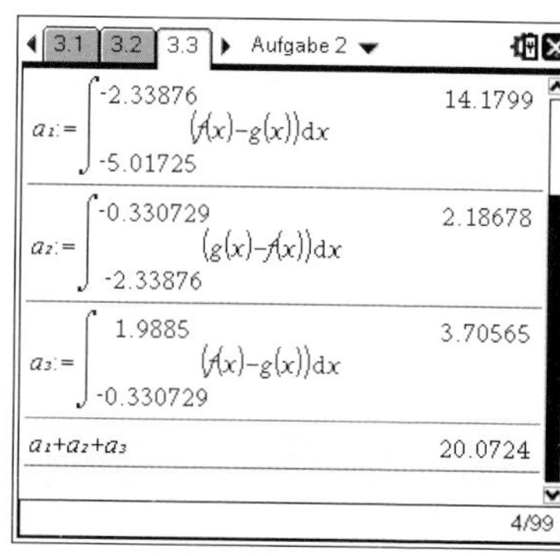

Gesamtflächeninhalt:

$A_1 + A_2 + A_3 \approx \underline{\underline{20{,}07\ \text{FE}}}.$

c) Das Dreieck PQR ist rechtwinklig mit dem rechten Winkel bei Q.
Der Flächeninhalt kann berechnet werden durch:

$$A(u)=\frac{1}{2}\cdot\overline{PQ}\cdot\overline{QR}=-\frac{1}{3}\cdot(u-2)\cdot(u+1)^3$$

Mit fMax() wird die Maximalstelle $\underline{\underline{u=1{,}25}}$ ermittelt.

Der maximale Flächeninhalt ist dann:

$$A\left(\frac{5}{4}\right)=\frac{729}{256}\approx 2{,}85\text{ FE}$$

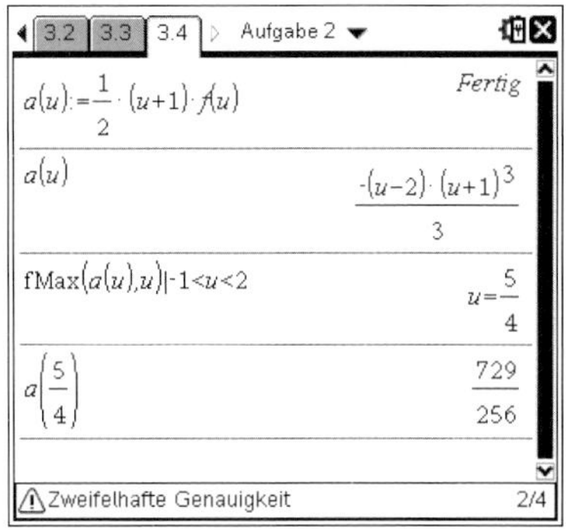

Wegen der Warnung „Zweifelhafte Genauigkeit“ des CAS-Rechners sollte das Ergebnis auf einem zweiten Wege bestätigt werden, z. B. durch eine geometrische Konstruktion mit Schieberegler für u.

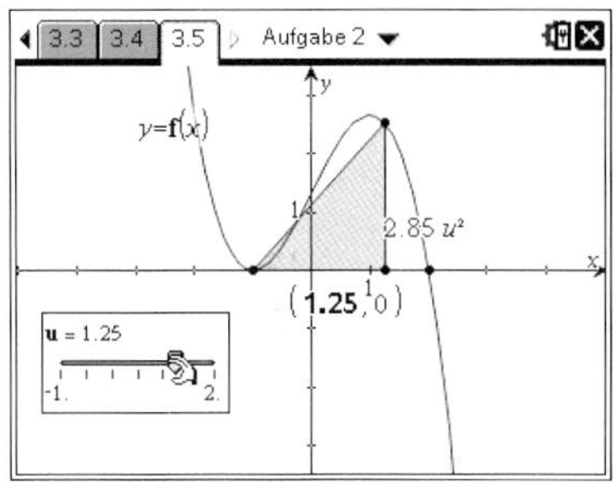

d) Die Funktion

$$f_t(x)=-\frac{2}{3}\cdot(x+t^2)\cdot(x+1)^2$$

hat immer eine Doppelnullstelle bei $x=-1$ und eine Nullstelle für $x=-t^2$. Für $t=1$ und für $t=-1$ fallen beide Nullstellen zusammen, sodass es in diesen beiden Fällen genau eine Nullstelle $x=-1$, sonst zwei Nullstellen $x_1=-1$ und $x_2=-t^2$ gibt.

e) Zunächst werden die ersten drei Ableitungen der Funktion f_t gebildet und notiert:

$$f_t'(x)=-\frac{2}{3}\cdot(x+1)\cdot(3x+2t^2+1),\quad f_t''(x)=-4x-\frac{4t^2}{3}-\frac{8}{3},\quad f_t'''(x)=-4$$

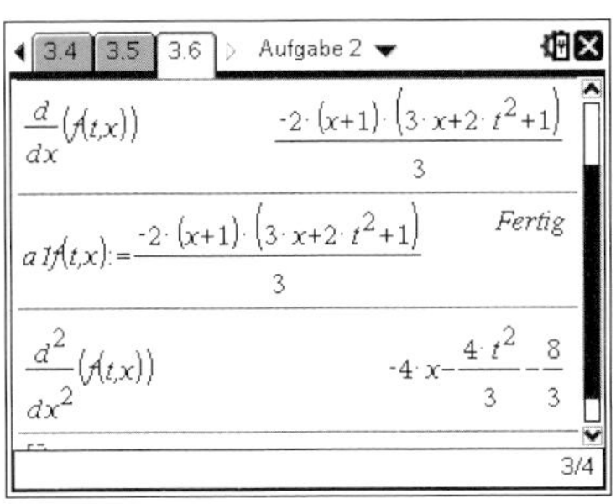

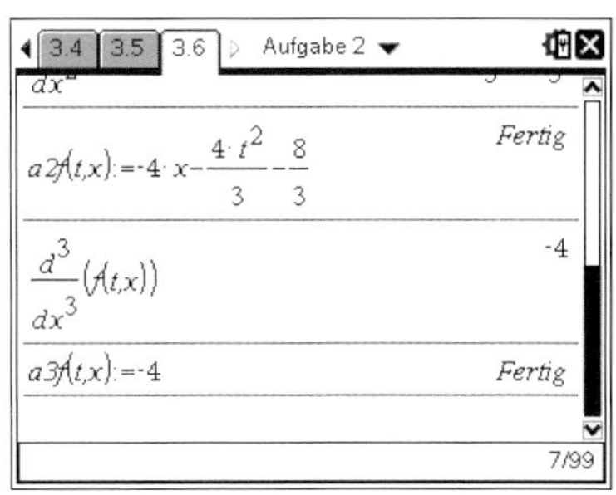

Notwendige Bedingung für lokale Extrema: Die Nullstellen der Funktion f_t' sind mögliche Extremstellen. Man erhält:

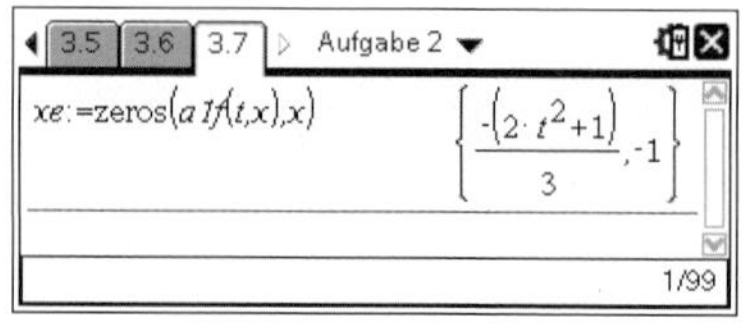

$$\underline{\underline{x_{e1} = -\frac{1}{3} \cdot (2t^2+1)}}; \quad \underline{\underline{x_{e2} = -1}}$$

Hinreichende Bedingung für lokale Extrema: Die Werte der Funktion f_t'' müssen von null verschieden sein. Dabei sind die relevanten Intervalle für die Parameter zu beachten.

Für x_{e1} gilt dabei Folgendes:

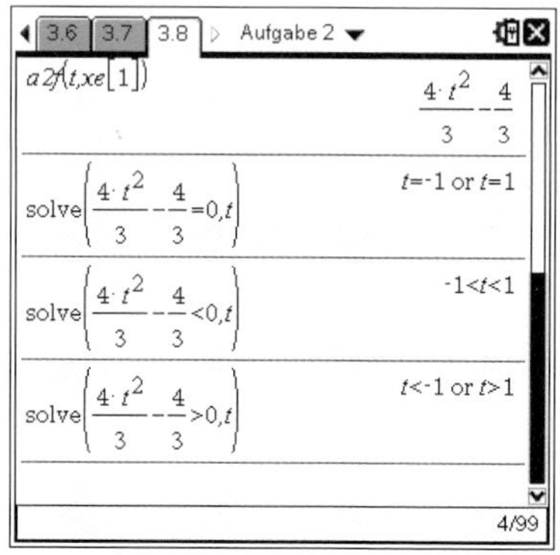

$f_t''(x_{e1}) = 0$ für $t = -1$ und für $t = 1$

Es ist in diesem Falle keine Entscheidung über lokale Extrema möglich. Da aber die dritte Ableitung ungleich null ist, existiert in diesem Fall ein Wendepunkt.

$f_t''(x_{e1}) < 0$ für $-1 < t < 1$

In diesem Fall liegt ein lokales Maximum vor.

$f_t''(x_{e1}) > 0$ für $t < -1$ und für $t > 1$

In diesem Fall liegt ein lokales Minimum vor.

Die y-Koordinate der lokalen Extrempunkte an der Stelle x_{e1} ist:

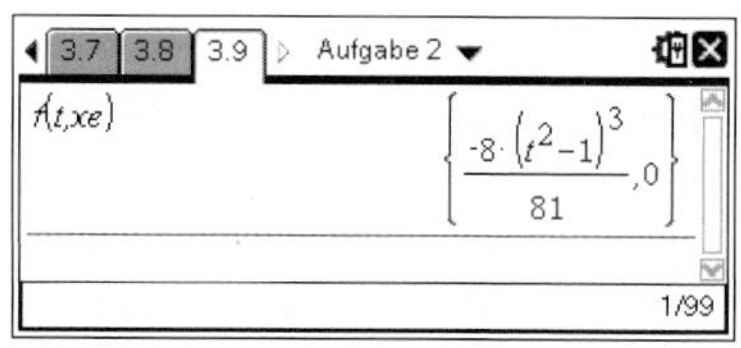

$$\underline{\underline{y_{e1}}} = f_t(x_{e1}) = \underline{\underline{-\frac{8}{81} \cdot (t^2+1)^3}}$$

Für $x = -1$ liegt nach dem Ergebnis von Teilaufgabe d eine Doppelnullstelle vor, d. h., der Graph berührt hier für $t \neq \pm 1$ die x-Achse.

Durch Darstellung einiger Repräsentanten der Funktion ist zu sehen, dass für $t > 1$ und für $t < -1$ an der Stelle $x = -1$ ein lokales Maximum und für $-1 < t < 1$ ein lokales Minimum vorliegt.

Für $t = \pm 1$ existiert an der Stelle $x = -1$ ein Wendepunkt.

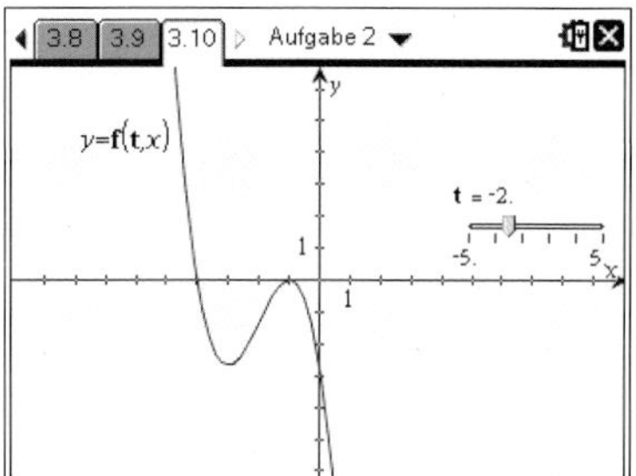

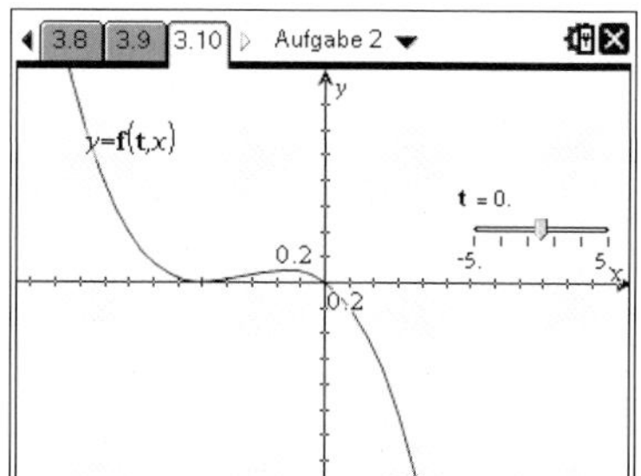

f) Der Mittelpunkt zwischen den beiden Nullstellen (hier für $t \neq \pm 1$) hat den Wert:

$$m = -\frac{t^2+1}{2}$$

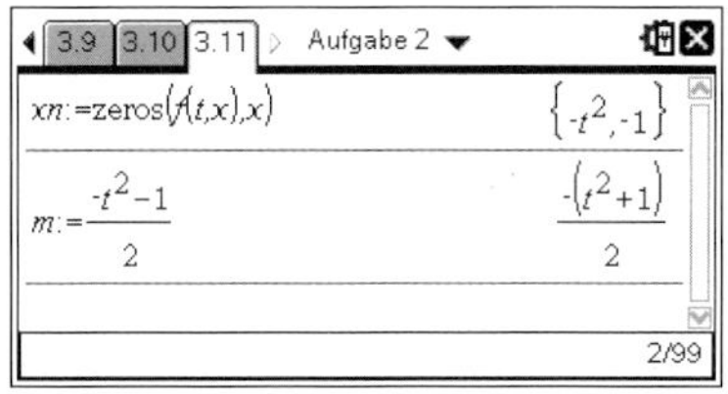

Die Tangente an dieser Stelle hat die Gleichung:

$$g(x) = \frac{(t^2-1)^2}{6} \cdot x + \frac{(t^2-1)^2}{6}$$

Die Nullstelle der Tangente für $t \neq \pm 1$ ist $x = -1$, also eine der beiden Nullstellen der Funktion f_t.

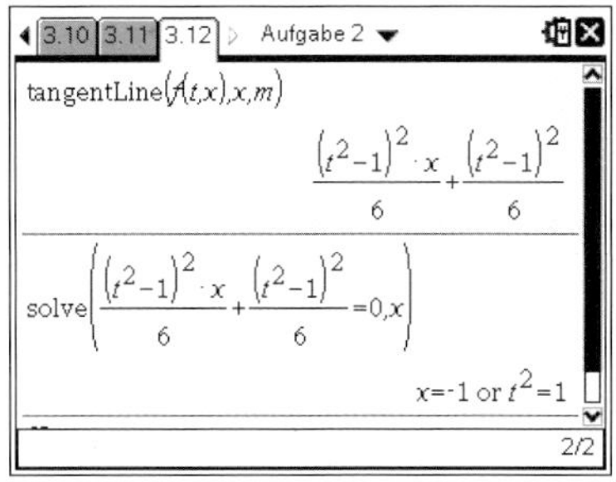

Kernfach Mathematik (Thüringen)
CAS-Übungsaufgabe 3: Analysis

1. **Meerenge**
Die Abbildung stellt das vereinfachte Modell einer Meerenge dar. Eine Einheit auf den Achsen entspricht 1 km. Auf dem unteren Teil der Halbinsel, die von einem Stück des Graphen der Funktion f mit

$$f(x) = \frac{x^2+3}{2x-2} \quad (x \in \mathbb{R},\ x > 1)$$

begrenzt wird, soll ein Tierreservat eingerichtet werden. Seine nördliche Grenze verläuft entlang des Graphen der Funktion k mit $k(x) = 7 + \ln(x)$. Die Küste des Festlandes verläuft in diesem Abschnitt entlang der Geraden $g(x) = 0{,}25x$.

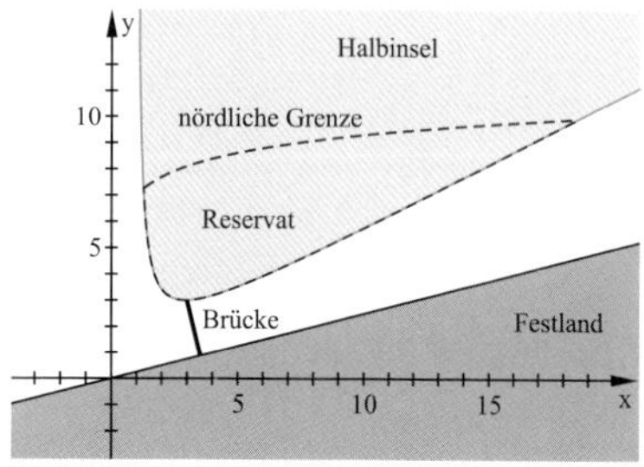

a) Berechnen Sie den Flächeninhalt des Tierreservats. Geben Sie das Ergebnis in Hektar an. (5 BE)

b) Vom tiefsten Punkt der Halbinsel aus soll eine möglichst kurze Brücke zum Festland gebaut werden.
Erläutern Sie, wie die Ingenieure die Koordinaten der Berührpunkte der Brücke an den Ufern der Halbinsel und des Festlandes sowie die Länge der Brücke berechnen können.
Führen Sie diese Berechnungen durch.
Nehmen Sie als Modell für die Brücke vereinfacht eine Strecke an. (6 BE)

c) Der Punkt P im Inneren des Reservates soll von den Punkten $T(3\,|\,3)$, $S(1{,}33\,|\,7{,}29)$ und $U(18{,}62\,|\,9{,}92)$ am Rande gleich weit entfernt sein.
Berechnen Sie die Koordinaten von P und geben Sie die Entfernung von P zu den Punkten S, T und U an. (3 BE)

2. Gegeben ist die Funktion f_t durch

$$f_t(x) = \frac{x^2+t}{2x-2} \quad (x, t \in \mathbb{R},\ x \neq 1).$$

a) Untersuchen Sie, für welche Werte des Parameters t die Graphen der Funktion f_t lokale Extrempunkte besitzen.
Geben Sie die Koordinaten der lokalen Extrempunkte in Abhängigkeit von t an.
Beschreiben Sie, wie man t wählen muss, damit die Koordinaten der lokalen Extrempunkte ganzzahlig sind. (6 BE)

b) Berechnen Sie den Abstand der lokalen Extrempunkte voneinander in Abhängigkeit von t.
Geben Sie denjenigen Wert von t an, für den dieser Abstand 8 Längeneinheiten groß ist. (3 BE)

c) Ermitteln Sie die Gleichungen der Asymptoten an den Graphen von f_t. (2 BE)

d) Skizzieren Sie den Graphen von f_4 und die zugehörigen Asymptoten im Intervall $-8 \leq x \leq 8$. (2 BE)

e) Beurteilen Sie, ob die folgenden Aussagen wahr sind:

(1) „Für $t=-1$ stimmt der Graph der Funktion f_t vollständig mit der Geraden $y=\frac{1}{2}\cdot(x+1)$ mit $x\in\mathbb{R}$ überein." (2 BE)

(2) „Für keinen reellen Wert des Parameters t haben die Graphen von f_t Wendepunkte." (3 BE)

f) Setzen Sie $t=4$ und ermitteln Sie eine Gleichung der Tangente t_1 an den Graphen der Funktion f_4 an der Stelle $x=2$.
Es gibt genau eine weitere Tangente t_2 an den Graphen von f_4, die parallel zur Tangente t_1 ist.
Bestimmen Sie eine Gleichung der Tangente t_2.
Berechnen Sie den Abstand beider Tangenten. (6 BE)

g) Der Graph von f_{-2} erzeugt bei Rotation um die x-Achse im Intervall $2\le x\le 6$ einen Drehkörper.
Berechnen Sie dessen Volumen. (2 BE)

(40 BE)

Hinweise und Tipps

Aufgabe 1

Flächeninhalt des Tierreservats

- Das Tierreservat wird von den Graphen der Funktionen f und k für $x > 1$ begrenzt.
- Ermitteln Sie die Schnittstellen der Graphen beider Funktionen für dieses Intervall.
- Verwenden Sie die Schnittstellen als Integrationsgrenzen bei der Flächenberechnung.
- Rechnen Sie das Ergebnis der Flächenberechnung in Hektar um.

Brücke zum Festland

- Ermitteln Sie die Koordinaten des Tiefpunktes von f für $x > 1$. Sie können dies mit der Anweisung fMin() oder über den Ableitungskalkül erreichen. Auch eine grafische Lösung mit *Graph analysieren – Minimum* kommt wegen des Operators „ermitteln" infrage.
- Damit die Brücke möglichst kurz wird, muss sie im rechten Winkel auf das Festland auftreffen.
- Die Brücke muss auf einer Normalen (mit der Gleichung $y = mx + n$) zur Geraden g liegen.
- Das Produkt der Anstiege der Normalen und der Geraden g muss deshalb den Wert -1 haben.
- Aus diesem Ansatz können Sie den Anstieg m der Normalen ermitteln.
- Da außerdem die Normale durch den Tiefpunkt von f verlaufen muss, können Sie durch Einsetzen auch den Durchgang n der Normalen durch die y-Achse bestimmen.
- Durch Gleichsetzen der Normalengleichung und der Gleichung für die Gerade g lässt sich der Schnittpunkt beider Graphen berechnen.
- Mit dem Satz des Pythagoras wird die Länge der Brücke als der Abstand dieses Schnittpunktes vom Tiefpunkt der Funktion f berechnet.
- Alternativ kann dieses Problem auch mithilfe eines aus der analytischen Geometrie bekannten Verfahrens zur Bestimmung des Abstandes eines Punktes von einer Geraden ermittelt werden. Dazu ist es sinnvoll, die Gleichung für g in die Parameterform umzuwandeln.

Punkt im Inneren

- Die Entfernungen der Punkte T, S und U zum Punkt P lassen sich als Streckenlängen mit dem Satz des Pythagoras oder als Beträge der zugehörigen Vektoren bestimmen. Die Koordinaten des Punktes P gehen dabei als Unbekannte in ein Gleichungssystem ein, das aus den gegebenen Bedingungen aufzustellen ist.

Aufgabe 2

lokale Extrempunkte

- Zur Untersuchung auf lokale Extrempunkte der Funktion f_t werden die 1. und die 2. Ableitungsfunktion von f_t benötigt.
- Bestimmen Sie mögliche Extremstellen über die Nullstellen der 1. Ableitungsfunktion.
- Überprüfen Sie, für welche Werte von t diese Extremstellen existieren und eventuell zusammenfallen.
- Untersuchen Sie, ob für diese Werte von t auch die hinreichende Bedingung (Existenz und Vorzeichen der 2. Ableitungsfunktion an den möglichen Extremstellen) erfüllt ist.
- Geben Sie die vollständigen Koordinaten und die Art der Extrempunkte an.
- Diese Koordinaten werden ganzzahlig, wenn unter den auftretenden Quadratwurzeln Quadratzahlen stehen. Beschreiben Sie, für welche Eigenschaften des Parameters t dies der Fall ist.

Abstand der lokalen Extrempunkte

- Bestimmen Sie den Betrag des Vektors, der beide Extrempunkte verbindet, oder bestimmen Sie diese Streckenlänge mit dem Satz des Pythagoras.
- Setzen Sie die Streckenlänge gleich 8 und lösen Sie die Gleichung nach t auf. Beachten Sie die Einschränkung des Grundbereichs der Variablen.

Gleichungen der Asymptoten

- Senkrechte Asymptoten können bei den Nullstellen der Nennerfunktion existieren.
- Für den Nachweis schräger Asymptoten ist die Zerlegung des Funktionsterms in einen ganzrationalen und einen echt gebrochenen Term hilfreich. Lassen Sie sich eine solche Zerlegung vom CAS-Rechner anzeigen und überlegen Sie, wie sich die Funktionswerte für $x \to \pm\infty$ entwickeln.

Graph und Asymptoten zeichnen

- Stellen Sie Graph und Asymptoten für $t=4$ zunächst auf Ihrem Rechner dar. Übertragen Sie dann die Darstellungen sauber auf Papier. Nutzen Sie ggf. die Anzeige einer Wertetabelle.

Wahrheitsgehalt der Aussagen

- Vergleichen Sie den Definitionsbereich der Funktion f_t für $t=-1$ mit dem Definitionsbereich der gegebenen Geraden.
- Untersuchen Sie die notwendige Bedingung für Wendepunkte.

Tangenten

- Tangentengleichungen lassen sich mit dem Befehl tangentLine(f(x),x,x0) bestimmen, wobei x_0 die Berührstelle von Graph und Tangente ist.
- Ermitteln Sie eine Gleichung der Tangente t_1.
- Die zu t_1 parallele Tangente t_2 muss denselben Anstieg wie t_1 haben. Außerdem entspricht der Tangentenanstieg an einer Stelle x_0 dem Wert der 1. Ableitungsfunktion an dieser Stelle. Aus diesen beiden Eigenschaften können Sie einen Ansatz zur Berechnung von x_0 gewinnen.
- Die Gleichung der zweiten Tangente können Sie wieder mit tangentLine(f(x),x,x0) bestimmen.
- Ermitteln Sie die Gleichung einer Normalen zu den beiden parallelen Tangenten. (Das Produkt der Anstiege der Normalen und der Tangenten muss den Wert -1 haben.)
- Berechnen Sie die Schnittpunkte der Normalen mit beiden Tangenten.
- Der Abstand der beiden Schnittpunkte kann mit dem Satz des Pythagoras berechnet werden. Er entspricht dem gesuchten Abstand der beiden parallelen Tangenten.
- Zur Kontrolle können Sie die Graphen von f_4, t_1, t_2 und der Normalen mit Ihrem CAS-Rechner darstellen, die Schnittpunkte bestimmen und deren Abstand messen.

Volumen des Rotationskörpers

- Rotationsvolumina können mithilfe des bestimmten Integrals berechnet werden.

Lösungen

1. a) Für $x > 1$ werden die Schnittpunkte der Graphen von $k(x) = 7 + \ln(x)$ und $f(x) = \frac{x^2+3}{2x-2}$ durch Lösen der Gleichung

$$7 + \ln(x) = \frac{x^2+3}{2x-2}$$

berechnet. Man erhält:

$x_1 \approx 1{,}327$ sowie $x_2 \approx 18{,}622$

Diese Werte werden als Integrationsgrenzen für die Flächenberechnung gebraucht.

Die Fläche des Tierreservates wird durch

$$\int_{x_1}^{x_2} (k(x) - f(x))\,dx$$

ermittelt. Sie beträgt ca. 54,98 km².

Da 1 km² einer Fläche von 100 ha entspricht, sind dies etwa 5 498 ha.

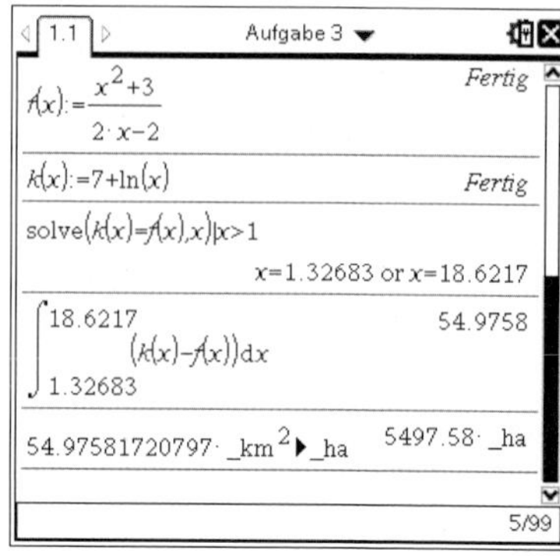

Die Umrechnung der Einheiten kann auch mit dem TI-Nspire vorgenommen werden.

b) Der Tiefpunkt von $f(x) = \frac{x^2+3}{2x-2}$ für $x > 1$ kann mit der Funktion fMin() ermittelt werden. Der Tiefpunkt hat die Koordinaten: T(3 | 3)

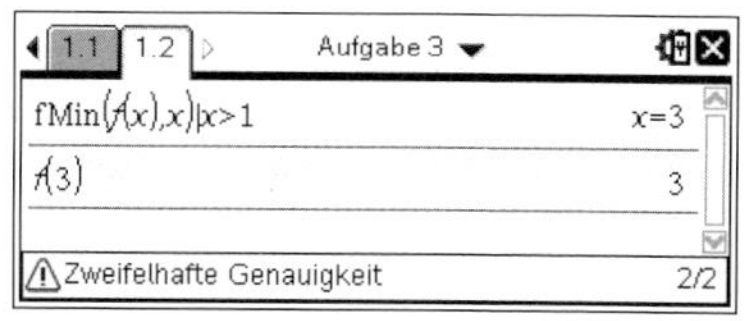

Alternativ und um die Warnung des Rechners („Zweifelhafte Genauigkeit“) zu berücksichtigen, kann der Tiefpunkt auch mit dem Ableitungskalkül bestimmt werden.

Es werden die 1. und 2. Ableitung von f(x) gebildet:

$$f'(x) = \frac{x^2 - 2x - 3}{2 \cdot (x-1)^2}$$

$$f''(x) = \frac{4}{(x-1)^3}$$

Die notwendige Bedingung $f'(x) = 0$ führt auf die mögliche Extremstelle $x_e = 3$.

Die 2. Ableitung $f''(x_e) = \frac{1}{2} > 0$ bestätigt als hinreichendes Kriterium die Existenz eines lokalen Minimums.

Wegen $f(x_e) = 3$ ergibt sich auch hier der Tiefpunkt T(3 | 3).

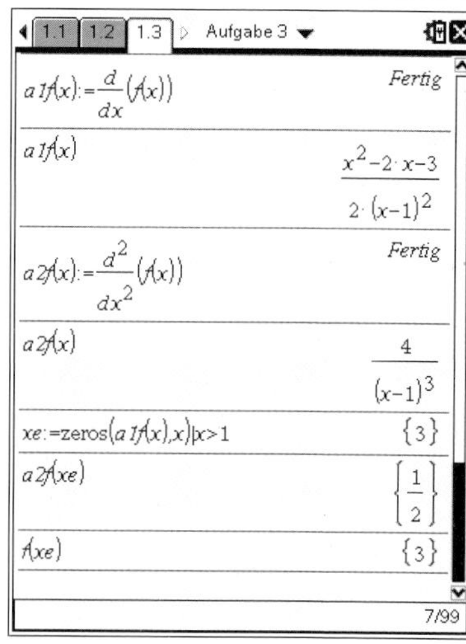

Auch eine grafische Lösung zur Bestimmung des Tiefpunktes ist möglich.

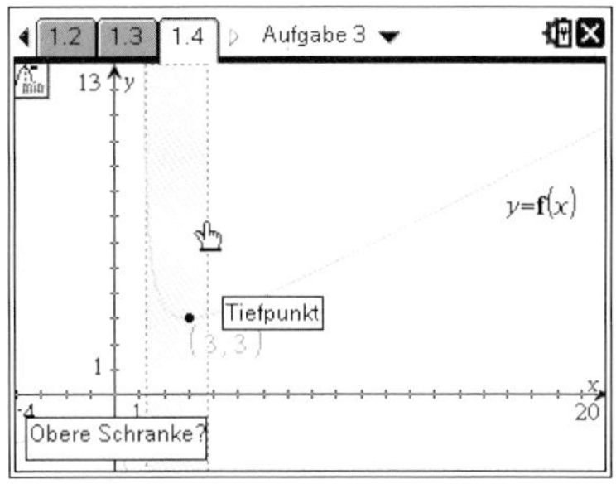

Damit eine möglichst kurze Brücke entsteht, muss sie im rechten Winkel auf das Ufer am Festland treffen. Die Strecke, die als Modell für die Brücke angenommen wird, liegt also auf der Normalen h zur Geraden

$g(x) = 0,25x$

und verläuft durch den Punkt T. Für die Anstiege m_g bzw. m_h von g bzw. h gilt deshalb:

$m_h \cdot m_g = -1$

Wegen $m_g = 0,25$ ist also $m_h = -4$.

Da der Punkt T(3 | 3) auf h liegen muss, kann aus dem Ansatz $h(x) = m_h \cdot x + n$ mit $3 = -4 \cdot 3 + n$ auf $n = 15$ geschlossen werden. Damit ist die Gleichung der Normalen bekannt:

$h(x) = -4x + 15$

Der Schnittpunkt der Geraden g und h liefert die Koordinaten des Punktes G, bei dem die Brücke am Ufer des Festlandes ankommt.

Die Lösung der Gleichung g(x) = h(x) führt auf:

$$G\left(\frac{60}{17} \,\middle|\, \frac{15}{17}\right) \approx G(3,529 \,|\, 0,882)$$

Die Länge d der Brücke kann mithilfe des Satzes des Pythagoras berechnet werden:

$$d = \sqrt{\left(\frac{60}{17} - 3\right)^2 + \left(\frac{15}{17} - 3\right)^2} \approx 2,183 \text{ km}$$

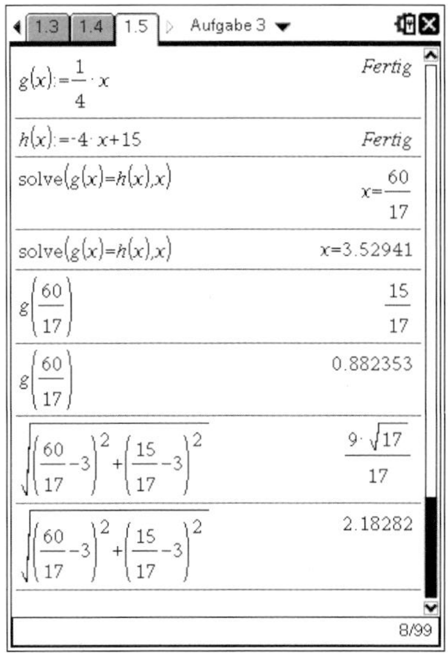

Alternative Lösung:

Der Abstand des Tiefpunktes T(3 | 3) von der Geraden g wird mithilfe eines aus der analytischen Geometrie bekannten Verfahrens berechnet. Dazu wird die Gleichung von g in vektorieller Form angegeben:

$\vec{x} = g(s) = s \cdot \begin{pmatrix} 1 \\ 0,25 \end{pmatrix}$ mit $s \in \mathbb{R}$

Der Betrag des Differenzvektors $g(s) - \overrightarrow{OT}$ beschreibt dann den Abstand d(s) eines beliebigen Punktes der Geraden g vom Punkt T in Abhängigkeit vom Parameter s.

Es wird das Minimum dieses Betrages bestimmt. Es liegt bei $s \approx 3,529$. Damit ergeben sich über g(s) die Koordinaten von G mit G(3,529 | 0,882)

sowie die Länge d der Brücke mit:

$d \approx 2,183$ km

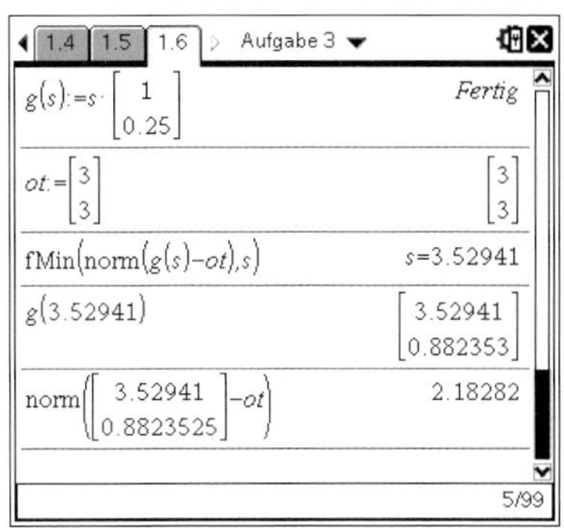

c) Die Beträge der Vektoren $\overrightarrow{PU}, \overrightarrow{PS}, \overrightarrow{PT}$ müssen gleich sein. Das zugehörige Gleichungssystem hat die Lösung P(10,04 | 8,21).

Als Entfernung der Randpunkte zum Punkt P errechnet man ca. 8,75 km.

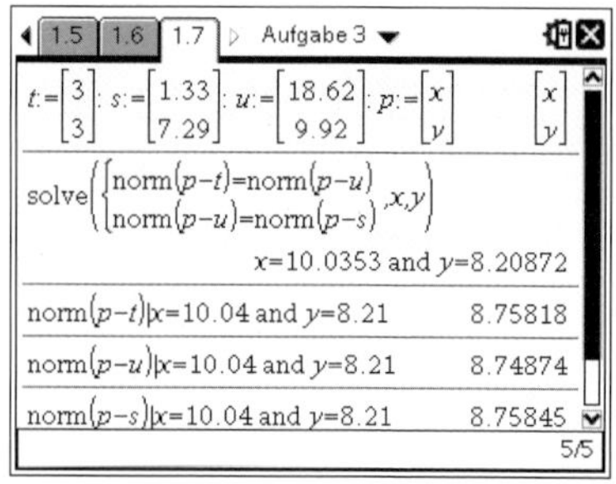

2. a) Zur Untersuchung der **Existenz lokaler Extrempunkte** müssen die 1. und 2. Ableitung der Funktion f_t gebildet werden:

$$f_t'(x) = \frac{x^2 - 2x - t}{2 \cdot (x-1)^2}$$

$$f_t''(x) = \frac{t+1}{(x-1)^3}$$

Die Funktionen werden unter geeigneten Bezeichnungen abgespeichert.

Die notwendige Bedingung $f_t'(x) = 0$ für lokale Extrempunkte führt auf die möglichen Extremstellen:

$x_{e1} = 1 - \sqrt{t+1}$ und $x_{e2} = 1 + \sqrt{t+1}$

Diese Terme existieren nur für $t + 1 \geq 0$.

Für $t = -1$ könnte es genau eine lokale Extremstelle $x_e = 1$ geben.
Für $t > -1$ könnte es zwei lokale Extremstellen geben.

Die Untersuchung der hinreichenden Bedingung $f_t''(x_e) \neq 0$ ergibt:

$$f_t''(x_{e1}) = -\frac{1}{\sqrt{t+1}} \quad \text{und} \quad f_t''(x_{e2}) = \frac{1}{\sqrt{t+1}}$$

Beide Funktionsterme sind nur definiert, wenn $t > -1$ ist. Für $t = -1$ existiert also kein lokaler Extrempunkt.

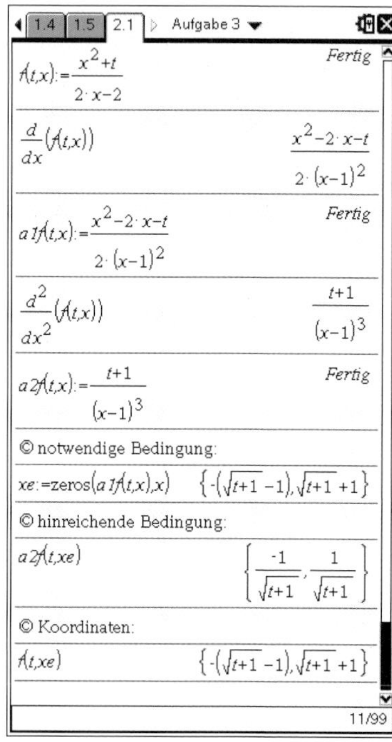

Für $t > -1$ ist $f_t''(x_{e1}) < 0$, es liegt ein lokaler Hochpunkt vor.

Für $t > -1$ ist $f_t''(x_{e2}) > 0$, es liegt ein lokaler Tiefpunkt vor.

Die Berechnung der Funktionswerte an den Stellen x_e ermöglicht die Angabe der vollständigen **Koordinaten der lokalen Extrempunkte:**

Hochpunkt $H(1-\sqrt{t+1} \mid 1-\sqrt{t+1})$ für $t > -1$

Tiefpunkt $T(1+\sqrt{t+1} \mid 1+\sqrt{t+1})$ für $t > -1$

In der grafischen Darstellung kann man diese Überlegungen noch verifizieren.

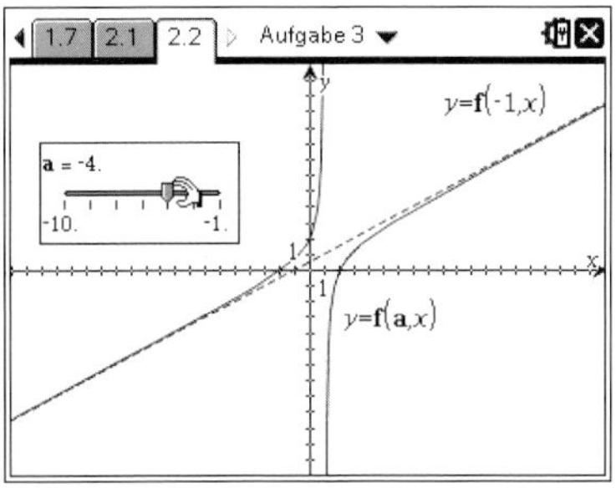

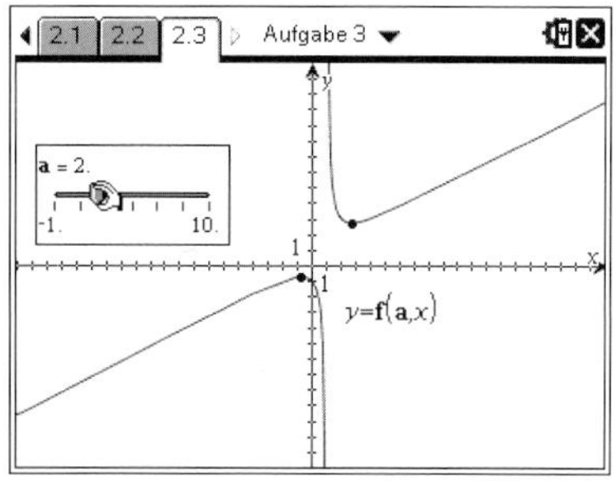

Die **Koordinaten** werden **ganzzahlig**, wenn unter der Wurzel eine Quadratzahl steht. Wenn t also eine um 1 verminderte Quadratzahl ist, haben die lokalen Extrempunkte ganzzahlige Koordinaten.

b) Aus den Koordinaten von Hoch- und Tiefpunkt (Teilaufgabe a) lässt sich der Verbindungsvektor bestimmen:

$$\overrightarrow{HT} = \begin{pmatrix} 2 \cdot \sqrt{t+1} \\ 2 \cdot \sqrt{t+1} \end{pmatrix}$$

Der Abstand d der beiden Extrempunkte wird als Betrag dieses Vektors bestimmt und ist:

$d = 2 \cdot \sqrt{2 \cdot (t+1)}$ für $t > -1$

Die Gleichung $d = 8$ hat die Lösung $\underline{\underline{t = 7}}$.

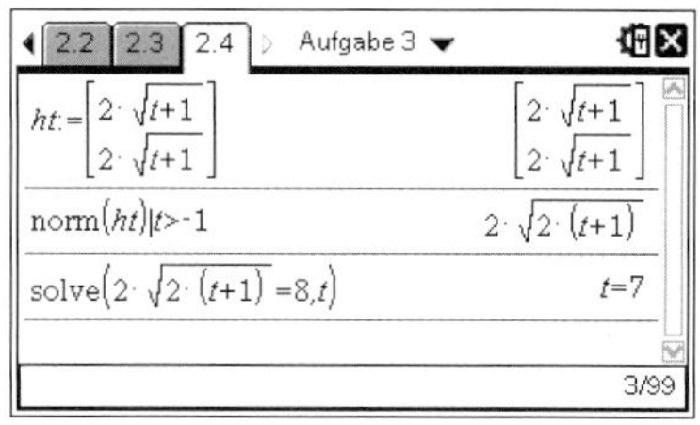

c) Mit dem Befehl propFrac() lässt sich der Funktionsterm zerlegen. Es gilt:

$$f_t(x) = \frac{x}{2} + \frac{1}{2} + \frac{t+1}{2 \cdot (x-1)}$$

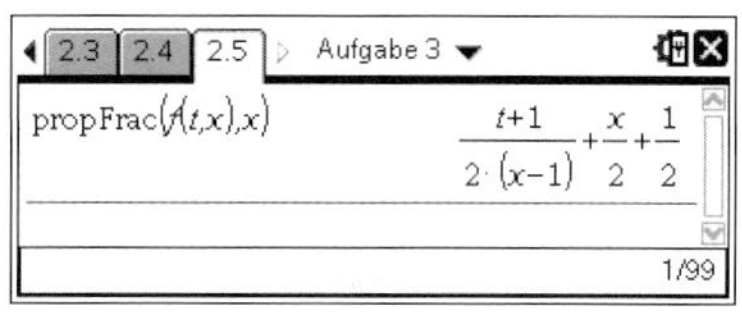

Für $x \to \pm\infty$ geht der letzte Bruch gegen null, sodass sich die Funktionswerte immer weniger von denen der Geraden $y = \frac{x}{2} + \frac{1}{2}$ unterscheiden. Diese Gerade ist schräge Asymptote. Der Nenner des Funktionsterms hat für $x = 1$ den Wert null. Die Gerade $x = 1$ ist senkrechte Asymptote.

d) Die zu skizzierende Funktion hat die Gleichung:

$$f_4(x) = \frac{x^2 + 4}{2x - 2}$$

Die Asymptoten wurden in der vorangehenden Teilaufgabe ermittelt.

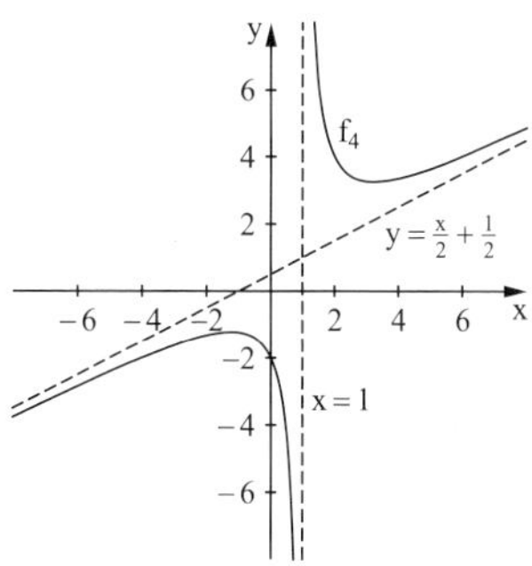

e) Die Aussage (1) ist **falsch**. Für $t = -1$ gilt:

$$f_{-1}(x) = \frac{x^2-1}{2x-2} = \frac{(x+1)\cdot(x-1)}{2\cdot(x-1)} = \frac{1}{2}\cdot(x+1) \quad \text{mit } x \in \mathbb{R};\ x \neq 1$$

Dies ist eine Gerade mit einem „Loch", einer Definitionslücke bei $x = 1$, die deshalb nicht mit der Geraden $y = \frac{1}{2}\cdot(x+1)$ mit $x \in \mathbb{R}$ übereinstimmt.

Die Aussage (2) ist **wahr**. Da

$$f_t''(x) = \frac{t+1}{(x-1)^3} \quad \text{für } t \neq -1 \text{ und } x \neq 1$$

stets ungleich null ist, ist die notwendige Bedingung für Wendepunkte nicht erfüllt. Für $t \neq -1$ haben die Graphen von f_t bei $x = 1$ eine Polstelle, also keine Wendestelle. Für $t = -1$ liegt eine Gerade mit einer Lücke bei $x = 1$ vor, die ebenfalls keinen Wendepunkt hat.

f) Die Gleichung der Tangente t_1 an den Graphen von f_4 kann mithilfe des Befehls tangentLine() ermittelt werden:

$t_1(x) = -2x + 8$

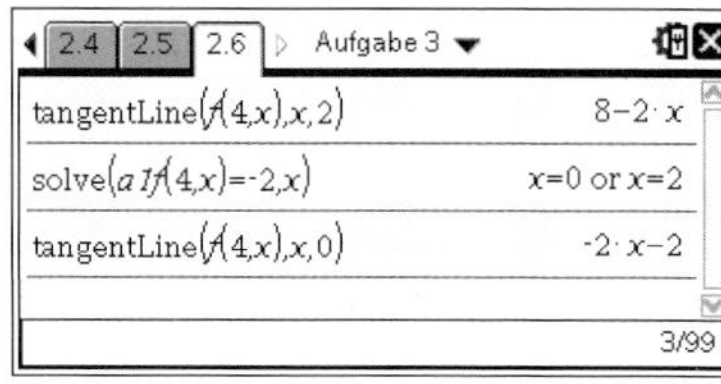

Eine dazu parallele Tangente muss denselben Anstieg $m = -2$ haben. Der Anstieg der Tangenten an den Graphen einer Funktion entspricht dem Wert der 1. Ableitung an den Berührstellen. Es ist also die Gleichung $f_4'(x) = -2$ zu lösen, um alle Berührstellen zu erhalten. Im Ergebnis erhält man neben der bekannten Berührstelle $x = 2$ genau eine weitere Berührstelle $x = 0$. Für diese Stelle wird nun die Gleichung der Tangente t_2 bestimmt: $t_2(x) = -2x - 2$

Um den Abstand beider Tangenten zu berechnen, werden die Schnittpunkte der beiden Tangenten mit einer zu ihnen orthogonalen Geraden s ermittelt. Das Produkt der Anstiege orthogonaler Geraden muss –1 sein, also muss s den Anstieg $\frac{1}{2}$ haben. Möglich ist daher die Verwendung von:

$$s(x) = \frac{1}{2}x$$

Für den Schnittpunkt S_1 von t_1 und s ergibt sich:

$$S_1\left(\frac{16}{5} \,\middle|\, \frac{8}{5}\right)$$

Für den Schnittpunkt S_2 von t_2 und s ergibt sich:

$$S_2\left(-\frac{4}{5} \,\middle|\, -\frac{2}{5}\right)$$

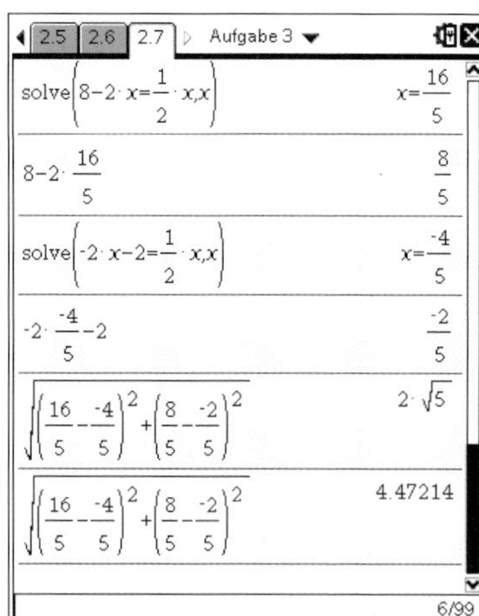

Der Abstand d der beiden Punkte S_1 und S_2 wird mit dem Satz des Pythagoras berechnet:

$$d = \sqrt{\left(\frac{16}{5} - \left(-\frac{4}{5}\right)\right)^2 + \left(\frac{8}{5} - \left(-\frac{2}{5}\right)\right)^2}$$

$$= 2\sqrt{5} \approx 4{,}47 \text{ LE}$$

Zur Kontrolle werden die Graphen der Funktionen f_4, t_1, t_2 und s gezeichnet. Der Abstand d wird gemessen.
Es ergibt sich eine gute Übereinstimmung mit dem berechneten Wert.

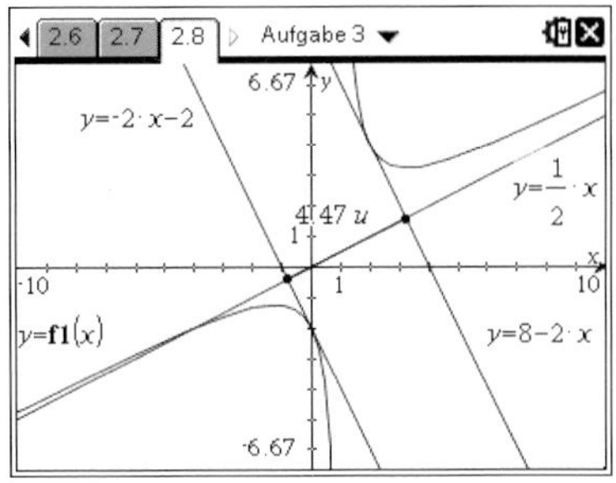

g) Mit dem Ansatz

$$V = \pi \cdot \int_2^6 \left(f_{-2}(x)\right)^2 dx$$

erhält man ein Volumen von ca. 72 VE.

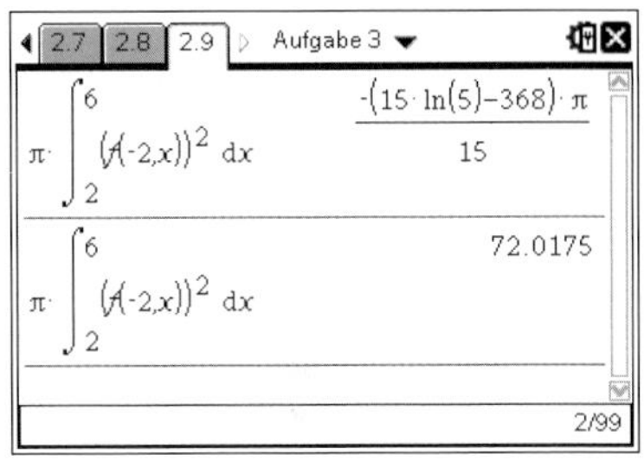

Kernfach Mathematik (Thüringen)
CAS-Übungsaufgabe 4: Geometrie/Stochastik

1. **Sonnensegel**

Es wird ein an drei Masten befestigtes dreieckiges Sonnensegel betrachtet. Als vereinfachende Modellannahmen werden vereinbart:

© Galleria / dreamstime.com

- Das Sonnensegel bildet eine ebene dreieckige Fläche, dessen Seiten gerade Strecken sind.
- Das Sonnensegel ist über einer ebenen Fläche errichtet.
- Die Eck- und Befestigungspunkte sind $A(0|0|6)$, $B(7|0|3)$ und $C(0|8|2)$ (Angaben in Meter).
- Parallele Sonnenstrahlen fallen aus der Richtung

$$\vec{v}(t) = \begin{pmatrix} 12-t \\ 12-t \\ \sqrt{200-t^2} \end{pmatrix} \text{ mit } t \in \mathbb{R};\ 0 \le t \le 10 \text{ ein.}$$

a) Stellen Sie die Lage des an den Punkten A, B und C befestigten Sonnensegels mit Koordinatensystem in einem Schrägbild dar. (2 BE)

b) Geben Sie die Gleichung der Geraden durch die Eckpunkte A und B in Parameterform an. (2 BE)

c) Ermitteln Sie eine Gleichung der Ebene durch die Punkte A, B und C in Parameter- und in Koordinatenform. (4 BE)

d) Berechnen Sie die Seitenlängen und den Flächeninhalt des Sonnensegels. (4 BE)

e) Ermitteln Sie die Größe des Winkels, den die Ebene, in der das Sonnensegel liegt, mit dem Boden (der xy-Ebene) bildet. (4 BE)

f) Berechnen Sie für $t = 10$ die Koordinaten der Eckpunkte A', B', C' des Schattenbildes des Sonnensegels in der xy-Ebene.
Zeichnen Sie die Punkte A', B' und C' in das Schrägbild von Teilaufgabe a ein. (4 BE)

g) Untersuchen Sie, um wie viel Prozent der Flächeninhalt des Schattens vom Flächeninhalt des Sonnensegels abweicht. (2 BE)

h) Beschreiben Sie, wie die Entfernung des Schwerpunktes S des Sonnensegels vom Erdboden berechnet werden kann, und geben Sie diese Entfernung an. (3 BE)

2. **Sicherheitsabstand**

Einer Mitteilung des BUND kann man entnehmen, dass von den durchschnittlich 1,3 Millionen Lkw, die täglich über die deutschen Autobahnen fahren, ungefähr ein Drittel aus anderen europäischen Ländern kommt.
An verschiedenen Autobahnabschnitten in Deutschland wurde an einem Tag stichprobenartig kontrolliert, wie viele der Lkw-Fahrer den gesetzlichen Mindestabstand beim Fahren einhalten. Bei insgesamt 8457 kontrollierten Lkw wurden 2013 Lkw-Fahrer festgestellt, die den Mindestabstand nicht einhielten.

a) Begründen Sie, warum man das Modell der Binomialverteilung für die Bestimmung eines Konfidenzintervalls auf der Grundlage dieser Stichprobe anwenden kann. (1 BE)

b) Ermitteln Sie auf der Grundlage dieser Stichprobe mit einer Sicherheitswahrscheinlichkeit von 95 % ein Konfidenzintervall für den Anteil aller Lkw-Fahrer in Deutschland, die den gesetzlichen Mindestabstand nicht einhalten. (3 BE)

c) Auf der Autobahn A4 an der Anschlussstelle Nossen (zwischen Chemnitz und Dresden) werden unter 5250 Lkw genau 3046 Lkw gezählt, die nicht aus Deutschland kommen. Beurteilen Sie, ob dieses Stichprobenergebnis statistisch verträglich ist mit der Aussage des BUND, dass ungefähr ein Drittel aller Lkw auf deutschen Autobahnen aus anderen europäischen Ländern kommt. (4 BE)

Für die folgenden Aufgaben soll angenommen werden, dass 24 % der Lkw-Fahrer den Mindestabstand nicht einhalten.

d) Ermitteln Sie die Wahrscheinlichkeiten folgender Ereignisse.

A: Unter 75 kontrollierten Lkw-Fahrern gibt es genau 70, die den Sicherheitsabstand einhalten.

B: Von 80 kontrollierten Lkw-Fahrern halten mindestens zehn den Sicherheitsabstand nicht ein.

C: Von fünf aufeinander folgenden Lkw ist der fünfte Lkw der erste, der den Mindestabstand einhält. (3 BE)

e) Bestimmen Sie, wie viele Lkw mindestens kontrolliert werden müssen, um mit einer Wahrscheinlichkeit von mehr als 90 % mindestens drei Lkw-Fahrer zu finden, die den Sicherheitsabstand nicht einhalten. (4 BE)

(40 BE)

Hinweise und Tipps

Aufgabe 1

Schrägbild

- Zeichnen Sie zunächst das Schrägbild des xyz-Koordinatensystems.
- Tragen Sie die gegebenen Punkte ein.
- Zeichnen Sie das Dreieck.

Geradengleichung

- Wählen Sie einen der Ortsvektoren von A oder B als Vektor für den Aufpunkt.
- Die Differenz der Ortsvektoren von A und B ergibt einen Richtungsvektor der Geraden.

Ebenengleichungen

- Wählen Sie einen der Ortsvektoren von A, B oder C als Vektor für den festen Punkt der Ebene.
- Die Differenzen von je zwei der Ortsvektoren von A, B und C ergeben zwei Richtungsvektoren der Ebene. Beachten Sie, dass die Richtungsvektoren linear unabhängig sein müssen.
- Aus den bisher bestimmten bzw. ausgewählten Vektoren lässt sich eine Parametergleichung der Ebene aufstellen.
- Für eine Koordinatengleichung der Ebene müssen die Parameter eliminiert werden. Lösen Sie dazu das entsprechende lineare Gleichungssystem.
- Alternativ können Sie auch zunächst eine Normalengleichung der Ebene aufstellen und daraus die Koordinatenform ableiten.

Seitenlängen und Flächeninhalt

- Die Seitenlängen lassen sich über die Beträge der zugehörigen Vektoren berechnen.
- Für die Berechnung des Flächeninhaltes braucht man noch einen Innenwinkel. Dessen Größe können Sie über den Kosinussatz berechnen.
- Alternativ lässt sich der Flächeninhalt auch über das Vektorprodukt ermitteln.

Winkel zwischen Sonnensegel-Ebene und xy-Ebene

- Der Winkel zwischen zwei Ebenen kann über den Winkel, den ihre Normalenvektoren bilden, bestimmt werden.
- Ermitteln Sie die Normalenvektoren der Ebene E_{ABC} (siehe Teilaufgabe c) und der xy-Ebene und berechnen Sie den Winkel, den diese beiden Vektoren einschließen.

Eckpunkte des Schattens

- Die Richtung der Sonnenstrahlen und die Eckpunkte des Sonnensegels lassen sich für Gleichungen von Geraden verwenden, deren Durchstoßpunkte durch die xy-Ebene die gesuchten Eckpunkte des Schattenbildes ergeben. Zeichnen Sie dann die Punkte A', B' und C' in das Schrägbild von Teilaufgabe a ein.

Abweichungen der Flächeninhalte

- Den Flächeninhalt des Sonnensegels können Sie Ihren Berechnungen zur Teilaufgabe d entnehmen. In analoger Weise wie dort kann der Flächeninhalt des Schattens bestimmt werden.
- Aus dem Verhältnis beider Flächeninhalte lässt sich die prozentuale Veränderung bestimmen.

Entfernung des Schwerpunktes S des Sonnensegels vom Erdboden

- Der Schwerpunkt eines Dreiecks ist der Schnittpunkt seiner Seitenhalbierenden.
- Stellen Sie die Gleichungen zweier Seitenhalbierender auf.
- Berechnen Sie die Koordinaten ihres Schnittpunktes.
- Die z-Koordinate des Schnittpunktes gibt die gesuchte Höhe an.

Aufgabe 2

Modell der Binomialverteilung

- Prüfen Sie, ob die Voraussetzungen für die Anwendung des Modells der Binomialverteilung wenigstens näherungsweise gegeben sind.
- Das Modell der Binomialverteilung lässt sich auf Vorgänge anwenden, bei denen nach dem Urnenmodell ein „Ziehen ohne Zurücklegen" vorliegt, wenn der Umfang n der Stichprobe relativ klein gegenüber dem Umfang N der Gesamtheit ist.

Konfidenzintervall

- Entnehmen Sie der Angabe für die Sicherheitswahrscheinlichkeit, welche der Sigma-Regeln anzuwenden ist.
- Lösen Sie die zugehörige Doppelungleichung (oder Betragsungleichung) mit dem CAS.

Beurteilung des Stichprobenergebnisses

- Der Begriff der statistischen Verträglichkeit wird mit einer Sicherheitswahrscheinlichkeit von ca. 95 % verknüpft.
- Bilden Sie das zugehörige Prognoseintervall zur gegebenen Wahrscheinlichkeit p und zum gegebenen Umfang n der Stichprobe.
- Prüfen Sie, ob die beobachtete relative Häufigkeit der Lkw aus anderen europäischen Ländern innerhalb oder außerhalb dieses Prognoseintervalls liegt.
- Schließen Sie daraus auf die statistische Verträglichkeit.

Wahrscheinlichkeiten der Ereignisse

- Prüfen Sie jeweils, welche der Ereignisse sich als Einzel- oder Intervallwahrscheinlichkeiten einer Binomialverteilung berechnen lassen.
- Ermitteln Sie jeweils die zugehörigen Parameter der Binomialverteilung und berechnen Sie die gesuchten Wahrscheinlichkeiten.
- Für das Ereignis C können Sie sich ein verkürztes Baumdiagramm als Hilfe skizzieren.

Anzahl an Lkw

- Die Mindestanzahl der zu kontrollierenden Lkw kann durch systematisches Probieren gefunden werden.
- Es muss die kleinste natürliche Zahl gefunden werden, sodass die folgende Ungleichung erfüllt ist:

$$\sum_{k=3}^{n} \binom{n}{k} \cdot 0{,}24^{k} \cdot 0{,}76^{n-k} > 0{,}90$$

Lösungen

1. a) Schrägbild:

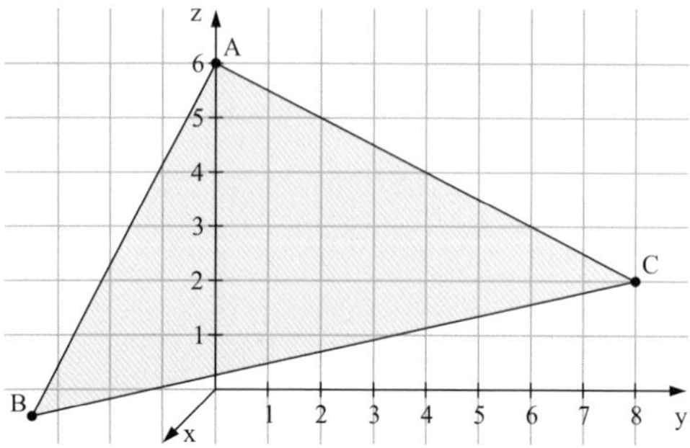

b) Die Gleichung der Geraden durch die Punkte A und B kann z. B. angegeben werden durch

$$\vec{x} = \overrightarrow{OA} + t \cdot \overrightarrow{AB} = \begin{pmatrix} 0 \\ 0 \\ 6 \end{pmatrix} + t \cdot \begin{pmatrix} 7 \\ 0 \\ -3 \end{pmatrix}; t \in \mathbb{R}$$

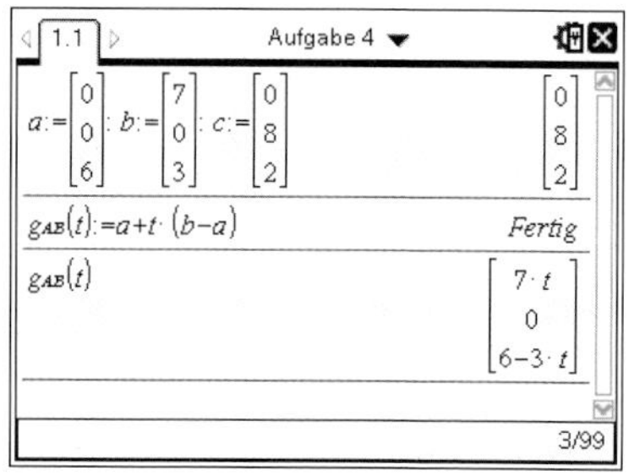

c) Eine Gleichung der Ebene E_{ABC} in Parameterform ist:

$$E_{ABC}\colon \vec{x} = \overrightarrow{OA} + r \cdot \overrightarrow{AB} + s \cdot \overrightarrow{AC}$$

$$= \begin{pmatrix} 0 \\ 0 \\ 6 \end{pmatrix} + r \cdot \begin{pmatrix} 7 \\ 0 \\ -3 \end{pmatrix} + s \cdot \begin{pmatrix} 0 \\ 8 \\ -4 \end{pmatrix}; r, s \in \mathbb{R}$$

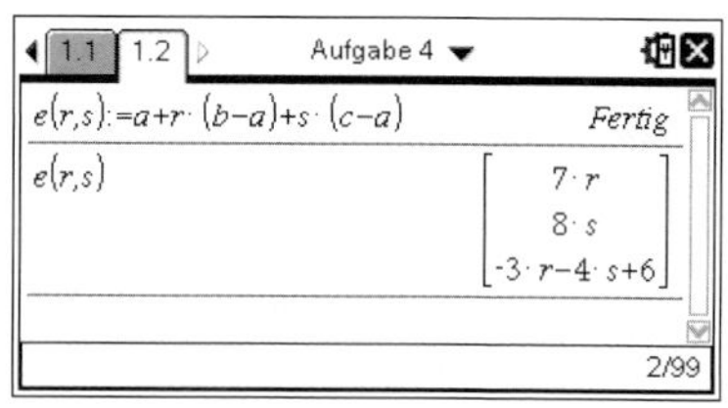

Durch Lösen des Gleichungssystems

$$\begin{pmatrix} 0 \\ 0 \\ 6 \end{pmatrix} + r \cdot \begin{pmatrix} 7 \\ 0 \\ -3 \end{pmatrix} + s \cdot \begin{pmatrix} 0 \\ 8 \\ -4 \end{pmatrix} = \begin{pmatrix} x \\ y \\ z \end{pmatrix}$$

lässt sich daraus eine Koordinatengleichung der Ebene bestimmen:

$$E_{ABC}\colon 6x + 7y + 14z = 84$$

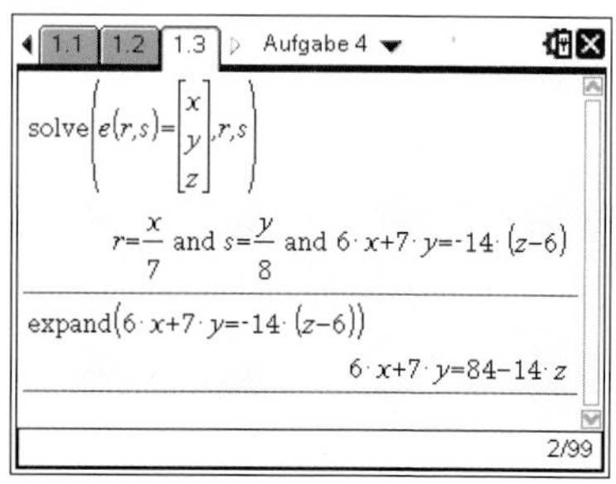

d) Die Seitenlängen werden als Beträge der zugehörigen Vektoren bestimmt:

$|\overrightarrow{AB}| \approx 7{,}6\ \text{m},\quad |\overrightarrow{AC}| \approx 8{,}9\ \text{m},\quad |\overrightarrow{BC}| \approx 10{,}7\ \text{m}$

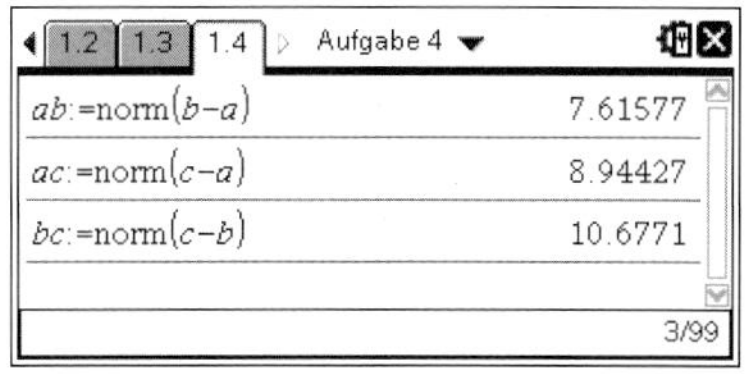

Mit Kosinussatz und Flächeninhaltsformel ergibt sich der Flächeninhalt:

$$\cos(\alpha) = \frac{|\overrightarrow{AB}|^2 + |\overrightarrow{AC}|^2 - |\overrightarrow{BC}|^2}{2 \cdot |\overrightarrow{AB}| \cdot |\overrightarrow{AC}|}$$

$\Rightarrow\quad \alpha \approx 79{,}9°$

$\Rightarrow\quad A = \frac{1}{2} \cdot |\overrightarrow{AB}| \cdot |\overrightarrow{AC}| \cdot \sin(\alpha) \approx 33{,}5\ \text{m}^2$

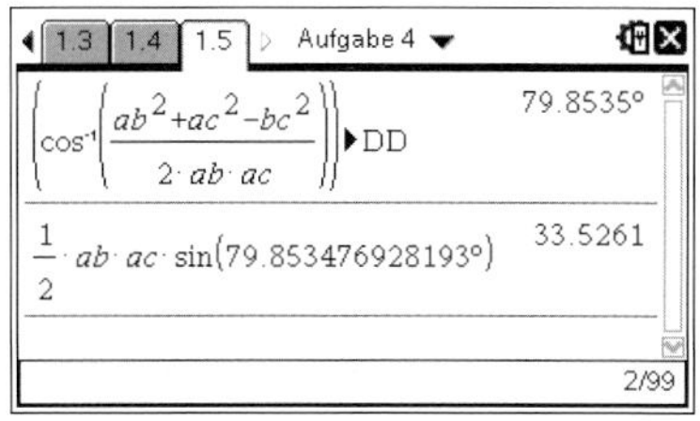

Alternative Lösung mit dem Vektorprodukt:

$$A = \frac{1}{2} \cdot |\overrightarrow{AB} \times \overrightarrow{AC}| = \frac{1}{2} \cdot \left| \begin{pmatrix} 24 \\ 28 \\ 56 \end{pmatrix} \right| \approx 33{,}5\ \text{m}^2$$

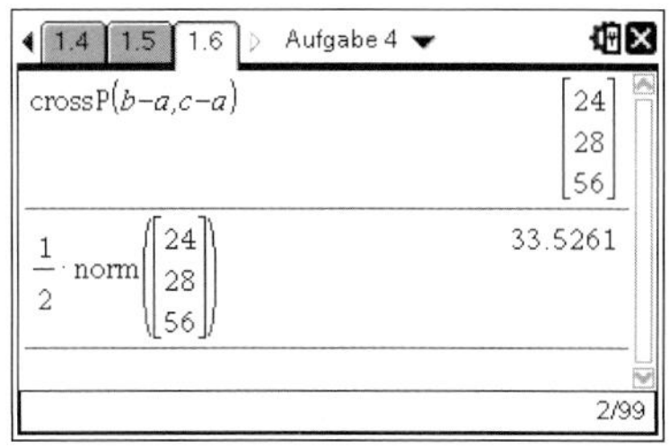

e) Einen Normalenvektor der Ebene E_{ABC} erhält man mit dem Vektorprodukt:

$$\overrightarrow{AB} \times \overrightarrow{AC} = \begin{pmatrix} 24 \\ 28 \\ 56 \end{pmatrix}$$

Mit dem Normalenvektor $\vec{n}_{xy} = \begin{pmatrix} 0 \\ 0 \\ 1 \end{pmatrix}$ der xy-Ebene folgt:

$$\cos(\alpha) = \frac{\vec{n} \circ \vec{n}_{xy}}{|\vec{n}| \cdot |\vec{n}_{xy}|} \quad \Rightarrow \quad \alpha \approx 33{,}4°$$

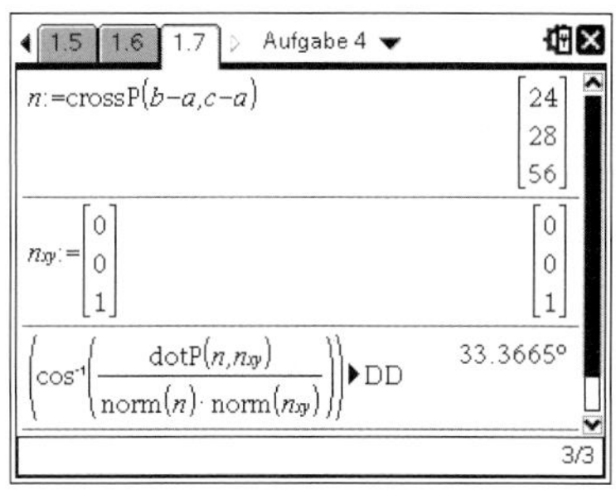

f) Der Richtungsvektor für die drei „Schattengeraden“ ist jeweils:

$$\vec{v}(10) = \begin{pmatrix} 12-10 \\ 12-10 \\ \sqrt{200-100} \end{pmatrix} = \begin{pmatrix} 2 \\ 2 \\ 10 \end{pmatrix} = 2 \cdot \begin{pmatrix} 1 \\ 1 \\ 5 \end{pmatrix}$$

Durch die Punkte A, B und C sind die Aufpunkte dieser Geraden gegeben.

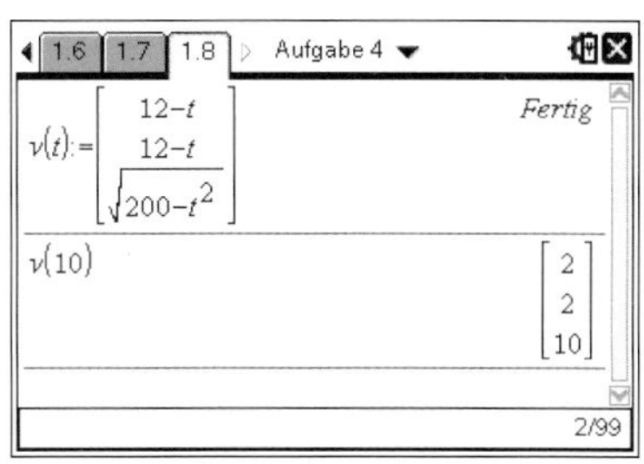

Die Geradengleichungen sind:

$$g_A:\ \vec{x}=\begin{pmatrix}0\\0\\6\end{pmatrix}+t\cdot\begin{pmatrix}1\\1\\5\end{pmatrix},\quad g_B:\ \vec{x}=\begin{pmatrix}7\\0\\3\end{pmatrix}+t\cdot\begin{pmatrix}1\\1\\5\end{pmatrix},\quad g_C:\ \vec{x}=\begin{pmatrix}0\\8\\2\end{pmatrix}+t\cdot\begin{pmatrix}1\\1\\5\end{pmatrix}$$

Die Gleichung der xy-Ebene in Parameterform lautet:

$$E_{xy}:\ \vec{x}=r\cdot\begin{pmatrix}1\\0\\0\end{pmatrix}+s\cdot\begin{pmatrix}0\\1\\0\end{pmatrix}$$

Durch Gleichsetzen von jeder Geradengleichung mit der Ebenengleichung ergeben sich zunächst die zugehörigen Werte der Parameter t, r und s und daraus als Durchstoßpunkte:

$\underline{\underline{A'(-1,2\,|\,-1,2\,|\,0)}}$

$\underline{\underline{B'(6,4\,|\,-0,6\,|\,0)}}$

$\underline{\underline{C'(-0,4\,|\,7,6\,|\,0)}}$

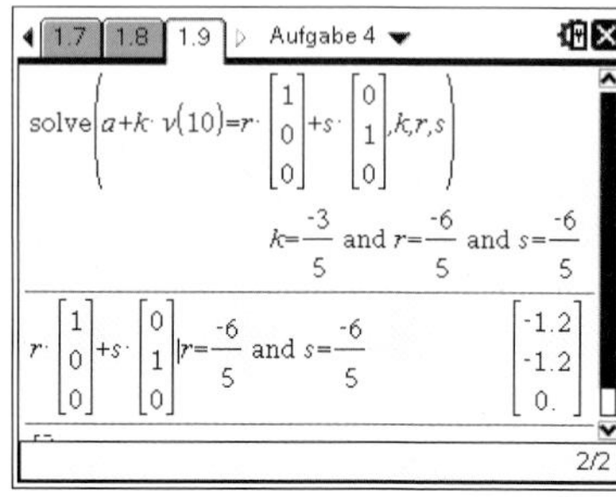

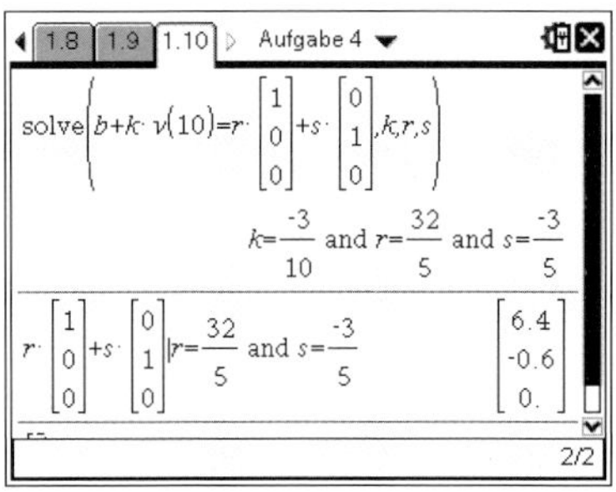

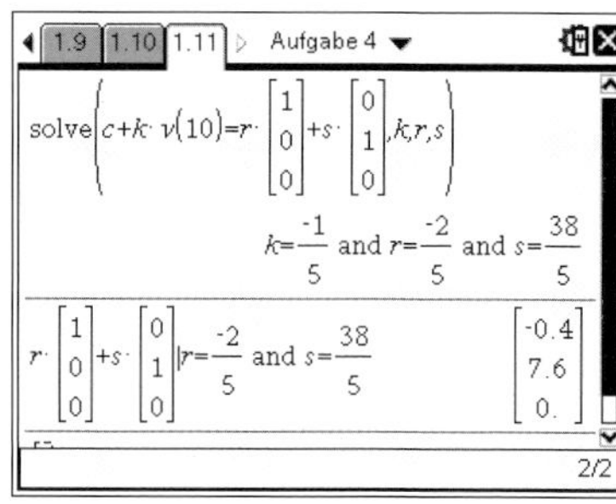

Ergänztes Schrägbild:

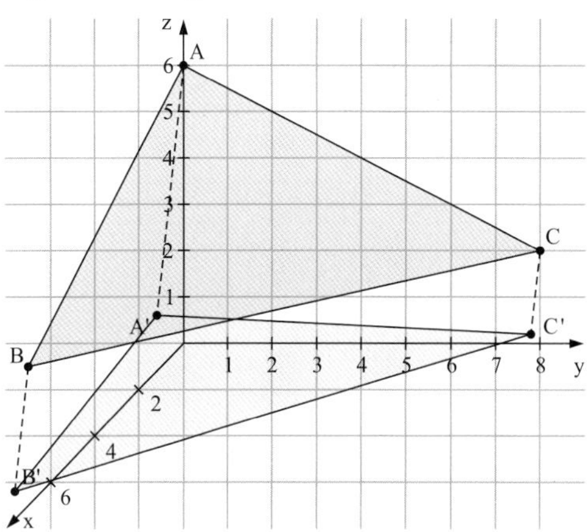

g) Der Flächeninhalt des Schattens wird analog zum Vorgehen bei Teilaufgabe d bestimmt.

Der Bildschirmabdruck zeigt die Variante mit dem Vektorprodukt.

Das Schattenbild hat einen Flächeninhalt von $\underline{\underline{33{,}2\ \text{m}^2}}$, das Sonnensegel von etwa $33{,}5\ \text{m}^2$. Der Flächeninhalt des Schattens ist etwa $\underline{\underline{1\ \%\ \text{kleiner}}}$ als der des Sonnensegels.

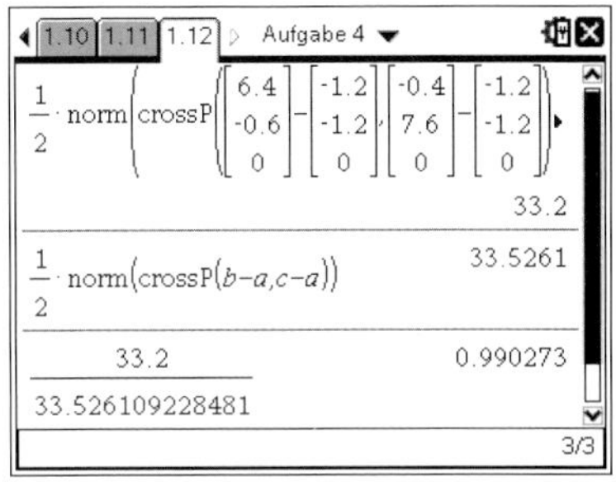

h) *Beschreibung:* Der Schwerpunkt eines Dreiecks ist der Schnittpunkt seiner Seitenhalbierenden. Es genügt, die Gleichungen zweier Seitenhalbierenden als Geradengleichungen zu ermitteln und deren Schnittpunkt zu berechnen.

Eine Seitenhalbierende verläuft immer vom Mittelpunkt einer Dreiecksseite zum gegenüberliegenden Eckpunkt. Der Mittelpunkt der Seite $\overline{AB}$ hat die Koordinaten $(3{,}5\,|\,0\,|\,4{,}5)$. Somit ergibt sich für die Seitenhalbierende folgende Gleichung:

$$s_{AB}\colon \vec{x} = r \cdot \begin{pmatrix} 3{,}5 \\ 0 \\ 4{,}5 \end{pmatrix} + r \cdot \begin{pmatrix} -3{,}5 \\ 8 \\ -2{,}5 \end{pmatrix}$$

Für eine andere Seitenhalbierende ergibt sich beispielsweise:

$$s_{AC}\colon \vec{x} = r \cdot \begin{pmatrix} 0 \\ 4 \\ 4 \end{pmatrix} + k \cdot \begin{pmatrix} 7 \\ -4 \\ -1 \end{pmatrix}$$

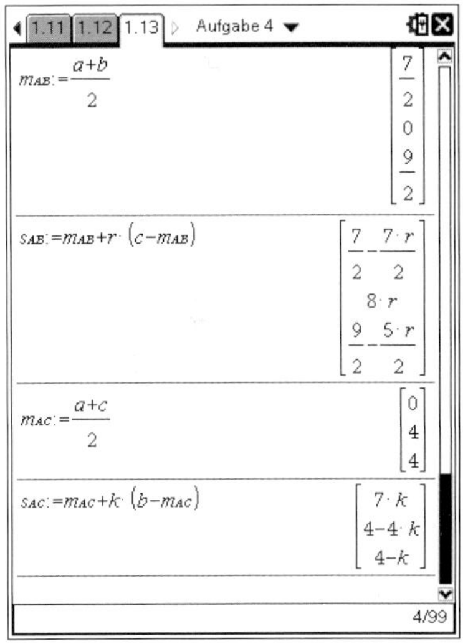

Gleichsetzen und Lösen des Gleichungssystems führt auf die Parameterwerte $r = \frac{1}{3}$ und $k = \frac{1}{3}$.

Diese Werte in die Geradengleichung eingesetzt ergibt die Koordinaten des Schwerpunktes:

$$S\left(\frac{7}{3}\,\middle|\,\frac{8}{3}\,\middle|\,\frac{11}{3}\right)$$

Die z-Koordinate dieses Schwerpunktes gibt die Entfernung zum Erdboden an.

Der Schwerpunkt S des Sonnensegels befindet sich $\frac{11}{3} \approx \underline{\underline{3{,}67\ \text{m}}}$ über dem Erdboden.

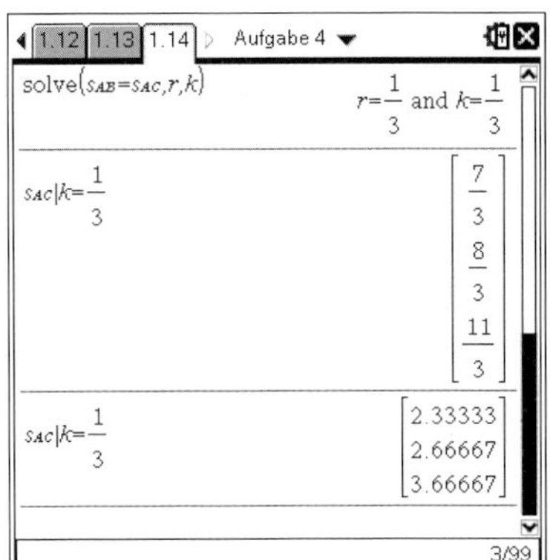

2\. a) Es handelt sich eigentlich um eine Stichprobe, der man das Urnenmodell „Ziehen ohne Zurücklegen" zugrunde legt, die nicht binomialverteilt ist. Da aber der Umfang der Stichprobe mit $n = 8457$ etwa um den Faktor 150 kleiner ist als die Anzahl von täglich ca. 1,3 Millionen Lkw auf deutschen Autobahnen, lässt sich das Modell der Binomialverteilung näherungsweise anwenden.

b) Lösung für eine Sicherheitswahrscheinlichkeit von 95 % mit der 2σ-Umgebung:
Mit der relativen Häufigkeit $h = \frac{2013}{8457} \approx 0{,}238$ und $n = 8457$ muss für das gesuchte p gelten:

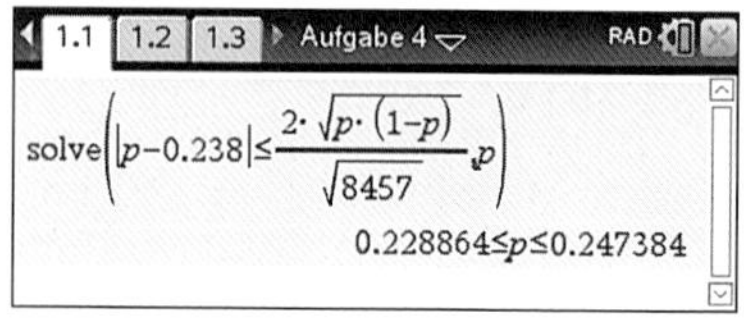

$$|p - 0{,}238| \le 2 \cdot \frac{\sqrt{p \cdot (1-p)}}{\sqrt{8457}}$$

Es ergibt sich $\underline{\underline{0{,}229 \le p \le 0{,}247}}$.

Mit einer Sicherheitswahrscheinlichkeit von 95 % kann man darauf schließen, dass der Anteil der Lkw-Fahrer, die nicht den Mindestabstand einhalten, zwischen etwa 22,9 % und 24,7 % liegt.

c) Statistische Verträglichkeit wird mit einer Sicherheitswahrscheinlichkeit von 95 % beurteilt. Es wird ein 95-%-Prognoseintervall zu $n = 5\,250$ und $p = \frac{1}{3}$ erstellt.

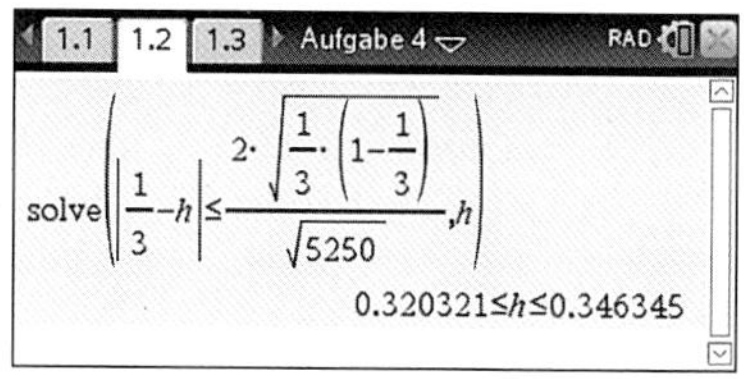

Das Prognoseintervall ist $0{,}321 \le h \le 0{,}346$.
Die beobachtete relative Häufigkeit liegt mit $h = \frac{3046}{5250} \approx 0{,}58$ weit außerhalb dieses Intervalls, ist also nicht statistisch verträglich mit $p = \frac{1}{3}$.

Anmerkung:
Bei einer Bewertung muss allerdings berücksichtigt werden, dass auf diesem Autobahnabschnitt vermutlich überdurchschnittlich viele Lkw aus Polen und Tschechien unterwegs sind.

d) Ereignis A:
Die Zufallsgröße X beschreibt die Anzahl der Lkw, die den Sicherheitsabstand einhalten. X ist binomialverteilt mit $n = 75$ und $p = 1 - 0{,}24 = 0{,}76$.

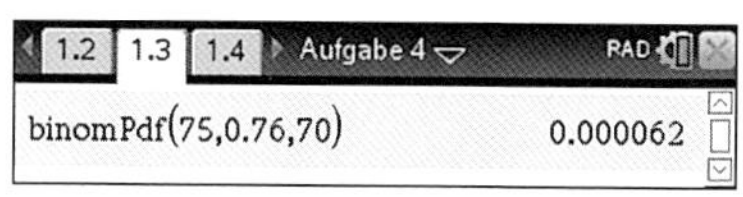

$P(X = 70) \approx \underline{\underline{0{,}000062}}$ (fast null!)

Ereignis B:
Die Zufallsgröße Y beschreibt die Anzahl der Lkw, die den Sicherheitsabstand nicht einhalten. Y ist binomialverteilt mit $n = 80$ und $p = 0{,}24$.

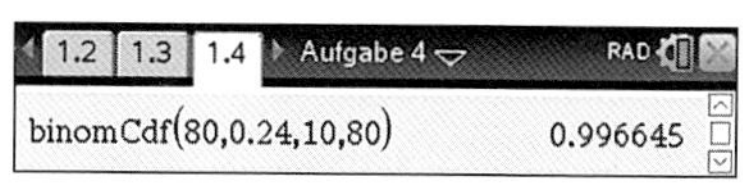

$P(X \ge 10) \approx \underline{\underline{0{,}996645}}$ (fast sicher!)

Ereignis C:
Es liegt keine Binomialverteilung vor. Wenn der fünfte Lkw der erste ist, der den Mindestabstand einhält, dann halten die ersten vier vor ihm den Mindestabstand nicht ein. Es ergibt sich das folgende reduzierte Baumdiagramm:

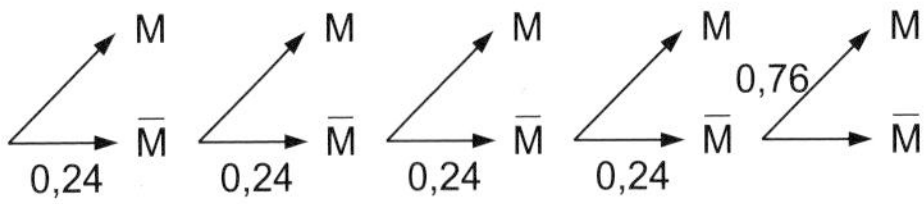

M: Mindestabstand wird eingehalten

$\overline{M}$: Mindestabstand wird nicht eingehalten

Die zugehörige Wahrscheinlichkeit p* ergibt sich mit der Pfadregel:

$p^* = 0,24 \cdot 0,24 \cdot 0,24 \cdot 0,24 \cdot 0,76 \approx \underline{\underline{0,0025}}$

e) Mindestens $\underline{\underline{21}}$ Lkw müssen kontrolliert werden.

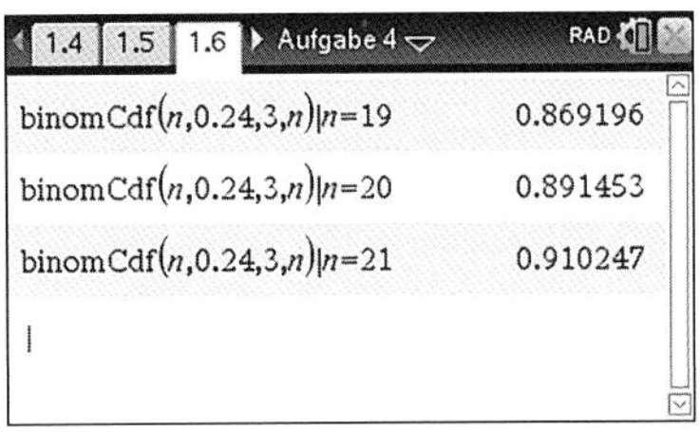

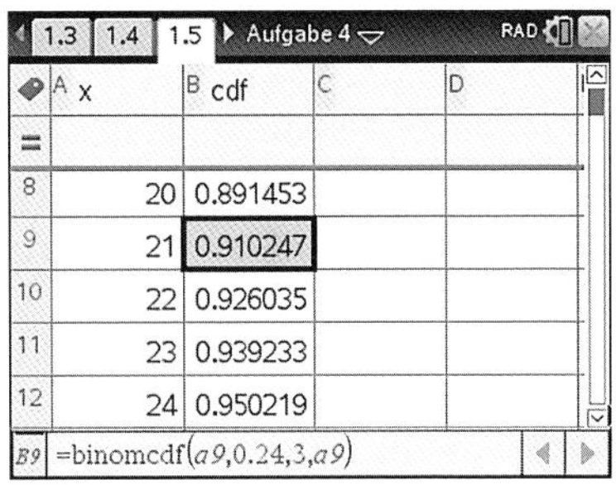

Kernfach Mathematik (Thüringen)
CAS-Übungsaufgabe 5: Stochastik / Geometrie

1. **Biosprit E10**

„Nur jeder siebte Autofahrer tankt Biosprit E10", lautete eine Schlagzeile im Sommer 2011.
Lösen Sie unter der Annahme, dass diese Aussage wahr ist, die folgenden Aufgaben.

a) Berechnen Sie die Wahrscheinlichkeiten folgender Ereignisse.

A: Von 562 Tageskunden einer Tankstelle tanken mehr als 50 und weniger als 100 Kunden Biosprit E10. (2 BE)

B: Von fünf Kunden tankt frühestens der vierte Kunde, aber mindestens einer, Biosprit E10. (2 BE)

C: Der fünfte Kunde ist der zweite E10 tankende Kunde. (2 BE)

b) Formulieren Sie im Zusammenhang mit dem hier betrachteten Sachverhalt ein Ereignis D, für dessen Wahrscheinlichkeit gilt:

$$P(D) = 1 - \left(\frac{6}{7}\right)^3$$ (1 BE)

c) Für eine Zufallsgröße X in diesem Zusammenhang gilt:

$$E(X) = 420 \cdot \frac{6}{7}$$

Interpretieren Sie X und $E(X) = 360$ im gegebenen Sachzusammenhang.
Ermitteln Sie ein zu E(X) symmetrisches Intervall, in dem X mit einer Wahrscheinlichkeit von ca. 92 % liegt. (3 BE)

Bei einer stichprobenartigen Untersuchung an einer Tankstelle wurde beobachtet, dass 19 % von 200 Kunden Biosprit E10 tankten.

d) Gibt dieses Ergebnis Anlass, in Zweifel zu ziehen, dass der Anteil der „Biosprit-Nutzer" unter allen Autofahrern nicht mehr $p = \frac{1}{7}$ beträgt?

Beurteilen Sie auf Basis einer Sicherheitswahrscheinlichkeit von 95 %. (2 BE)

e) Begründen Sie, dass sich das 95-%-Prognoseintervall für die relativen Häufigkeiten für $p = \frac{1}{7}$ verkleinert, wenn der Stichprobenumfang n größer wird.

Ermitteln Sie, wie groß n mindestens sein müsste, damit $h = 0{,}19$ nicht im 95-%-Prognoseintervall liegt. (4 BE)

f) Nehmen Sie für die folgenden Teilaufgaben an, der Spritverbrauch sei normalverteilt mit $\mu = 6{,}3\,\frac{\text{Liter}}{100\text{ km}}$ und $\sigma = 0{,}7\,\frac{\text{Liter}}{100\text{ km}}$.

(1) Ermitteln Sie die Wahrscheinlichkeiten folgender Ereignisse:
D: Der Spritverbrauch liegt um mindestens 0,2 Liter pro 100 km über dem Erwartungswert μ.
E: Der Spritverbrauch weicht um mehr als 0,2 Liter pro 100 km vom Erwartungswert μ ab. (4 BE)

(2) Erläutern Sie, wie man das Intervall bestimmen kann, in dem mit 95 %-iger Wahrscheinlichkeit der Spritverbrauch dieser Pkw-Marke liegt, und geben Sie dieses Intervall an. (2 BE)

(3) Beschreiben Sie eine Simulation für den Spritverbrauch von 500 Pkws dieser Marke. Erläutern Sie, wie anhand der Simulationsergebnisse ein Schätzwert für die Wahrscheinlichkeit bestimmt werden kann, dass der Spritverbrauch höchstens 6,4 Liter auf 100 km beträgt. (3 BE)

2. **Geraden**

Gegeben sind die Geraden g_a mit der Gleichung

$$\vec{x} = \begin{pmatrix} 0 \\ 0 \\ a \end{pmatrix} + t \cdot \begin{pmatrix} 1 \\ a \\ 1 \end{pmatrix} \text{ mit } a, t \in \mathbb{R}.$$

Setzen Sie in den folgenden Teilaufgaben a und b zunächst $a = 1$.

a) Untersuchen Sie, in welchen Punkten und unter welchem Winkel die Gerade g_1 die Koordinatenachsen schneidet. (2 BE)

b) Ermitteln Sie die Koordinaten der Schnittpunkte von g_1 mit den Koordinatenebenen. (2 BE)

In den folgenden Teilaufgaben von Aufgabe 2 sei der Parameter a eine beliebige reelle Zahl.

c) Begründen Sie, dass die Schnittpunkte der Geraden g_a mit der xy-Ebene auf einer Parabel mit der Gleichung $y = -x^2$ liegen. (2 BE)

d) Untersuchen Sie, für welche Werte von a sich die Geraden g_a mit der Geraden $h: \vec{x} = \begin{pmatrix} -1 \\ -2 \\ 1 \end{pmatrix} + r \cdot \begin{pmatrix} 3 \\ 2 \\ 1 \end{pmatrix}$ $(r \in \mathbb{R})$ schneiden.

Geben Sie, sofern vorhanden, die Koordinaten der Schnittpunkte an.
Berechnen Sie jeweils die Größe des Schnittwinkels der Geraden. (4 BE)

e) Begründen Sie, dass für den Abstand d(a) der Geraden g_a zum Punkt $Q_a(1\,|\,1\,|\,a)$ mit $a \in \mathbb{R}$ gilt:

$$d(a) = \frac{\sqrt{a^2 - 2a + 3}}{\sqrt{a^2 + 2}}$$ (3 BE)

f) Untersuchen Sie, an welchen Stellen der kleinste und der größte Wert des Abstandes d(a) angenommen wird, und geben Sie diese Abstände an. (2 BE)

(40 BE)

Hinweise und Tipps

Aufgabe 1

Wahrscheinlichkeiten der Ereignisse

- Prüfen Sie, für welches der Ereignisse A, B und C die Binomialverteilung als mathematisches Modell geeignet ist.
- Wenn von fünf Kunden frühestens der vierte, aber mindestens einer, Biosprit tankt, dann kann man zwei Fälle unterscheiden. Berechnen Sie die zugehörigen Wahrscheinlichkeiten mit den Pfadregeln.
- Wenn der fünfte Kunde der zweite E10 tankende Kunde ist, dann muss von den ersten vier Kunden genau einer bereits E10 getankt haben. Auf die Wahrscheinlichkeit für Letzteres passt die Binomialverteilung als Modell.

Beschreibung des Ereignisses D

- Den Term $\left(\frac{6}{7}\right)^3$ kann man im Sachzusammenhang interpretieren als die Wahrscheinlichkeit, dass von drei Kunden keiner E10 tankt. Der Term $1-\left(\frac{6}{7}\right)^3$ kann dann als Gegenwahrscheinlichkeit aufgefasst werden.
- Beschreiben Sie das Gegenereignis zu „keiner von drei Kunden tankt E10“ mit Worten.

Zufallsgröße X

- Der Term $\frac{6}{7}$ kann im Kontext der Aufgabenstellung als Wahrscheinlichkeit dafür aufgefasst werden, dass ein Kunde kein E10 tankt.
- Beschreiben Sie die Zufallsgröße X und den Erwartungswert E(X) im Sachzusammenhang mit Worten.
- Entnehmen Sie die Parameter n und p der Zufallsgröße X der Aufgabenstellung.
- Ein zu E(X) symmetrisches Intervall kann z. B. durch $I=[360-c;\ 360+c]$ mit $c>0$ beschrieben werden.
- Ermitteln Sie durch systematisches Probieren einen Wert für c, sodass $P(I)\approx 0{,}92$ ist (z. B. Schieberegler oder Tabellenkalkulation).

Ergebnis der Stichprobe beurteilen

- Berechnen Sie das 95-%-Prognoseintervall für $n=200$ und $p=\frac{1}{7}$.
- Prüfen Sie, ob die relative Häufigkeit 0,19 innerhalb dieses Prognoseintervalls liegt.

Einfluss von Stichprobenumfang auf Prognoseintervall begründen

- Notieren Sie das 95-%-Prognoseintervall mit allgemeinem n.
- Prüfen Sie, wie sich die beiden Grenzen bei Vergrößerung von n verschieben. Wo steht das n?

Größe des Stichprobenumfangs bestimmen

- Werfen Sie nochmal einen Blick auf das Prognoseintervall aus Teilaufgabe d. Befindet sich $h=0{,}19$ in der Nähe der oberen oder der unteren Grenze?
- Muss also $h=0{,}19$ größer sein als die obere Grenze oder kleiner als die untere Grenze?

Wahrscheinlichkeiten berechnen

- Bezeichnen Sie die normalverteilte Zufallsgröße für den Spritverbrauch mit X und verwenden Sie für die Parameter dieser Normalverteilung die im Aufgabentext beschriebenen Werte.
- Zu bestimmen sind die Wahrscheinlichkeiten $P(D) = P(X \geq \mu + 0{,}2)$ und $P(E) = P(|X - \mu| > 0{,}2)$.

Intervall bestimmen

- Das Intervall lässt sich beschreiben durch $P(|X - \mu| \leq c) = 0{,}95$ bzw. $P(\mu - c \leq X \leq \mu + c) = 0{,}95$. Probieren Sie systematisch verschiedene Werte für c aus, bis diese Gleichung möglichst genau erfüllt ist.

Simulation beschreiben

- Ihr CAS-Rechner enthält einen Befehl zum Erzeugen von normalverteilten Zufallszahlen mit gegebenem Erwartungswert und gegebener Standardabweichung. Mit diesem Befehl werden 500 normalverteilte Zufallszahlen mit den gegebenen Parametern erzeugt. Dann wird für jede dieser Zufallszahlen entschieden, ob sie die gegebene Bedingung erfüllt. Die Anzahl der Zahlen, auf die diese Entscheidung zutrifft, wird ins Verhältnis zu allen 500 Zufallszahlen gesetzt. Der Quotient ist ein Schätzwert für die gesuchte Wahrscheinlichkeit.

Aufgabe 2

Schnitt mit den Koordinatenachsen

- Setzen Sie $a = 1$ in die Gleichung für g_a ein.
- Bei Schnittpunkten einer Geraden mit den Koordinatenachsen haben immer mindestens zwei der drei Koordinaten des Schnittpunktes den Wert null.
- Verwenden Sie diese Überlegung, um einen Ansatz für die Berechnung der Schnittpunkte zu finden.
- Lösen Sie die entsprechenden Gleichungssysteme und interpretieren Sie die Ergebnisse mit Blick auf die Existenz bzw. die Koordinaten der Schnittpunkte.
- Um einen Schnittwinkel der Geraden mit einer Achse zu berechnen, können Sie den Winkel zwischen dem Richtungsvektor der Geraden und einem Richtungsvektor der Achse berechnen. Schließen Sie gegebenenfalls auf den Nebenwinkel, falls die Rechnung einen stumpfen Winkel ergibt.
- Alternativ können Sie wegen der besonderen Lage der Geraden die Ergebnisse auch durch elementare inhaltliche Überlegungen erhalten.

Schnitt mit den Koordinatenebenen

- Den Schnittpunkt von g_1 mit zwei der drei Koordinatenebenen können Sie ohne aufwendige Rechnung aus dem Ergebnis der Teilaufgabe 2 a ableiten.
- Bei Schnittpunkten einer Geraden mit einer Koordinatenebene hat mindestens eine der Koordinaten des Schnittpunktes den Wert null.
- Verwenden Sie diese Überlegung, um einen Ansatz für die Berechnung des dritten Schnittpunktes zu finden.
- Lösen Sie das Gleichungssystem und verwenden Sie das Ergebnis zur Berechnung der Koordinaten des Schnittpunktes.

Parabelgleichung

- Im Prinzip können Sie Hinweise aus der vorigen Teilaufgabe hier wieder berücksichtigen.
- Wenn eine Gerade die xy-Ebene schneidet, so muss $z=0$ sein.
- Bestimmen Sie den Wert des Parameters t in Abhängigkeit von a durch Gleichsetzen von $z=0$ mit der dritten Koordinate des Vektors, der die Geradengleichung beschreibt.
- Ermitteln Sie damit die restlichen Koordinaten des Schnittpunktes und weisen Sie den Zusammenhang $y=-x^2$ zwischen seiner y- und seiner x-Koordinate nach.

Schnitt zweier Geraden

- Setzen Sie die beiden Geradengleichungen gleich und lösen Sie dieses Gleichungssystem.
- Aus der Lösungsmenge können Sie die gesuchten Werte von a ablesen.
- Berechnen Sie zur Kontrolle die Koordinaten der Schnittpunkte mit beiden Geradengleichungen durch Einsetzen von geeigneten Elementen der Lösungsmenge des Gleichungssystems.
- Die Größe des Schnittwinkels zweier Geraden kann über den Winkel, den ihre Richtungsvektoren miteinander bilden, bestimmt werden. Im Allgemeinen wird der kleinere der beiden Winkel als Schnittwinkel angegeben.

Abstand der Geraden zu einem Punkt

- Sie können den Abstand d(a) z. B. über das Funktionsminimum des Betrages der Differenz der Ortsvektoren des Punktes Q_a und eines beliebigen Punktes der Geraden g_a ermitteln.
- Sie erhalten denjenigen Wert t_{Min} des Parameters t in Abhängigkeit von a, für den dieses Minimum angenommen wird.
- Drücken Sie den Betrag der Differenz der Ortsvektoren des Punktes Q_a und des Punktes $g_a(t_{Min})$ der Geraden g_a in Abhängigkeit von a aus. Vergleichen Sie das Ergebnis mit dem in der Aufgabenstellung gegebenen Funktionsterm für d(a).

kleinster und größter Wert des Abstandes

- Untersuchen Sie den Term von d(a) auf das Funktionsminimum und das Funktionsmaximum.
- Sie können das grafisch oder mit den speziellen Befehlen des CAS tun oder den Ableitungskalkül verwenden.
- Berechnen Sie die Abstände d(a) für die ermittelten Werte von a.

Lösungen

1. a) *Ereignis A:*

X sei die Zufallsgröße, die die Anzahl der Kunden beschreibt, die E10 tanken. Dann ist X binomialverteilt mit $n = 562$ und $p = \frac{1}{7}$.

$$P(A) = P(50 < X < 100)$$

$$= \sum_{k=51}^{99} \binom{562}{k} \cdot \left(\frac{1}{7}\right)^k \cdot \left(\frac{6}{7}\right)^{562-k} \approx \underline{\underline{0{,}988}}$$

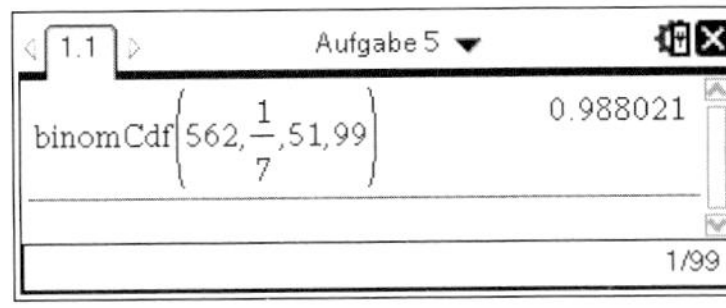

Es ist also fast sicher, dass Ereignis A eintritt.

Ereignis B:

Wenn frühestens der vierte von fünf Kunden E10 tankt, dann heißt das, dass entweder die ersten drei Kunden keinen Biosprit tanken, der vierte Kunde E10 nimmt und es vom fünften Kunden offenbleibt, was er tankt, oder die ersten vier Kunden tanken keinen Biosprit, aber der fünfte Kunde entscheidet sich als Erster für E10.

Dazu gehört die folgende Wahrscheinlichkeit:

$$P(B) = \left(\frac{6}{7}\right)^3 \cdot \left(\frac{1}{7}\right)^1 \cdot 1 + \left(\frac{6}{7}\right)^4 \cdot \left(\frac{1}{7}\right)^1 \approx \underline{\underline{0{,}167}}$$

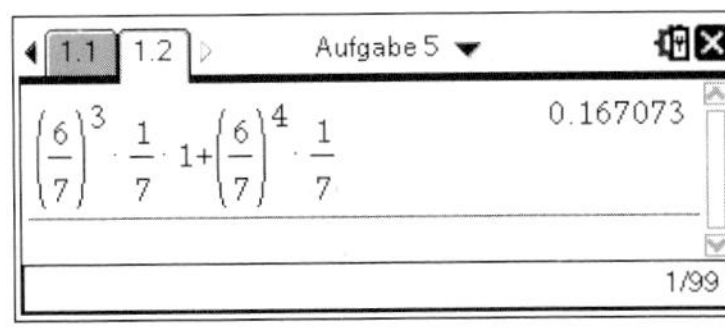

Ereignis C:

Unter den ersten vier Kunden ist genau ein E10 tankender Kunde und der fünfte Kunde tankt E10.

$$P(C) = \binom{4}{1} \cdot \left(\frac{1}{7}\right)^1 \cdot \left(\frac{6}{7}\right)^3 \cdot \frac{1}{7} \approx \underline{\underline{0{,}051}}$$

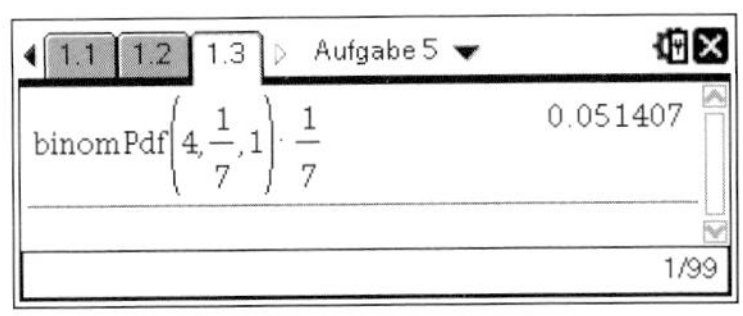

b) $1 - P(D) = \left(\frac{6}{7}\right)^3$ beschreibt die Wahrscheinlichkeit, dass von drei Kunden keiner Biosprit E10 tankt. Das Ereignis könnte also lauten: „Mindestens einer von drei Kunden tankt Biosprit E10."

c) X kann hier als die Zufallsgröße betrachtet werden, die die Anzahl der Kunden beschreibt, die **keinen** Biosprit E10 tanken.

X ist binomialverteilt mit $n = 420$ und $p = \frac{6}{7}$. $E(X) = 360$ beschreibt dann den Erwartungswert von X.

Zu berechnen ist c mit:

$P(360 - c \leq X \leq 360 + c) \approx 0{,}92$

Der Wert für c kann z. B. durch systematisches Probieren gefunden werden. Es ergibt sich $c = 12$, sodass das gesuchte Intervall lautet: $\underline{\underline{[348;\, 372]}}$

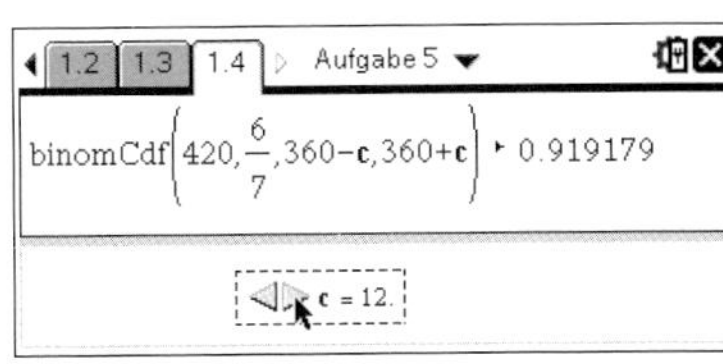

d) Das 95-%-Prognoseintervall für $n = 200$ und $p = \frac{1}{7}$ ist:

$0{,}0934 \le h \le 0{,}1923$

Die relative Häufigkeit 0,19 liegt somit innerhalb des 95-%-Prognoseintervalls und es gibt keinen Anlass, den Wert $p = \frac{1}{7}$ in Zweifel zu ziehen.

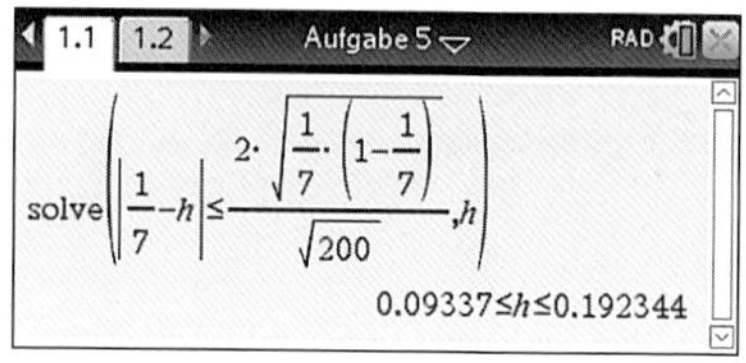

e) Das 95-%-Prognoseintervall für die relativen Häufigkeiten und für $p = \frac{1}{7}$ kann geschrieben werden als:

$$\frac{1}{7} - 2 \cdot \frac{\sqrt{\frac{1}{7} \cdot \frac{6}{7}}}{\sqrt{n}} \le h \le \frac{1}{7} + 2 \cdot \frac{\sqrt{\frac{1}{7} \cdot \frac{6}{7}}}{\sqrt{n}}$$

Wenn n größer wird, so wird der Term

$$2 \cdot \frac{\sqrt{\frac{1}{7} \cdot \frac{6}{7}}}{\sqrt{n}}$$

kleiner. Damit rücken die Grenzen

$$\frac{1}{7} - 2 \cdot \frac{\sqrt{\frac{1}{7} \cdot \frac{6}{7}}}{\sqrt{n}} \text{ und } \frac{1}{7} + 2 \cdot \frac{\sqrt{\frac{1}{7} \cdot \frac{6}{7}}}{\sqrt{n}}$$

des 95-%-Prognoseintervalls näher zusammen, das Prognoseintervall wird also insgesamt kleiner.

Die relative Häufigkeit 0,19 liegt in der Nähe der oberen Grenze des in Teilaufgabe d berechneten Prognoseintervalls. Damit 0,19 außerhalb des neuen Prognoseintervalls liegt, muss gelten:

$$\frac{1}{7} + 2 \cdot \frac{\sqrt{\frac{1}{7} \cdot \frac{6}{7}}}{\sqrt{n}} < 0{,}19$$

Es ergibt sich $n > 220{,}4$ bzw. $\underline{\underline{n \ge 221}}$.

Der Stichprobenumfang muss also mindestens 221 betragen.

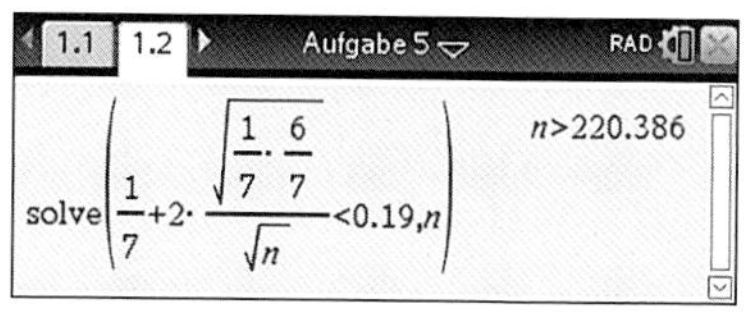

f) (1) X sei die normalverteilte Zufallsgröße für den Spritverbrauch mit $\mu = 6{,}3 \,\frac{\text{Liter}}{100\text{ km}}$ und $\sigma = 0{,}7 \,\frac{\text{Liter}}{100\text{ km}}$. Dann gilt:

$P(D) = P(X \ge 6{,}5) \approx \underline{\underline{0{,}39}}$

$P(E) = P(|X - 6{,}3| > 0{,}2)$
$= 1 - P(6{,}1 \le X \le 6{,}5) \approx \underline{\underline{0{,}78}}$

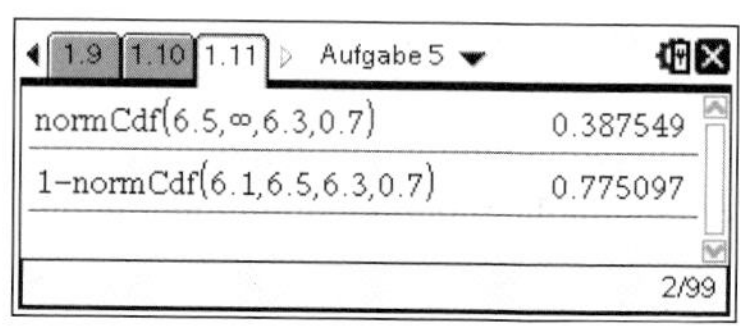

(2) Durch systematisches Probieren erhält man als Intervallgrenzen (in Liter pro 100 km):
$[6{,}3-1{,}37;\,6{,}3+1{,}37]=\underline{\underline{[4{,}93;\,7{,}67]}}$

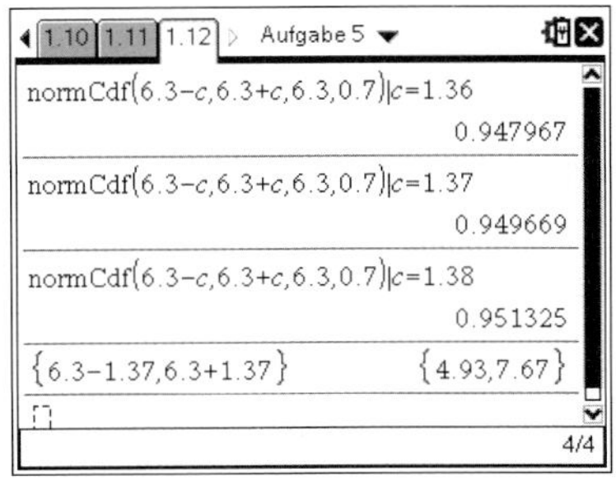

Alternativ kann man auch die von den Sigma-Regeln her bekannte Abschätzung für das 95 %-Prognoseintervall verwenden:
$P(\mu-1{,}96\cdot\sigma\le X\le\mu+1{,}96\cdot\sigma)\approx 0{,}95$

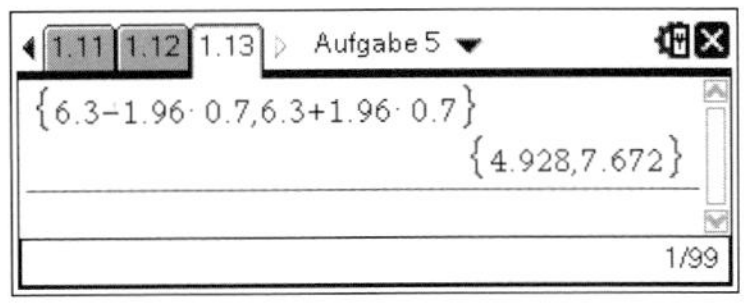

(3) Mit dem Befehl randNorm(6.3, 0.7, 500) werden 500 normalverteilte Zufallszahlen mit den gegebenen Parametern erzeugt. Diese Zahlen werden als Liste z. B. unter der Variablen „sprit" gespeichert. Dann wird für jede dieser Zufallszahlen entschieden, ob sie kleiner oder gleich 6,4 ist, z. B. mit dem Befehl countIf(sprit, ? ≤ 6.4). Die Anzahl der Zahlen, auf die diese Entscheidung zutrifft, wird ins Verhältnis zu allen 500 Zufallszahlen gesetzt. Der Quotient ist ein Schätzwert für die gesuchte Wahrscheinlichkeit.

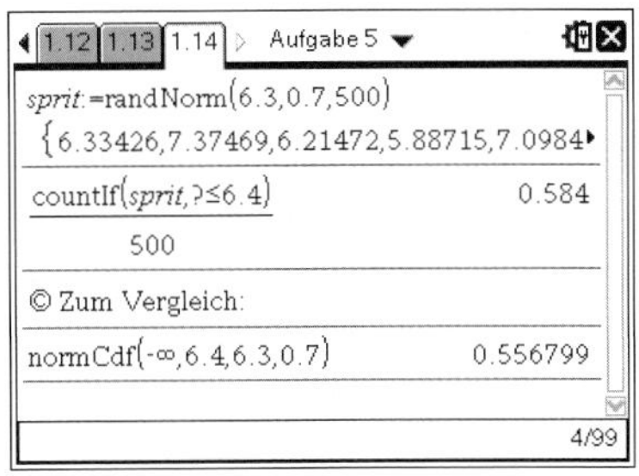

2. a) Für a = 1 ist:

$$g_1:\ \vec{x}=\begin{pmatrix}0\\0\\1\end{pmatrix}+t\cdot\begin{pmatrix}1\\1\\1\end{pmatrix}$$

Die Gerade g_1 schneidet die **z-Achse** im Punkt $\underline{\underline{P_z(0|0|1)}}$, dem festen Punkt dieser Geraden.
Da der Richtungsvektor die Raumdiagonale eines Einheitswürfels beschreibt, wird die z-Achse unter einem Winkel von ca. 54,74° geschnitten:

$$\tan(\alpha)=\sqrt{2}\ \Rightarrow\ \underline{\underline{\alpha\approx 54{,}74^\circ}}\quad\text{bzw.}\quad\cos(\alpha)=\frac{1}{\sqrt{3}}\ \Rightarrow\ \underline{\underline{\alpha\approx 54{,}74^\circ}}$$

Zur Berechnung von Schnittpunkten mit der **x-Achse** wird $y=z=0$ gesetzt:

$$\begin{matrix}x=0+t\\0=0+t\\0=1+t\end{matrix}\ \Rightarrow\ \left.\begin{matrix}x=t\\0=t\\-1=t\end{matrix}\right\}\ \text{Die beiden letzten Zeilen ergeben einen Widerspruch.}$$

Zur Berechnung von Schnittpunkten mit der **y-Achse** wird $x = z = 0$ gesetzt:

$$\left.\begin{array}{lcl} 0 = 0 + t & & 0 = t \\ y = 0 + t & \Rightarrow & y = t \\ 0 = 1 + t & & -1 = t \end{array}\right\}$$ Die erste und letzte Zeile widersprechen einander.

Es existieren keine weiteren Schnittpunkte bzw. Schnittwinkel mit den Achsen.

b) Die xz- und die yz-Ebene werden im Punkt $\underline{\underline{P_z(0|0|1)}}$ geschnitten (Teilaufgabe 2 a).

Der Schnittpunkt mit der xy-Ebene wird für $z = 0$ erreicht:

$$\left.\begin{array}{l} x = 0 + t \\ y = 0 + t \\ 0 = 1 + t \quad \Rightarrow \quad t = -1 \end{array}\right\} \Rightarrow \underline{\underline{S_{xy}(-1|-1|0)}}$$

c) Der Schnittpunkt mit der xy-Ebene wird für $z = 0$ erreicht:

$$\left.\begin{array}{l} x = 0 + t \\ y = 0 + a \cdot t \\ 0 = a + t \quad \Rightarrow \quad t = -a \end{array}\right\} \Rightarrow S_{xy}(-a|-a^2|0)$$

Mit $x = -a$ und $y = -a^2$ folgt $y = -x^2$.

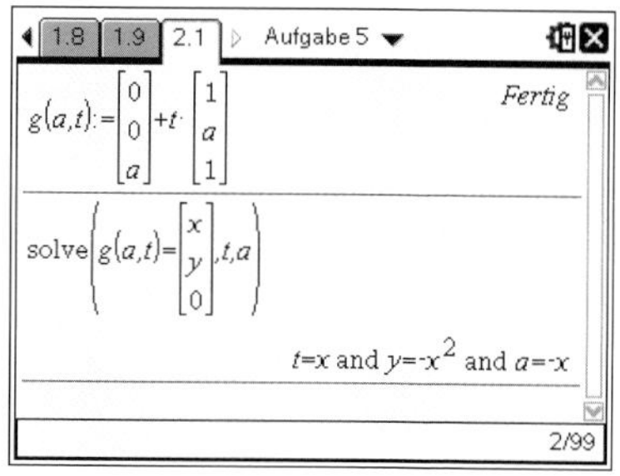

d) Gleichsetzen der beiden Geradengleichungen und Lösen des Gleichungssystems liefert zwei Fälle. Die Probe bestätigt das Ergebnis und liefert die Koordinaten der Schnittpunkte.

Die Geraden schneiden einander für $\underline{\underline{a = 2}}$ im Schnittpunkt $\underline{\underline{S_2(-1|-2|1)}}$ und für $\underline{\underline{a = 0}}$ im Schnittpunkt $\underline{\underline{S_0(2|0|2)}}$.

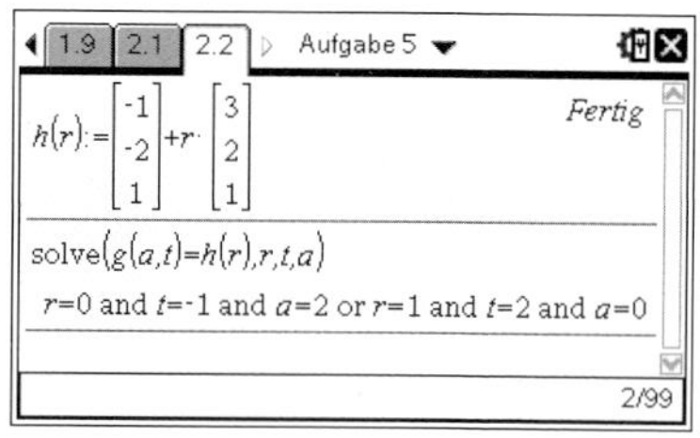

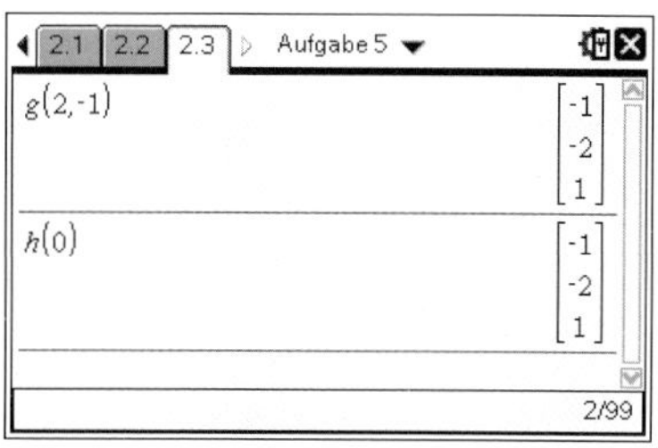

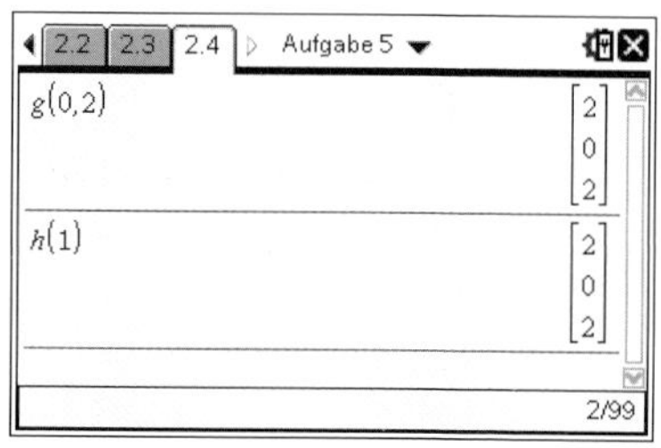

Die Größe des Schnittwinkels der Geraden wird jeweils mithilfe ihrer Richtungsvektoren ermittelt:

$$\cos(\alpha) = \frac{\begin{pmatrix}1\\a\\1\end{pmatrix} \circ \begin{pmatrix}3\\2\\1\end{pmatrix}}{\left|\begin{pmatrix}1\\a\\1\end{pmatrix}\right| \cdot \left|\begin{pmatrix}3\\2\\1\end{pmatrix}\right|}$$

ergibt für a = 2 einen Schnittwinkel von ca. $\underline{\underline{29{,}2°}}$ und für a = 0 einen Schnittwinkel von ca. $\underline{\underline{40{,}9°}}$.

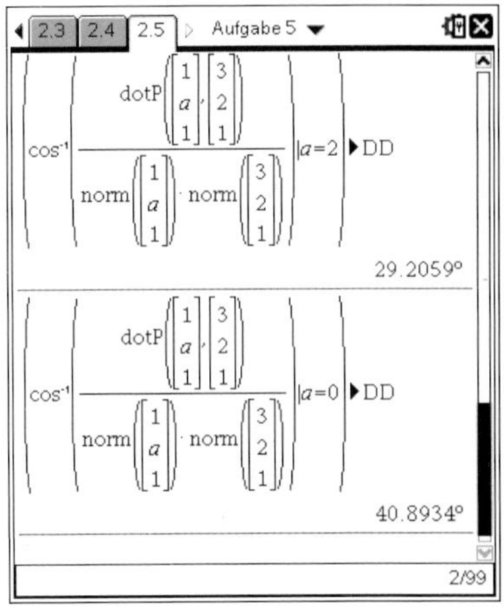

e) Der Abstand d(a) der Geraden $\vec{x} = g_a(t)$ zum Punkt Q_a wird als Funktionsminimum des Betrages der Differenz der zugehörigen Ortsvektoren bestimmt:

$|\vec{q}_a - g_a(t)| \rightarrow$ Minimum

Mit dem hieraus berechneten Wert für t_{Min} wird der Betrag d(a) der Differenz der Ortsvektoren in Abhängigkeit von a ermittelt. Es ergibt sich der behauptete Term.

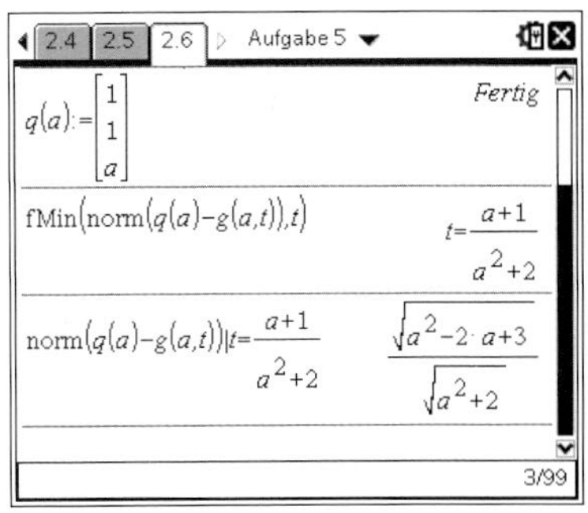

f) Die lokalen Extrempunkte der Funktion d werden mit den speziellen Befehlen des CAS-Rechners gewonnen:

Hochpunkt $H(-1 \mid \sqrt{2})$

Tiefpunkt $T\left(2 \,\middle|\, \frac{1}{2}\sqrt{2}\right)$

Der größte Abstandswert wird an der Stelle $\underline{\underline{a = -1}}$ angenommen. Der Abstand ist dort $\underline{\underline{d(-1) = \sqrt{2}}}$. Der kleinste Abstandswert ist an der Stelle $\underline{\underline{a = 2}}$ und beträgt $\underline{\underline{d(2) = \frac{1}{2}\sqrt{2}}}$.

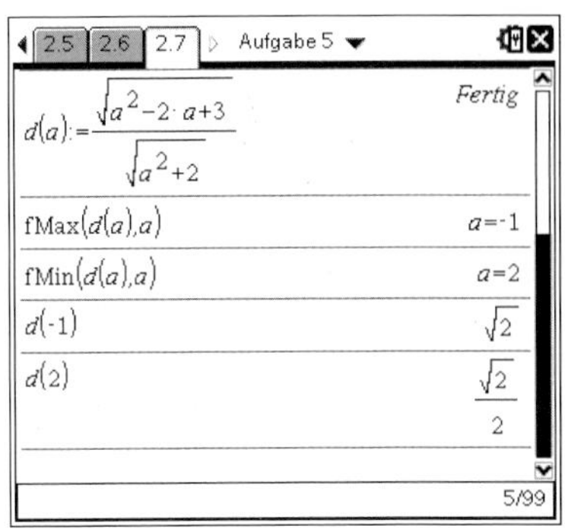

Kernfach Mathematik (Thüringen)
CAS-Übungsaufgabe 6: Geometrie / Stochastik

1. Die xy-Ebene beschreibt eine ebene Landschaft, in der ein Flughafen liegt. Die Radarstation des Flughafens befindet sich im Punkt $R(6|20|0)$. Das Radar erfasst ein Flugzeug um 13.00 Uhr im Punkt $U\left(12 \,\middle|\, 17 \,\middle|\, \frac{3}{2}\right)$. Man ermittelt als Flugbahn des Flugzeuges A: $\vec{x} = \begin{pmatrix} 12 \\ 17 \\ \frac{3}{2} \end{pmatrix} + t \cdot \begin{pmatrix} 3 \\ -2 \\ 1 \end{pmatrix}$, dabei wird t in Minuten gemessen und die Koordinatenangaben sind in Kilometer angegeben.
Die Landebahn kann durch ein Rechteck beschrieben werden (5 km Länge, 400 m breit) und befindet sich parallel zur Flugrichtung des Flugzeuges A.

   a) Erläutern Sie, ob das Flugzeug im Landeanflug oder gerade gestartet ist, und geben Sie diesen Zeitpunkt und den Ort P des Lande-bzw. Startpunktes an. (Kontrollergebnis $P\left(\frac{15}{2} \,\middle|\, 20 \,\middle|\, 0\right)$) (3 BE)

   b) Der Punkt P befindet sich genau in der Mitte der Landebahn (Längsrichtung) und 1 km vom Ende der Bahn entfernt. Ermitteln Sie die Koordinaten des Rechteckes. (4 BE)

   c) Überprüfen Sie, ob das Flugzeug A die geforderte Start- bzw. Landegeschwindigkeit von ca. $230 \frac{\text{km}}{\text{h}}$ einhält, wenn man konstante Geschwindigkeit voraussetzt. (2 BE)

   d) Berechnen Sie den Winkel des Start- bzw. Landeanfluges. (3 BE)

   e) Ein weiteres Flugzeug B wurde ebenfalls um 13.00 Uhr im Punkt $F(10|10|3)$ und um 13.01 Uhr im Punkt $H(20|10|3)$ von der Radarstation erfasst. Berechnen Sie den Abstand beider Flugzeuge zum Zeitpunkt 13.00 Uhr. (2 BE)

   f) Untersuchen Sie, ob der geforderte Mindestabstand der Flugbahnen von 600 m eingehalten wird. (3 BE)

   g) Ermitteln Sie den minimalen Abstand des Flugzeuges B von der Radarstation. (3 BE)

   h) Das Flugzeug A verschwindet um 13.03 Uhr in einer sich parallel zur Erdoberfläche bewegenden, als Ebene angenommenen Wolkendecke. Welchen Abstand hat das Flugzeug zu diesem Zeitpunkt von der Radarstation? (2 BE)

   i) Geben Sie eine Ebenengleichung für die Wolkendecke an und berechnen Sie deren Entfernung von der Radarstation. (3 BE)

2. Eine Billigfluggesellschaft nutzt auf einer bestimmten Strecke Flugzeuge mit 240 Plätzen, die immer vorab ausgebucht sind. In der Regel werden aber 8 % der gebuchten Plätze vorab storniert.
Die Fluggesellschaft ist an der wirklichen Passagierzahl bei Schließung der Passagierliste interessiert. Interpretieren Sie im Weiteren diese relativen Häufigkeiten als Wahrscheinlichkeiten.

   a) Erläutern Sie, warum die Anzahl der Passagiere als binomialverteilt angesehen werden kann. (2 BE)

b) Bestimmen Sie, unter der Voraussetzung, dass die Anzahl der Passagiere binomialverteilt ist, die Wahrscheinlichkeiten der folgenden Ereignisse:
A: Genau 220 Plätze werden genutzt.
B: Mindestens 210 Plätze werden genutzt.
C: Alle Plätze werden genutzt. (3 BE)

c) Um die Flüge besser auszunutzen, verkauft die Fluggesellschaft 5 % mehr Plätze pro Flugzeug; damit könnte es zu Überbuchungen kommen. Berechnen Sie die Wahrscheinlichkeit, dass es zu Überbuchungen kommt. (4 BE)

d) Nach einer Werbeaktion möchte die Leitung der Fluggesellschaft ermitteln, ob sich das Stornierungsverhalten der Fluggäste verändert hat. Sie will das am Stornierungsverhalten von 900 zufällig ausgewählten Fluggästen stichprobenartig testen.
Ermitteln Sie ein 95-%-Prognoseintervall für die relativen Häufigkeiten unter der Annahme, dass sich das Stornierungsverhalten gegenüber $p = 0{,}08$ nicht geändert hat.
Zu welchem Schluss könnte die Geschäftsleitung kommen, wenn von den 900 Personen 53 Personen ihre Buchung stornieren und sie auch von einer Sicherheitswahrscheinlichkeit von 95 % ausgeht? (4 BE)

e) Die Masse der Gepäckstücke, die die Passagiere aufgeben, kann als normalverteilt angesehen werden. Sie beträgt durchschnittlich 16 kg bei einer Standardabweichung von 2,5 kg. Ermitteln Sie die Wahrscheinlichkeit, dass ein Gepäckstück eine Masse von mindestens 13 und höchstens 19 kg hat. (2 BE)

(40 BE)

Hinweise und Tipps

Aufgabe 1

Teilaufgabe a

- Die z-Koordinate des Richtungsvektors der Flugbahn trifft eine Aussage darüber, ob es sich um einen Start- oder Landevorgang handelt.
- Der Punkt P kann als Schnittpunkt der Flugbahn mit der xy-Ebene ermittelt werden.

Teilaufgabe b

- Veranschaulichen Sie sich die Situation in einem zweidimensionalen Koordinatensystem und berücksichtigen Sie, dass das Flugzeug parallel zur Landebahn landet/startet. Beachten Sie auch die xy-Richtung der Flugbahn.
- Der Operator „Ermitteln" lässt auch eine zeichnerische Lösung zu.

Teilaufgabe c

- Beachten Sie die Einheiten des Parameters t und der Koordinatenangaben.

Teilaufgabe d

- Es muss der Winkel zwischen einer Geraden und einer Ebene bestimmt werden.
- Stellen Sie den Normalenvektor der Ebene auf.

Teilaufgabe e

- Beachten Sie, dass es sich hier um einen Abstand zu ein und demselben Zeitpunkt t handelt. Für beide Flugzeuge kann somit der gleiche Parameter „t" verwendet werden.

Teilaufgabe f

- Es soll der Abstand der Flugbahnen bestimmt werden, d. h., man muss die Lagebeziehung der beiden Geraden zueinander untersuchen und dann ggf. den Abstand ermitteln.

Teilaufgabe g

- Es muss der Abstand eines Punktes (R) von einer Geraden ermittelt werden. Dieser Abstand kann z. B. als Minimum des Betrages des Differenzvektors aus dem Ortsvektor von R und dem Ortsvektor eines Punktes der Geraden bestimmt werden.

Teilaufgabe h

- Ermitteln Sie zunächst die Lage des Durchstoßpunktes des Flugzeuges durch die Wolkendecke und danach den Abstand zweier Punkte voneinander.

Teilaufgabe i

- Berücksichtigen Sie, dass sich die Wolkendecke in einer zur Erdoberfläche parallelen Ebene befindet.

Aufgabe 2

Teilaufgabe a

- Das Modell der Binomialverteilung verlangt bestimmte Voraussetzungen, z. B. die Unabhängigkeit der Entscheidung einzelner Kunden.

Teilaufgabe b

- Betrachten Sie nun den Vorgang als Bernoulli-Experiment mit der Erfolgswahrscheinlichkeit p und der Kettenlänge n.

Teilaufgabe c

Beachten Sie, dass es im Unterschied zu Teilaufgabe b zu einer Änderung bei der Länge der Bernoulli-Kette kommt.

Teilaufgabe d

Bestimmen Sie das 95-%-Prognoseintervall für $n = 900$ und $p = 0,08$.

Berechnen Sie, welcher relativen Häufigkeit die Anzahl von 53 stornierenden Personen entspricht.

Liegt die berechnete relative Häufigkeit innerhalb oder außerhalb des 95-%-Prognoseintervalls?

Teilaufgabe e

Nutzen Sie hier die entsprechenden Rechnerbefehle zur Normalverteilung.

Lösungen

1. a) Da die z-Koordinate z = 1 des Richtungsvektors $\begin{pmatrix} 3 \\ -2 \\ 1 \end{pmatrix}$ positiv ist, befindet sich das Flugzeug in der Startphase. Gleichsetzen der Geradengleichung mit der Ebenengleichung $\begin{pmatrix} x \\ y \\ 0 \end{pmatrix}$ der xy-Ebene liefert:

$$\begin{pmatrix} x \\ y \\ 0 \end{pmatrix} = \begin{pmatrix} 12 \\ 17 \\ \frac{3}{2} \end{pmatrix} + t \cdot \begin{pmatrix} 3 \\ -2 \\ 1 \end{pmatrix}$$

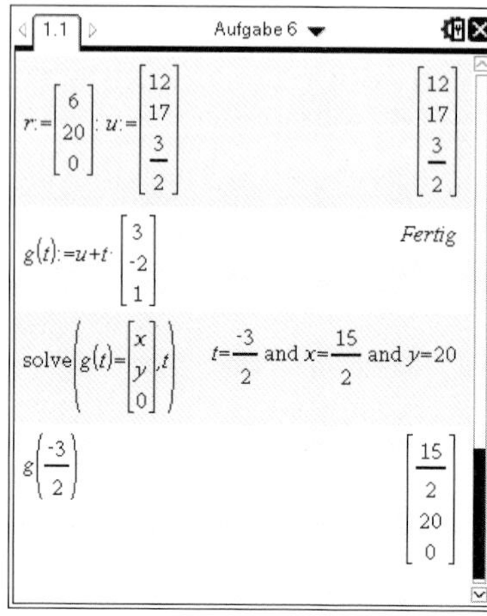

Dies führt zu einem linearen Gleichungssystem:

$$x = 12 + 3t$$
$$y = 17 - 2t$$
$$0 = \frac{3}{2} + \quad t$$

Dies liefert als Startpunkt $\underline{\underline{P\left(\frac{15}{2} \,\middle|\, 20 \,\middle|\, 0\right)}}$.

Der Parameter $t = -\frac{3}{2}$ bedeutet, dass das Flugzeug 1,5 Minuten vor 13.00 Uhr gestartet ist, also um $\underline{\underline{12.58'30''\text{ Uhr}}}$.

b) *Zeichnerische Lösung:*
Trägt man in ein zweidimensionales Koordinatensystem den Startpunkt P sowie die Flugrichtung, projiziert in xy-Richtung ein, so kann man zeichnerisch die Lage der rechteckigen Startbahn ermitteln.

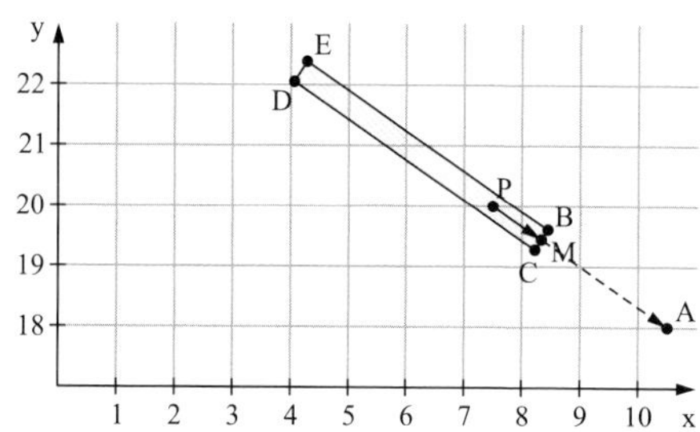

Eine Lösungsidee besteht darin, den Vektor $\vec{a} = \begin{pmatrix} 3 \\ -2 \end{pmatrix}$, der die xy-Richtung der Flugbahn beschreibt, auf die Länge 1 zu kürzen (dies kann in einfacher Weise mit einem Zirkel mit r = 1 cm erfolgen).

Damit kann man die Bedingung, dass der Startpunkt 1 km vor dem Ende der Startbahn liegt, erfüllen, um zunächst die Mitte der einen Endseite (in der Abbildung ist dies der Punkt M) der rechteckigen Startbahn zu bestimmen.

Um die vier Eckpunkte des Rechtecks zu ermitteln, muss man noch beachten, dass die Startbahn 400 m breit ist. Dies bedeutet, dass man ausgehend vom Mittelpunkt M der einen Rechtecksseite im rechten Winkel jeweils 0,2 cm abträgt und so die Eckpunkte B und C ermittelt. Die beiden fehlenden Eckpunkte des Rechtecks bekommt man, indem man ausgehend von B und C diesen Vektor fünfmal in entgegengesetzte Richtung abträgt.

Rechnerische Lösung:
Rechnerisch geschieht dies am einfachsten, indem man den Einheitsvektor nutzt. Es ergibt sich dabei $\vec{a}_e = \begin{pmatrix} \frac{3\sqrt{13}}{13} \\ \frac{-2\sqrt{13}}{13} \end{pmatrix}$ als Einheitsvektor zum Vektor $\vec{a}$. Zusätzlich benötigt man nun noch einen Einheitsvektor, der senkrecht auf $\vec{a}_e$ steht, um vom Mittelpunkt der Seite $\overline{BC}$ die Eckpunkte B und C zu bestimmen. Dieser Vektor $\vec{r}_a = \begin{pmatrix} \frac{2\sqrt{13}}{13} \\ \frac{3\sqrt{13}}{13} \end{pmatrix}$ lässt sich aus dem Vektor $\vec{a}_e$ ableiten.

Ein Einheitsvektor ist ein Vektor der Länge 1 und gleicher Richtung wie der vorgegebene Vektor – für solch einen Vektor existiert der Befehl unitv().

So erhält man für die Koordinaten des Rechtecks:

B(8,4 | 19,6),

C(8,2 | 19,3),

D(4,1 | 22,1),

E(4,3 | 22,4)

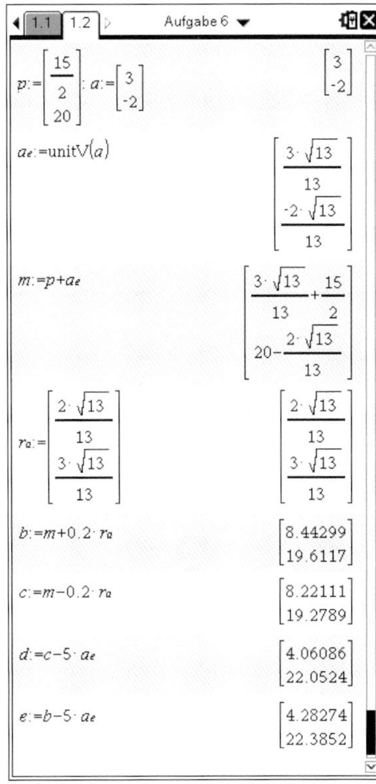

c) Da in der Geradengleichung die Koordinaten in km und der Parameter t in Minuten angegeben ist, braucht man z. B. nur die in der 1. Minute nach dem Start zurückgelegte Strecke zu berechnen und mit 60 zu multiplizieren.
Man erhält eine Startgeschwindigkeit $v \approx 224{,}5\ \frac{\text{km}}{\text{h}}$. Damit wird die geforderte Geschwindigkeit in etwa eingehalten.

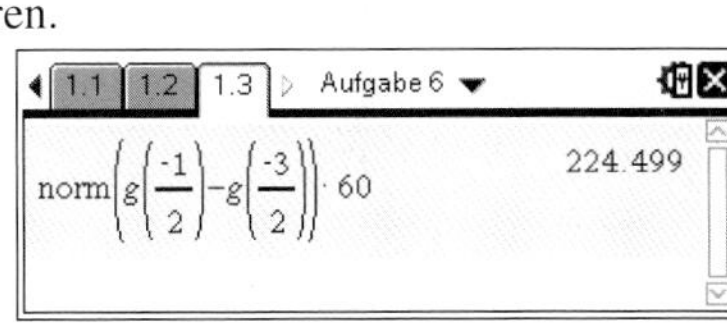

d) Der gesuchte Winkel lässt sich mithilfe des Skalarproduktes bestimmen. Man nutzt dazu den Richtungsvektor $\begin{pmatrix} 3 \\ -2 \\ 1 \end{pmatrix}$ der Geraden sowie den Normalenvektor $\begin{pmatrix} 0 \\ 0 \\ 1 \end{pmatrix}$ der xy-Ebene und ermittelt als Winkel beim Startvorgang $\alpha \approx 15{,}5°$.

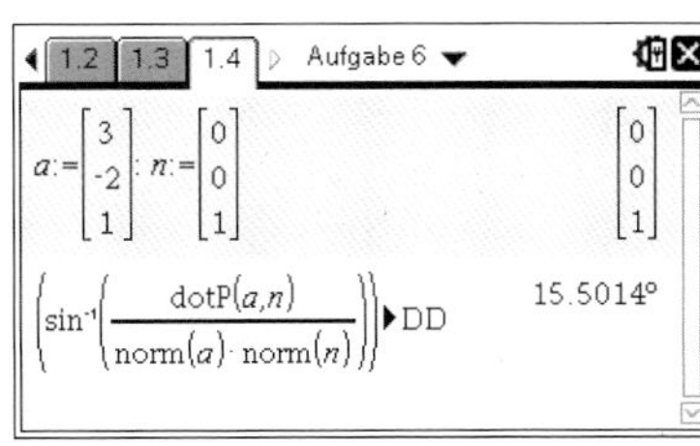

e) Der Abstand beider Flugzeuge um 13 Uhr kann mithilfe des Betrags des Verbindungsvektors, der sich aus den Ortsvektoren beider Flugzeuge um 13 Uhr ergibt, berechnet werden.

Flugzeug A befindet sich um 13 Uhr im Punkt $U\left(12 \mid 17 \mid \frac{3}{2}\right)$ und Flugzeug B im Punkt F(10 | 10 | 3). Damit lässt sich der Abstand als Betrag des Vektors $\overrightarrow{UF}$ bestimmen, dieser beträgt ca. 7,43 km.

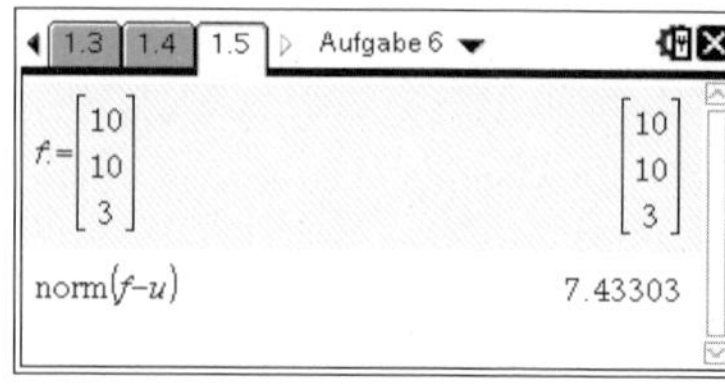

f) Es muss in dieser Aufgabe der Abstand zweier windschiefer Geraden bestimmt werden, üblicherweise wird dies unter Verwendung des Skalarproduktes durchgeführt.

Man definiert den Verbindungsvektor $\overrightarrow{PQ}$ zweier beliebiger Punkte P = g(s) auf g und Q = g2(t) auf g2 = g(FH). Dieser Vektor muss orthogonal zu den Richtungsvektoren beider Geraden sein, wenn diese Punkte den minimalen Abstand der beiden Geraden annehmen sollen.

Man kann die Werte der Parameter mit einem Gleichungssystem mit zwei Variablen ermitteln. Daraus erhält man die relevanten Punkte P und Q und den gesuchten Abstand von ca. 1,79 km. Der Mindestabstand wird also eingehalten.

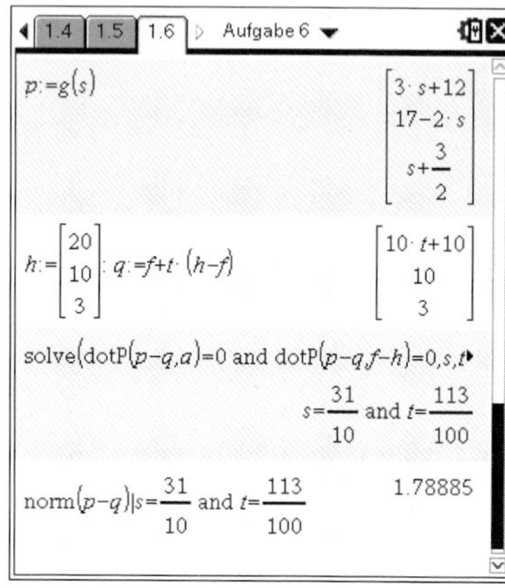

Variante: Es gibt auch einen Weg, der ohne das Skalarprodukt auskommt.

Zuerst wird der Parameter s bestimmt, für den g(s) jeweils den Punkt mit minimalem Abstand zu einem beliebigen Punkt g2(t) auf g2 = g(FH) angibt. Danach wird unter Verwendung dieses Parameterwertes s der Parameterwert t für den absolut kleinsten Abstand berechnet. Die Berechnung der Lotfußpunkte und des Abstandes erfolgt danach unter Verwendung der gefundenen Parameterwerte. Man erhält für den Abstand etwa 1,79 km, also mehr als den Mindestabstand.

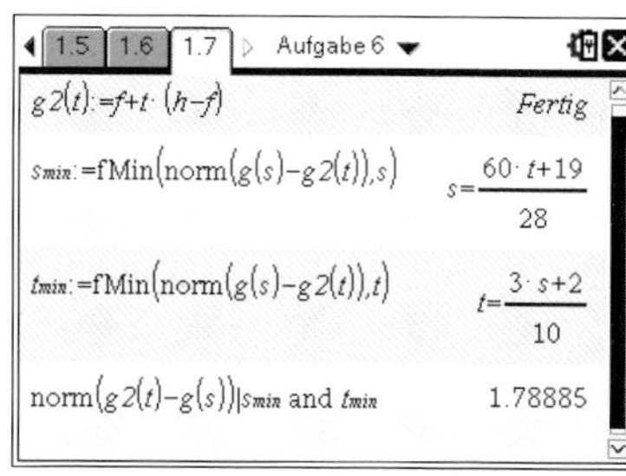

g) Der Abstand des Flugzeuges B zu einem beliebigen Zeitpunkt t zur Radarstation entspricht der Länge des Vektors zwischen der Radarstation R und dem Punkt g2(t) auf der Geraden g2 = g(FH). Den Wert des Parameters t, für den der Abstand minimal ist, erhält man mit dem Befehl fMin. Es ergibt sich ein minimaler Abstand von ca. 10,4 km.

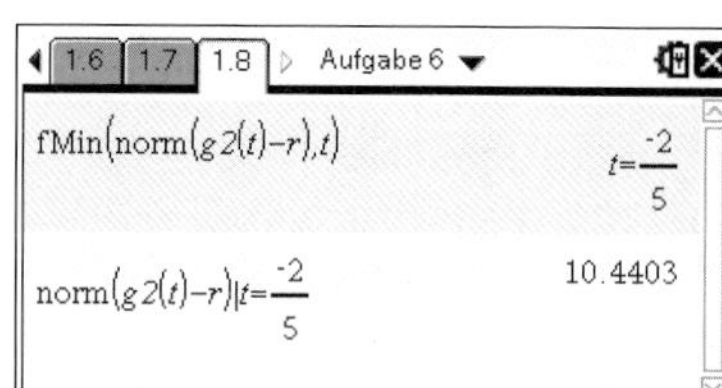

h) Der Abstand des Flugzeuges A um 13.03 Uhr zur Radarstation entspricht der Länge des Vektors zwischen der Radarstation R und dem Ort des Flugzeuges um 13.03 Uhr. Dieser Ort wird berechnet, indem t = 3 in die Geradengleichung des Flugzeuges A eingesetzt wird. Es ergibt sich ein Abstand von ca. $\underline{\underline{18{,}1\text{ km}}}$.

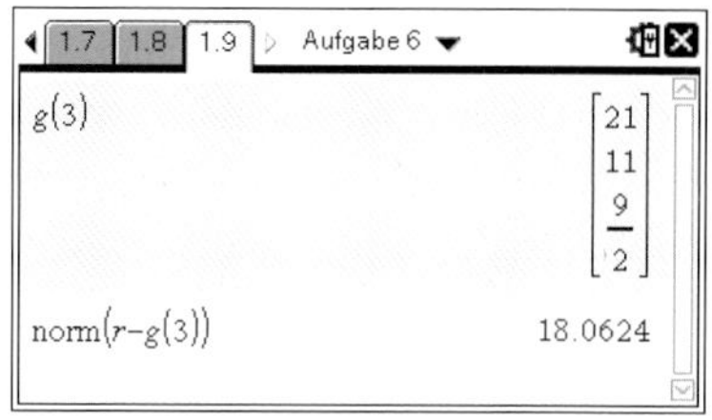

i) Man kann die Ebenengleichung ermitteln, indem man den Ort des Flugzeuges um 13.03 Uhr als Ortsvektor und zwei zur xy-Ebene, aber nicht zueinander parallele Vektoren als Spannvektoren nutzt. Damit erhält man als Ebenengleichung:

$$\underline{\underline{\vec{x} = \begin{pmatrix} 21 \\ 11 \\ \frac{9}{2} \end{pmatrix} + t \cdot \begin{pmatrix} 1 \\ 0 \\ 0 \end{pmatrix} + s \cdot \begin{pmatrix} 0 \\ 1 \\ 0 \end{pmatrix}}}$$

Da diese Ebene parallel zur xy-Ebene verläuft, ist der Abstand der Wolkendecke zur Radarstation gleich der z-Koordinate der Ebene, also $\underline{\underline{4{,}5\text{ km}}}$.

2. a) Für das Modell der Binomialverteilung könnte sprechen:
- Die Stornierungen erfolgen durch die Passagiere unabhängig voneinander (z. B. keine Familien- bzw. Gruppenstornierungen) und mit gleicher Wahrscheinlichkeit.
- Es gibt keine Gründe (Katastrophen oder Terroranschläge), die das Stornierungsverhalten momentan beeinflussen.

b) Die Zufallsgröße X beschreibe die Anzahl der Fluggäste unter 240 Buchungen, die ihren Platz nutzen. X ist binomialverteilt mit n = 240 und p = 1 − 0,08 = 0,92.

Ereignis A

$P(A) = P(X = 220) = \binom{240}{220} \cdot 0{,}92^{220} \cdot (1 - 0{,}92)^{20} \approx \underline{\underline{0{,}0911}}$

Ereignis B

$$P(B) = P(X \geq 210) = \sum_{k=210}^{240} \binom{240}{k} \cdot 0{,}92^{k} \cdot (1 - 0{,}92)^{240-k} \approx \underline{\underline{0{,}9942}}$$

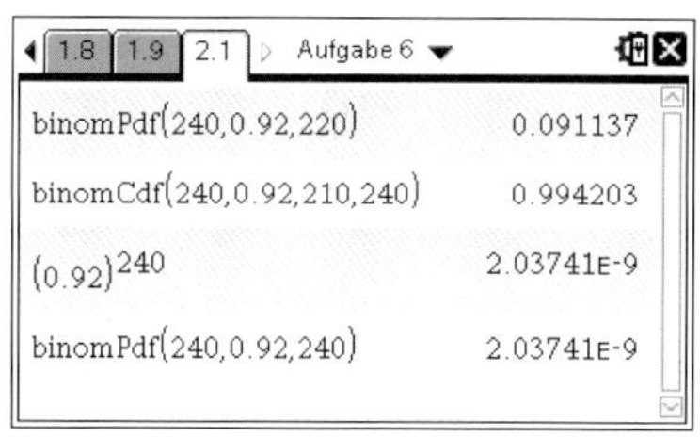

Ereignis C

$P(C) = P(X = 240) = 0{,}92^{240} \approx \underline{\underline{0}}$

c) Die Zufallsgröße X beschreibe die Anzahl der Fluggäste unter 252 Buchungen (5 % mehr als 240), die ihren Platz nutzen. X ist binomialverteilt mit n = 252 und p = 0,92.

$$P(D) = P(X \geq 241) = \sum_{k=241}^{252} \binom{252}{k} \cdot 0{,}92^{k} \cdot (1 - 0{,}92)^{252-k} \approx \underline{\underline{0{,}0163}}$$

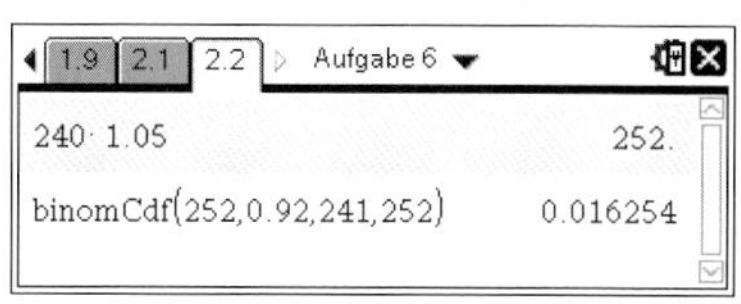

d) Das 95-%-Prognoseintervall für $p = 0{,}08$ und $n = 900$ ist:

$0{,}062 \le h \le 0{,}098$

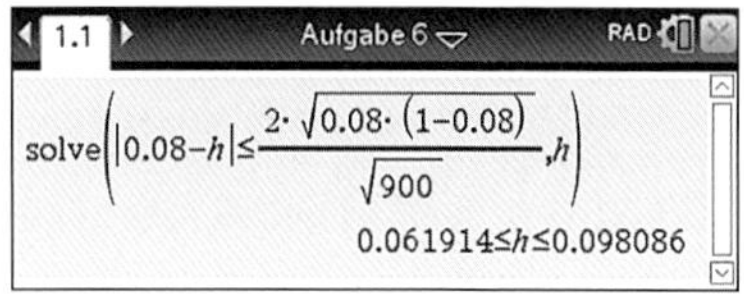

Wenn der Anteil der Stornierungen unter den 900 Fluggästen zwischen 6,2 % und 9,8 % liegt, wird die Geschäftsleitung keinen Anlass zur Annahme haben, dass sich das Stornierungsverhalten verändert hat.

Wenn nur 53 von 900 Personen stornieren, ergibt sich eine relative Häufigkeit von:

$$h = \frac{53}{900} \approx 0{,}059$$

Dieser Wert liegt außerhalb des Prognoseintervalls. Demnach sind Zweifel an $p = 0{,}08$ bei einer Sicherheitswahrscheinlichkeit von 95 % begründbar und es kann aufgrund des Ergebnisses davon ausgegangen werden, dass tatsächlich weniger Stornierungen erfolgen.

e) Die gesuchte Wahrscheinlichkeit kann direkt mit dem Befehl normcdf( ) berechnet werden. Ob man als Grenzen 13 kg und 19 kg bzw. 12,5 kg und 19,5 kg nutzt, sollte sich aus dem im Unterricht vereinbarten Vorgehen ergeben. Man ermittelt demzufolge eine Wahrscheinlichkeit von ca. 77,0 % bzw. 83,8 %.

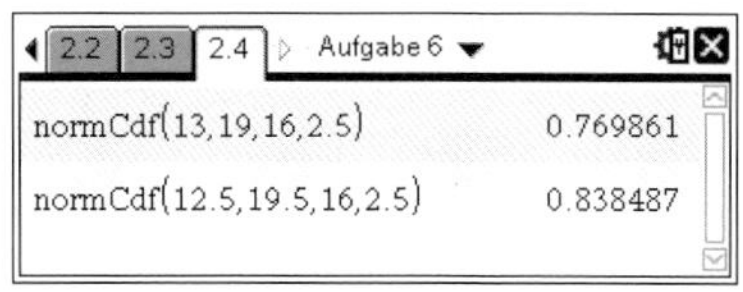

Alternative Lösung:

Eine grafische Lösung kann man mithilfe des Befehls normpdf(x, μ, σ) (stellt die Dichte der Normalverteilung dar) erhalten, indem man im Grafikfenster das bestimmte Integral der Dichtefunktion im gesuchten Intervall ermittelt.

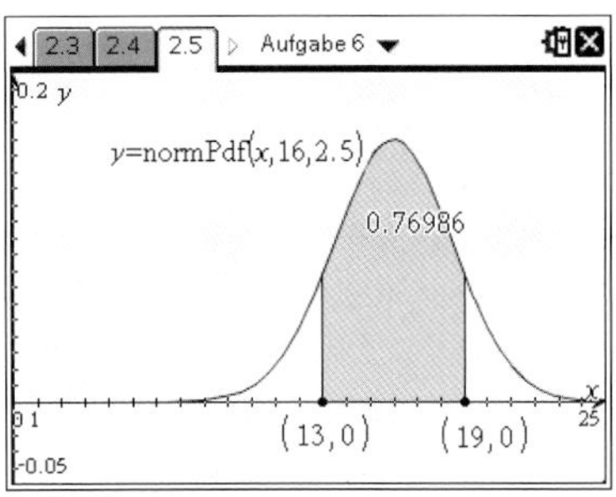

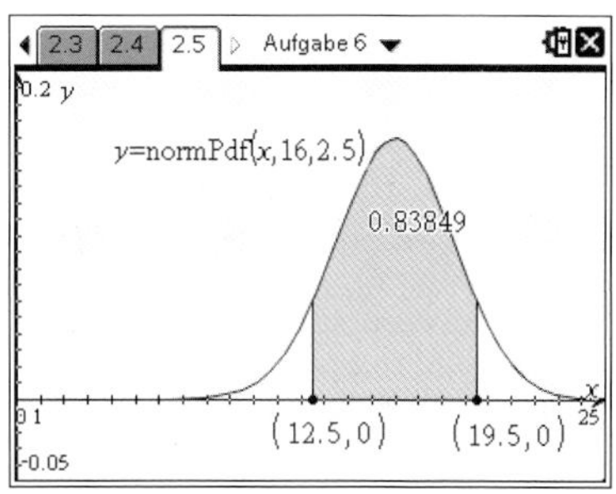

Kernfach Mathematik (Thüringen)
CAS-Übungsaufgabe 7: Stochastik/Geometrie

1. Die Arbeitsgemeinschaft „Wirtschaft und Recht“ des Elisabeth-Gymnasiums ist an bestimmten Tagen der Woche mit der Pausenversorgung beauftragt. Max, der für die Getränke zuständig ist, hat im letzten Jahr ermittelt, dass 60 % der Schüler Biolimo und die weiteren Schüler andere Getränke kaufen. Im Mittel wurden pro Tag 250 Getränke verkauft. Interpretieren Sie im Weiteren diese relativen Häufigkeiten als Wahrscheinlichkeiten.

   a) Begründen Sie, unter welchen Voraussetzungen man den Anteil der „Biolimo-Käufer“ durch eine binomialverteilte Zufallsgröße X beschreiben kann, und geben Sie hierfür den Erwartungswert μ und die Standardabweichung σ an. (4 BE)

   b) Berechnen Sie mit dieser Zufallsgröße die Wahrscheinlichkeiten der folgenden Ereignisse:
   A: Es werden mindestens 150 Flaschen Biolimo verkauft.
   B: Es werden höchstens 140 Flaschen Biolimo verkauft.
   C: Von den nächsten 4 Kunden kauft spätestens der dritte Biolimo. (4 BE)

   c) Beschreiben Sie in diesem Sachzusammenhang einen Sachverhalt, dessen Wahrscheinlichkeit sich durch $P(D) = 0{,}6^4$ berechnen lässt, wenn man 10 Schüler betrachtet. (2 BE)

   d) Da sich in letzter Zeit einige Schüler beschwert haben, dass die Flaschen nicht richtig gefüllt wären, hat sich Max bei der Herstellerfirma von Biolimo folgende Daten besorgt: Der Mittelwert für den Getränkeinhalt ist 0,33 ℓ bei einer Standardabweichung von 30 $m\ell$. Ermitteln Sie die Wahrscheinlichkeiten für die folgenden Ereignisse unter der Annahme, dass sich der Flascheninhalt durch eine normalverteilte Zufallsgröße X beschreiben lässt:
   E: Der Inhalt ist mindestens 5 % geringer als der Mittelwert.
   F: Der Inhalt weicht um mehr als 40 $m\ell$ vom Mittelwert ab. (4 BE)

   e) Bestimmen Sie ein Intervall symmetrisch um den Mittelwert, in dem mit einer Wahrscheinlichkeit von mindestens 95 % die gemessenen Inhaltswerte liegen. (2 BE)

   f) Berechnen Sie, wie viele Flaschen man testen müsste, um mit einer Wahrscheinlichkeit von mindestens 95 % mindestens 4 Flaschen zu finden, deren Inhalt um mehr als 10 % vom Erwartungswert abweicht. (4 BE)

   g) Von der Biolimo soll es künftig die Sorten „Orange-Melone“ und „Ingwer-Sanddorn“ geben. Tina befragt 120 Schüler, die regelmäßig Biolimo trinken, welche der Sorten sie bevorzugen würden. In dieser Stichprobe entschieden sich 56 der Befragten für „Orange-Melone“ und 64 für „Ingwer-Sanddorn“. Tina geht deshalb davon aus, dass die Sorte „Ingwer-Sanddorn“ die beliebtere Sorte unter allen Biolimotrinkern sein wird.
   Prüfen Sie diese Schlussfolgerung auf einem Sicherheitsniveau von 95 %. (5 BE)

2. Das quaderförmige Gebäude des Elisabeth-Gymnasiums soll einen Anbau erhalten. Die Eckpunkte des Quaders lassen sich modellhaft mit $A(0\,|\,0\,|\,0)$, $E(0\,|\,0\,|\,9)$, $F(7\,|\,0\,|\,9)$, $G(7\,|\,8\,|\,9)$ beschreiben (Koordinateneinheiten in Meter). Als Anbau ist ein Dachgeschoss geplant, welches die Form einer geraden Pyramide haben soll, deren Höhe 5 m betragen soll.

   a) Zeichnen Sie das Gebäude und den Anbau in ein Koordinatensystem ein und geben Sie die Koordinaten aller Eckpunkte an. (3 BE)

   b) Geben Sie eine Gleichung der Dachkante FG an, also eine Parametergleichung der Strecke $\overline{FG}$. (2 BE)

   c) Berechnen Sie die Mantelfläche der Pyramide und das gesamte Volumen des Gebäudes. (3 BE)

   d) Vor dem Gebäude steht an der Stelle $T(15\,|\,6\,|\,0)$ ein 17 m hoher Baum. Auf der Geraden g(FG) gibt es einen Punkt, der den geringsten Abstand zur Baumspitze R hat.
   Berechnen Sie die Koordinaten dieses Punktes sowie dessen Abstand von der Geraden.
   Begründen Sie, dass dieser Punkt sogar auf der Strecke FG liegt. (5 BE)

   e) Zu einem bestimmten Zeitpunkt verläuft ein Lichtstrahl von der Baumspitze über die Dachspitze zum Erdboden. Berechnen Sie den Schattenpunkt der Baumspitze. (2 BE)

(40 BE)

Hinweise und Tipps

Aufgabe 1

Teilaufgabe a

- Das Modell der Binomialverteilung verlangt bestimmte Voraussetzungen, z. B. die Unabhängigkeit bei der Entscheidung des einzelnen Schülers bei der Wahl des Getränkes.
- Erwartungswert und Standardabweichung lassen sich für eine Binomialverteilung nach einfachen Formeln berechnen.

Teilaufgabe b

- Es handelt sich bei den Ereignissen A und B um Ereignisse, die jeweils einer binomialverteilten Zufallsgröße zugeordnet werden können. Entnehmen Sie dem Text die zugehörigen Parameter n und p für jedes der Ereignisse.
- Nutzen Sie zur Bestimmung von P(C) ein geeignetes Baumdiagramm.

Teilaufgabe c

- Berücksichtigen Sie, welche Wahrscheinlichkeit im Term genutzt wird und dass nur über $k=4$ bei $n=10$ etwas ausgesagt wird.

Teilaufgabe d

- Nutzen Sie zur Berechnung der Wahrscheinlichkeiten E und F z. B. den Rechnerbefehl normCdf( ) zur Berechnung einer Intervallwahrscheinlichkeit für eine normalverteilte Zufallsgröße oder wenden Sie eine grafische Lösungsmethode an.

Teilaufgabe e

- Das Intervall lässt sich durch $P(|X-\mu|\leq c)=0{,}95$ bzw. $P(\mu-c\leq X\leq\mu+c)=0{,}95$ beschreiben. Probieren Sie systematisch verschiedene Werte für c aus, bis diese Gleichung möglichst genau erfüllt ist, bzw. nutzen Sie den Befehl invNorm( ).
- Auch die Sigma-Regeln können genutzt werden.

Teilaufgabe f

- Berechnen Sie zunächst die Intervallwahrscheinlichkeit für das gesuchte Intervall und nutzen Sie dann diese Wahrscheinlichkeit unter Berücksichtigung des Sachverhaltes, die Aufgabe nun als Bernoulli-Kette zu betrachten.
- Denken Sie an das Vorgehen zur Lösung der „Dreifach-mindestens-Aufgaben".

Teilaufgabe g

- Erstellen Sie für jede der beobachteten relativen Häufigkeiten ein Konfidenzintervall.
- Vergleichen Sie beide Konfidenzintervalle. Was fällt auf?

Aufgabe 2

Teilaufgabe a

- Zeichnen Sie zunächst das Schrägbild des x-y-z-Koordinatensystems und tragen Sie dann die gegebenen Punkte ein. Ermitteln Sie hiermit die fehlenden Punkte.
- Beachten Sie, dass sich der Punkt S direkt über dem Mittelpunkt der rechteckigen Quaderfläche EFGH befindet.

Teilaufgabe b

- Wählen Sie einen der Ortsvektoren von F oder G als Stützvektor für die Gerade g(FG).
- Die Strecke $\overline{FG}$, deren Endpunkte F bzw. G sind, hat die Gleichung:
  $\vec{x} = \overrightarrow{OF} + t \cdot \overrightarrow{FG}$ mit $t \in [0; 1]$

Teilaufgabe c

- Die Berechnung des Flächeninhaltes kann elementar mittels Kosinussatz erfolgen. Man kann auch die besondere Art der Dreiecksfläche berücksichtigen.
- Alternativ lässt sich der Flächeninhalt auch über das Vektorprodukt ermitteln.

Teilaufgabe d

- Abstand Punkt – Gerade: Es muss der Abstand eines Punktes von einer Geraden ermittelt werden. Dieser Abstand kann z. B. als Minimum des Betrages des Differenzvektors aus dem Ortsvektor des Punktes und dem Ortsvektor eines Punktes der Geraden bestimmt werden.
- Ob der gefundene Punkt sogar auf der Strecke $\overline{FG}$ liegt, hängt davon ab, ob der Parameter t in der Geradengleichung $\vec{x} = \overrightarrow{OF} + t \cdot \overrightarrow{FG}$ im Intervall [0; 1] liegt.

Teilaufgabe e

- Stellen Sie eine Geradengleichung auf und berechnen Sie den Durchstoßpunkt dieser Geraden mit der xy-Ebene.

Lösungen

1. a) Damit man den Anteil der „Biolimo-Käufer" mit dem Modell der Binomialverteilung beschreiben kann, muss man z. B. voraussetzen, dass
   - dieser Anteil annähernd konstant bleibt, dass also z. B. keine neuen Getränke angeboten werden.
   - es keine Beeinflussung der Schüler untereinander bei der Wahl der Getränke gibt.
   - es nicht zu Engpässen bei einzelnen Getränkesorten kommt.

   Mit n=250 und p=0,6 ergeben sich:

   $\mu = n \cdot p = 250 \cdot 0{,}6 = \underline{\underline{150}}$ und $\sigma = \sqrt{n \cdot p \cdot (1-p)} = \sqrt{250 \cdot 0{,}6 \cdot 0{,}4} \approx \underline{\underline{7{,}7}}$

   b) Die Zufallsgröße X beschreibe die Anzahl der Schüler, die Biolimo kaufen, wenn 250 Getränke verkauft werden. X ist binomialverteilt mit n = 250 und p = 0,6.

   $$P(A) = P(X \geq 150) = \sum_{k=150}^{250} \binom{250}{k} \cdot 0{,}6^k \cdot (1-0{,}6)^{250-k} \approx \underline{\underline{0{,}5274}}$$

   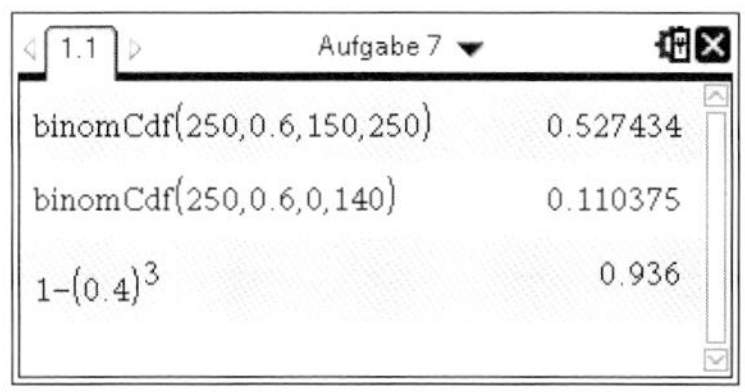

   $$P(B) = P(X \leq 140) = \sum_{k=0}^{140} \binom{250}{k} \cdot 0{,}6^k \cdot (1-0{,}6)^{250-k} \approx \underline{\underline{0{,}1104}}$$

   Die Wahrscheinlichkeit C lässt sich über das Gegenereignis berechnen, dass unter den ersten drei Schülern kein Schüler Biolimo kauft:

   $P(C) = 1 - 0{,}4^3 = \underline{\underline{0{,}936}}$

   Dies kann man sich am Baumdiagramm verdeutlichen.

   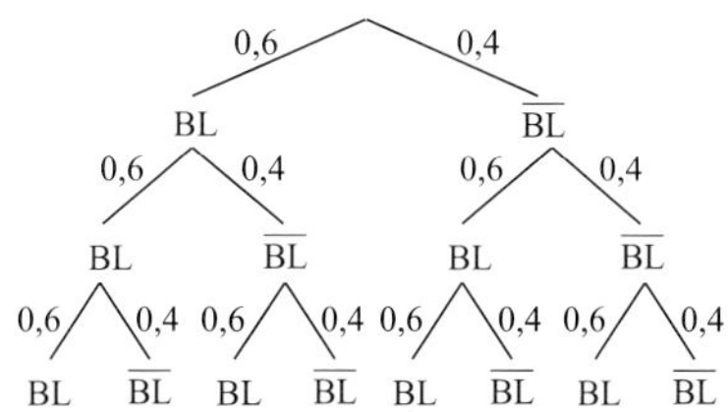

   c) Da im Term nur ein Pfad betrachtet wird und dieser die Länge 4 hat, ist eine denkbare Beschreibung: Von den nächsten 10 Schülern kauft frühestens der fünfte Schüler keine Biolimo.

   d) X sei die normalverteilte Zufallsgröße für das Volumen des Flascheninhalts mit $\mu = 0{,}33\ \ell$ und $\sigma = 0{,}03\ \ell$:

   $P(E) = P(X \leq 0{,}95 \cdot \mu) = P(X \leq 0{,}3135) \approx \underline{\underline{0{,}2912}}$

   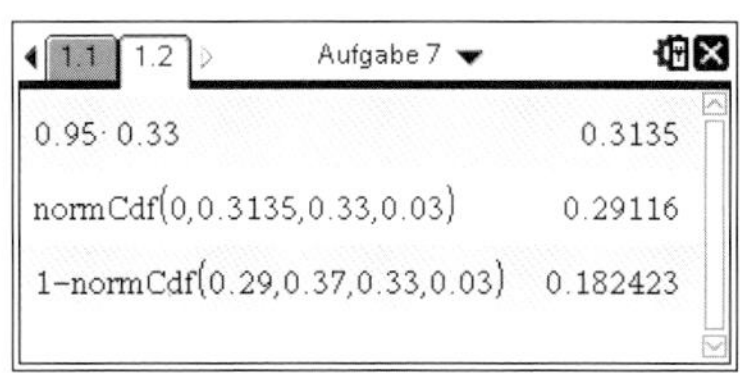

   $P(F) = 1 - P(\overline{F}) = 1 - P(0{,}29 \leq X \leq 0{,}37) \approx \underline{\underline{0{,}1824}}$

   Mithilfe des Befehls normCdf( ) erhält man die gesuchten Wahrscheinlichkeiten.

Alternative Lösung:
Eine grafische Lösung kann man mithilfe des Befehls normPdf(x, μ, σ) (stellt die Dichte der Normalverteilung dar) erhalten, indem man im Grafikfenster das bestimmte Integral der Dichtefunktion im gesuchten Intervall ermittelt.

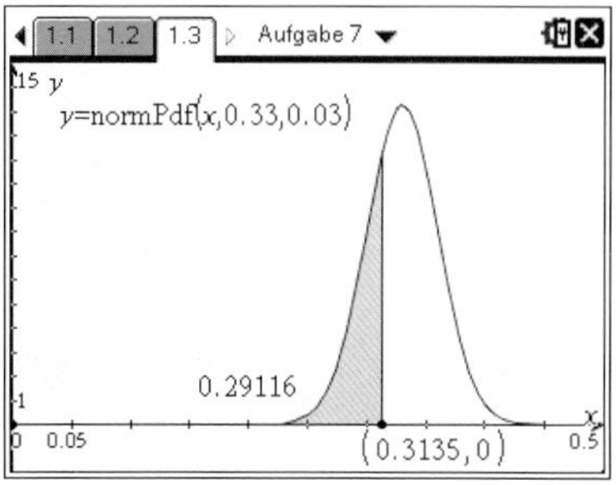

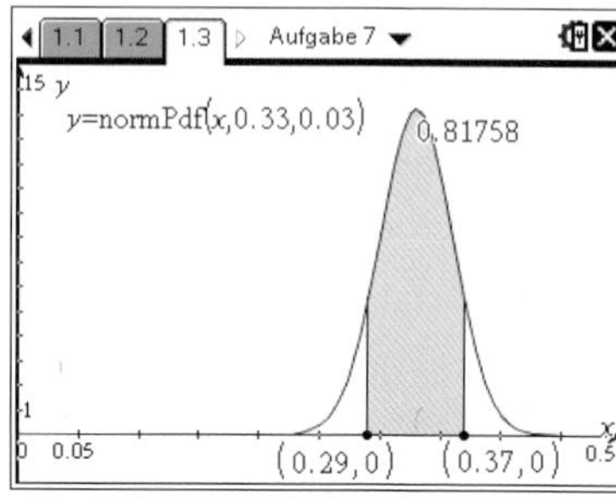

e) Das gesuchte Intervall, für das $P(\mu - c \leq X \leq \mu + c) = 0{,}95$ gilt, kann durch systematisches Probieren ermittelt werden. Man findet so $c = 0{,}06$. Das gesuchte Intervall ist also:
$\mu - 0{,}06 \leq X \leq \mu + 0{,}06$

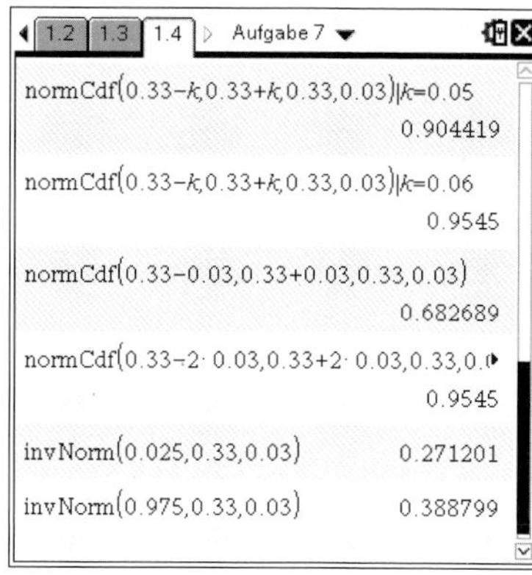

Dieses Ergebnis bestätigen auch die sogenannten Sigma-Regeln, die z. B. besagen, dass mindestens 95,5 % der Werte in der doppelten Sigma-Umgebung des Mittelwertes liegen.

Variante:
Die Nutzung des invNorm( )-Befehls liefert genauere Ergebnisse. Das gesuchte Intervall ergibt sich auf diesem Wege zu $(0{,}271; 0{,}389)$.

Variante:
Nach den Sigma-Regeln liegen ca. 95 % der Werte in der 2σ- bzw. 1,96σ-Umgebung des Erwartungswertes:
Mit $\mu = 0{,}33\ \ell$ und $\sigma = 0{,}03\ \ell$ ergibt sich

- für die 2σ-Umgebung:
  $0{,}33\ \ell - 2 \cdot 0{,}03\ \ell \leq X \leq 0{,}33\ \ell + 2 \cdot 0{,}03\ \ell \quad \Leftrightarrow \quad 0{,}27\ \ell \leq X \leq 0{,}39\ \ell$
- für die 1,96σ-Umgebung:
  $0{,}33\ \ell - 1{,}96 \cdot 0{,}03\ \ell \leq X \leq 0{,}33\ \ell + 1{,}96 \cdot 0{,}03\ \ell \quad \Leftrightarrow \quad 0{,}271\ \ell \leq X \leq 0{,}389\ \ell$

f) Zunächst wird die Intervallwahrscheinlichkeit für das gesuchte Intervall (Abweichung um mehr als 10 % vom Erwartungswert) mit $p_0 = 1 - P(0{,}9 \cdot \mu \leq X \leq 1{,}1 \cdot \mu) \approx 0{,}2713$ ermittelt. Diese Wahrscheinlichkeit wird nun genutzt, um mithilfe der binomialverteilten Zufallsgröße Y: „Das Volumen des Flascheninhalts weicht um mehr als 10 % vom Mittelwert ab." eine sogenannte „Dreifach-mindestens-Aufgabe" durch systematisches Probieren zu lösen.

Y ist dann binomialverteilt mit unbekanntem n und $p = p_0$.

$$P(Y \geq 4) \geq 0{,}95$$

$$\Rightarrow \quad \sum_{k=4}^{n} \binom{n}{k} \cdot p_0^k \cdot (1 - p_0)^{n-k} \geq 0{,}95$$

Man muss mindestens 27 Flaschen testen, um mit einer Wahrscheinlichkeit von mindestens 95 % mindestens 4 Flaschen zu finden, deren Inhalt um mehr als 10 % vom Erwartungswert abweicht.

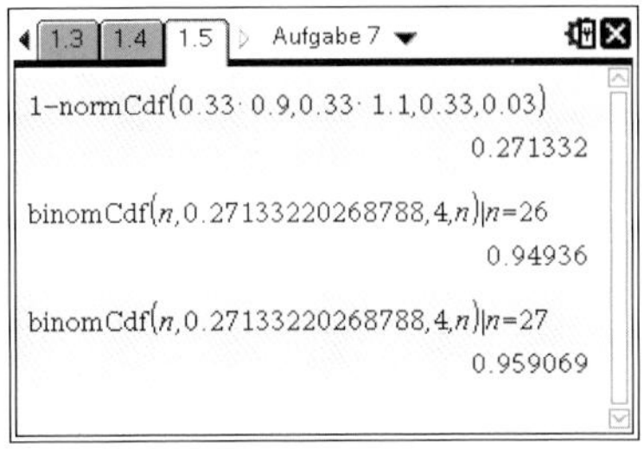

g) Für „Orange-Melone“ ergibt sich die relative Häufigkeit $h = \frac{56}{120} \approx 0{,}467$, für „Ingwer-Sanddorn“ $h = \frac{64}{120} \approx 0{,}533$.

Die beiden 95-%-Konfidenzintervalle sind:
„Orange-Melone“: [0,38; 0,55]
„Ingwer-Sanddorn“: [0,45; 0,62]

Da sich beide Konfidenzintervalle überlappen, kann Tina mit einer Sicherheitswahrscheinlichkeit von 95 % nicht davon ausgehen, dass „Ingwer-Sanddorn“ die beliebtere Sorte ist.

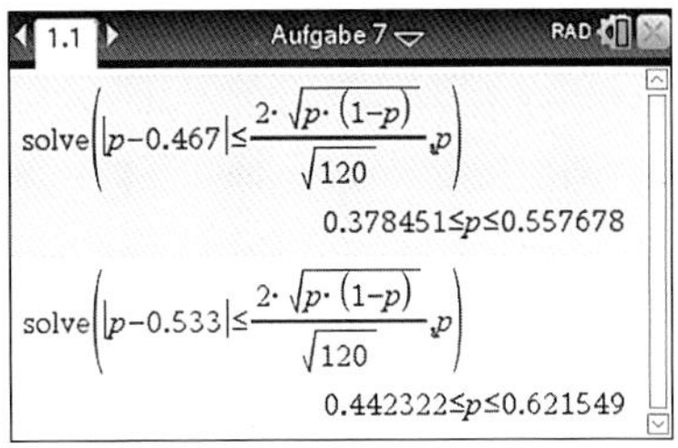

2. a) Für die fehlenden Eckpunkte des Gebäudes ergeben sich durch elementare Überlegungen:

B(7 | 0 | 0),

C(7 | 8 | 0),

D(0 | 8 | 0),

H(0 | 8 | 9),

S(3,5 | 4 | 14)

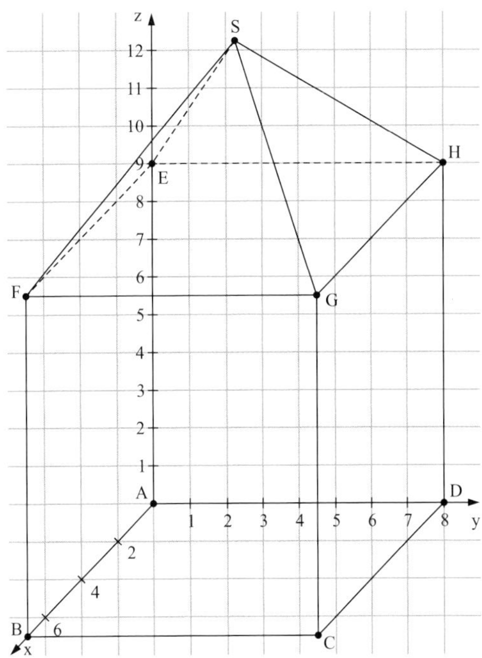

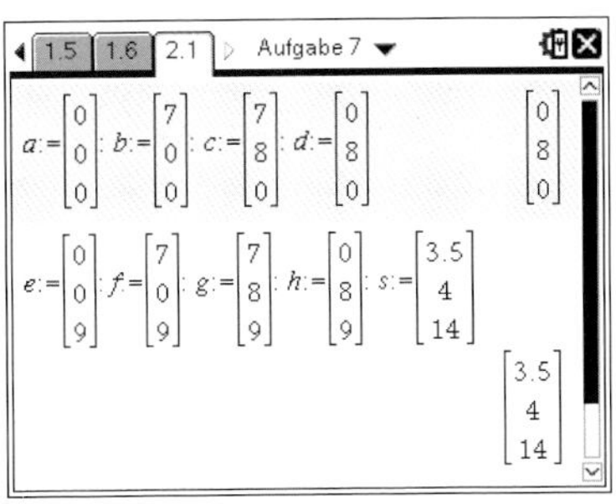

b) Parametergleichung der Strecke $\overline{FG}$:

$$\vec{x} = \overrightarrow{OF} + t \cdot \overrightarrow{FG} = \begin{pmatrix} 7 \\ 0 \\ 9 \end{pmatrix} + t \cdot \begin{pmatrix} 0 \\ 8 \\ 0 \end{pmatrix} \quad \text{mit } t \in [0; 1]$$

c) Die **Mantelfläche** der geraden Pyramide besteht aus jeweils 2 zueinander kongruenten gleichschenkligen Dreiecken. Mithilfe der Formel $A = \frac{1}{2} g \cdot h$ kann die Fläche der Dreiecke berechnet werden. Hierzu benötigt man noch die Höhe dieser gleichschenkligen Dreiecke. So kann die Höhe im gleichschenkligen Dreieck FGS mithilfe des Satzes von Pythagoras zu $h = \sqrt{\overline{FS}^2 - \left(\frac{1}{2}\overline{FG}\right)^2} = \frac{1}{2}\sqrt{149}$ berechnet werden. Die Höhe im gleichschenkligen Dreieck EFS wird ebenfalls mithilfe des Satzes von Pythagoras zu $h = \sqrt{\overline{FS}^2 - \left(\frac{1}{2}\overline{EF}\right)^2} = \sqrt{41}$ bestimmt. Damit gilt für die Mantelfläche:

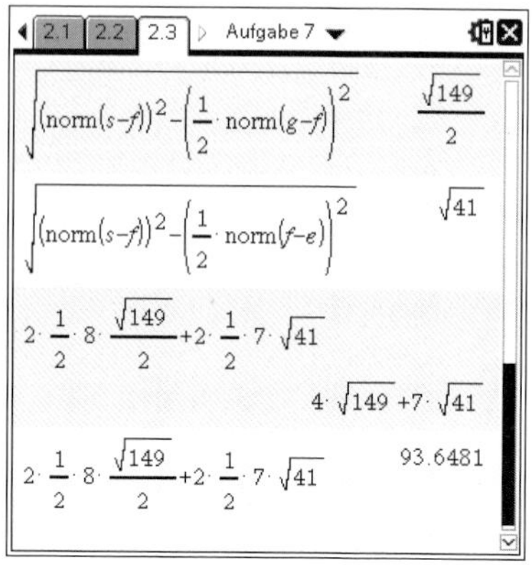

$$A_M = 2 \cdot \frac{1}{2} \cdot 8 \cdot \frac{1}{2}\sqrt{149} + 2 \cdot \frac{1}{2} \cdot 7 \cdot \sqrt{41} = 4 \cdot \sqrt{149} + 7 \cdot \sqrt{41} \approx \underline{\underline{93{,}65 \text{ m}^2}}$$

Alternative Lösung: Man nutzt das Kreuzprodukt zur Berechnung der Flächeninhalte der Dreiecke FGS bzw. EFS:

$$A_{FGS} = \frac{1}{2} \cdot \left| \overrightarrow{FG} \times \overrightarrow{FS} \right|, \quad A_{EFS} = \frac{1}{2} \cdot \left| \overrightarrow{EF} \times \overrightarrow{ES} \right|$$

Die Mantelfläche ist dann die Summe:

$$A_M = 2 \cdot A_{FGS} + 2 \cdot A_{EFS} \approx \underline{\underline{93{,}65 \text{ m}^2}}$$

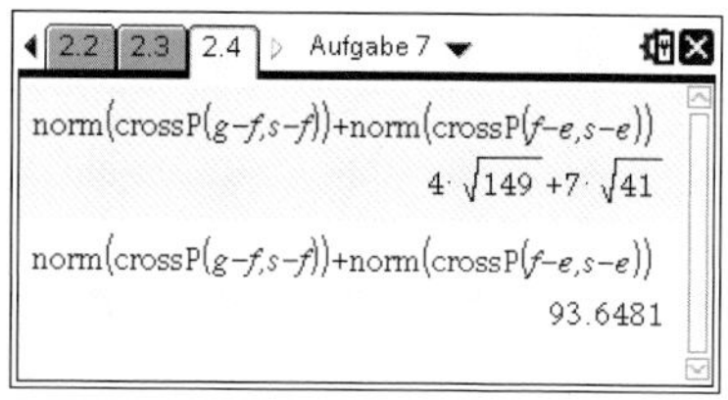

Volumen V des gesamten Gebäudes

Das Volumen setzt sich zusammen aus dem Quader- und dem Pyramidenvolumen:

$$V_q = \ell \cdot b \cdot h = 7 \text{ m} \cdot 8 \text{ m} \cdot 9 \text{ m} = 504 \text{ m}^3, \quad V_p = \frac{1}{3} \cdot 7 \text{ m} \cdot 8 \text{ m} \cdot 5 \text{ m} = \frac{280}{3} \text{ m}^3 \approx 93{,}33 \text{ m}^3$$

Das Gebäude hat also ein Gesamtvolumen von $V = V_q + V_p \approx \underline{\underline{597{,}33 \text{ m}^3}}$.

d) **Abstand der Baumspitze von der Kante $\overline{FG}$**

Die Gleichung der Geraden g(FG) ist:

$\vec{x} = \overrightarrow{OF} + t \cdot \overrightarrow{FG}$ mit $t \in \mathbb{R}$

Alle Vektoren, die einen Punkt P von g(FG) mit dem Punkt R verbinden, lassen sich beschreiben durch:

$\overrightarrow{PR} = \overrightarrow{OR} - (\overrightarrow{OF} + t \cdot \overrightarrow{FG})$

Mit fMin wird derjenige Wert des Parameters t bestimmt, für den $|\overrightarrow{PR}|$ minimal ist. Es ergibt sich $t = \frac{3}{4}$ und damit ist

$|\overrightarrow{PR}| = 8\sqrt{2} \approx \underline{\underline{11{,}31 \text{ m}}}$

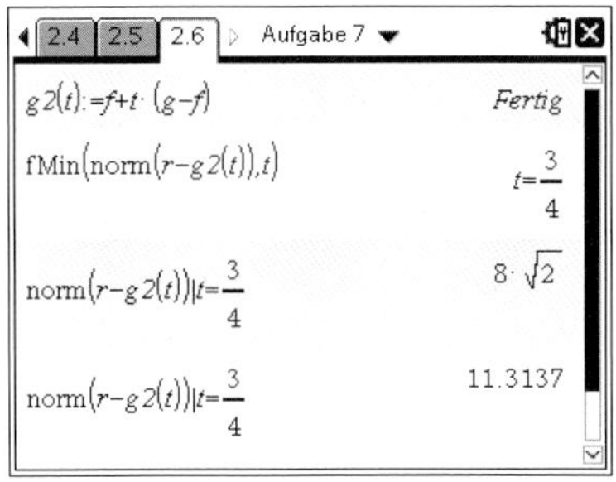

der Abstand von R zur Geraden g(FG).

Da für den Parameter $t = \frac{3}{4}$ und deshalb $0 < t < 1$ gilt, liegt der gesuchte Punkt sogar auf der Strecke $\overline{FG}$.

Alternative Lösung:

Betrachtet man das Gebäude und den Baum in Richtung der y-Achse, so ergibt sich nebenstehende Seitenansicht der Situation. Als Abstand kommt nur die Länge der Hypotenuse des eingezeichneten Dreiecks infrage. Mit dem Satz des Pythagoras erhält man als Abstand:

$d = \sqrt{2 \cdot 8^2} = 8 \cdot \sqrt{2}$

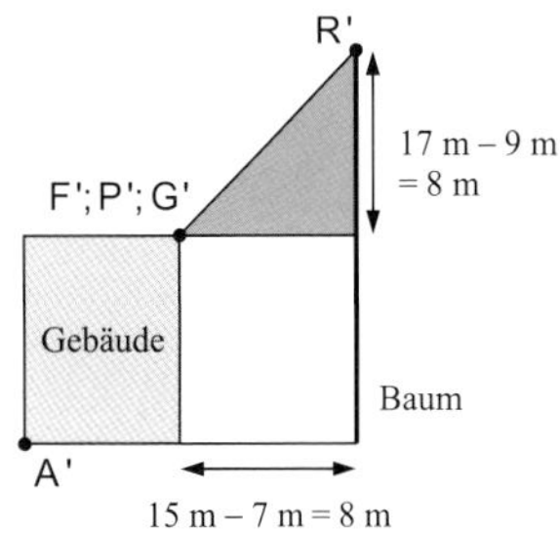

Da der Punkt P auf der Strecke $\overline{FG}$ liegt, muss er die gleiche x-Koordinate und z-Koordinate wie F und G haben. Es gilt also P(7 | y | 9). Damit der kürzeste Abstand von R zur Dachkante gewährleistet ist, muss P in y-Richtung auf der Höhe des Baumes liegen, also ist y = 6 und somit P(7 | 6 | 9).

2. Alternative Lösung:

Mit den Überlegungen zur Lage von P kann auch der kürzeste Abstand berechnet werden durch:

$$|\overrightarrow{PR}| = \left|\begin{pmatrix} 17-9 \\ 6-6 \\ 15-7 \end{pmatrix}\right| = 8\sqrt{2}$$

e) Es muss der Durchstoßpunkt der Geraden g(RS): $\vec{x} = \overrightarrow{OR} + t \cdot \overrightarrow{RS}$ durch die xy-Ebene mit der Gleichung $\vec{x} = \begin{pmatrix} x \\ y \\ 0 \end{pmatrix}$ bestimmt werden.

Das zugehörige Gleichungssystem

$$\begin{aligned} 15 - 11{,}5t &= x \\ 6 - 2t &= y \\ 17 - 3t &= 0 \end{aligned}$$

wird nach x, y, t gelöst. Man ermittelt als Schattenpunkt der Spitze $\underline{\underline{(-50{,}17 \mid -5{,}33 \mid 0)}}$.

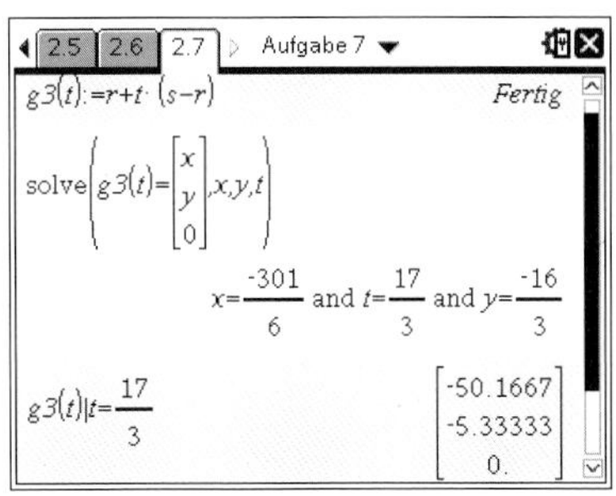

Kernfach Mathematik (Thüringen)
CAS-Übungsaufgabe 8: Geometrie/Stochastik

1. In der Kurstadt Bad Langensalza steht der Klageturm.

   Im Modell kann dieser Turm durch einen Quader mit quadratischer Grundfläche und aufgesetztem Pyramidenstumpf mit gleicher Grundfläche, auf dem eine gerade reguläre sechsseitige Pyramide steht, aufgefasst werden.

   Folgende Maße sind bekannt:
   Länge einer Grundkante des Quaders: 6 m
   Höhe des Quaders: 18 m
   Höhe des Pyramidenstumpfes: 2 m
   Höhe der Pyramide: 10 m
   Kantenlänge des regelmäßigen Sechsecks: 2 m

   In einer grafischen Darstellung hat der Punkt A die Koordinaten $A(-2\,|\,0\,|\,20)$, der Punkt D die Koordinaten $D(2\,|\,0\,|\,20)$ und der Punkt G die Koordinaten $G(-3\,|\,-3\,|\,18)$.

   Dargestellt ist eine Draufsicht, aus der die Koordinaten der Punkte H, I und J abgelesen werden können.

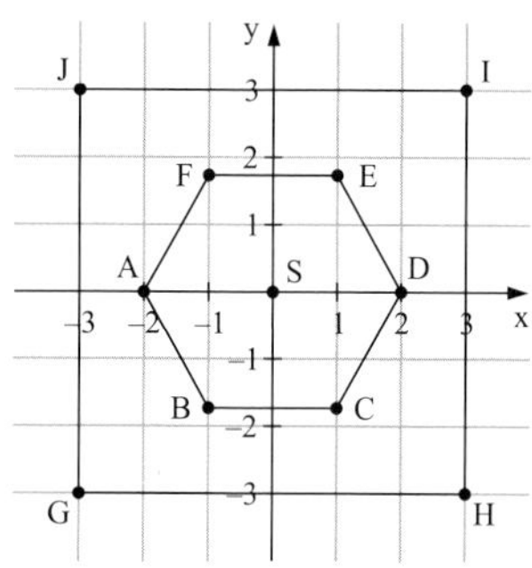

   a) Berechnen Sie die Koordinaten der Punkte B, C, E, F, und geben Sie die Koordinaten der Punkte H, I, J und S an.
   (Zur Kontrolle: $B(-1\,|\,-\sqrt{3}\,|\,20)$) (3 BE)

   b) Berechnen Sie die Mantelfläche der gesamten Pyramide. (4 BE)

   c) Berechnen Sie das Volumen der Pyramide. (3 BE)

   d) Berechnen Sie die Größe der Fläche GHCB. (3 BE)

   e) Berechnen Sie den Winkel, unter dem die Flächen SBC und GHCB aufeinandertreffen. (4 BE)

   f) Von der Spitze S hängt senkrecht in die Pyramide hinein ein straff gespanntes Seil, der andere Endpunkt des Seils sei mit L bezeichnet.
   Berechnen Sie die Länge des Seils, wenn das Seilende L von allen Eckpunkten der Pyramide gleich weit entfernt ist.
   (Zur Kontrolle: $L(0\,|\,0\,|\,24{,}8)$) (4 BE)

   g) Berechnen Sie den Abstand des Punktes L von den Seitenflächen der Pyramide. (4 BE)

2. In der dortigen Rehaklinik erholen sich viele Patienten nach einer Hüftoperation. Erfahrungswerte aus statistischen Erhebungen sagen aus, dass ca. 0,5 % der Patienten nach der Operation Probleme mit Infektionen und unabhängig davon ca. 4 % mit dem Sitz der Prothese haben. Interpretieren Sie im Weiteren diese relativen Häufigkeiten als Wahrscheinlichkeiten.
Pro Jahr kommen ca. 1 000 Patienten nach einer Hüftoperation in die Klinik.

a) Geben Sie Gründe dafür an, dass man die Zufallsvariable X: „Anzahl der Patienten mit mindestens einem Problem" als näherungsweise binomialverteilt ansehen kann. (2 BE)

b) Geben Sie auch eine Möglichkeit an, die gegen das Modell der Binomialverteilung sprechen könnte. (1 BE)

c) Berechnen Sie die Wahrscheinlichkeit P(C), dass bei einem Patienten keinerlei Probleme auftreten. (2 BE)

d) Berechnen Sie die Wahrscheinlichkeit P(D), dass bei einem Patienten mindestens eines der Probleme auftritt.
(Zur Kontrolle: $(P(D) = 0{,}0448)$) (1 BE)

e) Berechnen Sie die Wahrscheinlichkeiten der Ereignisse A und B sowohl unter Annahme der Binomialverteilung als auch durch Näherung mithilfe der Normalverteilung. Alle 1 000 Patienten werden befragt.
A:= Mindestens 10, aber höchstens 20 Patienten haben ein Problem mit Infektionen. (2 BE)
B:= Mindestens 50 Patienten haben ein Problem mit dem Sitz der Prothese. (2 BE)

f) Erläutern Sie, warum beim Ereignis A (Teilaufgabe e) die Ergebnisse so stark differieren. (2 BE)

g) Im vorigen Jahr traten bei nur 31 von 1000 Patienten Probleme mit dem Sitz der Hüftprothese auf.
Untersuchen Sie, ob dies eine signifikante Abweichung von der bisher für richtig gehaltenen Wahrscheinlichkeit von $p = 0{,}04$ für dieses Problem darstellt. (3 BE)

(40 BE)

Hinweise und Tipps

Aufgabe 1

Teilaufgabe a

Ein regelmäßiges Sechseck kann man in sechs gleichseitige Dreiecke einteilen. Damit kann man z. B. die Koordinaten des Punktes B berechnen, die Koordinaten der anderen Punkte ergeben sich dann hieraus.

Teilaufgabe b

Die Mantelfläche besteht aus sechs gleichschenkligen Dreiecken.

Berechnen Sie z. B. die Höhe eines dieser Dreiecke.

Teilaufgabe c

Das Pyramidenvolumen kann mit der Formel $V = \frac{1}{3}A_g h$ berechnet werden.

Teilaufgabe d

Die gesuchte Fläche stellt ein gleichschenkliges Trapez dar. Nutzen Sie zur Berechnung der Fläche die entsprechende Formel.

Teilaufgabe e

Nutzen Sie zur Berechnung des gesuchten Winkels die Normalenvektoren der beiden Ebenen bzw. trigonometrische Überlegungen.

Teilaufgabe f

Der gesuchte Punkt L liegt auf einer Geraden durch den Ursprung und den Punkt S. Nutzen Sie dies und berechnen Sie L z. B. mithilfe der Gleichung $\overline{SL} = \overline{AL}$.

Teilaufgabe g

Es muss der Abstand eines Punktes von einer Ebene ermittelt werden. Nutzen Sie hierzu einen Normalenvektor einer der Dreiecksflächen der Pyramide.

Aufgabe 2

Teilaufgabe a

Eine Zufallsgröße kann als binomialverteilt aufgefasst werden, wenn es nur zwei Ergebnisse beim betrachteten Zufallsversuch gibt (bzw. zwei Ergebnisse konstruiert werden können), wenn die Wahrscheinlichkeiten für die beiden Ergebnisse konstant sind (z. B. beim Ziehen mit Zurücklegen) bzw. wenn beim Ziehen ohne Zurücklegen das Verhältnis aus Anzahl gezogener Elemente zur Gesamtzahl aller Elemente klein ist.

Die Unabhängigkeit einzelner Ergebnisse voneinander muss gesichert sein.

Teilaufgabe b

Gegen die Anwendung des Modells könnte insbesondere die Annahme der Unabhängigkeit sprechen.

Teilaufgabe c

Erstellen Sie ein zweistufiges Baumdiagramm.

Teilaufgabe d

Nutzen Sie das Baumdiagramm aus Teilaufgabe c bzw. berechnen Sie die gesuchte Wahrscheinlichkeit über das Gegenereignis und berücksichtigen Sie die Beziehung $P(A) = 1 - P(\overline{A})$.

Teilaufgabe e

- Bestimmen Sie für die vorliegenden Ereignisse jeweils die Länge n der Bernoulli-Kette sowie die jeweilige Trefferwahrscheinlichkeit.
- Bestimmen Sie bei der Näherung mittels Normalverteilung zunächst den Erwartungswert μ und die Standardabweichung σ. Nutzen Sie die Befehle, die das CAS bietet.

Teilaufgabe f

- Erinnern Sie sich an die Laplace-Bedingung $n \cdot p \cdot (1-p) > 9$.

Teilaufgabe g

- Überlegen Sie, welche Sicherheitswahrscheinlichkeit im Zusammenhang mit einer signifikanten Abweichung relevant ist.
- Ermitteln Sie das zugehörige Prognoseintervall.
- Prüfen Sie, ob die beobachtete relative Häufigkeit im Prognoseintervall liegt, und schließen Sie daraus, ob eine signifikante Abweichung vorliegt oder nicht.

Lösungen

1. a) Die Berechnung der Koordinaten des Punktes B kann über Betrachtungen im gleichseitigen Dreieck ABS' (S' ist die Projektion von S in die Draufsichtebene) und Nutzung des Satzes von Pythagoras erfolgen. Da das Dreieck ABS' gleichseitig ist, ergibt sich $x=-1$ für die x-Koordinate von B und für die y-Koordinate $y=-\sqrt{2^2-1^2}=-\sqrt{3}$. Damit gilt $\underline{\underline{B(-1\,|\,-\sqrt{3}\,|\,20)}}$.

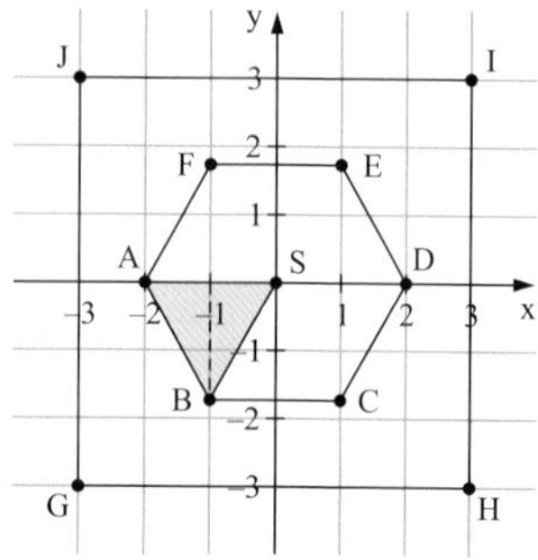

Hiermit lassen sich die anderen Koordinaten des regelmäßigen Sechsecks bestimmen:

$\underline{\underline{C(1\,|\,-\sqrt{3}\,|\,20)}}$, $\underline{\underline{E(1\,|\,\sqrt{3}\,|\,20)}}$, $\underline{\underline{F(-1\,|\,\sqrt{3}\,|\,20)}}$

Für die anderen Koordinaten ergibt sich:

$\underline{\underline{H(3\,|\,-3\,|\,18)}}$, $\underline{\underline{I(3\,|\,3\,|\,18)}}$, $\underline{\underline{J(-3\,|\,3\,|\,18)}}$, $\underline{\underline{S(0\,|\,0\,|\,30)}}$

b) Die Mantelfläche der sechsseitigen Pyramide besteht aus sechs kongruenten gleichschenkligen Dreiecken. Mithilfe der Formel $A=\frac{1}{2}g\cdot h$ kann die Fläche der Dreiecke berechnet werden. Hierzu benötigt man noch die Höhe eines dieser gleichschenkligen Dreiecke. So kann die Höhe im gleichschenkligen Dreieck ABS mithilfe des Satzes von Pythagoras zu

$$h=\sqrt{\overline{AS}^2-\left(\tfrac{1}{2}\overline{AB}\right)^2}=\sqrt{103}$$

berechnet werden. Damit gilt für die Mantelfläche:

$$A_M=6\cdot\frac{1}{2}\cdot 2\cdot\sqrt{103}=6\cdot\sqrt{103}\approx\underline{\underline{60{,}89\ m^2}}$$

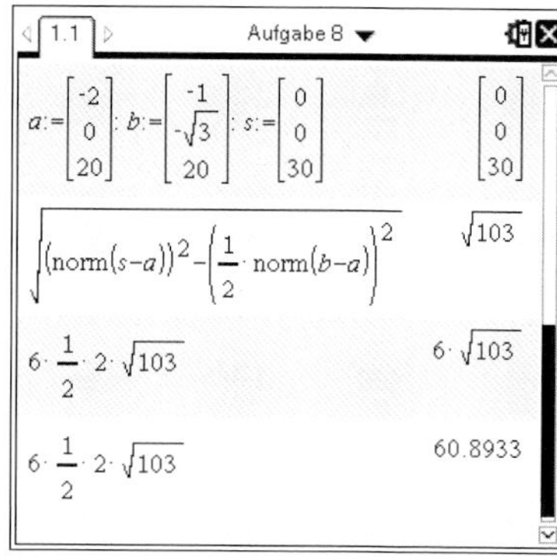

Alternative Lösung: Man nutzt das Kreuzprodukt zur Berechnung des Flächeninhaltes des Dreiecks ABS:

$$A_{ABS}=\frac{1}{2}\cdot\left|\overrightarrow{AB}\times\overrightarrow{AS}\right|$$

Die Mantelfläche ist dann:

$$A_M=6\cdot A_{ABS}\approx\underline{\underline{60{,}89\ m^2}}$$

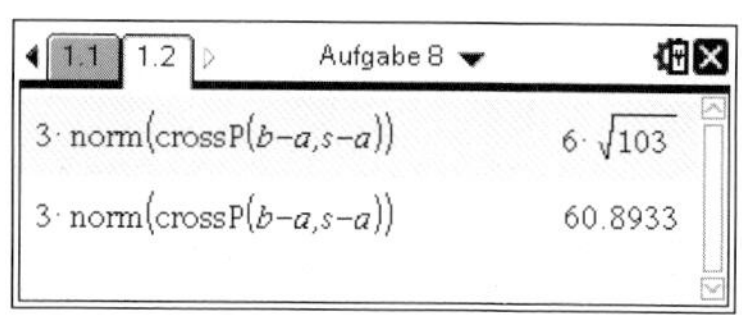

c) Zur Berechnung des Volumens der Pyramide nach der Formel $V=\frac{1}{3}A_g\cdot h$ muss man zunächst die Größe der sechseckigen Grundfläche berechnen:

$$A_g=6\cdot\frac{1}{2}\cdot 2\cdot\sqrt{3}=6\cdot\sqrt{3}$$

Damit ergibt sich für das Volumen:

$$V=\frac{1}{3}\cdot 6\cdot\sqrt{3}\cdot 10=20\cdot\sqrt{3}\approx\underline{\underline{34{,}64\ m^3}}$$

d) Die gesuchte Fläche stellt ein gleichschenkliges Trapez dar. Um mit der bekannten Formel $A = \frac{a+c}{2} \cdot h$ für den Flächeninhalt eines Trapezes arbeiten zu können, benötigt man noch die Höhe des Trapezes; diese entspricht z. B. dem Abstand der beiden Geraden g(BC) und g(GH). Dies kann man auf die Abstandsberechnung eines Punktes von einer Geraden, z. B. B von g(GH), zurückführen, da die beiden betrachteten Geraden parallel zueinander sind. Diese Höhe beträgt $h \approx 2{,}37$ m. Man erhält damit das Resultat:

$A \approx 9{,}47 \text{ m}^2$

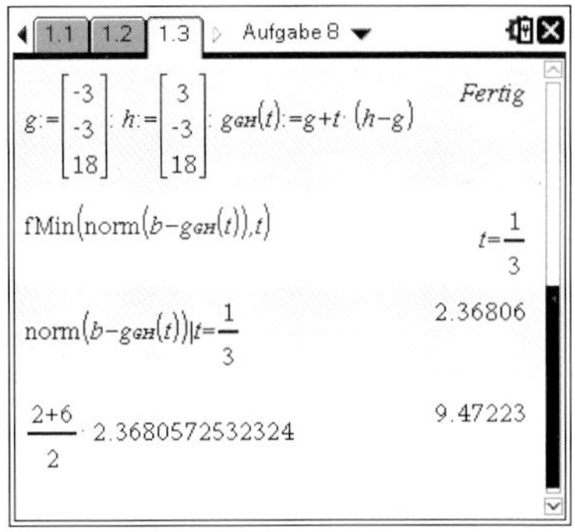

Alternative Lösung: Man kann diese Fläche wieder mit dem Kreuzprodukt berechnen, indem man die Fläche in zwei Dreiecke teilt:

$A = \frac{1}{2} \cdot |\overrightarrow{GH} \times \overrightarrow{GB}| + \frac{1}{2} \cdot |\overrightarrow{BH} \times \overrightarrow{BC}|$

Man ermittelt mit dem CAS-Rechner:

$A \approx 9{,}47 \text{ m}^2$

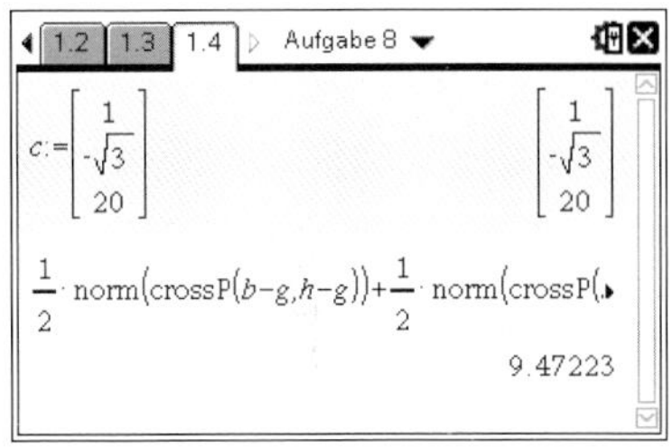

e) Der gesuchte Winkel kann mithilfe der Formel $\cos(\alpha) = \frac{\vec{n}_1 \circ \vec{n}_2}{|\vec{n}_1| \cdot |\vec{n}_2|}$ berechnet werden, wobei $\vec{n}_1 = \begin{pmatrix} 0 \\ -20 \\ 2\sqrt{3} \end{pmatrix}$ und $\vec{n}_2 = \begin{pmatrix} 0 \\ 12 \\ 6(\sqrt{3}-3) \end{pmatrix}$ Normalenvektoren der betrachteten Ebenen sind. Der gesuchte Winkel hat die Größe:

$\alpha \approx 157{,}45°$

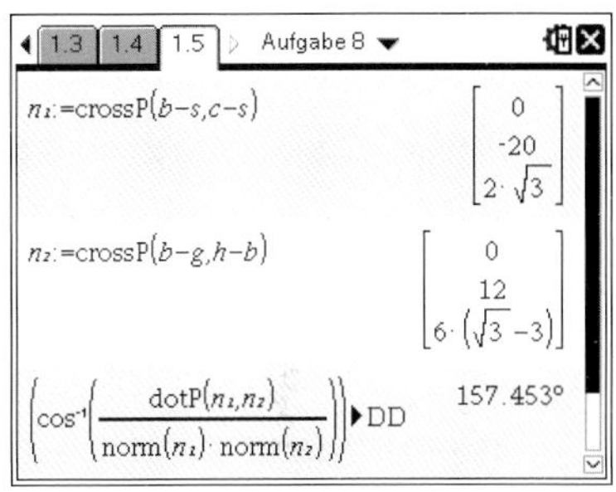

f) Um die Koordinaten des Punktes L zu bestimmen, nutzt man aus, dass der Punkt L ein Punkt ist, der auf der Geraden SO liegt, wobei O(0 | 0 | 0) ist. Damit kann man z. B. die Gleichung $|\overrightarrow{SL}| = |\overrightarrow{AL}|$ aufstellen und hiermit die Koordinaten von L bestimmen. Man ermittelt L(0 | 0 | 24,8) und damit für die Seillänge $\ell = 5{,}2$ m.

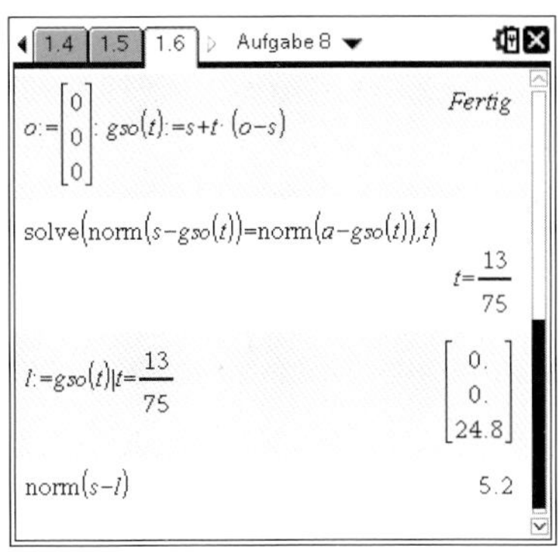

g) Da man den Normalenvektor der Ebene SBC bereits in Teilaufgabe e berechnet hat, nutzt man dies aus, um den Abstand des Punktes L von dieser Ebene zu berechnen.

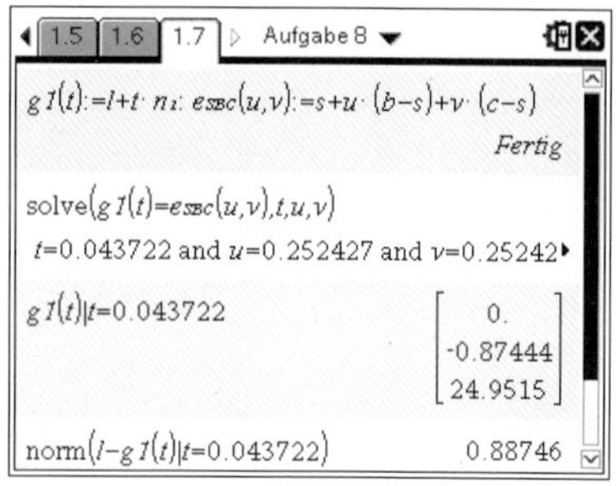

Man definiert eine Geradengleichung mit $\overrightarrow{OL}$ als Stützvektor und $\vec{n}_1$ als Richtungsvektor. Diese Gerade bringt man mit der Ebene SBC zum Schnitt und erhält den Durchstoßpunkt P durch diese Ebene. Man muss also das lineare Gleichungssystem

$\overrightarrow{OL} + t \cdot \vec{n}_1 = \overrightarrow{OS} + u \cdot \overrightarrow{SB} + v \cdot \overrightarrow{SC}$

nach den drei Parametern t, u und v lösen. Der gesuchte Abstand ist dann die Strecke $\overline{LP}$.

Der Durchstoßpunkt wird mit $P(0 \mid -0{,}87 \mid 24{,}95)$ ermittelt. Hiermit ergibt sich für den Abstand $\overline{LP} \approx \underline{\underline{0{,}89\text{ m}}}$.

2. a) Die Zufallsgröße X kann als binomialverteilt aufgefasst werden, da man zwei Ergebnisse betrachten kann:

Treffer: Patient hat mindestens ein Problem.
Niete: Patient hat kein Problem.

Weiterhin kann man davon ausgehen, dass die beiden genannten Probleme unabhängig voneinander auftreten, und die große Anzahl von Patienten rechtfertigt den Ansatz, von in etwa gleichbleibenden Wahrscheinlichkeiten ausgehen zu können.

b) Gegen das Modell der Binomialverteilung könnte z. B. sprechen, dass vorrangig Patienten einer bestimmten Operationsklinik nach Bad Langensalza kommen und in dieser Klinik unverhältnismäßig viele Probleme auftreten.

c) Die gesuchte Wahrscheinlichkeit kann (auch mithilfe eines Baumdiagrammes) berechnet werden durch:

$P(C) = 0{,}995 \cdot 0{,}96 = \underline{\underline{0{,}9552}}$

d) Die gesuchte Wahrscheinlichkeit kann (mithilfe eines Baumdiagrammes) oder unter Nutzung des Gegenereignisses berechnet werden durch:

$P(D) = 1 - P(\overline{D}) = 1 - 0{,}995 \cdot 0{,}96 = \underline{\underline{0{,}0448}}$

e) **Berechnungen mit dem Modell der Binomialverteilung**

Ereignis A:

Die Zufallsgröße X beschreibe die Anzahl der Patienten, die ein Problem mit Infektionen haben, wenn 1 000 Personen befragt werden. X ist binomialverteilt mit n = 1 000 und p = 0,005.

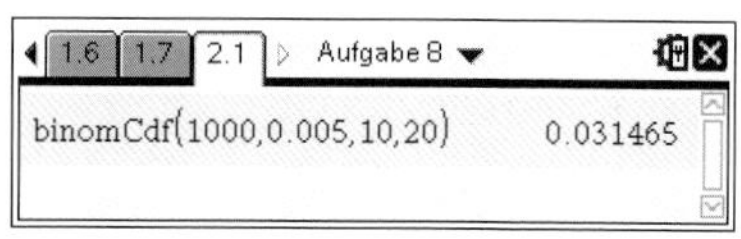

$$P(A) = P(10 \le X \le 20) = \sum_{k=10}^{20} \binom{1\,000}{k} \cdot 0{,}005^k \cdot (1-0{,}005)^{1\,000-k} \approx \underline{\underline{0{,}0315}}$$

Ereignis B:

Die Zufallsgröße X beschreibe die Anzahl der Patienten, die ein Problem mit dem Sitz der Prothese haben, wenn 1 000 Personen befragt werden. X ist binomialverteilt mit $n = 1\,000$ und $p = 0{,}04$.

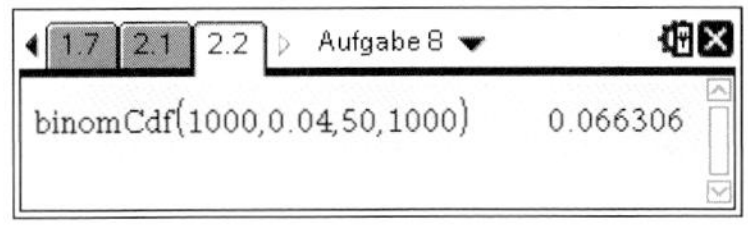

$$P(B) = P(X \geq 50) = \sum_{k=50}^{1\,000} \binom{1\,000}{k} \cdot 0{,}04^{k} \cdot (1-0{,}04)^{1\,000-k} \approx \underline{\underline{0{,}0663}}$$

Berechnungen mit dem Modell der Normalverteilung

Ereignis A:

X ist normalverteilt mit $n = 1\,000$ und $p = 0{,}005$. Damit ergibt sich $\mu = 1\,000 \cdot 0{,}005 = 5$ und $\sigma = \sqrt{1\,000 \cdot 0{,}005 \cdot 0{,}995} \approx 2{,}23$. Der entsprechende Rechnerbefehl liefert für die gesuchte Wahrscheinlichkeit:

$\underline{\underline{P(A) \approx 0{,}0125}}$

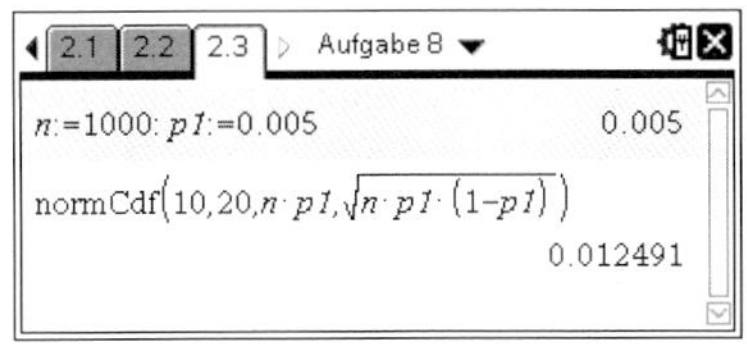

Ereignis B:

X ist normalverteilt mit $n = 1\,000$ und $p = 0{,}04$. Damit ergibt sich $\mu = 1\,000 \cdot 0{,}04 = 40$ und $\sigma = \sqrt{1\,000 \cdot 0{,}04 \cdot 0{,}96} \approx 6{,}197$. Der entsprechende Rechnerbefehl liefert für die gesuchte Wahrscheinlichkeit:

$\underline{\underline{P(B) \approx 0{,}0533}}$

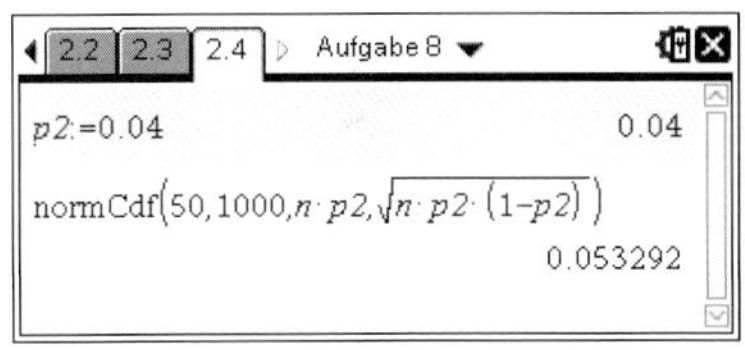

f) Die Laplace-Bedingung $(n \cdot p \cdot (1-p) > 9)$ ist beim Ereignis A nicht zutreffend:
$1\,000 \cdot 0{,}005 \cdot 0{,}995 = 4{,}975 < 9$
Daher darf man zur Näherung die Normalverteilung nicht verwenden.

g) Um zu prüfen, ob eine signifikante Abweichung vorliegt, wird das 95-%-Prognoseintervall berechnet:

$0{,}028 \leq h \leq 0{,}052$

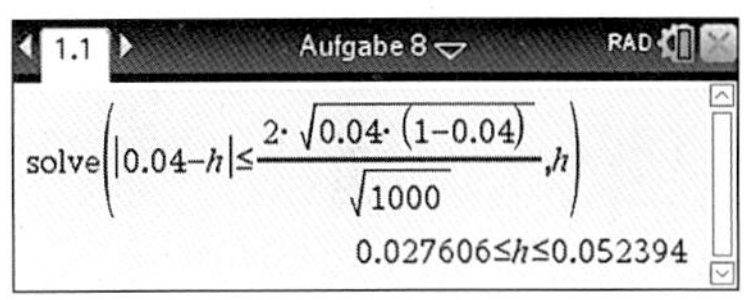

Die beobachtete relative Häufigkeit ist:

$$h = \frac{31}{1000} = 0{,}031$$

Die beobachtete relative Häufigkeit liegt im 95-%-Prognoseintervall und stellt damit keine signifikante Abweichung dar.

Kernfach Mathematik (Thüringen)
CAS-Übungsaufgabe 9: Stochastik / Geometrie

1. **Bundesligaaufstieg**
   Der SV Moosbach hat überraschend den Aufstieg in die 1. Fußballbundesliga geschafft. Insbesondere auf der Torwartposition muss man sich verstärken; so hat der jetzige Torwart nur 2 von 12 Elfmetern gehalten.
   Es stehen die beiden Kandidaten Alter und Kuhn zur Auswahl, deren Haltequote bei Elfmetern im Mittel in den letzten Jahren bei 25 % bzw. 35 % lag. Die genannten relativen Häufigkeiten sollen im Weiteren als Schätzwerte für zu berechnende Wahrscheinlichkeiten genutzt werden.

   a) Nennen Sie mindestens je einen Grund, der für oder gegen das Modell der Binomialverteilung für die Zufallsgröße X: „Anzahl der gehaltenen Elfmeter" spricht. (2 BE)

   b) Berechnen Sie die Wahrscheinlichkeiten für folgende Ereignisse für beide Torhüter, wenn man von einem Probetraining mit 40 Elfmetern ausgeht, die Anzahl der gehaltenen Elfmeter betrachtet und das Modell der Binomialverteilung nutzt.
   A: Der Torhüter hält weniger als 10 Elfmeter.
   B: Der Torhüter hält mindestens 20 Elfmeter.
   C: Die Anzahl der gehaltenen Elfmeter weicht um mehr als 5 vom Erwartungswert ab. (4 BE)

   c) Alter erzählt, dass er im letzten Elfmetertraining 21 von 52 Elfmeter gehalten hat. Er behauptet, dass damit belegt sei, dass er seine bisherige Haltequote signifikant verbessert hat. Bewerten Sie seine Behauptung unter Betrachtung eines passenden 95-%-Prognoseintervalls. (4 BE)

   d) Die Haltequote von Alter soll durch eine neue Trainingsserie überprüft werden. Schätzen Sie bei einer Sicherheitswahrscheinlichkeit von 95 % ab, wie viele Testelfmeter geschossen werden müssen, damit die Länge des Konfidenzintervalls für die Haltequote höchstens 0,1 beträgt. (2 BE)

   e) Im Mittel fielen bei Spielen des SV in den letzten Jahren drei Tore. Ein Fan kommt zehn Minuten nach dem Anstoß. Beschreiben und realisieren Sie eine Simulation mit Zufallszahlen, mit der die Wahrscheinlichkeit, dass er schon mindestens ein Tor verpasst hat, ermittelt werden kann. Geben Sie ein Simulationsergebnis an.
   Nehmen Sie als vereinfachende Voraussetzungen an:
   - Die Spielzeit beträgt genau 90 Minuten.
   - Jede der 90 Spielminuten ist als Zeitpunkt für einen Torerfolg gleich wahrscheinlich.
   - Es können auch zwei oder drei Tore in ein und derselben Spielminute fallen. (2 BE)

   f) Bei Heimspielen, in denen drei Tore fielen, konnten in einer Statistik der letzten Jahre folgende Chancen für das Erzielen von Toren ermittelt werden: Zu Beginn stand das Verhältnis 60 : 40 für den SV Moosbach. Nach jedem Treffer vergrößerte sich diese Wahrscheinlichkeit um 10 Prozentpunkte für die Mannschaft, die das Tor erzielte, und verringerte sich entsprechend um 10 Prozentpunkte für den Gegner. Mit welcher Wahrscheinlichkeit gewann der SV Moosbach seine Heimspiele? (3 BE)

g) Kuhn behauptet, dass Alter dopt, und verlangt einen Dopingtest. Man weiß, dass im Mittel 10 % aller Fußballer Dopingmittel nehmen. Der Test zeigt zu 90 % ein positives Resultat (gedopt), wenn der Spieler wirklich gedopt ist (Sensitivität), und zeigt zu 95 % auch das richtige Ergebnis an, wenn der Spieler nicht gedopt hat (Spezifität). Mit welcher Wahrscheinlichkeit hat Alter nicht gedopt, obwohl der Test bei ihm ein positives Ergebnis zeigt? (4 BE)

h) Das neue Stadion fasst 25 000 Zuschauer. Man rechnet im Schnitt mit 20 000 Zuschauern, von denen im Durchschnitt jeder vierte eine Bratwurst kauft. Berechnen Sie einmal mit dem Modell der Binomial- und einmal mit dem Modell der Normalverteilung, wie viele Würste mindestens vorhanden sein sollten, damit diese mit 95 % Sicherheit ausreichen. (4 BE)

2. **Neue Tribüne**
Damit man in der Bundesliga spielen kann, muss für die 60 m lange, rechteckige Tribüne eine ebenfalls rechteckige Überdachung gebaut werden. In der Skizze sieht diese im Querschnitt so aus:

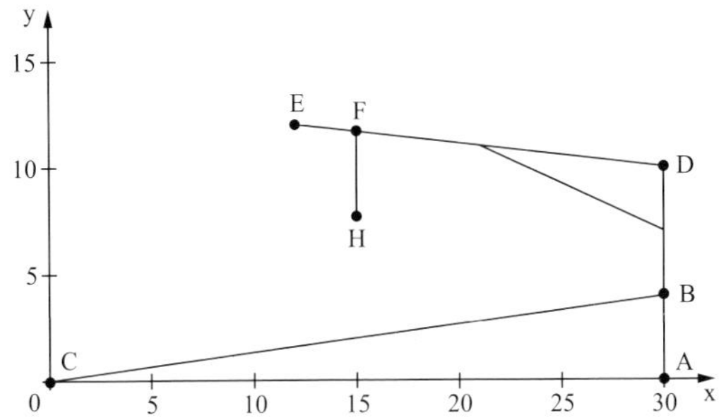

Im Querschnitt erscheint die Tribüne als Strecke $\overline{BC}$ mit B(30 | 4) und C(0 | 0) und die geplante Überdachung als Strecke $\overline{ED}$ mit E(12 | 12) und D(30 | 10).

a) Berechnen Sie die Fläche der Überdachung. (2 BE)

b) In der Mitte der Überdachung und in der Mitte des Trägermastes $\overline{BD}$ muss eine Trägerschiene eingebaut werden. Berechnen Sie den Anbringungsort und die Länge dieser Trägerschiene. (3 BE)

c) Eine Beobachtungskamera im Punkt H soll so angebracht werden, dass sie direkt über der Mitte der Tribüne hängt und genau 4 m vom senkrecht darüberliegenden Punkt der Überdachung entfernt ist. Berechnen Sie die Koordinaten von H. (4 BE)

d) Bestimmen Sie die geringste Entfernung der Kamera von der Tribüne $\overline{BC}$. (3 BE)

e) Die Sonne beeinträchtigt die Zuschauer auf der Tribüne oft, dies wird auch nach dem Bau der Überdachung so sein. Ab welchem Winkel der Sonnenstrahlen (bezogen auf die Gerade AC) liegt die letzte Reihe der Tribüne (die bei B liegt) im Schatten? Berechnen Sie diesen Grenzwinkel. (3 BE)

(40 BE)

Hinweise und Tipps

Aufgabe 1

Teilaufgabe a

- Eine Zufallsgröße kann als binomialverteilt aufgefasst werden, wenn es nur zwei Ergebnisse beim betrachteten Zufallsversuch gibt (bzw. zwei Ergebnisse konstruiert werden können), wenn die Wahrscheinlichkeiten für die beiden Ergebnisse konstant sind (z. B. beim Ziehen mit Zurücklegen) bzw. wenn beim Ziehen ohne Zurücklegen das Verhältnis aus Anzahl gezogener Elemente zur Gesamtzahl aller Elemente klein ist.
- Die Unabhängigkeit einzelner Ergebnisse voneinander muss gesichert sein.

Teilaufgabe b

- Bestimmen Sie für die vorliegenden Beispiele jeweils die Länge n der Bernoulli-Kette sowie die jeweilige Trefferwahrscheinlichkeit.

Teilaufgabe c

- Entnehmen Sie die notwendige Sicherheitswahrscheinlichkeit den Angaben im Text.
- Erstellen Sie das zugehörige Prognoseintervall.
- Vergleichen Sie die beobachtete relative Häufigkeit und das Prognoseintervall.

Teilaufgabe d

- Der Umfang der Stichprobe lässt sich abschätzen durch $n \geq \frac{c^2}{\varepsilon^2}$.
- Der Wert ε entspricht der Länge des Konfidenzintervalls.
- Bei einer Sicherheitswahrscheinlichkeit von 95 % gilt $c = 2$ (2σ-Umgebung!).

Teilaufgabe e

- Stellen Sie sich die Situation in einem Urnenmodell vor.
- Die Urne könnte z. B. mit 90 gleichen Kugeln gefüllt sein, die von 1 bis 90 durchnummeriert sind.
- Das Entnehmen einer Kugel beschreibt dann die Spielminute, in der ein Tor fällt.
- Übertragen Sie dieses Gedankenmodell auf den angegebenen Sachverhalt und realisieren Sie ihn als Zufallsversuch mit ganzzahligen Zufallszahlen.

Teilaufgabe f

- Erstellen Sie zur Beantwortung der Frage ein dreistufiges Baumdiagramm.

Teilaufgabe g

- Erstellen Sie zur Beantwortung der Frage ein zweistufiges Baumdiagramm bzw. eine Vierfeldertafel.

Teilaufgabe h

- Bestimmen Sie die Länge n der Bernoulli-Kette sowie die Trefferwahrscheinlichkeit.
- Bestimmen Sie bei der Näherung mittels Normalverteilung zunächst den Erwartungswert μ und die Standardabweichung σ. Nutzen Sie die Befehle, die das CAS bietet.

Aufgabe 2

Teilaufgabe a

Berechnen Sie zuerst die Länge der Strecke $\overline{ED}$.

Teilaufgabe b

Die Koordinaten des Mittelpunktes einer Strecke sind das arithmetische Mittel der entsprechenden Koordinaten der Endpunkte der Strecke.

Alternativ kann der Mittelpunkt M einer Strecke $\overline{ED}$ auch über die Vektorgleichung $\overrightarrow{OM} = \overrightarrow{OE} + \frac{1}{2}\overrightarrow{ED}$ bestimmt werden.

Teilaufgabe c

Zunächst bestimmt man den Mittelpunkt der Strecke $\overline{BC}$ (vergleiche Teilaufgabe b). Hiermit lässt sich der Aufhängepunkt F der Beobachtungskamera bestimmen.

Um die Koordinaten von H zu ermitteln, muss die Länge von 4 m berücksichtigt werden.

Teilaufgabe d

Es wird nach dem Abstand eines Punktes von einer Geraden gefragt. Wenden Sie hierzu ein Ihnen bekanntes Lösungsverfahren an.

Beispiel: Der Abstand kann als betragskleinster Vektor bestimmt werden, der den Punkt H mit einem Punkt der Geraden g(BC) verbindet. Verwenden Sie dazu den Befehl fMin( ).

Teilaufgabe e

Stellen Sie eine Geradengleichung durch die Punkte E und B auf und berücksichtigen Sie, dass nach dem Winkel dieser Geraden zur Geraden durch A und C gefragt ist.

Nutzen Sie zur Berechnung des gesuchten Winkels das Skalarprodukt.

Lösungen

1. a) Für das Modell könnte sprechen, dass über einen längeren Zeitraum eine Statistik erfasst wurde, die diesen relativ stabilen Wert für die relative Häufigkeit der gehaltenen Elfmeter ergab. Gegen die Annahme des Modells der Binomialverteilung sprechen z. B. Gründe wie: Die Haltewahrscheinlichkeit hängt vom Zeitpunkt im Spiel, vom Schützen, vom positiven Feedback nach einem gehaltenen Elfmeter und vom Fitnesszustand des Torwartes ab (und von weiteren Faktoren); all diese Faktoren sind selten als konstant anzusehen.

   b) Die Zufallsgröße X beschreibe die Anzahl der gehaltenen Elfmeter, wenn 40 Elfmeter geschossen werden.

   Torwart Alter

   X ist binomialverteilt mit $n = 40$ und $p = 0{,}25$.
   Der Erwartungswert ist $\mu = n \cdot p = 10$.

   $P(A) = P(X < 10) = P(X \le 9)$

   $$= \sum_{k=0}^{9} \binom{40}{k} \cdot 0{,}25^k \cdot (1-0{,}25)^{40-k}$$

   $$\approx \underline{\underline{0{,}4395}}$$

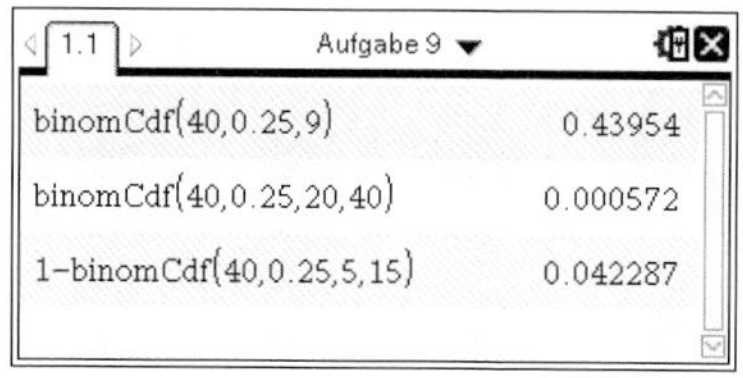

   $$P(B) = P(X \ge 20) = \sum_{k=20}^{40} \binom{40}{k} \cdot 0{,}25^k \cdot (1-0{,}25)^{40-k} \approx \underline{\underline{0{,}0006}}$$

   $$P(C) = 1 - P(5 \le X \le 15) = 1 - \sum_{k=5}^{15} \binom{40}{k} \cdot 0{,}25^k \cdot (1-0{,}25)^{40-k} \approx \underline{\underline{0{,}0423}}$$

   Torwart Kuhn

   X ist binomialverteilt mit $n = 40$ und $p = 0{,}35$.
   Der Erwartungswert ist $\mu = n \cdot p = 14$.

   $P(A) = P(X < 10) = P(X \le 9)$

   $$= \sum_{k=0}^{9} \binom{40}{k} \cdot 0{,}35^k \cdot (1-0{,}35)^{40-k}$$

   $$\approx \underline{\underline{0{,}0644}}$$

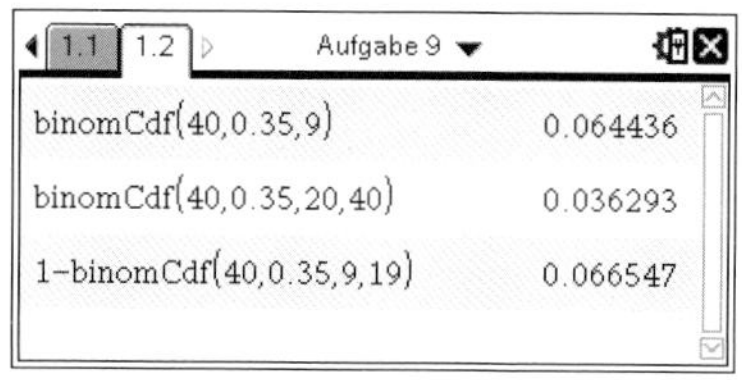

   $$P(B) = P(X \ge 20) = \sum_{k=20}^{40} \binom{40}{k} \cdot 0{,}35^k \cdot (1-0{,}35)^{40-k} \approx \underline{\underline{0{,}0363}}$$

   $$P(C) = 1 - P(9 \le X \le 19) = 1 - \sum_{k=9}^{19} \binom{40}{k} \cdot 0{,}35^k \cdot (1-0{,}35)^{40-k} \approx \underline{\underline{0{,}0665}}$$

   c) Statistische Verträglichkeit bzw. signifikante Abweichung verlangt eine Sicherheitswahrscheinlichkeit von 95 %. Das 95-%-Prognoseintervall für $p = 0{,}25$ und $n = 52$ ist:

   $0{,}13 \le h \le 0{,}37$

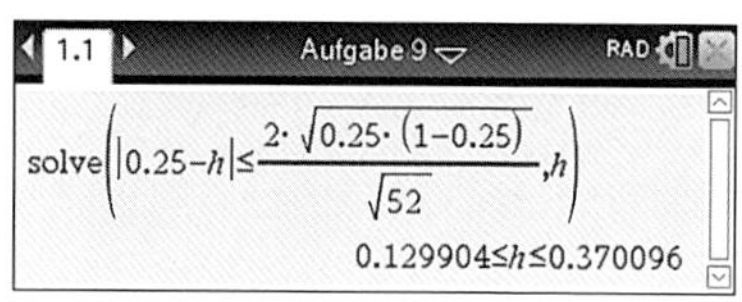

Die beobachtete relative Häufigkeit $\frac{21}{52} \approx 0,40$ liegt damit außerhalb des Prognoseintervalls, ist also nicht statistisch verträglich mit der bisher für gültig gehaltenen Haltewahrscheinlichkeit von $p = 0,25$, sondern sie weicht signifikant nach oben ab.
Die Behauptung, dass seine Haltequote besser geworden ist, ist daher tragbar.

Anmerkung:
Von einem „Beleg“ sollte jedoch nicht gesprochen werden, da eine Restwahrscheinlichkeit besteht, dass trotz des Ergebnisses die Haltequote weiterhin bei 0,25 liegt.

d) Mit $c = 2$ und $\varepsilon = 0,1$ ergibt sich:

$$n \geq \frac{2^2}{0,1^2} = 400$$

e) Beschreibung einer möglichen Simulation:
Man erstellt eine Liste aus den Zufallszahlen 1 bis 90, für jede Minute des Spiels, zieht aus dieser Liste mit randSamp drei Elemente (es kann wegen der vereinfachenden dritten Voraussetzung mit Zurücklegen gezogen werden), kontrolliert dann (< 11), ob einer der gezogenen Werte in den ersten 10 Minuten liegt, und wertet dieses Ergebnis dann aus. Ein mögliches Simulationsergebnis ist 0,2977.

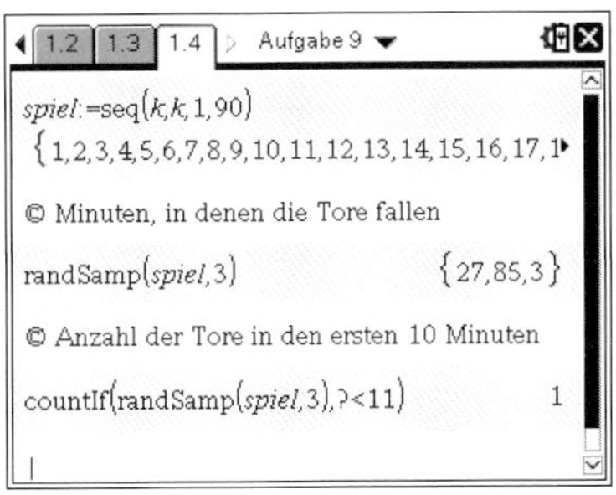

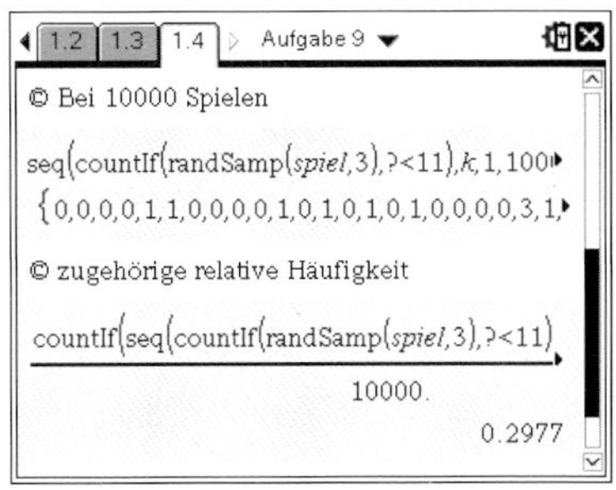

Alternative Simulation unter Verwendung der Tabellenkalkulation
A1, B1 und C1: randInt(1, 90) – dreimal Simulation Torerfolg in der Spielminute k ($1 \leq k \leq 90$)
D1: when(a1 ≤ 10, 1, 0) – Wert 1 setzen, wenn Torerfolg in der 1. bis 10. Spielminute
E1: when(b1 ≤ 10, 1, 0) – Wert 1 setzen, wenn Torerfolg in der 1. bis 10. Spielminute
F1: when(c1 ≤ 10, 1, 0) – Wert 1 setzen, wenn Torerfolg in der 1. bis 10. Spielminute
G1: d1 + e1 + f1 – Anzahl der Torerfolge in der 1. bis 10. Spielminute
H1: when(g1 > 0, 1, 0) – Wert 1 setzen, wenn mindestens ein Torerfolg in der 1. bis 10. Spielminute, sonst 0

Die Befehle aus den Zellen A1 bis H1 nach unten kopieren, z. B. bis in die Zeile 500.
I1: sum(h1 : h500)) / (500.) – Anteil der simulierten Spiele mit mindestens einem Torerfolg in den ersten zehn Spielminuten
Ein mögliches Simulationsergebnis: 0,338

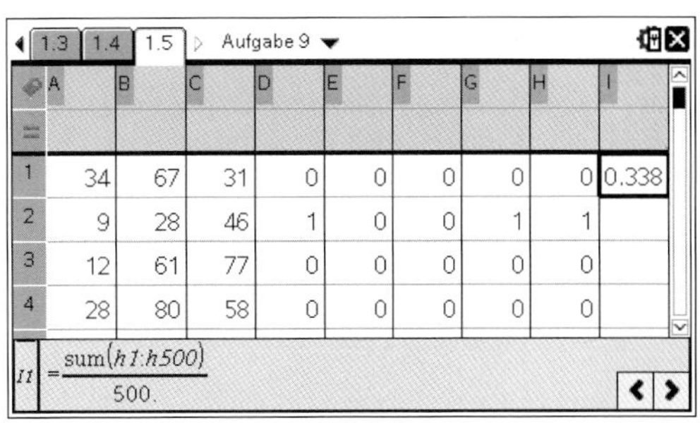

f) Die Lösung kann man direkt dem nebenstehenden dreistufigen Baumdiagramm entnehmen. Dabei steht M für ein Tor für Moosbach, G für ein Tor des Gegners.

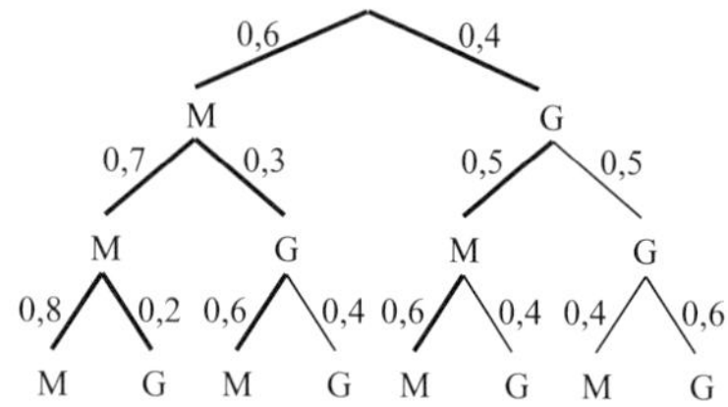

Der SV Moosbach gewinnt das Spiel, wenn er mehr Tore als der Gegner, also 2 oder 3, erzielt. Hierfür gibt es insgesamt vier Pfade.

Für die gesuchte Wahrscheinlichkeit ergibt sich:

$$P(E) = 0{,}6 \cdot 0{,}7 \cdot 0{,}8 + 0{,}6 \cdot 0{,}7 \cdot 0{,}2 + 0{,}6 \cdot 0{,}3 \cdot 0{,}6 + 0{,}4 \cdot 0{,}5 \cdot 0{,}6 = \underline{\underline{0{,}648}}$$

g) Die Lösung der Aufgabe kann mittels Baumdiagramm oder Vierfeldertafel erfolgen. Für die Bezeichnungen gilt:

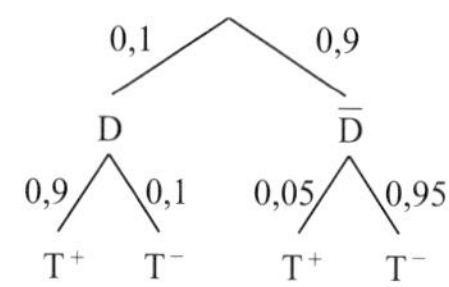

D: gedopt $\quad\quad$ $\overline{D}$: nicht gedopt

T^+: positiver Dopingtest $\quad\quad$ T^-: negativer Dopingtest

Das gesuchte Ereignis beschreibt die Wahrscheinlichkeit, ein positives Testresultat zu bekommen, obwohl man nicht gedopt hat. Die gesuchte Wahrscheinlichkeit ergibt sich dann aus:

$$P(F) = \frac{0{,}9 \cdot 0{,}05}{0{,}9 \cdot 0{,}05 + 0{,}1 \cdot 0{,}9} = \underline{\underline{\frac{1}{3}}}$$

In der Vierfeldertafel wird die gegebene Wahrscheinlichkeit ($P(D) = 0{,}1$) eingetragen. Mit den beiden anderen Werten ergeben sich zwei weitere Einträge, womit dann die Tafel komplett ausgefüllt werden kann:

	T^+	T^-	Summe
D	$0{,}9 \cdot 0{,}1 = 0{,}09$	$0{,}1 - 0{,}09 = 0{,}01$	0,1
$\overline{D}$	$0{,}9 - 0{,}855 = 0{,}045$	$0{,}95 \cdot 0{,}9 = 0{,}855$	0,9
Summe	0,135	0,865	1

Die in der Vierfeldertafel grau markierten Werte müssen ins Verhältnis gesetzt werden, um die gesuchte Wahrscheinlichkeit zu berechnen:

$$P(F) = \frac{0{,}045}{0{,}135} = \underline{\underline{\frac{1}{3}}}$$

Alternative Lösung: In einer Vierfeldertafel kann auch mit absoluten Zahlen gerechnet werden. Hier wird von 100 000 Personen ausgegangen.

	T^+	T^-	Summe
D	$0{,}9 \cdot 10\,000 = 9\,000$	$10\,000 - 9\,000 = 1\,000$	10 000
$\overline{D}$	$90\,000 - 85\,500 = 4\,500$	$0{,}95 \cdot 90\,000 = 85\,500$	90 000
Summe	13 500	86 500	100 000

Die in der Vierfeldertafel grau markierten Werte müssen ins Verhältnis gesetzt werden, um die gesuchte Wahrscheinlichkeit zu berechnen:

$$P(F) = \frac{4\,500}{13\,500} = \underline{\underline{\frac{1}{3}}}$$

h) X sei binomialverteilt mit $n = 20\,000$ und $p = 0{,}25$. Der Erwartungswert ist dann $\mu = n \cdot p = 5\,000$ und die Standardabweichung $\sigma = \sqrt{n \cdot p \cdot (1-p)} \approx 61{,}24$.

Man sucht in beiden Fällen die kleinste Zahl $k \in \mathbb{N}$, ab der die Wahrscheinlichkeit größer als 95 % wird, also $P(X \le k) \ge 0{,}95$ gilt.

Man ermittelt mit beiden Modellen, dass $\underline{\underline{5\,101}}$ Bratwürste mit einer Sicherheit von 95 % reichen.

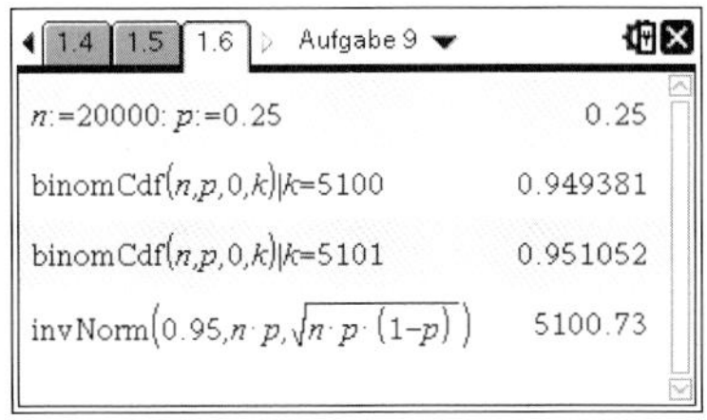

2. a) Die Fläche der 60 m langen rechteckigen Überdachung beträgt:

$$A = 60 \cdot \overline{ED} = 60 \cdot 2 \cdot \sqrt{82} \approx \underline{\underline{1\,087\text{ m}^2}}$$

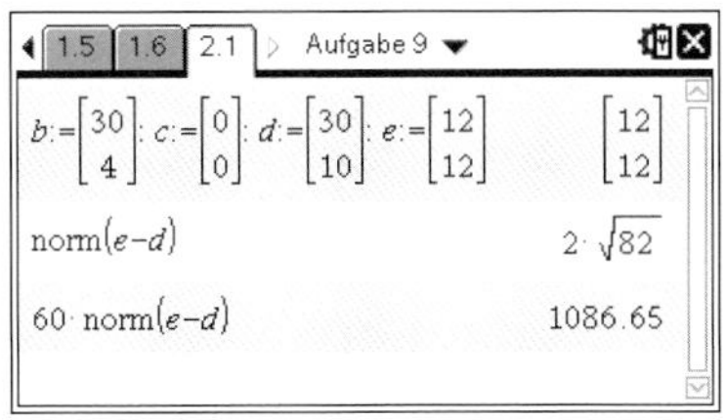

b) Zunächst werden die Koordinaten der beiden Mittelpunkte berechnet:

$\underline{\underline{I(21\,|\,11)}}$, $\underline{\underline{J(30\,|\,7)}}$

Der Abstand dieser Punkte entspricht der Länge der Trägerschiene. Für diese ermittelt man:

$$m = \overline{IJ} = \sqrt{97} \approx \underline{\underline{9{,}85\text{ m}}}$$

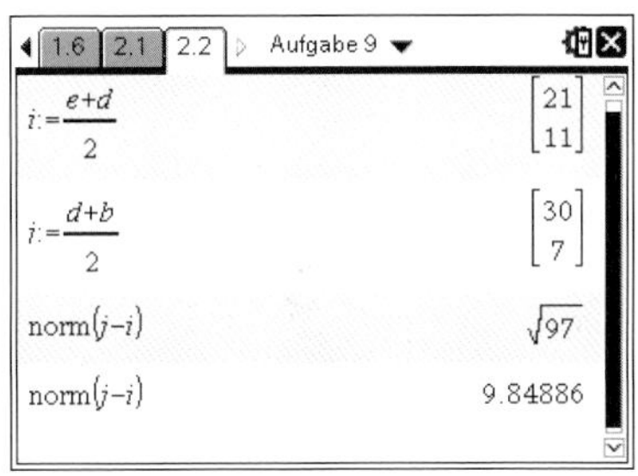

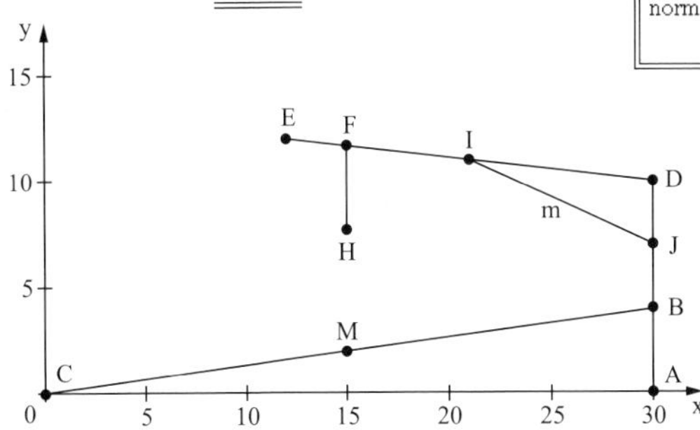

c) Man berechnet zunächst den Mittelpunkt der Strecke $\overline{BC}$ mit M(15 | 2), kann damit den Punkt F auf der Geraden g durch die Punkte E und D ermitteln, der die gleiche x-Koordinate hat, indem man in der Geradengleichung g(ED) den y-Wert sucht, für den x = 15 gilt:

$$\begin{pmatrix}15\\y\end{pmatrix}=\begin{pmatrix}12+18t\\12-2t\end{pmatrix}$$

Man ermittelt $F\left(15 \mid \frac{35}{3}\right)$.

Der Punkt H mit $\underline{\underline{H\left(15 \mid \frac{23}{3}\right)}}$ ergibt sich hieraus, da dessen y-Koordinate um 4 Einheiten geringer ist als die des Punktes F.

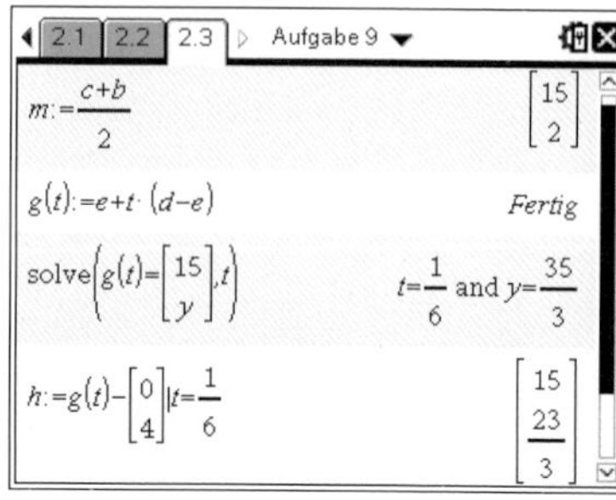

d) Die Gleichung der Geraden g(BC) ist:

$\vec{x}=\overrightarrow{OC}+t\cdot\overrightarrow{CB}$ mit $t\in\mathbb{R}$

Alle Vektoren, die einen Punkt P von g(BC) mit dem Punkt H verbinden, lassen sich beschreiben durch:

$\overrightarrow{PH}=\overrightarrow{OH}-(\overrightarrow{OC}+t\cdot\overrightarrow{CB})$

Mit fMin( ) wird derjenige Wert des Parameters t bestimmt, für den $|\overrightarrow{PH}|$ ein Minimum ist. Es ergibt sich $t=\frac{721}{1374}$ und damit ist $|\overrightarrow{PH}|\approx \underline{\underline{5{,}62\ \text{m}}}$ der Abstand von H zu g.

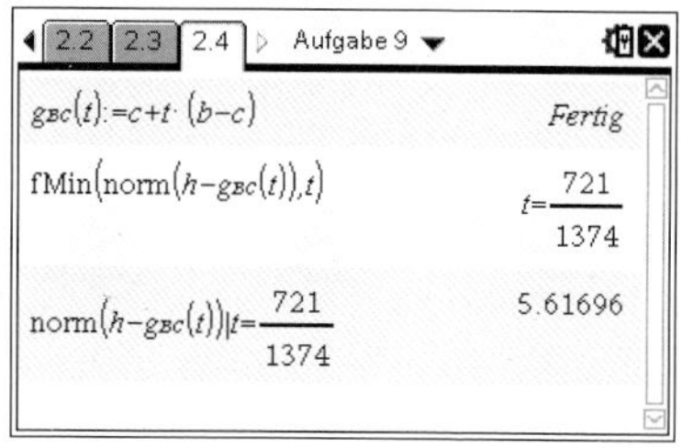

e) Zur Berechnung des gesuchten Winkels wird das Skalarprodukt genutzt. Dazu muss man vorher noch die Vektoren $\overrightarrow{AC}=\begin{pmatrix}-30\\0\end{pmatrix}$ und $\overrightarrow{BE}=\begin{pmatrix}-18\\8\end{pmatrix}$ aufstellen und erhält hiermit:

$$\cos(\alpha)=\frac{\overrightarrow{AC}\circ\overrightarrow{BE}}{|\overrightarrow{AC}|\cdot|\overrightarrow{BE}|}\quad\Rightarrow\quad \underline{\underline{\alpha\approx 23{,}96°}}$$

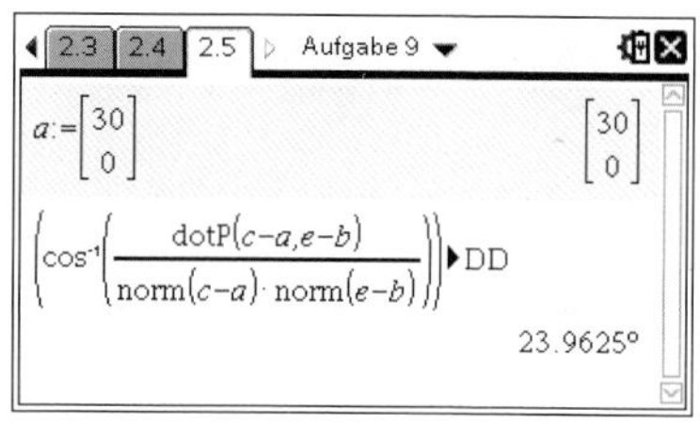

Kernfach Mathematik (Thüringen): Abiturprüfung 2019
Pflichtaufgaben Teil A

1. Geben Sie in der Tabelle je eine zugehörige Funktionsgleichung an.

Funktion	**Ableitungsfunktion**
	$f'(x) = 2x + 1$
	$f'(x) = x^{-3}$
$f(x) = \sqrt{x}$	
$f(x) = 4 \cdot \sin(2x)$	
$f(x) = x \cdot e^x$	

(5 BE)

2. Gegeben ist die Funktion f mit
$f(x) = 1 - \frac{1}{x^2}$ $(x \in \mathbb{R};\ x \neq 0)$,
die die Nullstellen $x_1 = -1$ und $x_2 = 1$ hat.
Die Abbildung zeigt den Graphen von f, der symmetrisch bezüglich der y-Achse ist.
Weiterhin ist die Gerade g mit der Gleichung $y = -3$ gegeben.

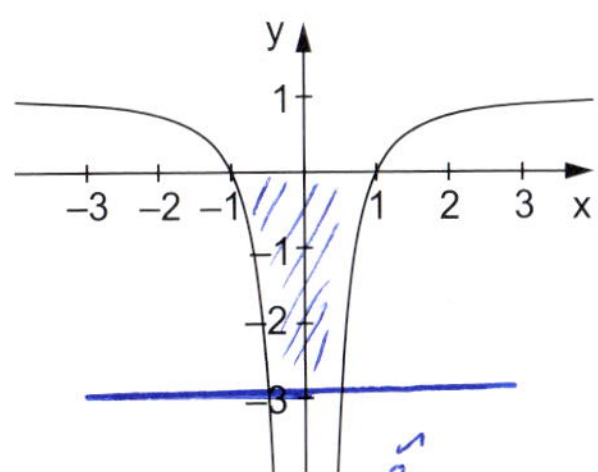

a) Zeigen Sie, dass einer der Punkte, in denen g den Graphen von f schneidet, die x-Koordinate $\frac{1}{2}$ hat. (1 BE)

b) Bestimmen Sie rechnerisch den Inhalt der Fläche, die der Graph von f, die x-Achse und die Gerade g einschließen. (4 BE)

3. Der abgebildete Graph G_f stellt eine Funktion f dar.

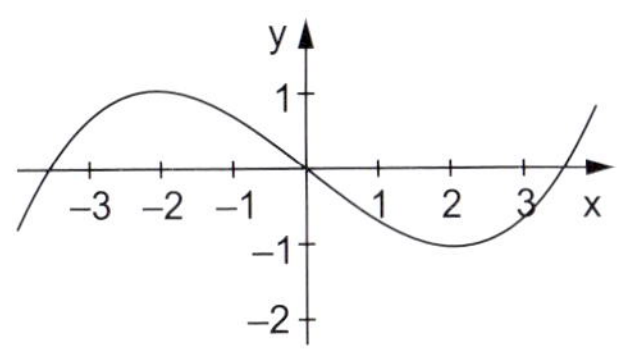

a) Einer der folgenden Graphen I, II und III gehört zur ersten Ableitungsfunktion von f.
Kreuzen Sie diesen Graphen an und begründen Sie, dass die beiden anderen Graphen dafür nicht infrage kommen.

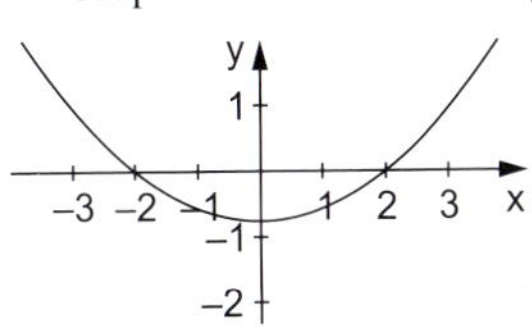

☐ I

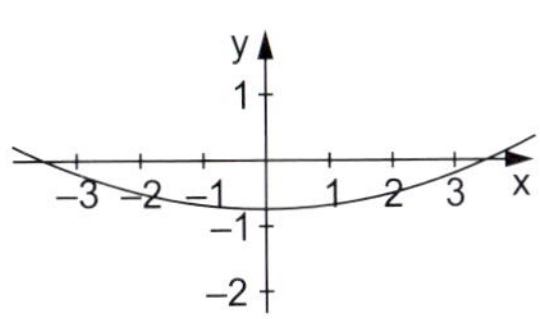

☐ II

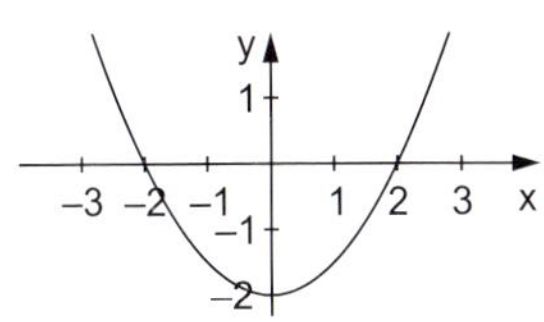

☐ III

(3 BE)

b) Die Funktion F ist eine Stammfunktion von f.
Geben Sie das Monotonieverhalten von F im Intervall [1; 3] an.
Begründen Sie Ihre Angabe. (2 BE)

4. Eine Funktion f hat an der Stelle $x = 3$ sowohl eine Nullstelle als auch einen Wendepunkt mit dem Anstieg null.
Die Abbildung zeigt den Graphen ihrer zweiten Ableitungsfunktion.

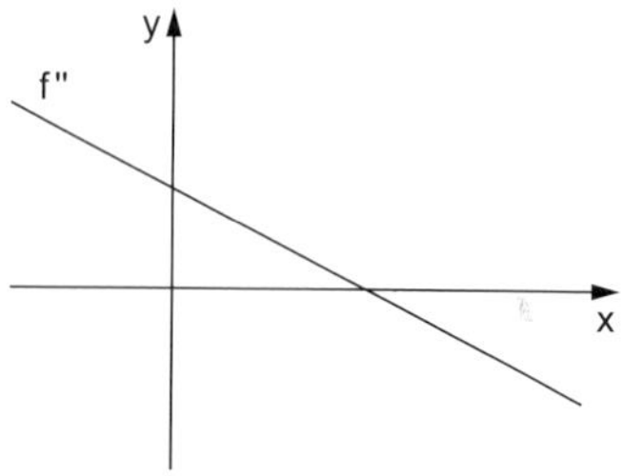

a) Skizzieren Sie je einen möglichen Graphen für die Funktionen f und f' in das gegebene Koordinatensystem. (2 BE)

b) Der Graph von f besitzt an der Stelle $x = 1$ den Anstieg -3. Ermitteln Sie eine Gleichung einer solchen Funktion f. (3 BE)

5. Gegeben sind die Geraden

$$g\colon \vec{x} = \begin{pmatrix} 1 \\ 2 \\ 3 \end{pmatrix} + r \cdot \begin{pmatrix} 2 \\ 4 \\ 1 \end{pmatrix} \text{ und } h\colon \vec{x} = \begin{pmatrix} 2 \\ 4 \\ 1 \end{pmatrix} + s \cdot \begin{pmatrix} 1 \\ 2 \\ 0 \end{pmatrix} \text{ mit } r, s \in \mathbb{R}.$$

a) Weisen Sie nach, dass sich die Geraden g und h schneiden.
Berechnen Sie die Koordinaten des Schnittpunkts S. (3 BE)

b) Der Punkt P_1 liegt auf g, aber nicht auf h.
Die Abbildung zeigt die Geraden g und h, die sich im Punkt S schneiden, sowie einen Repräsentanten des Vektors $\overrightarrow{SP_1}$. Für den Punkt P_2 gilt $\overrightarrow{OP_2} = \overrightarrow{OP_1} - 4 \cdot \overrightarrow{SP_1}$, wobei O den Koordinatenursprung bezeichnet.
Zeichnen Sie die Punkte S, P_1 und P_2 in die Abbildung ein.

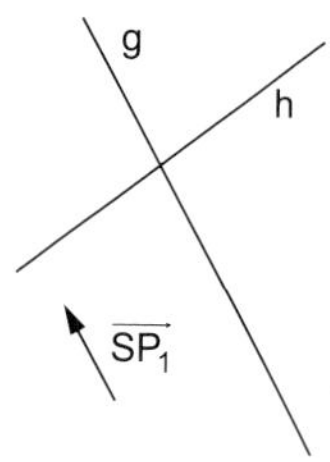

(2 BE)

6. Der Punkt $P(3\,|\,8\,|\,2)$ liegt auf der Oberfläche einer Kugel, die den Mittelpunkt $M(3\,|\,4\,|\,5)$ hat.

a) Weisen Sie nach, dass die Kugel genau eine Koordinatenebene berührt. (3 BE)

b) Bestimmen Sie die Koordinaten des Punkts Q so, dass die Strecke $\overline{PQ}$ ein Durchmesser der Kugel ist. (2 BE)

7. Ein Glücksrad besteht aus fünf gleich großen Sektoren. Einer der Sektoren ist mit „0“ beschriftet, einer mit „1“ und einer mit „2“, die beiden anderen Sektoren sind mit „9“ beschriftet.

a) Das Glücksrad wird viermal gedreht.
Berechnen Sie die Wahrscheinlichkeit dafür, dass die Zahlen in der Reihenfolge 2, 0, 1, 9 erzielt werden. (2 BE)

b) Das Glücksrad wird zweimal gedreht.
Bestimmen Sie die Wahrscheinlichkeit dafür, dass die Summe der erzielten Zahlen mindestens 11 beträgt. (3 BE)

8. Dargestellt sind die Dichtefunktionen normalverteilter Zufallsgrößen X für verschiedene Werte von μ und σ.

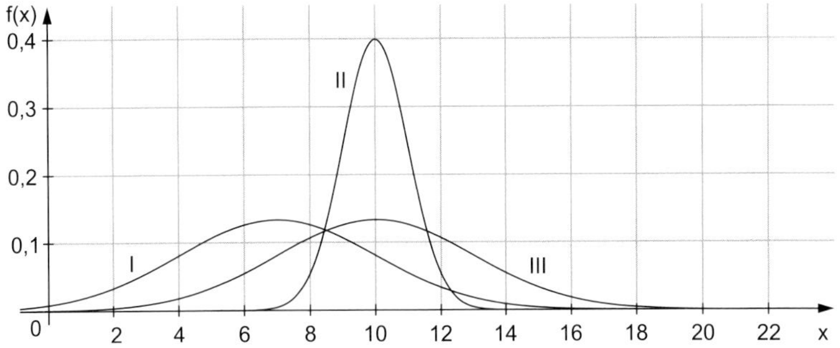

a) Ordnen Sie die Graphen I, II und III den Wertepaaren zu.

$\mu = 10;\ \sigma = 1$	$\mu = 10;\ \sigma = 3$	$\mu = 7;\ \sigma = 3$

(2 BE)

b) Skizzieren Sie den Graphen der Dichtefunktion für $\mu = 18;\ \sigma = 1$ in die gegebene Darstellung. (2 BE)

c) Beschreiben Sie den Einfluss von μ auf den Graphen der Dichtefunktion. (1 BE)

(40 BE)

Hinweise und Tipps

Aufgabe 1

- Beachten Sie, ob Sie die Funktion f ableiten müssen, um f' zu erhalten, oder die Ableitungsfunktion f' integrieren müssen, um die Funktion f zu ermitteln.
- Analysieren Sie jeweils die gegebene Termstruktur, um herauszufinden, welche Ableitungs- bzw. Integrationsregel Sie anwenden müssen.
- Beachten Sie die Zusammenhänge: $F'(x) = f(x)$ und $\int f(x)\,dx = F(x) + C$
- Damit gilt auch: $\int f'(x)\,dx = f(x) + C$

Aufgabe 2

Teilaufgabe a

- Zeigen Sie, dass $f\left(\frac{1}{2}\right) = -3$ gilt.
- *Alternative:* Lösen Sie die Gleichung $f(x) = -3$.

Teilaufgabe b

- Zeichnen Sie die gesuchte Fläche in die vorgegebene Darstellung.
- Überlegen Sie, wie Sie die gesuchte Fläche in Teilflächen zerlegen können, deren Flächeninhalte berechenbar sind.
- Beachten Sie die Symmetrie der gesuchten Fläche zur y-Achse.
- Vorsicht: Bei $x = 0$ liegt eine Polstelle vor.

Aufgabe 3

Teilaufgabe a

- Skizzieren Sie an wesentlichen Stellen die Tangente des Graphen von f, um abzuschätzen, welchen Wert der Anstieg näherungsweise hat.
- Nutzen Sie dafür insbesondere die Extremstellen und den Koordinatenursprung.

Teilaufgabe b

- Beachten Sie, für welches Intervall Sie eine Aussage treffen sollen.
- Berücksichtigen Sie den Zusammenhang $F' = f$ zwischen der Stammfunktion F und der Funktion f.

Aufgabe 4

Teilaufgabe a

- Lesen Sie den Text gründlich durch und notieren Sie sich alle wesentlichen Angaben.
- Markieren Sie in der gegebenen Skizze zunächst die Lage des Wendepunktes.
- Die Formulierung „… Wendepunkt mit dem Anstieg null …“ können Sie so interpretieren, dass die Wendetangente an der Stelle $x = 3$ den Anstieg null hat.
- Zeichnen Sie zunächst den Graphen von f' und dann den Graphen von f. Da f'' eine lineare Funktion ist, muss f' eine quadratische Funktion sein und f eine kubische.

Teilaufgabe b

- Da es sich bei der Funktion f um eine kubische Funktion handelt, können Sie die Funktionsvorschrift in der Form $f(x)=ax^3+bx^2+cx+d$ schreiben.
- Im Aufgabentext sind vier Bedingungen gegeben. Damit können Sie ein LGS mit vier Gleichungen und vier Unbekannten aufstellen. Ermitteln Sie damit die Werte für a, b, c und d.
- *Alternativ* können Sie Ihre Erkenntnisse aus Teilaufgabe a nutzen, um einen Ansatz für eine Funktionsgleichung von f zu bekommen.
- Überlegen Sie, wie der Graph von f aus dem Graphen von $g(x)=x^3$ durch Transformationen entstanden sein könnte.
- Als zweite *Alternative* können Sie überlegen, wie der Graph von f' aus dem Graphen von $h(x)=x^2$ durch Transformationen entstanden sein könnte.
- Berücksichtigen Sie bei Ihrer Lösung stets, dass $f(1)=-3$ gelten soll.

Aufgabe 5

Teilaufgabe a

- Setzen Sie die Geradengleichungen gleich und lösen Sie das lineare Gleichungssystem. Bestimmen Sie so die Lösungen für r und s.
- Da es zwei Unbekannte gibt, reichen zwei Gleichungen aus, um die Werte zu ermitteln. Die gefundenen Werte müssen dann auch die verbleibende dritte Gleichung erfüllen.
- Setzen Sie eine der Lösungen in die zugehörige Geradengleichung ein, um die Koordinaten des Schnittpunktes S zu berechnen.

Teilaufgabe b

- Verschieben Sie den Vektor $\overrightarrow{SP_1}$ so, dass sein Anfangspunkt in S liegt. Sie finden so die Lage des Punktes P_1 auf der Geraden g.
- Führen Sie dann zeichnerisch die Vektoraddition $\overrightarrow{OP_1}-4\cdot\overrightarrow{SP_1}$ aus. Markieren Sie die Lage von P_2 auf der Geraden g.

Aufgabe 6

Teilaufgabe a

- Ermitteln Sie die Länge r des Radius der Kugel.
- Vergleichen Sie r mit den Abständen von M zu den Koordinatenebenen.

Teilaufgabe b

- Die Strecke $\overline{PQ}$ ist ein Kugeldurchmesser, wenn Q der Spiegelpunkt von P bei Spiegelung am Mittelpunkt M ist.

Aufgabe 7

Teilaufgabe a

- Aus der Gesamtanzahl aller Sektoren und den Anzahlen der mit 0, 1, 2 oder 9 beschrifteten Sektoren können Sie auf die Wahrscheinlichkeiten schließen, mit denen die Zahlen erzielt werden.
- Nach der 1. Pfadregel wird die Wahrscheinlichkeit für das Ergebnis (2, 0, 1, 9) durch das Produkt der Einzelwahrscheinlichkeiten berechnet.

Teilaufgabe b

- Verschaffen Sie sich eine Übersicht über die Anzahl aller Ergebnisse, die beim zweimaligen Drehen des Glücksrades möglich sind.

- Prüfen Sie, welche der Ergebnisse eine Summe von mindestens 11 ergeben.
- Berechnen Sie die zu diesen Ergebnissen gehörenden Wahrscheinlichkeiten und bilden Sie deren Summe (Anwendung der Pfadregeln).

Aufgabe 8

Teilaufgabe a

- Beachten Sie, dass die Gaußsche Glockenkurve ihr Maximum an der Stelle des Erwartungswertes μ der Zufallsgröße hat.
- Die Standardabweichung σ kann anhand der Entfernung der Wendestellen vom Erwartungswert abgeschätzt werden.

Teilaufgabe b

- Verwenden Sie die Hinweise und die Ergebnisse von Teilaufgabe a zum Skizzieren des gesuchten Graphen.

Teilaufgabe c

- Den Einfluss des Erwartungswertes μ auf den Graphen der Dichtefunktion können Sie gut aus den gegebenen Graphen ablesen, wenn Sie die Teilaufgaben a und b richtig gelöst haben.
- *Alternativ* können Sie den Einfluss aus der Funktionsgleichung der Dichtefunktion ablesen, falls Ihnen diese Gleichung bekannt ist.
- Sie sollen den Einfluss von μ beschreiben, eine mathematische Begründung ist nicht verlangt.

Lösungen

1.

Funktion	Ableitungsfunktion
$\underline{\underline{f(x) = x^2 + x}}$	$f'(x) = 2x + 1$
$\underline{\underline{f(x) = -\frac{1}{2}x^{-2}}}$	$f'(x) = x^{-3}$
$f(x) = \sqrt{x}$	$\underline{\underline{f'(x) = \frac{1}{2 \cdot \sqrt{x}}}}$
$f(x) = 4 \cdot \sin(2x)$	$\underline{\underline{f'(x) = 8 \cdot \cos(2x)}}$
$f(x) = x \cdot e^x$	$\underline{\underline{f'(x) = e^x \cdot (1 + x)}}$

Hinweis:
Folgende Regeln wurden (in dieser Reihenfolge) für die Berechnung der Funktionsgleichungen verwendet:

- Summenregel der Integralrechnung: $\int (g(x) + h(x))\,dx = \int g(x)\,dx + \int h(x)\,dx$
- Potenzregel der Integralrechnung: $\int x^n\,dx = \frac{x^{n+1}}{n+1} + C$
- Potenzregel der Differenzialrechnung: $(x^n)' = n \cdot x^{n-1}$ (mit $\sqrt{x} = x^{\frac{1}{2}}$)
- Kettenregel der Differenzialrechnung: $(f(g(x)))' = f'(g(x)) \cdot g'(x)$
- Produktregel der Differenzialrechnung: $(f(x) \cdot g(x))' = f'(x) \cdot g(x) + f(x) \cdot g'(x)$

2. a) $f\left(\frac{1}{2}\right) = 1 - \frac{1}{\left(\frac{1}{2}\right)^2} = 1 - \frac{1}{\frac{1}{4}} = 1 - 4 = -3$

Alternative Lösung:

$$f(x) = -3$$

$$1 - \frac{1}{x^2} = -3 \qquad |-1$$

$$-\frac{1}{x^2} = -4 \qquad |\cdot x^2$$

$$-1 = -4x^2 \qquad |:(-4)$$

$$\frac{1}{4} = x^2 \qquad |\sqrt{}$$

$$x_1 = \frac{1}{2} \text{ und } x_2 = -\frac{1}{2}$$

b) Man berechnet den Flächeninhalt des dargestellten Rechtecks ABCD und addiert zweimal (wegen der Symmetrie) den fehlenden (in der Skizze grau hinterlegten) Flächenteil zwischen dem Graphen von f und der x-Achse im Intervall $[\frac{1}{2}; 1]$:

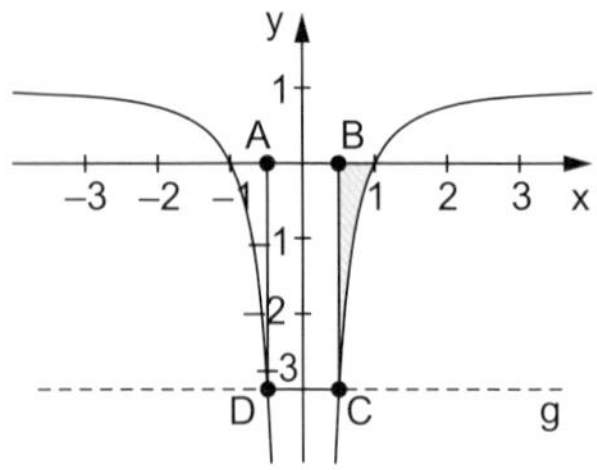

$A_{ABCD} = 1 \cdot 3 = 3$ FE

$$A_{grau} = \left| \int_{\frac{1}{2}}^{1} \left(1 - \frac{1}{x^2}\right) dx \right|$$

$$= \left| \left[x + \frac{1}{x} \right]_{\frac{1}{2}}^{1} \right| = \left| 2 - \frac{5}{2} \right| = \frac{1}{2} \text{ FE}$$

Damit ergibt sich für den gesuchten Flächeninhalt A:
$A = A_{ABCD} + 2 \cdot A_{grau} = 3 \text{ FE} + 2 \cdot 0{,}5 \text{ FE} = \underline{\underline{4 \text{ FE}}}$

Variante:
Man berechnet den Flächeninhalt des großen Rechtecks EFGH und subtrahiert davon zweimal (wegen der Symmetrie) die (in der Skizze grau hinterlegte) Fläche:

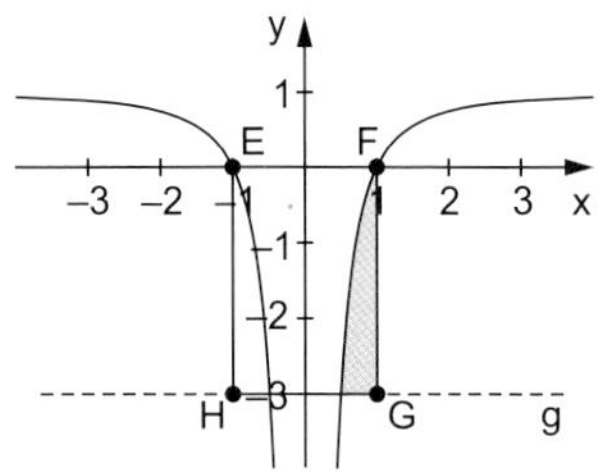

$A_{EFGH} = 2 \cdot 3 = 6$ FE

$$A_{grau} = \left| \int_{\frac{1}{2}}^{1} \big(g(x) - f(x)\big)\, dx \right|$$

$$= \left| \int_{\frac{1}{2}}^{1} \left(-3 - \left(1 - \frac{1}{x^2}\right)\right) dx \right| = \left| \left[-4x - \frac{1}{x} \right]_{\frac{1}{2}}^{1} \right|$$

$$= |-5 + 4| = |-1| = 1 \text{ FE}$$

Damit ergibt sich für die gesuchte Fläche A:
$A = A_{EFGH} - 2 \cdot A_{grau} = 6 \text{ FE} - 2 \cdot 1 \text{ FE} = 4 \text{ FE}$

3. a) An den Extremstellen $x_1 = -2$ und $x_2 = 2$ beträgt der Anstieg 0. Bei $x = 0$ kann man näherungsweise für den Anstieg einen Wert zwischen $-0{,}5$ und -1 ablesen.

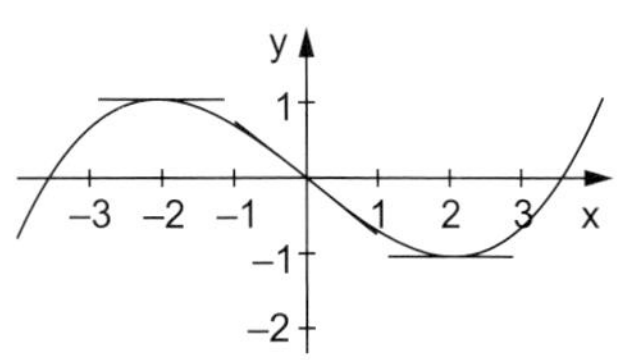

Graph II kommt damit nicht infrage, da er eine Funktion mit den Nullstellen bei $x \approx -3{,}5$ und $x \approx 3{,}5$ darstellt. Diese Nullstellen entsprechen also nicht den Extremstellen von f.

Graph III kommt nicht infrage, da er eine Funktion beschreibt, die bei $x = 0$ den Funktionswert -2 besitzt. Der Anstieg des Graphen von f im Koordinatenursprung hat jedoch einen Wert zwischen $-0{,}5$ und -1.

Damit ist <u>Graph I</u> der gesuchte Graph.

b) Da im gesamten Intervall [1; 3] $f < 0$ gilt und f die Ableitungsfunktion von F darstellt (also $f = F'$), ist F im gegebenen Intervall <u>monoton fallend</u>.

4. a) Aus dem Text kann man folgende Informationen entnehmen:
$f(3)=0$, $f'(3)=0$ und $f''(3)=0$
Damit ergeben sich die folgenden Graphen für f und f':

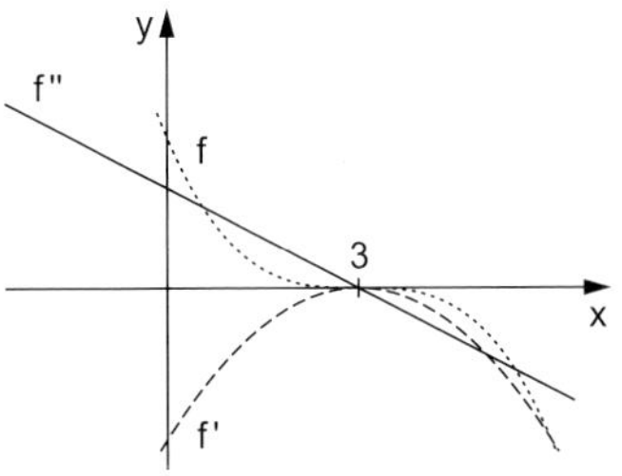

Erklärung der Graphen:
Da an der Stelle $x=3$ der Wendepunkt vorliegt, befindet sich dort die Nullstelle des Graphen von f''. Zusätzlich soll die erste Ableitung bei $x=3$ null sein und die 1. Ableitungsfunktion muss eine quadratische Funktion sein. Damit kann f' aufgrund des Anstiegsverhaltens von f'' nur eine nach unten geöffnete Parabel sein, deren Scheitel bei $x=3$ auf der x-Achse liegt und die somit dort ihre einzige Nullstelle hat.

Wegen $f(3)=0$ und der beiden anderen Eigenschaften $f'(3)=0$ und $f''(3)=0$ steht fest, dass an der Stelle $x=3$ ein Sattelpunkt existiert. Da der Graph von f' (außer im Scheitel) stets unterhalb der x-Achse verläuft, muss f im gesamten Definitionsbereich monoton fallend sein. Hieraus ergibt sich der Graph von f.

b) Da f eine kubische Funktion darstellt und man dem Text 4 Bedingungen entnehmen kann, nämlich $f(3)=0$, $f'(3)=0$, $f''(3)=0$ und $f'(1)=-3$, kann ein lineares Gleichungssystem mit 4 Gleichungen aufgestellt und dieses z. B. mit dem Additionsverfahren gelöst werden.

Mit $f(x)=ax^3+bx^2+cx+d$ und $f'(x)=3ax^2+2bx+c$ und $f''(x)=6ax+2b$ ergeben sich die vier Gleichungen zu:

$$f(3)=0 \Rightarrow \text{I} \quad 27a+9b+3c+d=0$$
$$f'(3)=0 \Rightarrow \text{II} \quad 27a+6b+c=0$$
$$f''(3)=0 \Rightarrow \text{III} \quad 18a+2b=0$$
$$f'(1)=-3 \Rightarrow \text{IV} \quad 3a+2b+c=-3$$

$$\text{II}-\text{IV} \Rightarrow 24a+4b=3 \quad (\text{V})$$

$$\text{V}-2\cdot\text{III} \Rightarrow -12a=3 \Rightarrow a=-\frac{1}{4} \quad (\text{VI})$$

$$\text{VI in III} \Rightarrow 18\cdot\left(-\frac{1}{4}\right)+2b=0 \Rightarrow b=\frac{9}{4} \quad (\text{VII})$$

$$\text{VI und VII in IV} \Rightarrow 3\cdot\left(-\frac{1}{4}\right)+2\cdot\frac{9}{4}+c=-3 \Rightarrow c=-\frac{27}{4} \quad (\text{VIII})$$

$$\text{VI, VII und VIII in I} \Rightarrow 27\cdot\left(-\frac{1}{4}\right)+9\cdot\frac{9}{4}+3\cdot\left(-\frac{27}{4}\right)+d=0 \Rightarrow d=\frac{27}{4}$$

Insgesamt erhält man

$a = -\frac{1}{4},\ \ b = \frac{9}{4},\ \ c = -\frac{27}{4}$ und $d = \frac{27}{4}$

und der Funktionsterm lautet $\underline{\underline{f(x) = -\frac{1}{4} \cdot x^3 + \frac{9}{4} \cdot x^2 - \frac{27}{4} \cdot x + \frac{27}{4}}}$.

Alternative 1:
Der Graph von f kann aus dem Graphen von $g(x) = x^3$ durch
1. eine Spiegelung an der y-Achse, also $x^3 \rightarrow (-x)^3$,
2. eine Verschiebung um drei Einheiten in positive x-Richtung, also $x \rightarrow (x-3)$, und
3. eine Streckung oder Stauchung mit dem Faktor a

hervorgegangen sein.

Es ergibt sich:
$f(x) = -a(x-3)^3$ und damit $f'(x) = -3a(x-3)^2$ mit $a > 0$

Mit $f'(1) = -3$ folgt:

$$-3a(1-3)^2 = -3$$
$$a \cdot 4 = 1$$
$$a = \frac{1}{4}$$

Damit gilt $f(x) = -\frac{1}{4}(x-3)^3$.

Anmerkung: Dieser Term entspricht dem ausmultiplizierten Term aus obiger Lösung.

Alternative 2:
Aus Teilaufgabe a ist bekannt, dass der Graph der 1. Ableitung f' eine nach unten geöffnete Parabel mit Scheitel bei $(0|3)$ und Streckungsfaktor s ist. Man erhält als Ansatz $f'(x) = s(x-3)^2$ mit $s < 0$.

Mit $f'(1) = -3$ ergibt sich

$-3 = s(-2)^2 \ \Rightarrow\ s = -\frac{3}{4}$ und damit $f'(x) = -\frac{3}{4}(x-3)^2$.

Da f eine Stammfunktion von f' ist, muss f' integriert werden:

$$f(x) = \int f'(x)\,dx$$
$$= \int -\frac{3}{4}(x-3)^2\,dx$$
$$= -\frac{1}{4}(x-3)^3 + C$$

Da $f(3) = 0$ gilt, ist $C = 0$ und damit erhält man $f(x) = -\frac{1}{4}(x-3)^3$.

5. a) Gleichsetzen der Geradengleichungen von g und h:

I $\quad 1 + 2r = 2 + s$

II $\quad 2 + 4r = 4 + 2s$

III $\quad 3 + r = 1$

Aus III folgt nach Subtraktion von 3 auf beiden Seiten $r = -2$.

Der Wert $r = -2$ wird in Gleichung I eingesetzt: $1 + 2 \cdot (-2) = 2 + s \ \Rightarrow\ s = -5$

Die Werte $r = -2$ und $s = -5$ werden zur Kontrolle in Gleichung II eingesetzt:

$2 + 4 \cdot (-2) = 4 + 2 \cdot (-5)$

Auf beiden Seiten dieser Gleichung erhält man die Zahl –6, also insgesamt eine wahre Aussage. Damit ist gezeigt, dass die Geraden g und h einander schneiden, denn die Zahlen r = –2 und s = –5 erfüllen alle drei Gleichungen des linearen Gleichungssystems.

Der Wert r = –2 wird in die Gleichung von g eingesetzt, um den Ortsvektor $\overrightarrow{OS}$ des Schnittpunktes S zu berechnen:

$$\overrightarrow{OS} = \begin{pmatrix} 1 \\ 2 \\ 3 \end{pmatrix} - 2 \cdot \begin{pmatrix} 2 \\ 4 \\ 1 \end{pmatrix} = \begin{pmatrix} -3 \\ -6 \\ 1 \end{pmatrix}$$

Anmerkung:
Natürlich kann auch s = –5 in die Gleichung der Geraden h eingesetzt werden. Es ergibt sich dann derselbe Ortsvektor für S.

Der Schnittpunkt S der Geraden g und h hat die Koordinaten $S(-3\,|\,-6\,|\,1)$.

b) Lage der Punkte:

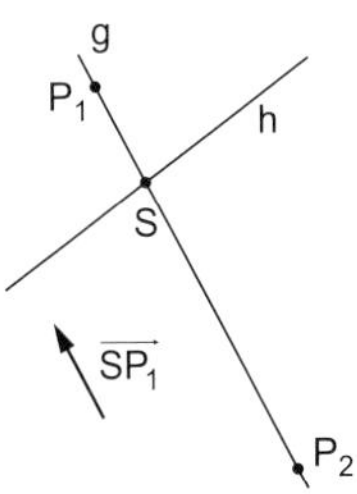

Hinweis:
Die Lage des Punktes P_1 kann folgendermaßen ermittelt werden:
Der Vektorpfeil $\overrightarrow{SP_1}$ wird parallel so verschoben, dass sein Anfangspunkt im Schnittpunkt S der Geraden g und h liegt. Die Spitze des Vektorpfeils $\overrightarrow{SP_1}$ gibt die Lage von P_1 an.

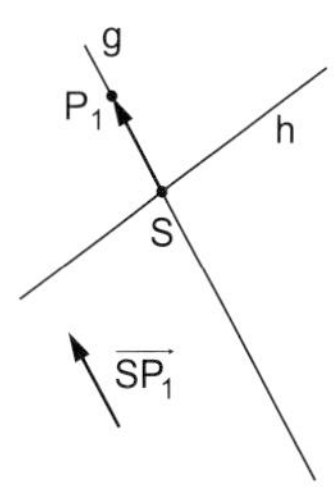

Die Lage des Punktes P_2 kann folgendermaßen ermittelt werden:
Von P_1 aus wird in die Gegenrichtung zu $\overrightarrow{SP_1}$ ein Vektor der vierfachen Länge von $\overrightarrow{SP_1}$ abgetragen.
Damit ist die Vektoraddition $\overrightarrow{OP_1} - 4 \cdot \overrightarrow{SP_1}$ zeichnerisch ausgeführt.
Die Spitze des Vektors $-4 \cdot \overrightarrow{SP_1}$ gibt die Lage von P_2 auf der Geraden g an.

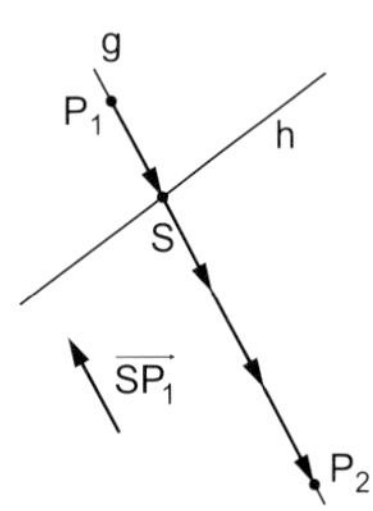

6. a) Die Länge r des Kugelradius ergibt sich aus dem Betrag des Vektors $\overrightarrow{MP}$:

$$\overrightarrow{MP} = \overrightarrow{OP} - \overrightarrow{OM} = \begin{pmatrix} 3 \\ 8 \\ 2 \end{pmatrix} - \begin{pmatrix} 3 \\ 4 \\ 5 \end{pmatrix} = \begin{pmatrix} 0 \\ 4 \\ -3 \end{pmatrix}$$

$|\overrightarrow{MP}| = \sqrt{0^2 + 4^2 + (-3)^2} = \sqrt{25} = 5$

Die Abstände des Punktes M(3 | 4 | 5) zu den Koordinatenebenen lassen sich aus den Koordinaten ablesen:
Der Abstand von M zur yz-Ebene entspricht dem x-Wert von M $\Rightarrow$ $d(M, E_{yz}) = 3 < 5$
Die Kugel berührt die yz-Ebene also nicht, sondern schneidet sie.

Der Abstand von M zur xz-Ebene entspricht dem y-Wert von M $\Rightarrow$ $d(M, E_{xz}) = 4 < 5$
Die Kugel berührt die xz-Ebene also nicht, sondern schneidet sie.

Der Abstand von M zur xy-Ebene entspricht dem z-Wert von M $\Rightarrow$ $d(M, E_{xy}) = 5$
Die Kugel berührt also die xy-Ebene.

Somit berührt die Kugel genau eine der drei Koordinatenebenen, nämlich die xy-Ebene.

b) Der Punkt Q entsteht durch Spiegelung von P an M. Diese Spiegelung lässt sich durch die Vektorgleichung $\overrightarrow{OQ} = \overrightarrow{OP} + 2 \cdot \overrightarrow{PM}$ beschreiben. (Der Vektor $\overrightarrow{PM}$ ist der Gegenvektor von $\overrightarrow{MP}$, der bereits in Teilaufgabe a berechnet wurde.)

$$\overrightarrow{OQ} = \overrightarrow{OP} + 2 \cdot \overrightarrow{PM} = \begin{pmatrix} 3 \\ 8 \\ 2 \end{pmatrix} + 2 \cdot \begin{pmatrix} 0 \\ -4 \\ 3 \end{pmatrix} = \begin{pmatrix} 3 \\ 0 \\ 8 \end{pmatrix}$$

Der Punkt Q hat die Koordinaten $\underline{\underline{Q(3 | 0 | 8)}}$.

7. a) Da alle fünf Sektoren gleich groß sind, ergeben sich folgende Einzelwahrscheinlichkeiten beim einmaligen Drehen des Glücksrades:

$$P(0) = \frac{1}{5},\quad P(1) = \frac{1}{5},\quad P(2) = \frac{1}{5},\quad P(9) = \frac{2}{5}$$

Die Wahrscheinlichkeit für das Erzielen von 2, 0, 1, 9 in dieser Reihenfolge ist dann das Produkt der zugehörigen Einzelwahrscheinlichkeiten.

$$P((2; 0; 1; 9)) = \left(\frac{1}{5}\right)^3 \cdot \frac{2}{5} = \frac{2}{5^4} = \frac{2}{25 \cdot 25} = \underline{\underline{\frac{2}{625}}}$$

b) Übersicht über die möglichen Summen beim zweimaligen Drehen:

+	0	1	2	9
0	0	1	2	9
1	1	2	3	10
2	2	3	4	11
9	9	10	11	18

Es gibt beim zweimaligen Drehen insgesamt $4 \cdot 4 = 16$ mögliche Ergebnisse, von denen drei mindestens die Summe 11 haben. In der Tabelle sind diese drei Felder dunkel gefärbt. Es ist aber zu beachten, dass diese Summen nicht gleich wahrscheinlich sind.
Die Summe 11 ergibt sich durch das Erzielen der Ergebnisse (9; 2) oder (2; 9). Die zugehörigen Wahrscheinlichkeiten sind $P((9; 2)) = \frac{2}{5} \cdot \frac{1}{5} = \frac{2}{25}$ und $P((2; 9)) = \frac{1}{5} \cdot \frac{2}{5} = \frac{2}{25}$.

Die Summe 18 ergibt sich durch das Erzielen des Ergebnisses (9; 9). Dazu gehört die Wahrscheinlichkeit $P((9; 9)) = \frac{2}{5} \cdot \frac{2}{5} = \frac{4}{25}$.

Die Summe dieser Wahrscheinlichkeiten ist:

$P((9;2)) + P((2;9)) + P((9;9)) = \frac{2}{25} + \frac{2}{25} + \frac{4}{25} = \frac{8}{25}$

Die Wahrscheinlichkeit dafür, dass die Summe der erzielten Zahlen beim zweimaligen Drehen mindestens 11 beträgt, ist $\underline{\underline{\frac{8}{25}}}$.

8. a) Durch Zuordnen der Maximalstellen der Graphen ist zu erkennen:
Graph I hat sein Maximum als einziger Graph an der Stelle $x = 7$, also gilt:
$\underline{\underline{\text{Graph I} \rightarrow \mu = 7; \sigma = 3}}$

Die Graphen II und III haben beide ihr Maximum an der Stelle $x = 10$. Eine Entscheidung muss also über die Standardabweichungen bzw. die Entfernung der Wendestellen von den Maximalstellen fallen. Ein genaues Ablesen der Wendestellen ist kaum möglich, aber es ist klar zu erkennen, dass zu Graph III eine größere Standardabweichung gehört als zu Graph II.
Demzufolge gilt:
$\underline{\underline{\text{Graph II} \rightarrow \mu = 10; \sigma = 1}}$ und $\underline{\underline{\text{Graph III} \rightarrow \mu = 10; \sigma = 3}}$

Anmerkung:
Auch ein Vergleich der übereinstimmenden Standardabweichung $\sigma = 3$ bei den Graphen I und III bestätigt diese Zuordnung.

b) Für eine Normalverteilung mit den Parametern $\mu = 18$ und $\sigma = 1$ kann der Graph II um 8 Einheiten nach rechts verschoben werden, da die Maximalstelle bei $x = 18$ liegen soll und die Entfernung der Wendestellen vom Erwartungswert mit denjenigen von Graph II übereinstimmt.

Skizze:

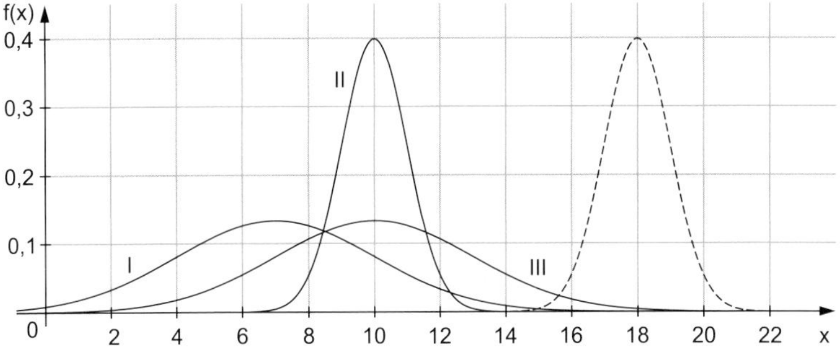

c) Der Erwartungswert μ gibt die Maximalstelle bzw. die Stelle der Symmetrieachse der Glockenkurve an. Wird der Erwartungswert μ größer, so wird der Graph der Dichtefunktion in Richtung der x-Achse nach rechts verschoben.

Anmerkung:
Dies ist auch an der Gleichung der Dichtefunktion zu erkennen:

$$f_{\mu;\sigma}(x) = \frac{1}{\sqrt{2\pi} \cdot \sigma} \cdot e^{-\frac{(x-\mu)^2}{2\sigma^2}}$$

Der Graph einer Funktion $f(x - d)$ geht aus dem Graphen von $f(x)$ immer durch eine Verschiebung um d Einheiten nach rechts entlang der x-Achse hervor.

Kernfach Mathematik (Thüringen): Abiturprüfung 2019
Pflichtaufgabe Teil B: Analysis

Gegeben sind eine Funktion g durch $g(x) = \frac{1}{2e^2} \cdot x^2$ und für jede reelle Zahl t, $t > 0$, eine Funktion f_t durch $f_t(x) = \frac{x^2}{2} \cdot e^{-\frac{x}{t}}$ jeweils mit $x \in \mathbb{R}$.

a) Untersuchen Sie die Graphen von f_t auf lokale Extrempunkte.
Zeigen Sie, dass alle Extrempunkte der Graphen von f_t auf dem Graphen von g liegen. (7 BE)

b) Die Gerade $y = 2$ schneidet die Graphen von f_t.
Bestimmen Sie die Anzahl der Schnittpunkte dieser Geraden mit den Graphen von f_t in Abhängigkeit von t. (4 BE)

c) Die Graphen von f_t und der Graph von g begrenzen jeweils eine Fläche mit dem Flächeninhalt A_t vollständig.
Ermitteln Sie A_t in Abhängigkeit von t.
Bestimmen Sie das Verhältnis der Flächeninhalte bei Verdoppelung von t. (4 BE)

d) Für $t = 2$ bilden der Koordinatenursprung sowie die Punkte $P(u \mid 0)$ und $Q(u \mid f_2(u))$ mit $u > 0$ ein Dreieck.
Berechnen Sie u so, dass der Flächeninhalt dieses Dreiecks maximal ist.
Geben Sie diesen Flächeninhalt an. (5 BE)

Für den Bau einer Skicrossstrecke wird ein Teil der Profillinie durch die Graphen der Funktion g für $-5 \le x \le 0$ als Landungshang nach einem Sprung und der Funktion f_2 für $0 \le x \le 8$ als Gegenhang mit dem anschließenden Übergang in eine Steilkurve modelliert. (x, f(x) und g(x) in Metern)

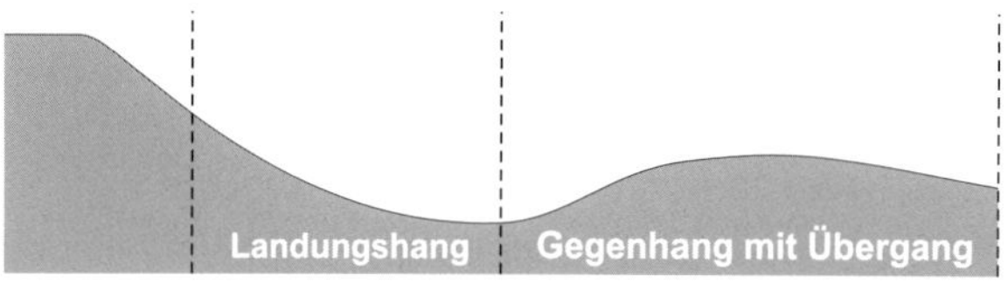

Skizze nicht maßstäblich

e) Begründen Sie, dass der Landungshang knickfrei in den Gegenhang übergeht. (2 BE)

f) Berechnen Sie das größte Gefälle im Landungshang und die größte Steigung im Gegenhang in Prozent. (6 BE)

g) Am Landungshang soll der Landebereich Neigungswinkel von 25° bis 35° gegenüber der Horizontalen annehmen.
Bestimmen Sie das Intervall für x so, dass dieser Landebereich beschrieben wird. (4 BE)

h) Zur Ausleuchtung der Strecke wird an der Stelle, die im Modell $x = 8$ entspricht, ein Mast mit einem Scheinwerfer aufgestellt. Der Scheinwerfer wird zunächst in einer Höhe von zwei Metern über dem Gegenhang montiert und als punktförmige Lichtquelle betrachtet.
Weisen Sie nach, dass der Scheinwerfer in dieser Höhe den tiefsten Punkt des betrachteten Teils der Profillinie nicht ausleuchten kann.
Berechnen Sie die Länge der Strecke, um die der Scheinwerfer mindestens angehoben werden muss, damit ein Lichtstrahl den tiefsten Punkt trifft. (8 BE)

(40 BE)

Hinweise und Tipps

Aufgabe a

Lokale Extrempunkte

- Definieren Sie die Funktion f_t auf Ihrem CAS-Rechner in geeigneter Form, z. B. als f(t, x).
- Bilden Sie die ersten zwei Ableitungsfunktionen von f_t. Notieren Sie deren Gleichungen. Beachten Sie dabei den Hinweis zu dynamischen Definitionen im Kapitel „Hinweise und Tipps zur schriftlichen Abiturprüfung“ in diesem Buch.
- Speichern Sie die Gleichungen der Ableitungsfunktionen unter geeigneten Bezeichnungen auf Ihrem CAS-Rechner ab, damit Sie sie nicht immer wieder eintippen müssen.
- Untersuchen Sie für die Bestimmung der lokalen Extrempunkte jeweils die notwendige und eine hinreichende Bedingung.
- Ermitteln Sie die zugehörigen Funktionswerte und notieren Sie die Koordinaten der lokalen Extrempunkte.
- Die Verwendung der Rechnerbefehle f_{Min} bzw. f_{Max} ist hier nicht angeraten, weil durch das Auftreten des Parameters in der Funktionsgleichung der Rechner diese Befehle nicht immer richtig auswerten und es so zu Fehlinformationen kommen kann.
- Testen Sie Ihr rechnerisches Ergebnis ggf. anhand der grafischen Darstellung für einige Werte des Parameters t.

Nachweis

- Setzen Sie die x-Werte der Extrempunkte in g(x) ein. Was stellen Sie fest?

Aufgabe b

Anzahl der Schnittpunkte

- Nutzen Sie die grafischen Möglichkeiten Ihres CAS, um das Problem zu verstehen.
- Lassen Sie sich für verschiedene Werte des Parameters t die Graphen auf Ihrem CAS-Rechner anzeigen.
- Ein Schieberegler eignet sich dafür besonders gut. Nutzen Sie dazu im Grafikfenster für den Parameter t einen anderen Bezeichner, z. B. a, ansonsten ist der Parameter t mit einem Wert belegt und Sie erhalten später falsche Ergebnisse.
- Denken Sie daran, dass der Parameter positiv sein soll.
- Beachten Sie die besondere Bedeutung des Hochpunktes für die Anzahl der Schnittpunkte.

Aufgabe c

Flächeninhalt

- Verschaffen Sie sich zunächst grafisch einen Überblick über die durch g und f_t begrenzte Fläche.
- Aufpassen: Verwenden Sie im CAS als Bezeichner für die Flächenfunktion in Abhängigkeit von t nicht „a“, falls diese Variable schon belegt ist.
- Bestimmen Sie die Schnittstellen der beiden Funktionen in Abhängigkeit von t.
- Berechnen Sie den Flächeninhalt mithilfe eines bestimmten Integrals. Die Integrationsgrenzen ergeben sich aus den Schnittstellen der beiden Funktionen.
- Definieren Sie eine Funktion für diese Fläche in Abhängigkeit von t.

Verhältnis bei Verdoppelung

- Bestimmen Sie das gesuchte Verhältnis, indem Sie A_{2t} berechnen.

Aufgabe d

Maximaler Flächeninhalt

- Veranschaulichen Sie das Dreieck in einer Skizze.
- Das Dreieck OPQ ist rechtwinklig. Überlegen Sie, wie Sie die Katheten des Dreiecks mithilfe der Funktion f_2 und dem x-Wert u angeben können.
- Definieren Sie eine Funktionsgleichung $A_\Delta(u)$ für den Flächeninhalt des Dreiecks in Abhängigkeit von u. Bestimmen Sie das Maximum der Funktion A_Δ.

Aufgabe e

Knickfreier Übergang

- Zwei Graphen f und g gehen an der Stelle x knickfrei ineinander über, wenn dort ihre Funktionswerte und ihre Anstiege übereinstimmen.

Aufgabe f

Größtes Gefälle/größte Steigung

- Für das größte Gefälle und die größte Steigung sind die lokalen bzw. globalen Extremwerte der Ableitungsfunktionen von f_2 und g im jeweils gegebenen Intervall zu berechnen.
- Die Nullstellen der 2. Ableitung ergeben mögliche Extremstellen der 1. Ableitungsfunktion.
- Die 3. Ableitung an diesen Stellen weist durch ihr Vorzeichen auf die Art der Extrema hin.
- Es können außerdem globale Extrema an den Rändern des Definitionsbereichs existieren, unabhängig von möglichen lokalen Extrema.
- Die Funktionswerte der 1. Ableitung zeigen die Größe des extremalen Anstiegs (Gefälles) an. Beachten Sie, dass diese Werte in Prozent angegeben werden sollen.

Aufgabe g

Intervall

- Der Landungshang wird durch die Funktion g(x) mit $-5 \le x \le 0$ beschrieben.
- Machen Sie sich klar, was unter den Bedingungen der im Intervall $-5 \le x \le 0$ monoton fallenden Funktion g(x) unter einem Neigungswinkel von z. B. 25° gegen die Horizontale im Sachzusammenhang zu verstehen ist.
- Der Neigungswinkel α des Funktionsgraphen von g an einer Stelle x wird über den Wert der 1. Ableitung g'(x) bestimmt. Es gilt $\tan\alpha = g'(x)$.
- Die Werte von g'(x) sind im Bereich $-5 \le x \le 0$ negativ.

Aufgabe h

Nachweis

- Skizzieren Sie den Sachverhalt.
- Der als Punkt anzusehende Scheinwerfer S und der tiefste Punkt T lassen sich durch eine Strecke verbinden, die als mathematisches Modell der Lichtstrahlen angenommen wird.
- Ermitteln Sie die Koordinaten von S (Scheinwerfer) und T (tiefster Punkt).
- Diese Strecke $\overline{ST}$ darf die Profillinie nicht schneiden, wenn der Scheinwerfer S die tiefste Stelle T ausleuchten soll.

Anheben des Scheinwerfers

- Der Scheinwerfer muss mindestens so weit angehoben werden, dass die Strecke $\overline{ST}$ auf einer Tangente bezüglich der Profillinie liegt, falls das möglich ist.

Lösungen

a) **Lokale Extrempunkte**
Die Ableitungsfunktionen der Funktionenschar f_t sind:

$$f_t'(x) = \left(x - \frac{x^2}{2t}\right) \cdot e^{-\frac{x}{t}} \text{ und } f_t''(x) = \frac{(x^2 - 4xt + 2t^2)}{2t^2} \cdot e^{-\frac{x}{t}}$$

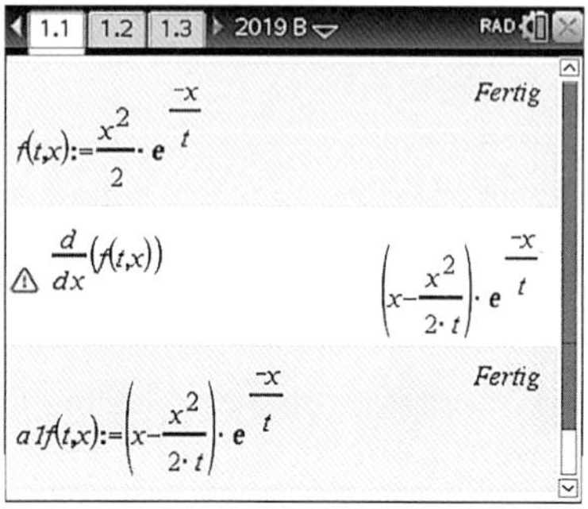

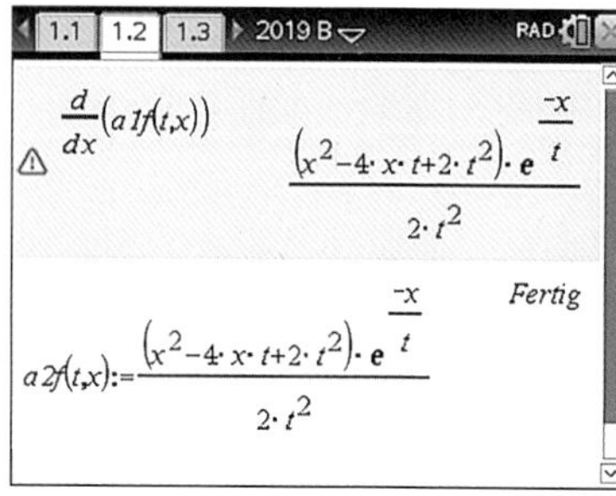

Für die *notwendige Bedingung* werden die Nullstellen der Ableitungsfunktion f_t' bestimmt.
$x = 2t$ und $x = 0$ kommen als mögliche Extremstellen infrage.
Für eine *hinreichende Bedingung* werden die Vorzeichen der 2. Ableitung an diesen Stellen bestimmt:

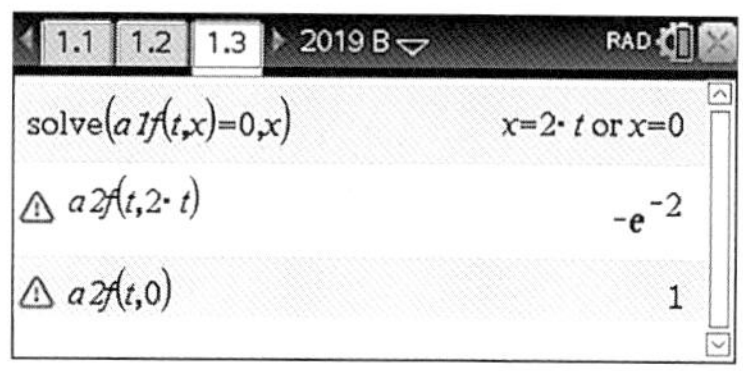

$f_t''(2t) = -e^{-2} < 0 \quad \Rightarrow \quad$ lokales Maximum

$f_t''(0) = 1 > 0 \quad \Rightarrow \quad$ lokales Minimum

Nun werden noch die zugehörigen Funktionswerte berechnet:

$f_t(2t) = 2e^{-2} \cdot t^2$ und $f_t(0) = 0$

Es gibt also einen lokalen Tiefpunkt T sowie einen lokalen Hochpunkt H mit:

$\underline{\underline{T(0\,|\,0)}}$ und $\underline{\underline{H(2t\,|\,2e^{-2} \cdot t)}}$

Nachweis
Um nachzuweisen, dass alle Extrempunkte von f_t auf dem Graphen von g liegen, setzt man z. B. die gefundenen Extremstellen in g ein:

$g(0) = 0 \quad \Rightarrow \quad g(0) = f_t(0)$

$g(2t) = 2e^{-2} \cdot t^2 \quad \Rightarrow \quad g(2t) = f_t(2t)$

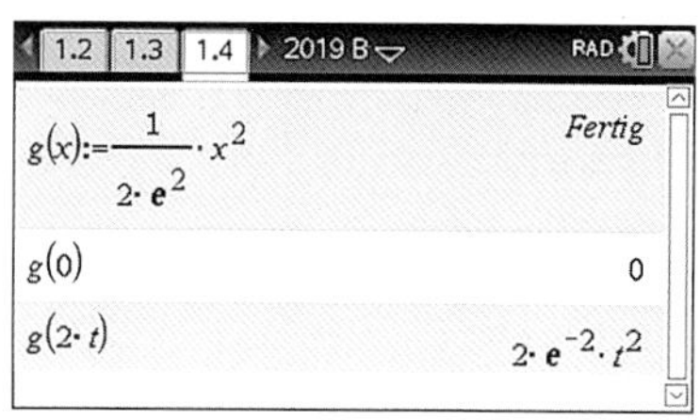

An den Extremstellen von f_t haben die beiden Funktionen g und f_t die gleichen Funktionswerte. Somit liegen alle Extrempunkte von f_t auf dem Graphen von g.

b) **Anzahl der Schnittpunkte**
Mit dem Schieberegler für den Parameter a lassen sich schnell verschiedene Graphen zu f_t erzeugen. Man erkennt, dass für Werte für a unterhalb von ca. 2,5 nur ein Schnittpunkt und für Werte oberhalb von ca. 2,9 drei Schnittpunkte existieren.
Die Vermutung liegt nahe, dass es dazwischen einen Wert geben muss, für den es genau 2 Schnittpunkte gibt. Genau dann, wenn der Funktionswert des Hochpunktes 2 ergibt, existieren nur zwei gemeinsame Punkte.

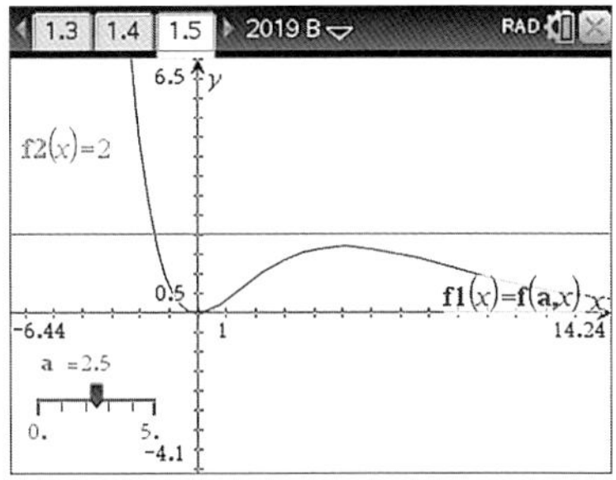

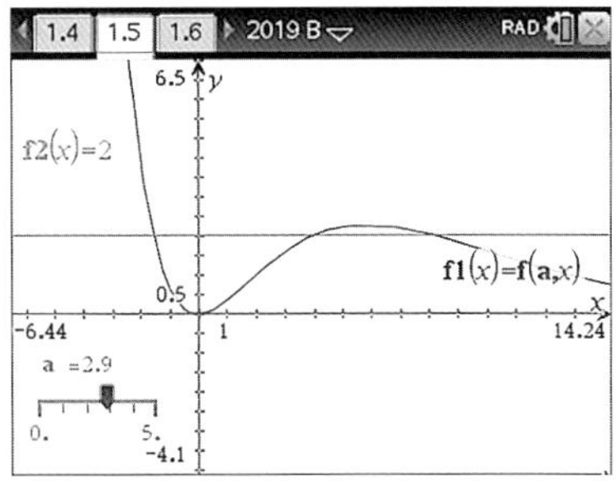

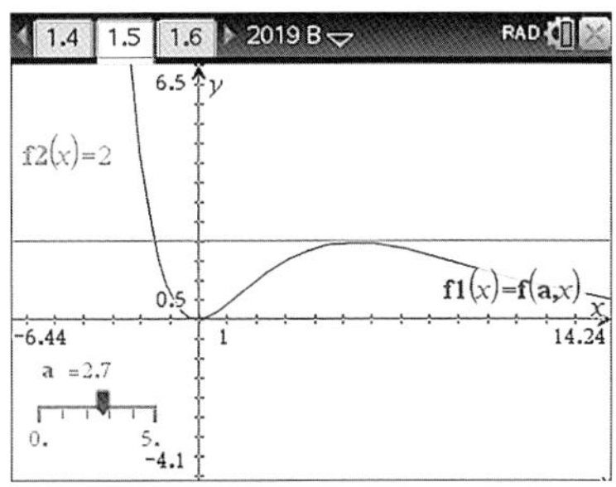

Dies trifft zu, wenn mit $t > 0$ gilt:

$2e^{-2} \cdot t^2 = 2 \;\Rightarrow\; t = e$

Damit folgt insgesamt:

$t < e \;\Rightarrow\;$ 1 Schnittpunkt

$t = e \;\Rightarrow\;$ 2 Schnittpunkte

$t > e \;\Rightarrow\;$ 3 Schnittpunkte

Anmerkung:
Man kann zur Kontrolle die im Grafikfenster ermittelten Werte einsetzen, auch die Vermutung, dass für $t = e$ genau zwei Schnittpunkte existieren, lässt sich so belegen. (Wenn auch der CAS-Rechner hier aufgrund des Näherungsmodus eine Stelle doppelt ausgibt!)

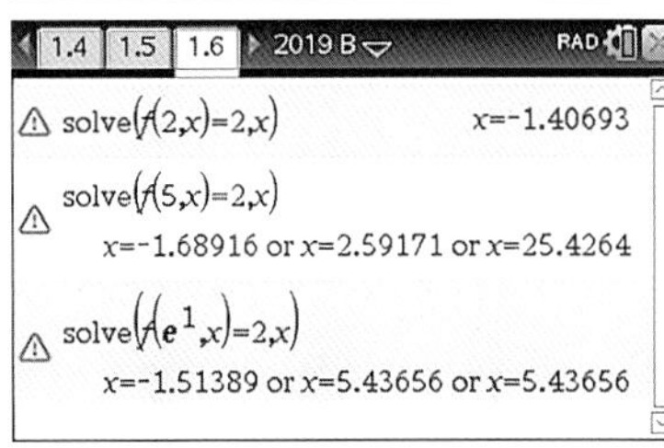

c) **Flächeninhalt**

Die nebenstehende Skizze verdeutlicht:
Das Intervall, in dem sich die eingeschlossene Fläche befindet, ist durch die Schnittstellen der Graphen der beiden Funktionen begrenzt.

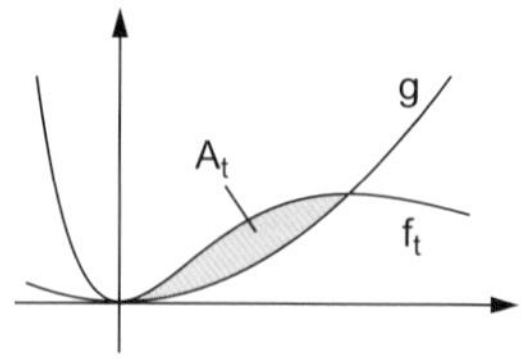

Mit
$f_t(x) = g(x)$
ergeben sich als Schnittstellen $x = 0$ und $x = 2t$.

Anmerkung:
Eigentlich ist mit Blick auf die Teilaufgabe a bereits klar, dass die beiden Schnittpunkte identisch mit den Extrempunkten von f_t sind.

Berechnung der eingeschlossenen Fläche:

$$A_t = A(t) = \int_0^{2t} (f_t(x) - g(x))\,dx = \underline{\underline{\frac{(3e^2 - 19) \cdot t^3}{3 \cdot e^2}}}$$

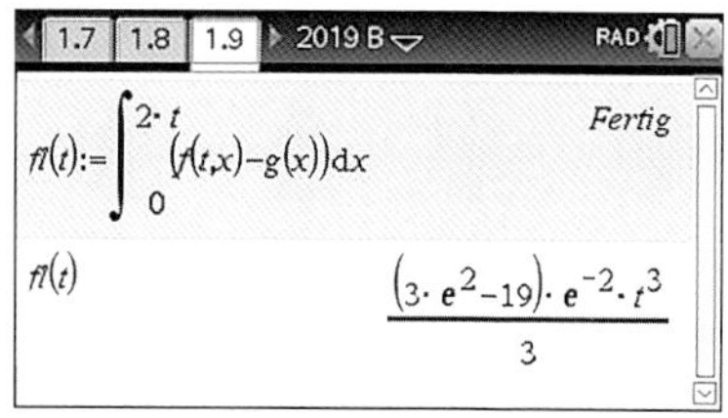

Verhältnis bei Verdoppelung

Das gesuchte Verhältnis bestimmt man mit:

$$\frac{A_{2t}}{A_t} = \underline{\underline{8}}$$

d) **Maximaler Flächeninhalt**

Skizze:

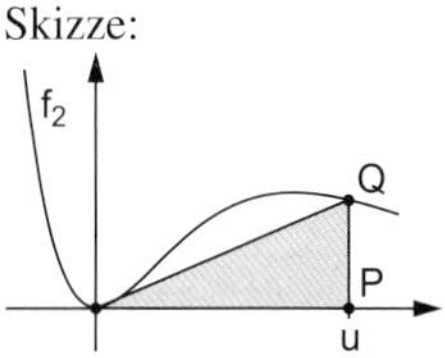

Das Dreieck OPQ ist rechtwinklig mit dem rechten Winkel bei P.
Der Flächeninhalt kann berechnet werden durch:

$$A_\Delta(u) = \frac{1}{2} \cdot \overline{OP} \cdot \overline{PQ} = \frac{1}{2} \cdot u \cdot f_2(u)$$

$$A_\Delta(u) = \frac{u^3 \cdot e^{\frac{-u}{2}}}{4}$$

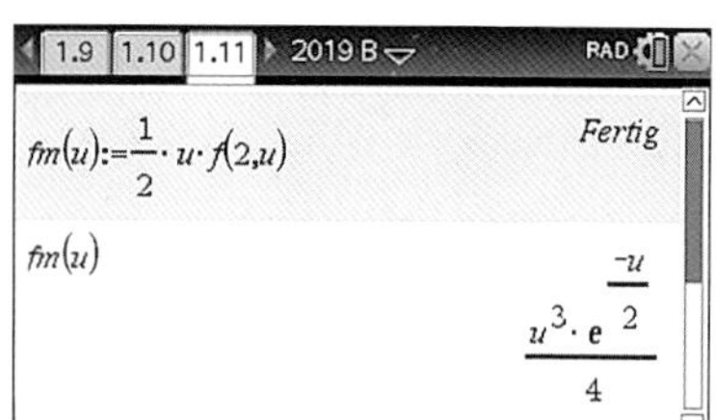

Der größte Flächeninhalt kann bestimmt werden, indem man nach lokalen Maxima sucht. Die 1. und die 2. Ableitungsfunktion werden gebildet:

$$A'_{\Delta}(u) = \left(\frac{3u^2}{4} - \frac{u^3}{8}\right) \cdot e^{-\frac{u}{2}}$$

$$A''_{\Delta}(u) = \frac{u \cdot (u^2 - 12u + 24)}{16} \cdot e^{-\frac{u}{2}}$$

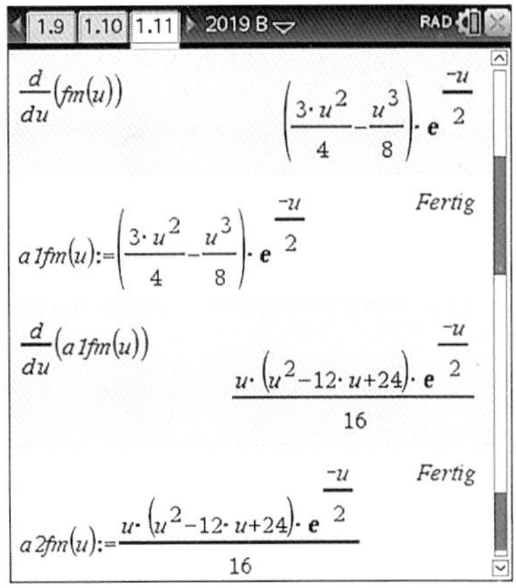

Für die *notwendige Bedingung* werden die Nullstellen von A''_{Δ} bestimmt:
$u = 0$ und $u = 6$ kommen als mögliche Extremstellen infrage.
Jedoch entfällt $u = 0$, da für diesen Wert die gesuchte Fläche gleich 0 ist.
Für eine *hinreichende Bedingung* wird das Vorzeichen der 2. Ableitung für $u = 6$ bestimmt:

$$A''_{\Delta}(6) = -\frac{9 \cdot e^{-3}}{2} < 0 \quad \Rightarrow \quad \text{lokales Maximum}$$

Die maximale Fläche ergibt sich für $u = 6$ zu:

$$A_{\Delta}(6) = 54 \cdot e^{-3} \approx 2{,}69 \text{ FE}$$

Der maximale Flächeninhalt ergibt sich also für $\underline{\underline{u = 6}}$ und beträgt ca. $\underline{\underline{2{,}69 \text{ FE}}}$.

Variante:
Nutzung des Rechnerbefehls fMax().

e) **Knickfreier Übergang**

Zunächst werden die Funktionswerte an der Übergangsstelle verglichen:
Es gilt $f_2(0) = 0$ und $g(0) = 0$.

Genauso wird mit den jeweiligen Ableitungsfunktionen vorgegangen. Die 1. Ableitungsfunktionen von f_2 und g berechnen sich zu:

$$f'_2(x) = \left(x - \frac{x^2}{4}\right) \cdot e^{-\frac{x}{2}}$$

$$g'(x) = e^{-2} \cdot x = \frac{1}{e^2} \cdot x$$

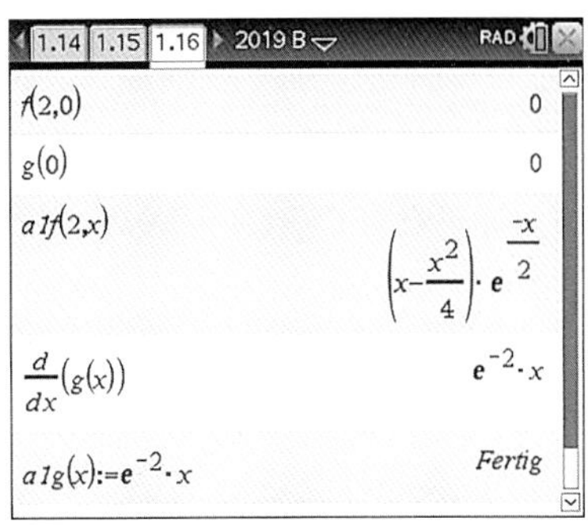

Es gilt $f_2'(0) = 0$ und $g'(0) = 0$.

Da sowohl die Funktionswerte von f_2 und g sowie ihrer Ableitungen an der Stelle $x = 0$ übereinstimmen, gehen die Graphen ohne Knick ineinander über.

f) **Größtes Gefälle/größte Steigung**

Die 1. Ableitungsfunktionen wurden bereits in der vorigen Teilaufgabe verwendet. Die 2. und 3. Ableitungsfunktionen sind:

$$f_2''(x) = \frac{x^2 - 8x + 8}{8} \cdot e^{-\frac{x}{2}}$$

$$g''(x) = e^{-2} = \frac{1}{e^2}$$

$$f_2'''(x) = \frac{-(x^2 - 12x + 24)}{16} \cdot e^{-\frac{x}{2}}$$

$$g'''(x) = 0$$

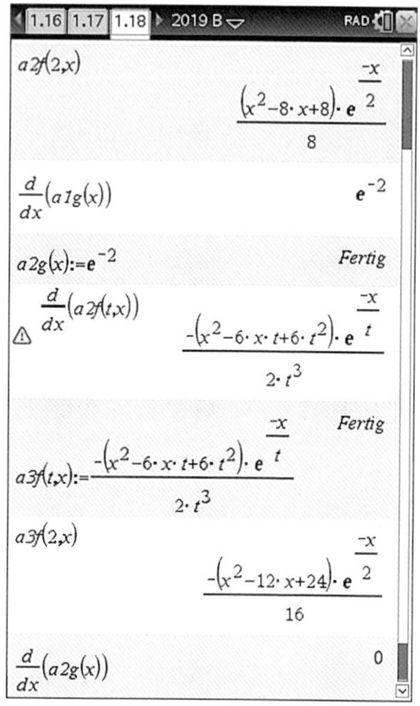

Gegenhang:

Aus der *notwendigen Bedingung* $f_2''(x) = 0$ ergeben sich die Stellen $x \approx 1{,}17$ und $x \approx 6{,}83$ als mögliche Extremstellen der Steigung.

Mit der *hinreichenden Bedingung* ergibt sich:

$f_2'''(1{,}17) \approx -0{,}39 < 0 \quad \Rightarrow \quad$ lokales Maximum

$f_2'''(6{,}83) \approx 0{,}023 > 0 \quad \Rightarrow \quad$ lokales Minimum

Der Funktionswert der 1. Ableitung bei $x = 1{,}17$:

$f_2'(1{,}17) \approx 0{,}46$

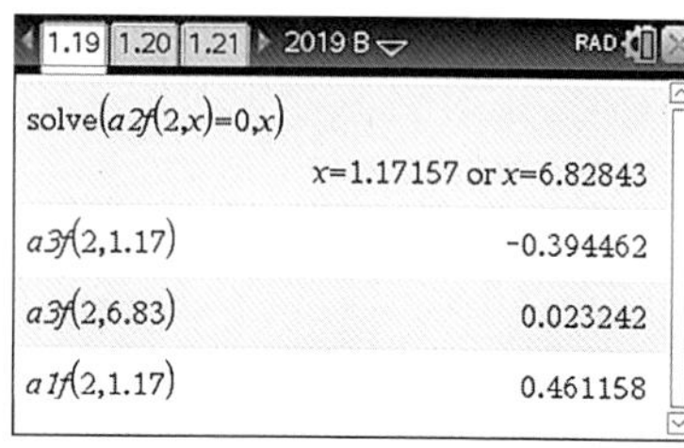

Auf dem Gegenhang ist die Funktion f_2 nur im Intervall $0 \le x \le 4$ monoton steigend. An den Rändern dieses Teilintervalls ist aber die Steigung null, weil dort lokale Extrema von f vorliegen. Deshalb ist der lokale Maximalwert von f' an der Stelle $x = 1{,}17$ auch der globale Maximalwert der Steigung in diesem Intervall.

Die größte Steigung im Gegenhang beträgt also ca. 46 %.

Landungshang:

Notwendige Bedingung: $g''(x) = 0$

Wegen $g''(x) = \frac{1}{e^2} \neq 0$ gibt es keine lokalen Extremstellen des Gefälles.

Es kann also nur ein globales Maximum des Gefälles vorliegen. Dieses kann nur an den Rändern des Definitionsbereiches, also an den Stellen $x = -5$ oder $x = 0$, angenommen werden.

Aus Teilaufgabe e ist bekannt, dass $g'(0) = 0$ gilt.

An der Stelle $x = -5$ gilt $g'(-5) = \frac{-5}{e^2} \approx -0{,}68$.

Das negative Vorzeichen deutet auf das Gefälle hin. Das größte Gefälle im Landungshang bei $x = -5$ beträgt ca. 68 %.

Hinweis:
Eine zeichnerische Selbstkontrolle ist möglich. Dazu wird die Profillinie grafisch dargestellt. Unter <Graph analysieren> und <dy/dx> wird dann ein Punkt auf den Graphen gelegt, für den der Anstieg an der jeweiligen Stelle x angezeigt wird.

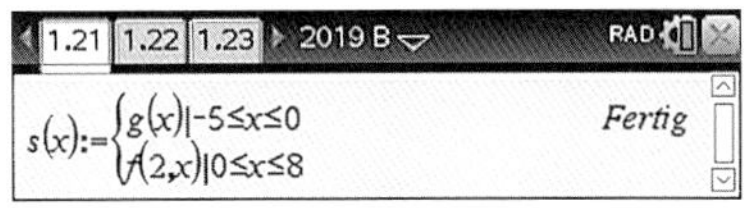

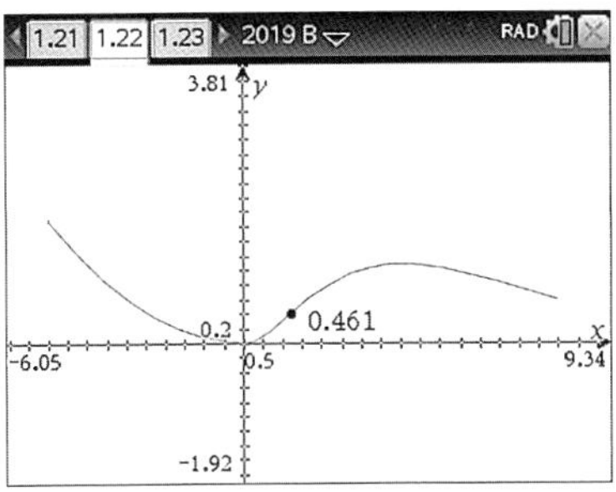

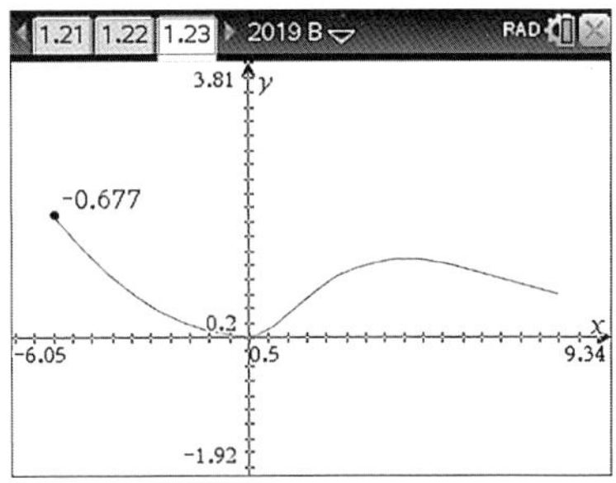

g) **Intervall**

Vorbemerkung:
Die nebenstehende Zeichnung macht deutlich, dass unter dem Neigungswinkel gegenüber der Horizontalen mit positivem Gradmaß der Nebenwinkel des Schnittwinkels der zugehörigen Tangente mit der x-Achse zu verstehen ist.

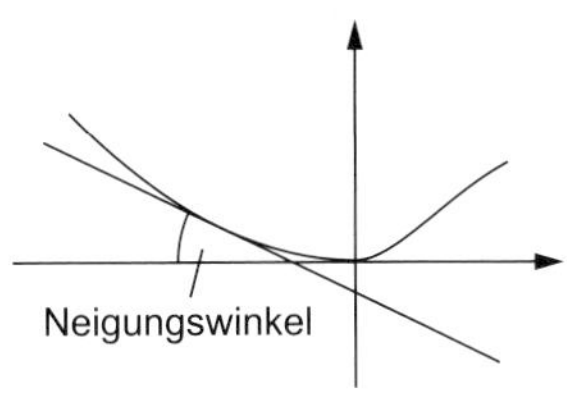

Es müssen also für eine rechnerische Ermittlung der Bereichsgrenzen die Werte von $\tan(180° - 25°)$ und $\tan(180° - 35°)$ beachtet werden:

$\tan(155°) \approx -0{,}466$

$\tan(145°) \approx -0{,}700$

Die Lösungen der Ungleichung
$-0{,}700 \le g'(x) \le -0{,}466$ im Intervall $-5 \le x \le 0$
sind zu ermitteln:

$-0{,}700 \le \frac{x}{e^2} \le -0{,}466$ mit $-5 \le x \le 0$

führt direkt zu $\underline{\underline{-5 \le x \le -3{,}44}}$.

In diesem Bereich nimmt der Landungshang Neigungswinkel von 25° bis 35° an.

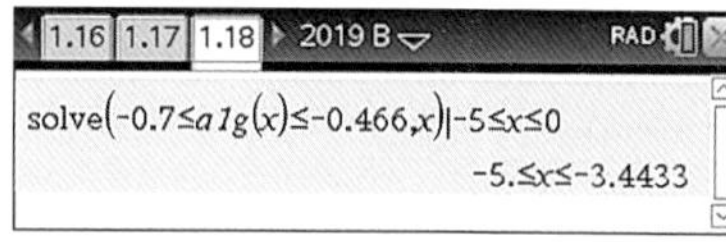

Alternative 1:
Der Graph von g hat den Anstieg –0,7 an der Stelle $x \approx -5{,}17$, also außerhalb des Intervalls $-5 \le x \le 0$.
Deshalb kommt nur die linke Grenze $x = -5$ des Intervalls $-5 \le x \le 0$ als linke Grenze des gesuchten Bereiches infrage. Diese Überlegung muss man anstellen, wenn die Grenzen als Lösungen der Gleichungen $g'(x) = \tan(145°)$ und $g'(x) = \tan(155°)$ berechnet werden.

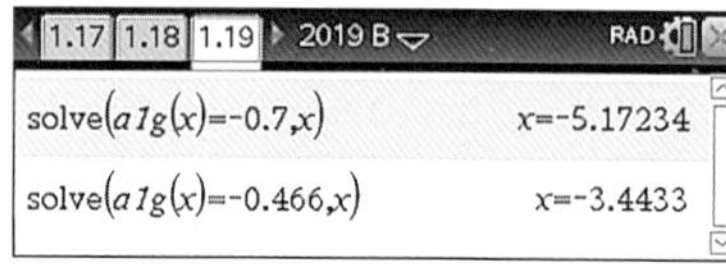

Alternative 2 (grafisch):
Die dargestellte Konstruktion mithilfe des Grafikfensters des CAS-Rechners lässt durch Verschieben des Punktes auf dem Graphen von g auch die Ermittlung der Stellen für die Neigungswinkel 25° und 35° zu.

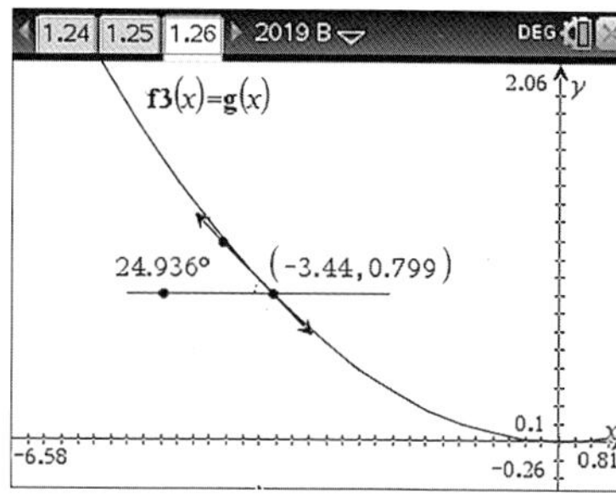

h) **Nachweis**
Die x-Koordinate des Scheinwerfers ist $s_x = 8$.
Die y-Koordinate ergibt sich durch:

$$s_y = f_2(8) + 2$$

$$= \frac{8^2}{2} \cdot e^{-\frac{8}{2}} + 2 \approx 2{,}59$$

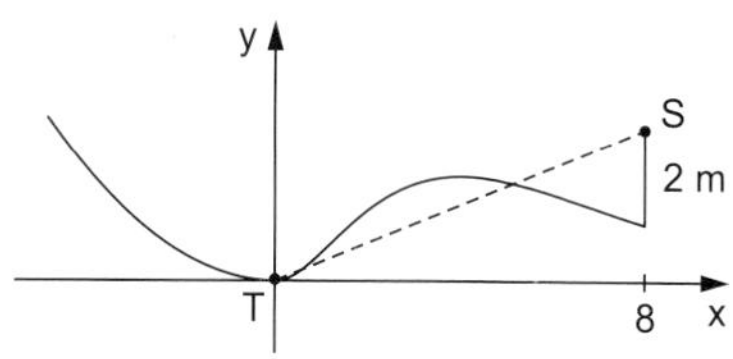

Der Scheinwerfer hat die Koordinaten S(8 | 2,59), der tiefste Punkt liegt im Ursprung, also T(0 | 0).

Die Strecke $\overline{ST}$ liegt auf einer Geraden s durch den Ursprung T, deren Anstieg m sich aus den Koordinaten von S ergibt:

$$m = \frac{s_y}{s_x} \approx \frac{2{,}59}{8} \approx 0{,}324$$

Die Gleichung von s lautet damit näherungsweise $s(x) = 0{,}324x$.

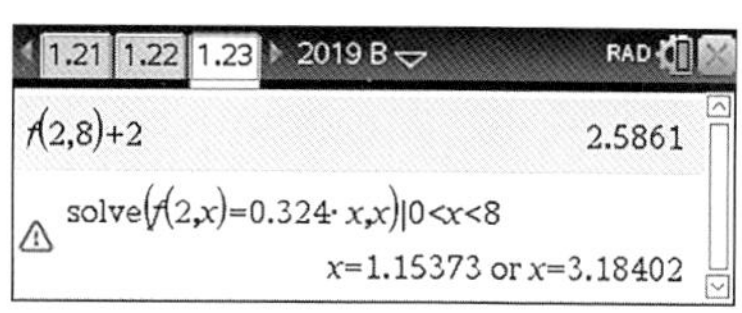

Durch Gleichsetzen der Funktionsterme von f_2 und s wird überprüft, ob im Intervall $0 < x < 8$ Schnittpunkte existieren:

$$\frac{x^2}{2} \cdot e^{-\frac{x}{2}} = 0{,}324x$$

Für $0 < x < 8$ existieren zwei Schnittstellen $x_1 \approx 1{,}15$ und $x_2 \approx 3{,}18$.

Damit ist gezeigt, dass von der Position S(8 | 2,59) aus der Punkt T(0 | 0) nicht ausgeleuchtet werden kann.

Anheben des Scheinwerfers

Der Scheinwerfer S muss in einem Punkt S* mindestens so weit senkrecht nach oben angehoben werden, dass die Gerade s* durch die Punkte T und S* eine Tangente an den Graphen von f_2 im Intervall $0 < x < 8$ ist.

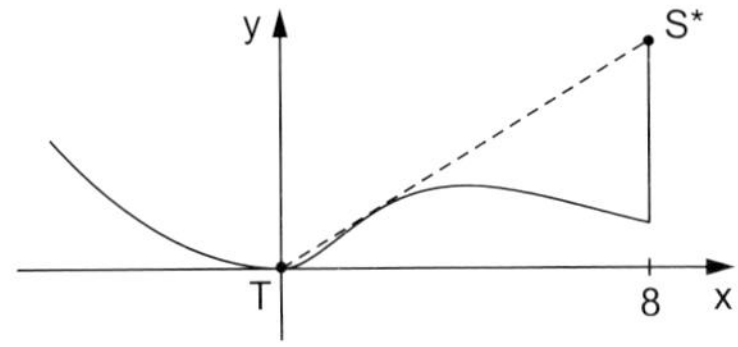

Eine solche Tangente hat den Anstieg m* für die Berührstelle x:

$$m^* = f_2'(x) = \left(x - \frac{x^2}{4}\right) \cdot e^{-\frac{x}{2}}$$

Andererseits ist die Tangente, da sie durch T(0 | 0) gehen muss, eine Ursprungsgerade mit der Gleichung $y = s^*(x) = m^* \cdot x = f_2'(x) \cdot x$. Für einen Berührpunkt von Tangente und Graph müssen auch die Funktionswerte an der Berührstelle x* übereinstimmen, also muss die Gleichung $f_2(x) = f_2'(x) \cdot x$ nach x gelöst werden:

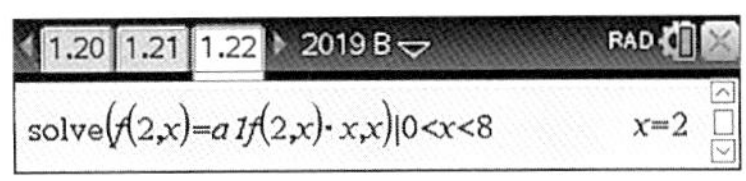

$$\frac{x^2}{2} \cdot e^{-\frac{x}{2}} = \left(x - \frac{x^2}{4}\right) \cdot e^{-\frac{x}{2}} \cdot x$$

mit $0 < x < 8$ führt zu $x = 2$.

Die Tangente s*(x) hat mit dem Graphen von f_2 (nur) die Stelle $x = 2$ gemeinsam. Dies ist die gesuchte Berührstelle.

Mit $m^* = f_2'(2) = \left(2 - \frac{2^2}{4}\right) \cdot e^{-\frac{2}{2}}$ ergibt sich nun der Anstieg der Tangente zu $m^* = \frac{1}{e}$.

Die Gleichung der Tangente ist damit:

$$s^*(x) = \frac{1}{e} \cdot x$$

An der Stelle $x = 8$ hat die Tangente den Funktionswert $s^*(8) = \frac{1}{e} \cdot 8 \approx 2{,}94$.

Der Scheinwerfer muss also mindestens um 2,94 m − 2,59 m = 0,35 m angehoben werden.

Kernfach Mathematik (Thüringen): Abiturprüfung 2019
Wahlaufgabe C1: Schwerpunkt Geometrie

1. Ein Logistikunternehmen testet auf einer Strecke zwischen Festland und einer Insel die Paketzustellung mithilfe eines Flugkörpers, einer sogenannten Drohne. In einem kartesischen Koordinatensystem wird das horizontale Gelände, über dem sich die Drohne bewegt, modellhaft durch die xy-Ebene dargestellt, die Lage des Startplatzes durch den Punkt $S(7\,320\,|\,-1\,750\,|\,0)$ und die Lage des regulären Landeplatzes durch den Punkt $L(-990\,|\,6\,990\,|\,0)$.
Eine Längeneinheit im Koordinatensystem entspricht einem Meter in der Realität.

Die Drohne soll über dem Startplatz zunächst vertikal aufsteigen, bis sie eine Höhe von 50 m erreicht hat, und anschließend geradlinig in konstanter Höhe und mit konstanter Geschwindigkeit in die Richtung des Landeplatzes fliegen.

a) Begründen Sie, dass die vorgesehene horizontale Flugbahn der Drohne im Modell entlang der Gerade g: $\vec{x} = \begin{pmatrix} 7\,320 \\ -1\,750 \\ 50 \end{pmatrix} + r \cdot \begin{pmatrix} -8\,310 \\ 8\,740 \\ 0 \end{pmatrix}$ mit $r \in \mathbb{R}$ verläuft. (2 BE)

100 Sekunden nachdem die Drohne die Höhe von 50 m erreicht hat, wird ihre Position durch den Punkt $P(6\,489\,|\,-876\,|\,50)$ dargestellt.

b) Zeigen Sie, dass sich die Drohne auf der vorgesehenen Flugbahn befindet. Bestimmen Sie die Koordinaten des Punkts, der die Position der Drohne nach weiteren 200 Sekunden Flugzeit auf der vorgesehenen Flugbahn darstellt. (3 BE)

c) Bestimmen Sie die Geschwindigkeit der Drohne während des horizontalen Flugs. (2 BE)

Die Drohne soll ihren Weg zum Landeplatz selbstständig zurücklegen können. Während der Testphase wird ihr Flug von einer Bodenstation aus überwacht und die Flugbahn bei Bedarf korrigiert. Die Position der Bodenstation wird durch den Punkt $B(0\,|\,0\,|\,0)$ dargestellt, ihre Reichweite beträgt 6 000 m.

d) Weisen Sie nach, dass sich die Drohne auf dem horizontalen Teil der vorgesehenen Flugbahn über eine Strecke von mehr als 8,5 km innerhalb der Reichweite der Bodenstation befindet. (5 BE)

Einer Korrektur der Bodenstation folgend, weicht die Drohne im Modell im Punkt $Q(3\,996\,|\,1\,746\,|\,50)$ von der vorgesehenen Flugbahn ab und bewegt sich mit einer Geschwindigkeit von $5\,\frac{m}{s}$ geradlinig auf einen Ausweichlandeplatz zu, der durch den Punkt $A(4\,050\,|\,1\,810\,|\,0)$ dargestellt wird.

e) Bestimmen Sie die Größe des Neigungswinkels der Flugbahn gegenüber dem Gelände beim Anflug auf den Ausweichlandeplatz. (3 BE)

f) Berechnen Sie, um wie viel Meter sich die Flughöhe pro Sekunde verringert. (3 BE)

Nach der Landung auf dem Ausweichplatz steuert die Drohne eine Position an, die sich in einer Höhe von 50 m befindet und vom Startplatz, vom regulären Landeplatz und von der Bodenstation gleich weit entfernt ist. Diese Position wird durch den Punkt R beschrieben.

g) Die Ebene E enthält alle Punkte, die von S und L den gleichen Abstand haben.
Bestimmen Sie eine Gleichung von E in Koordinatenform. (3 BE)

h) Übernehmen Sie die Darstellung und stellen Sie die Ebene E dar.

Beschreiben Sie ein Verfahren, mit dem unter Verwendung der Abbildung die Koordinaten von R ermittelt werden könnten.

Veranschaulichen Sie das Verfahren in Ihrer Darstellung.

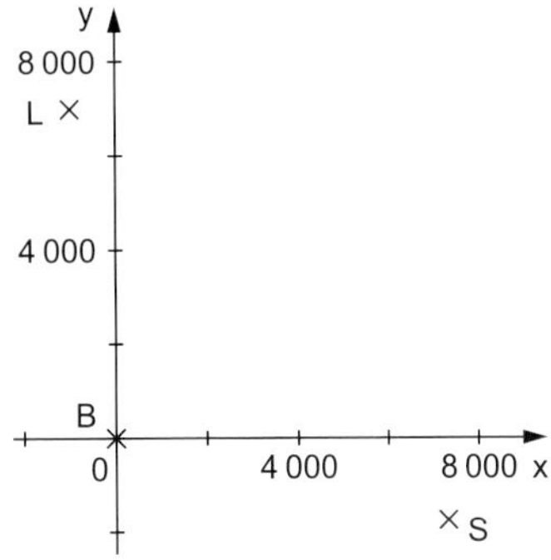

(4 BE)

2. An einem Kiosk kann man Rubbellose kaufen. Ein Los besteht aus insgesamt 16 Feldern. Auf jedem Feld steht genau eine Zahl. Auf acht Feldern steht 0, auf vier Feldern 1 und auf den restlichen vier Feldern steht die Zahl 5. Die Zahlen sind zufällig auf die Felder verteilt und werden erst nach dem Freirubbeln sichtbar. Der Käufer eines Loses darf genau zwei Felder freirubbeln (siehe Abbildung).
Der Auszahlungsbetrag in Euro ergibt sich aus dem Produkt der beiden sichtbaren Zahlen.

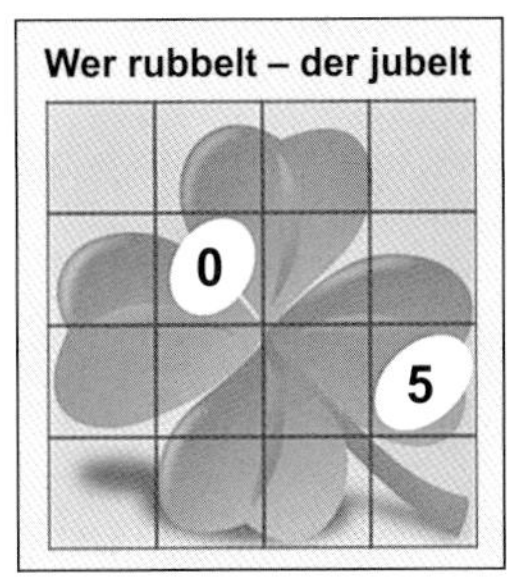

a) Eine Frau kauft ein Rubbellos und rubbelt genau zwei Felder frei.
Ermitteln Sie die Wahrscheinlichkeiten folgender Ereignisse:
A := „Die Frau rubbelt zuerst ein Feld frei, das keine 0 anzeigt."
B := „Der Frau werden 25 € ausgezahlt." (2 BE)

b) Ein Mann kauft 20 Lose.
Berechnen Sie die Wahrscheinlichkeiten folgender Ereignisse:
C := „Der Mann erhält genau einmal 25 €."
D := „Der Mann erhält mindestens fünfmal 25 €." (4 BE)

c) Weisen Sie nach, dass die Wahrscheinlichkeit, mit der ein Kunde beim Kauf eines Rubbelloses mindestens einen Betrag von 5 € ausgezahlt bekommt, $\frac{11}{60}$ beträgt.
Bestimmen Sie die Anzahl der Lose, die er mindestens kaufen muss, um mit einer Wahrscheinlichkeit von mindestens 95 % mindestens einmal einen Betrag von mindestens 5 € ausgezahlt zu bekommen. (5 BE)

* d) Der Kioskbesitzer behauptet, dass 10 % seiner Kunden Loskäufer sind.
Ein Schüler, der als Aushilfe im Kiosk arbeitet, bezweifelt die Aussage des Kioskbesitzers.
Mithilfe eines zweiseitigen Signifikanztests vom Umfang $n = 250$ und einem Signifikanzniveau von 5 % will er die Hypothese (H_0: $p_0 = 0{,}1$) testen.
Ermitteln Sie den Verwerfungsbereich des Tests.
Unter den nächsten 250 Kunden zählt er 17 Loskäufer.
Beurteilen Sie anhand Ihres Ergebnisses die Zweifel des Schülers. (4 BE)

(40 BE)

Hinweise und Tipps

Aufgabe 1 a

Begründung

- Um die wiederholte Eingabe der umfangreichen Punktkoordinaten zu vermeiden, ist es sinnvoll, die Ortsvektoren der Punkte unter geeigneten Variablen zu speichern.
- Für die Begründung des Modells der Flugbahn prüfen Sie, ob die Geradengleichung einen geeigneten Stützvektor und Richtungsvektor enthält.
- Beachten Sie dabei sowohl die Höhe der Flugbahn als auch die im Text angegebene Richtung.

Aufgabe 1 b

Nachweis: P auf Flugbahn

- Falls noch nicht erledigt, speichern Sie die Gleichung der Geraden g als Funktion des Parameters r.
- Führen Sie eine Punktprobe durch, um zu zeigen, dass P auf g liegt.

Koordinaten nach weiteren 200 s

- Ermitteln Sie mit dem für P benötigten Parameterwert für den Ort der Drohne nach 100 s den Parameterwert, den man benötigt, um herauszufinden, wo sich die Drohne nach **weiteren** 200 s (also nach insgesamt 300 s Flugzeit) befindet.
- Wie im Aufgabentext beschrieben, kann von einer konstanten Geschwindigkeit ausgegangen werden.

Aufgabe 1 c

Geschwindigkeit

- Da es sich um einen Flug mit konstanter Geschwindigkeit handelt, kann v durch $v = \frac{\Delta s}{\Delta t}$ berechnet werden.
- Für zwei Strecken sind die Flugzeiten bekannt. Wählen Sie eine davon aus, berechnen Sie die zugehörige Streckenlänge und damit die Geschwindigkeit.
- Beachten Sie die Angabe von Einheiten.

* Der Aufgabenteil d ist ab der Abiturprüfung 2021 nicht mehr relevant.

Aufgabe 1 d

Nachweis

- Untersuchen Sie, für welche Werte des Parameters r der Geradengleichung die Punkte der Gerade g höchstens 6 000 m entfernt sind.
- Weisen Sie nach, dass die Entfernung dieser Geradenpunkte größer als 8,5 km ist.

Aufgabe 1 e

Neigungswinkel

- Der Punkt Q liegt in der Höhe von 50 m, der Punkt A in der xy-Ebene, also in der Höhe 0 m.
- Die Projektion des Punktes Q in die xy-Ebene ist der Punkt Q_1. Welche Koordinaten hat Q_1?
- Im rechtwinkligen Dreieck AQ_1Q kann der Winkel mithilfe einer trigonometrischen Beziehung berechnet werden. Achten Sie darauf, den Winkel im Gradmaß anzugeben.
- Machen Sie sich den Sachverhalt ggf. an einer Skizze klar.
- Berechnen Sie die zur Winkelberechnung nötigen Streckenlängen als Beträge der zugehörigen Vektoren.

Aufgabe 1 f

Änderung der Flughöhe

- Berechnen Sie die Flugzeit für das Durchfliegen der Strecke $\overline{AQ}$.
- Berücksichtigen Sie zur Berechnung der gesuchten Größe den in dieser Zeit zu überwindenden Höhenunterschied.

Aufgabe 1 g

Koordinatenform der Ebene

- Wenn alle Punkte der Ebene E gleich weit von S und L entfernt sein sollen, dann muss E senkrecht auf $\overline{LS}$ stehen und den Mittelpunkt M der Strecke $\overline{LS}$ enthalten.
- Berechnen Sie die Koordinaten des Mittelpunktes M.

Aufgabe 1 h

Darstellung der Ebene

- Die Zeichnung zeigt eine Darstellung des Sachverhaltes als Draufsicht, also als eine senkrechte Parallelprojektion in die xy-Ebene.
- Die Ebene steht senkrecht auf der xy-Ebene und kann deshalb nur als Strecke dargestellt werden.
- Verwenden Sie die in der Aufgabenstellung genannten Eigenschaften, um diese Strecke zu zeichnen.
- Verwenden Sie Eigenschaften der Mittelsenkrechten einer Strecke, um eine Beschreibung für das gesuchte Verfahren zu finden.
- Eine Angabe der Koordinaten ist nicht verlangt. Man muss das beschriebene Verfahren also nicht selbst realisieren.

Aufgabe 2a

Wahrscheinlichkeiten der Ereignisse A und B

- Beachten Sie, dass das Freirubbeln von Feldern zum Urnenmodell „Ziehen ohne Zurücklegen" passt.
- Erstellen Sie ein Baumdiagramm.
- Suchen Sie die Pfade, die für die beschriebenen Ereignisse A und B relevant sind.
- Ermitteln Sie mit den Pfadregeln die gesuchten Wahrscheinlichkeiten.

Aufgabe 2b

Wahrscheinlichkeiten der Ereignisse C und D

- Überlegen Sie, welche Art von Wahrscheinlichkeitsverteilung infrage kommt.
- Legen Sie die Länge n der Bernoulli-Kette sowie die Trefferwahrscheinlichkeit p fest.
- Legen Sie fest, welche Trefferanzahlen bei den Ereignissen B und C infrage kommen und bestimmen Sie die zugehörigen Wahrscheinlichkeiten.

Aufgabe 2c

Nachweis

- Überlegen Sie, welche Felder freigerubbelt werden müssen, damit ein Betrag von mindestens 5 Euro ausgezahlt wird.
- Nutzen Sie dazu ggf. das Baumdiagramm von Teilaufgabe 2a.

Anzahl der Lose

- Die „Dreimal-Mindestens-Aufgabe" lässt sich am einfachsten über die Gegenwahrscheinlichkeit lösen.

Aufgabe 2d

Verwerfungsbereich

- Beachten Sie, dass beim zweiseitigen Signifikanztest die Irrtumswahrscheinlichkeit hälftig auf den links- und rechtsseitigen Verwerfungsbereich aufgeteilt wird.
- Ermitteln Sie die Grenzen des links- und des rechtsseitigen Verwerfungsbereichs.

Zweifel des Schülers

- Stellen Sie fest, ob das Ergebnis der Stichprobe im Verwerfungsbereich liegt und schlussfolgern Sie daraus, ob die Zweifel des Schülers berechtigt sind.

Lösungen

1. a) **Begründung**

Die Geradengleichung

$$g:\ \vec{x} = \begin{pmatrix} 7\,320 \\ -1\,750 \\ 50 \end{pmatrix} + r \cdot \begin{pmatrix} -8\,310 \\ 8\,740 \\ 0 \end{pmatrix} \text{ mit } r \in \mathbb{R}$$

ist deshalb als Modell der horizontalen Flugbahn geeignet, weil der durch den Stützvektor $\begin{pmatrix} 7\,320 \\ -1\,750 \\ 50 \end{pmatrix}$ beschriebene feste Punkt von g genau 50 m über dem Startpunkt S liegt und weil der Richtungsvektor $\begin{pmatrix} -8\,310 \\ 8\,740 \\ 0 \end{pmatrix}$ dem Differenzvektor $\overrightarrow{SL} = \overrightarrow{OL} - \overrightarrow{OS}$ entspricht, also die Richtung vom Start- zum Landepunkt modelliert. Damit verläuft g konstant in 50 m Höhe über der gedachten Strecke $\overline{SL}$.

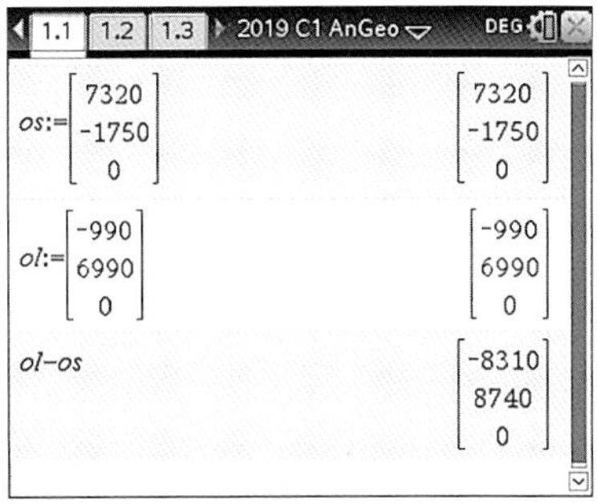

Alternative:

Es kann auch mit Punktproben gezeigt werden, dass die beiden Punkte

S*(7 320 | −1 750 | 50) und

L*(−990 | 6 990 | 50),

die jeweils 50 m oberhalb des Start- und des Landepunktes liegen, auf der Geraden g liegen.

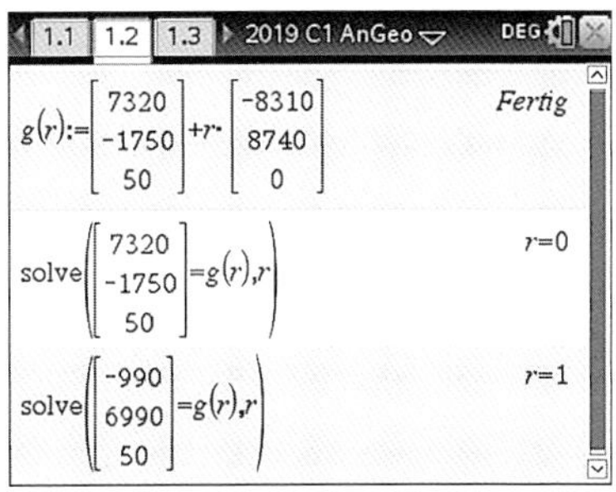

b) **Nachweis: P liegt auf Flugbahn**

Das Gleichungssystem, das aus dem Gleichsetzen des Ortsvektors von P und der Geradengleichung entsteht, wird gelöst:

$$\begin{pmatrix} 6\,489 \\ -876 \\ 50 \end{pmatrix} = \begin{pmatrix} 7\,320 \\ -1\,750 \\ 50 \end{pmatrix} + r \cdot \begin{pmatrix} -8\,310 \\ 8\,740 \\ 0 \end{pmatrix}$$

Das Gleichungssystem hat die eindeutige Lösung $r = \frac{1}{10}$.

Damit ist gezeigt, dass P ein Punkt auf der Geraden g ist.

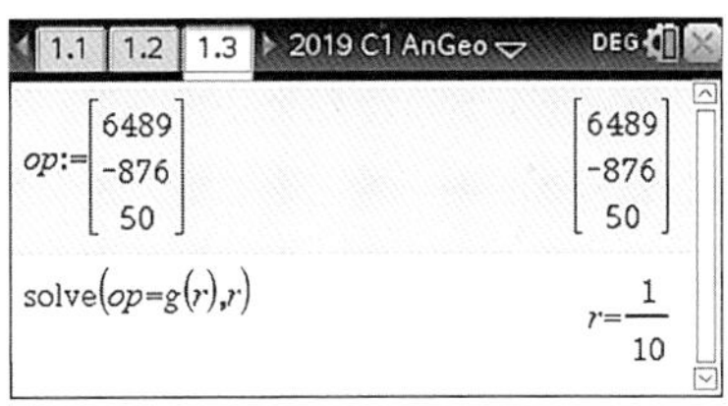

Koordinaten nach weiteren 200 s

Um die Position T der Drohne nach weiteren 200 s (also insgesamt 300 s nach dem Start) zu bestimmen, wird der Parameterwert $r = 3 \cdot \frac{1}{10} = \frac{3}{10}$ in die Geradengleichung eingesetzt.

Der Punkt, der nach weiteren 200 s Flugzeit erreicht wird, hat die Koordinaten $\underline{\underline{T(4\,827 \mid 872 \mid 50)}}$.

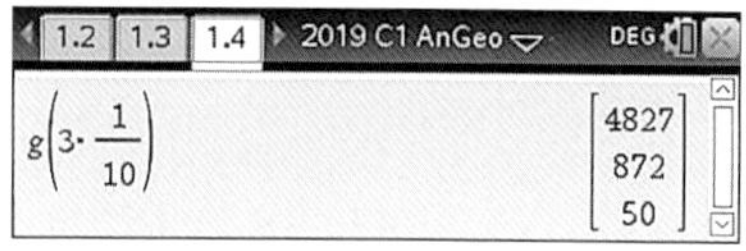

c) **Geschwindigkeit**

Der Betrag des Vektors $\overrightarrow{S^*P}$ mit $S^*(7\,320 \mid -1\,750 \mid 50)$ gibt die Länge der Strecke $\overline{S^*P}$ an. Diese Strecke wird nach den Angaben der Aufgabe in 100 s zurückgelegt.

$|\overrightarrow{S^*P}| = 1\,206{,}00 \text{ m}$

Geschwindigkeit:

$$v = \frac{|\overrightarrow{S^*P}|}{100 \text{ s}} \approx \underline{\underline{12 \frac{\text{m}}{\text{s}}}}$$

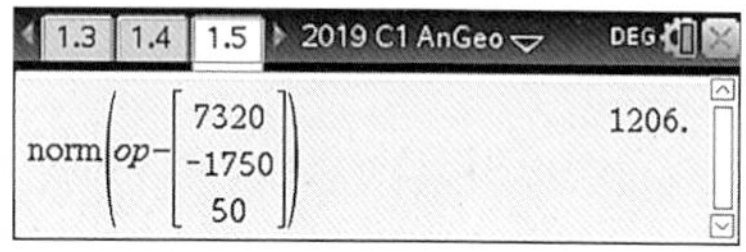

Alternative:

Selbstverständlich kann die Geschwindigkeit auch mithilfe der Länge der Strecke $\overline{S^*T}$ und der Flugzeit 300 s berechnet werden.

d) **Nachweis**

Die Lösungen der Gleichung

$|g(r) - \overrightarrow{OB}| = 6\,000$

ergeben die Parameterwerte $r \approx 0{,}887$ und $r \approx 0{,}160$.

Da g eine Gerade ist, folgt daraus:

$|g(r) - \overrightarrow{OB}| \leq 6\,000$ für $r \in [0{,}16; 0{,}887]$

Damit ergeben sich die beiden Geradenpunkte:

$G_{0,16}(5\,990{,}4 \mid -351{,}6 \mid 50)$ und

$G_{0,887}(-50{,}97 \mid 6\,002{,}38 \mid 50)$

Der Betrag der Strecke $\overline{G_{0,16}G_{0,887}}$ beträgt 8 767,62 m und ist damit größer als 8,5 km.

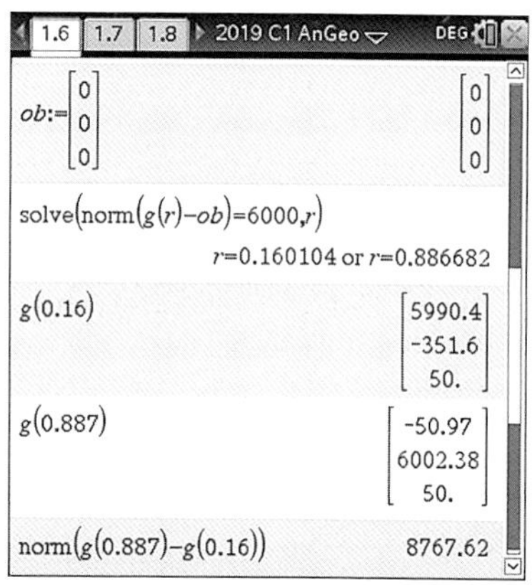

Hinweis:

Bei Verwendung des CAS ist die Berechnung der beiden Geradenpunkte $G_{0,16}$ und $G_{0,887}$ nicht notwendig, denn die Länge der Strecke kann direkt als Betrag des zugehörigen Vektors berechnet werden (siehe letzte Zeile des nebenstehenden Screenshots).

Alternative:
Der Nachweis kann auch geometrisch geführt werden, indem man eine maßstabgerechte Zeichnung (Draufsicht des Sachverhaltes) verwendet. Vorgehen:

- Eintragen der Punkte L und S im Grafikfenster
- Kreis mit Radius 6 000 um den Ursprung (Bodenstation B) zeichnen
- Schnittpunkte des Kreises mit der Strecke $\overline{LS}$ ermitteln und den Abstand dieser Punkte messen (Es ergibt sich näherungsweise der berechnete Wert.)

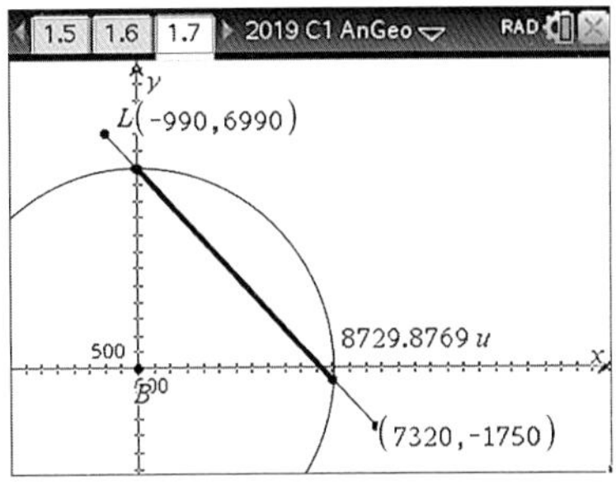

e) **Neigungswinkel**
Es wird zusätzlich zu A und Q noch ein dritter Punkt $Q_1(3\,996\,|\,1\,746\,|\,0)$ definiert, der sich senkrecht unterhalb von Q auf dem horizontalen Gelände befindet.

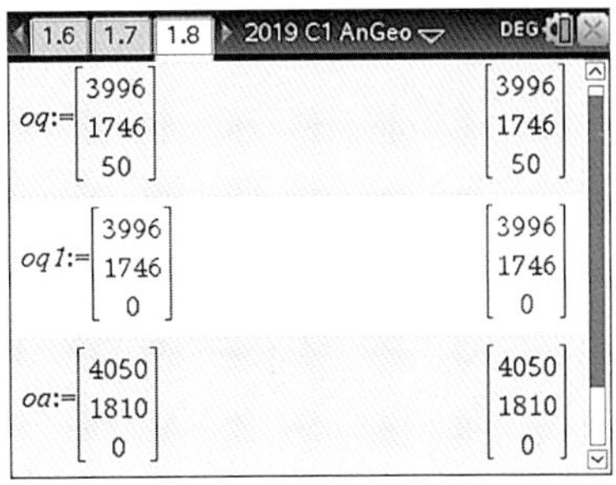

Die Skizze veranschaulicht das bei Q_1 rechtwinklige Dreieck AQ_1Q:

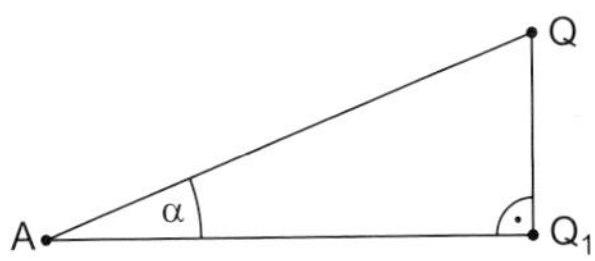

Der Neigungswinkel der Flugbahn gegenüber dem Gelände ist der Winkel α bei A.

Die Größe des Winkels α kann berechnet werden durch:

$$\sin\alpha = \frac{\overline{QQ_1}}{\overline{AQ}}$$

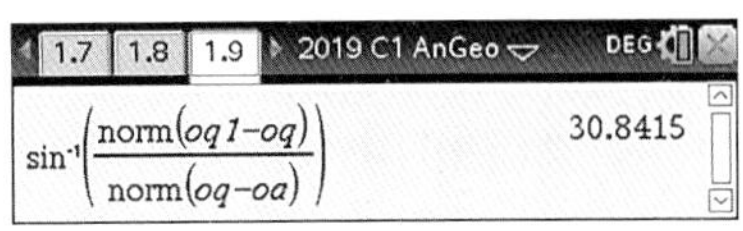

Es ergibt sich ein Neigungswinkel von ca. $\underline{\underline{30{,}84°}}$.

Alternative:
Der Neigungswinkel der Flugbahn gegenüber dem Gelände kann auch als Winkel zwischen dem Vektor $\overrightarrow{AQ}$ und dem Normalenvektor $\vec{n}$ der xy-Ebene mit

$$\overrightarrow{AQ} = \begin{pmatrix} -54 \\ -64 \\ 50 \end{pmatrix} \text{ und } \vec{n} = \begin{pmatrix} 0 \\ 0 \\ 1 \end{pmatrix}$$

ermittelt werden.
Dabei nutzt man den Ansatz

$$\sin\alpha = \frac{|\overrightarrow{AQ} \circ \vec{n}|}{|\overrightarrow{AQ}| \cdot |\vec{n}|}$$

und erhält die Größe des Neigungswinkels.

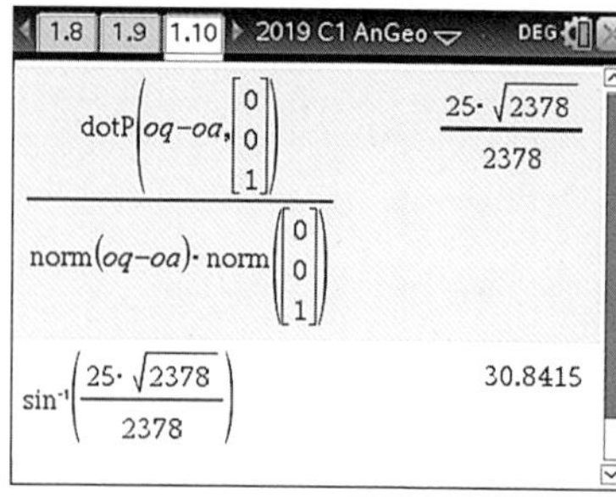

f) **Änderung der Flughöhe**
Die Entfernung vom Punkt Q zum Punkt A wird als Betrag des zugehörigen Verbindungsvektors berechnet:

$\overline{AQ} \approx 97{,}53 \text{ m}$

Da die Geschwindigkeit für das Durchfliegen dieser Strecke mit $5\,\frac{\text{m}}{\text{s}}$ angegeben wird, ergibt sich mit $v = \frac{\Delta s}{\Delta t}$ die Flugzeit:

$$\Delta t = \frac{\Delta s}{v} = \frac{97{,}53 \text{ m}}{5\,\frac{\text{m}}{\text{s}}} \approx 19{,}5 \text{ s}$$

Da in dieser Zeit ein Gesamthöhenunterschied von 50 m überwunden wird, ergibt sich eine Verringerung der Flughöhe von:

$$\frac{50 \text{ m}}{19{,}5 \text{ s}} \approx 2{,}56\,\frac{\text{m}}{\text{s}}$$

Die Flughöhe verringert sich um $\underline{\underline{2{,}56\,\frac{\text{m}}{\text{s}}}}$.

Alternative:
Da es sich bei der Geschwindigkeit um eine vektorielle Größe handelt, kann man den Geschwindigkeitsvektor in einen horizontalen Teil $\vec{v}_h$ und einen vertikalen Teil $\vec{v}_v$ (dessen Betrag gesucht ist) zerlegen. Mit dem trigonometrischen Zusammenhang ergibt sich:

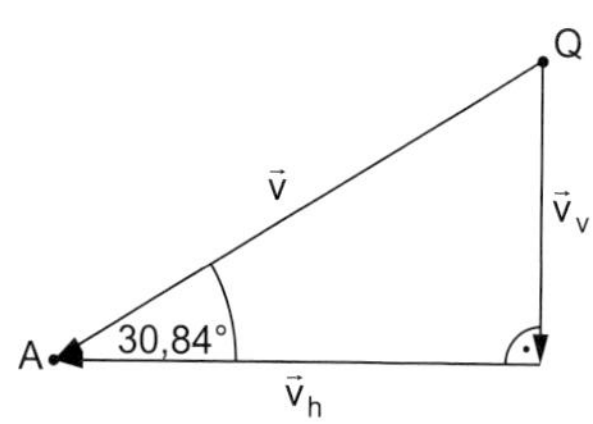

$$|\vec{v}_v| = |\vec{v}| \cdot \sin 30{,}84°$$
$$= 5\,\frac{\text{m}}{\text{s}} \cdot \sin 30{,}84° \approx 2{,}56\,\frac{\text{m}}{\text{s}}$$

g) **Koordinatenform der Ebene**

Die Ebene E ist durch den Normalenvektor $\vec{n} = \overrightarrow{LS}$ und den Punkt M, den Mittelpunkt der Strecke $\overline{LS}$, bestimmt.

Die Koordinaten des Mittelpunktes M der Strecke $\overline{LS}$ können z. B. über das arithmetische Mittel der Koordinaten der Punkte L und S gewonnen werden:

M(3 165 | 2 620 | 0)

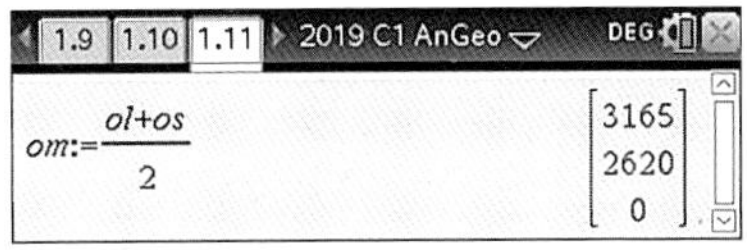

Alternative:

Der Ortsvektor von M kann auch über die Beziehung $\overrightarrow{OM} = \overrightarrow{OL} + \frac{1}{2} \cdot \overrightarrow{LS}$ berechnet werden.

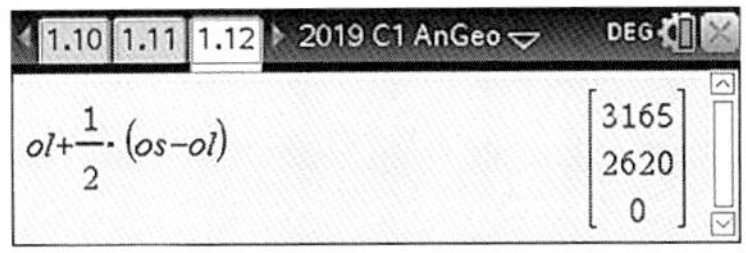

Der Normalenvektor wird berechnet:

$$\vec{n} = \overrightarrow{OS} - \overrightarrow{OL} = \begin{pmatrix} 8\,310 \\ -8\,740 \\ 0 \end{pmatrix}$$

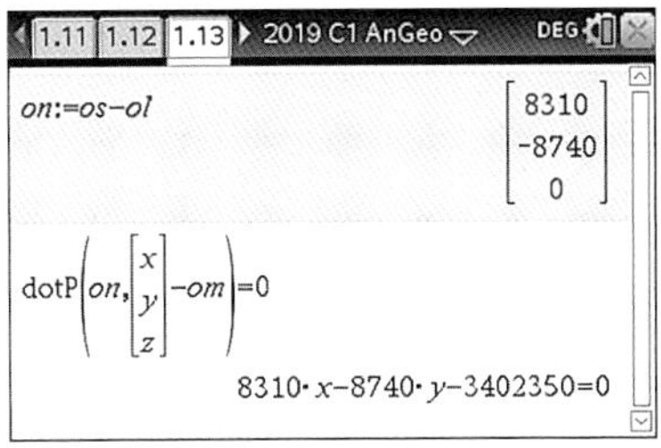

Die Koordinatengleichung von E wird über den Ansatz $\vec{n} \circ (\vec{x} - \overrightarrow{OM}) = 0$ gewonnen.

Man erhält die Gleichung der Ebene E in Koordinatenform:

$8\,310x - 8\,740y - 3\,402\,350 = 0$

h) **Darstellung der Ebene**

Die Ebene E wird in der Draufsicht dargestellt, denn die Zeichnung ist als Projektion des Sachverhaltes in die xy-Ebene angelegt.

Die Projektion der Ebene E in die xy-Ebene muss als Mittelsenkrechte der Strecke $\overline{LS}$ eingezeichnet werden, weil sie alle Punkte enthalten soll, die gleich weit von L und S entfernt sind.

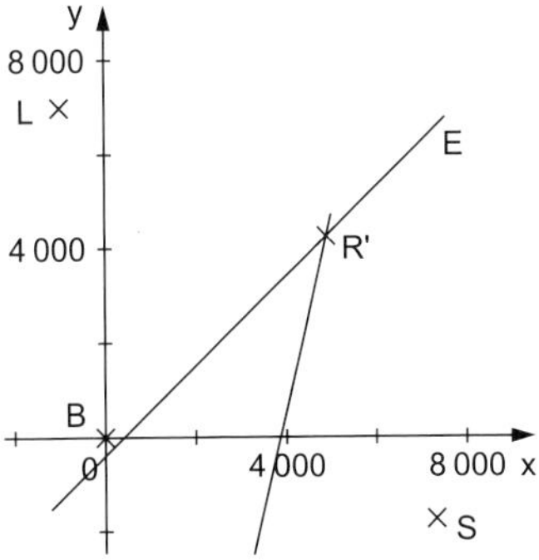

Die Projektion R' des Punktes R in die xy-Ebene ergibt einen Punkt, der ebenfalls auf dieser Mittelsenkrechten, der Projektion von E, liegen muss, denn er soll gleich weit von L und S entfernt sein.
Damit der Punkt R' auch von B und S gleich weit entfernt ist, muss er auch auf der Mittelsenkrechten der Strecke $\overline{BS}$ liegen. Der Schnittpunkt dieser Mittelsenkrechten mit der Projektion der Ebene E ergibt den Punkt R' mit seiner x- und y-Koordinate. Der Punkt R muss 50 m über R' liegen. Die z-Koordinate von R ist also $z = 50$.

Alternative:
Alternativ kann man R' auch als Schnitt der Projektion von E und der Mittelsenkrechten zur Strecke $\overline{BL}$ erhalten.

Hinweis:
Die Koordinaten von R' können auch rein rechnerisch ermittelt werden (auch wenn das in diesem Fall aufgrund der Aufgabenstellung nicht gefordert ist).
Dazu wird der Ortsvektor von R' mit den unbekannten x- und y-Koordinaten und $z = 0$ definiert. Da die Entfernungen von R' zu B, L und S gleich groß sein sollen, müssen auch die Beträge ihrer Ortsvektoren paarweise übereinstimmen. Dazu wird mit dem CAS-Rechner das zugehörige Gleichungssystem gelöst.

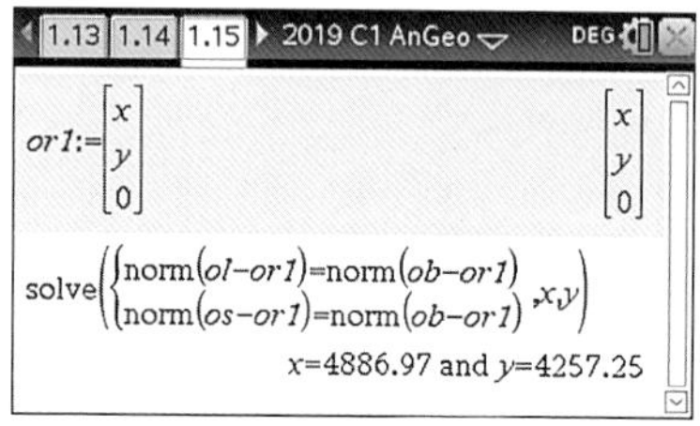

2. a) **Wahrscheinlichkeiten der Ereignisse A und B**
Für das Ereignis A sind alle Pfade relevant, die in der 1. Stufe des Baumdiagramms zu „0“ führen.
Also gilt $\underline{\underline{P(A) = \frac{1}{2}}}$.

Die Auszahlung von 25 Euro kann nur erfolgen, wenn zweimal eine „5“ freigerubbelt wird, denn $5 \cdot 5 = 25$. Damit ist der untere Pfad im Baumdiagramm für dieses Ereignis relevant.
Es gilt:

$$P(B) = \frac{1}{4} \cdot \frac{3}{15} = \underline{\underline{\frac{1}{20}}}$$

Baumdiagramm:

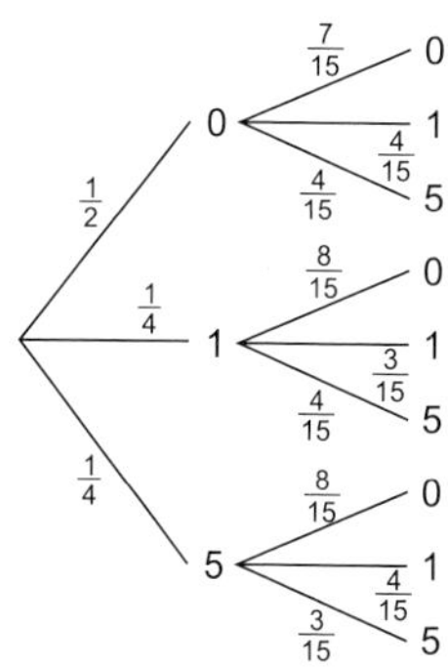

b) **Wahrscheinlichkeiten der Ereignisse C und D**
Vorbemerkung:
Es liegt eine Bernoulli-Kette vor und das Modell der Binomialverteilung lässt sich anwenden, weil man das Freirubbeln von jeweils zwei Feldern auf jedem Los als voneinander unabhängige Vorgänge auffassen kann.
Die Wahrscheinlichkeit, dass beim Freirubbeln von zwei Feldern zweimal eine „5“ freigerubbelt wird, um zu einer Auszahlung von 25 Euro zu kommen, beträgt nach Teilaufgabe 2 a (Ereignis B) $p = \frac{1}{20}$. Die Länge der Bernoulli-Kette ist $n = 20$, weil 20 Lose gekauft und freigerubbelt werden.

Die Binomialverteilung mit $n = 20$ und $p = \frac{1}{20}$ wird verwendet.
Mit $k = 1$ gilt für Ereignis C:

$$P(C) = \binom{20}{1} \cdot \left(\frac{1}{20}\right)^1 \cdot \left(\frac{19}{20}\right)^{19} \approx \underline{\underline{0{,}3774}}$$

Mit $k \geq 5$ gilt für Ereignis D:

$$P(D) = \sum_{k=5}^{20} \binom{20}{k} \cdot \left(\frac{1}{20}\right)^k \cdot \left(\frac{19}{20}\right)^{20-k} \approx \underline{\underline{0{,}0026}}$$

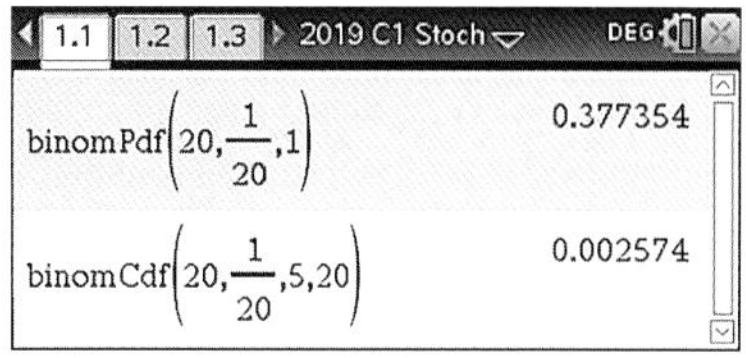

c) **Nachweis**
Um einen Betrag von mindestens 5 Euro ausbezahlt zu bekommen, muss eines der folgenden Ergebnisse eintreten: (1; 5), (5; 1), (5; 5). Es gilt:

$$P((1;5)) = \frac{1}{4} \cdot \frac{4}{15} = \frac{1}{15}$$

$$P((5;1)) = \frac{1}{4} \cdot \frac{4}{15} = \frac{1}{15}$$

$$P((5;5)) = \frac{1}{4} \cdot \frac{3}{15} = \frac{1}{20}$$

Die Summe dieser Wahrscheinlichkeiten beträgt:

$$P((1;5)) + P((5;1)) + P((5;5)) = \frac{1}{15} + \frac{1}{15} + \frac{1}{20} = \frac{11}{60}$$

Anzahl der Lose
Das Gegenereignis zu „… mindestens einmal … ausbezahlt bekommen …“ ist „… keinmal … ausbezahlt bekommen … “.

Zu bestimmen ist der Parameter n für $B_{n;\frac{11}{60}}(X \geq 1) \geq 0{,}95$.

Es gilt: $B_{n;\frac{11}{60}}(X \geq 1) = 1 - B_{n;\frac{11}{60}}(X = 0)$ (Verwendung der Gegenwahrscheinlichkeit)
Damit folgt:

$$1 - B_{n;\frac{11}{60}}(X = 0) \geq 0{,}95 \quad \Rightarrow \quad B_{n;\frac{11}{60}}(X = 0) \leq 0{,}05 \quad \Rightarrow \quad \left(1 - \frac{11}{60}\right)^n \leq 0{,}05$$

Die Lösung dieser Ungleichung ergibt $n \geq 14{,}8$.
Da das Ergebnis ganzzahlig sein muss, müssten also mindestens $\underline{\underline{15}}$ Lose gekauft werden.

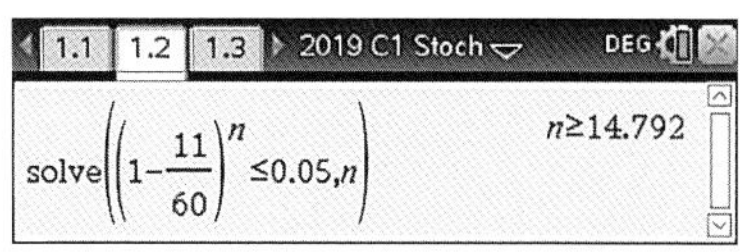

Alternative Lösung:
Durch systematisches Probieren für $B_{n;\frac{11}{60}}(X \geq 1) \geq 0{,}95$.

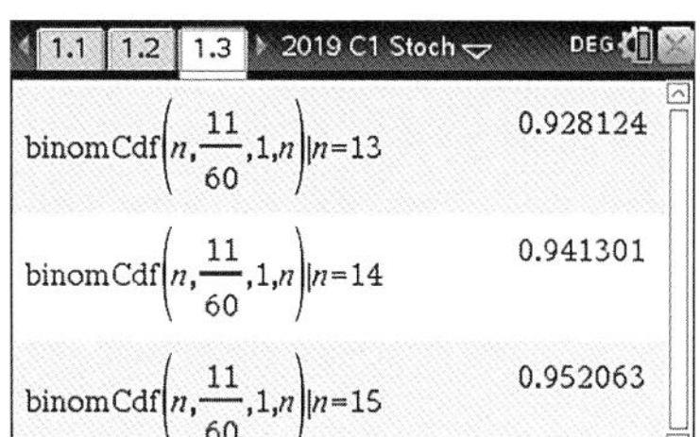

d) **Verwerfungsbereich**

Die Irrtumswahrscheinlichkeit α wird im Text als Signifikanzniveau von 5 % bezeichnet. Davon wird jeweils die Hälfte, also $\frac{\alpha}{2} = 0{,}025$, auf den links- und den rechtsseitigen Verwerfungsbereich aufgeteilt.
Als Modell wird eine Binomialverteilung mit $n = 250$ und $p = 0{,}1$ zugrunde gelegt.

Für den linksseitigen Verwerfungsbereich gilt damit $B_{250;\,0,1}(0 \le X \le g_\ell) \le 0{,}025$.

Durch systematisches Probieren findet man $g_\ell = 15$.

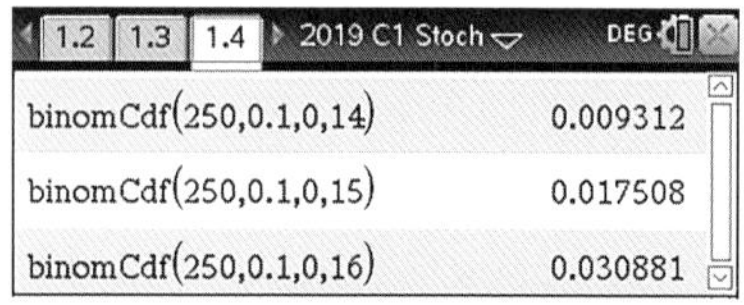

Für den rechtsseitigen Verwerfungsbereich gilt damit $B_{250;\,0,1}(g_r \le X \le 250) \le 0{,}025$.

Durch systematisches Probieren findet man $g_r = 36$.

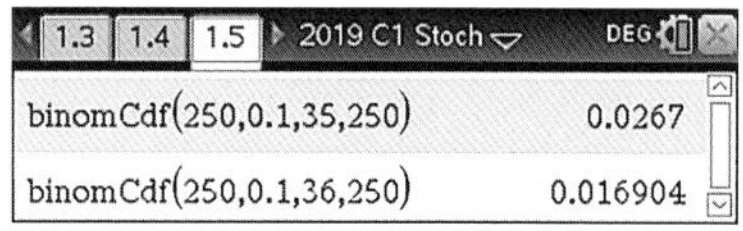

Der Verwerfungsbereich bei diesem zweiseitigen Test ist also:

$V = \{0; 1; \ldots; 15\} \cup \{36; 37; \ldots; 250\}$

Alternativ lässt sich beim CAS für die Ermittlung des Verwerfungsbereiches auch die Anweisung zur Berechnung der inversen Binomialverteilung benutzen.

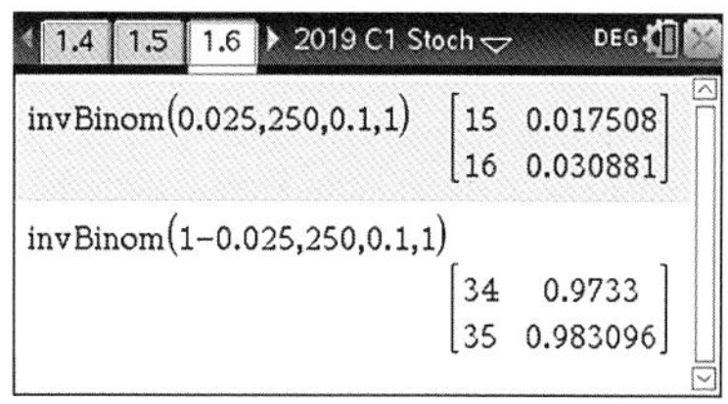

Zweifel des Schülers

Da 17 Loskäufer gezählt wurden und 17 nicht im Verwerfungsbereich liegt, kann die Nullhypothese H_0: $p_0 = 0{,}1$ nicht verworfen werden. Das Testergebnis deutet also darauf hin, dass die Zweifel des Schülers unberechtigt sind.

Kernfach Mathematik (Thüringen): Abiturprüfung 2019
Wahlaufgabe C2: Schwerpunkt Stochastik

1. Ein Unternehmen organisiert Fahrten mit einem Ausflugsschiff.

1.1 Betrachtet wird zunächst eine Fahrt, bei der das Schiff mit 60 Fahrgästen voll besetzt ist. Zu Beginn der Fahrt werden drei Fahrgäste zufällig ausgewählt. Diese erhalten jeweils ein Freigetränk.

a) Zwei Drittel der Fahrgäste kommen aus Deutschland, die übrigen aus anderen Ländern.
Berechnen Sie die Wahrscheinlichkeit dafür, dass die drei ausgewählten Fahrgäste aus Deutschland kommen. (2 BE)

b) Unter den Fahrgästen befinden sich Erwachsene und Kinder. Die Hälfte der Fahrgäste isst während der Fahrt ein Eis, von den Erwachsenen nur jeder Dritte, von den Kindern 75 %.
Berechnen Sie, wie viele Kinder an der Fahrt teilnehmen. (3 BE)

1.2 Möchte man an einer Fahrt teilnehmen, so muss man dafür im Voraus eine Reservierung vornehmen. Erfahrungsgemäß erscheinen von den Personen mit Reservierung einige nicht zur Fahrt. Für die 60 Plätze lässt das Unternehmen deshalb bis zu 64 Reservierungen zu. Es soll davon ausgegangen werden, dass für jede Fahrt tatsächlich 64 Reservierungen vorgenommen werden. Erscheinen mehr als 60 Personen mit Reservierung zur Fahrt, so können nur 60 von ihnen daran teilnehmen; die übrigen müssen abgewiesen werden. Vereinfachend soll angenommen werden, dass die Anzahl der Personen mit Reservierung, die zur Fahrt erscheinen, binomialverteilt ist, wobei die Wahrscheinlichkeit dafür, dass eine zufällig ausgewählte Person mit Reservierung nicht zur Fahrt erscheint, 10 % beträgt.

a) Geben Sie einen Grund dafür an, dass es sich bei dieser Annahme im Sachzusammenhang um eine Vereinfachung handelt. (1 BE)

b) Bestimmen Sie die Wahrscheinlichkeit dafür, dass mindestens eine Person mit Reservierung abgewiesen werden muss. (3 BE)

c) Für das Unternehmen wäre es hilfreich, wenn die Wahrscheinlichkeit dafür, mindestens eine Person mit Reservierung abweisen zu müssen, kleiner als ein Prozent wäre. Dazu müsste die Wahrscheinlichkeit dafür, dass eine zufällig ausgewählte Person mit Reservierung nicht zur Fahrt erscheint, mindestens einen bestimmten Wert haben.
Ermitteln Sie diesen Wert auf ganze Prozent genau. (4 BE)

* Das Unternehmen richtet ein Online-Portal zur Reservierung ein und vermutet, dass dadurch der Anteil der Personen mit Reservierung, die zur jeweiligen Fahrt nicht erscheinen, zunehmen könnte. Als Grundlage für die Entscheidung darüber, ob pro Fahrt künftig mehr als 64 Reservierungen angenommen werden, soll die Nullhypothese „Die Wahrscheinlichkeit dafür, dass eine zufällig ausgewählte Person mit Reservierung nicht zur Fahrt erscheint, beträgt höchstens 10 %.“ mithilfe einer Stichprobe von 200 Personen mit Reservierung auf einem Signifikanzniveau von 5 % getestet werden.

* Die Aufgabenteile 1 d bis 1 f sind ab der Abiturprüfung 2021 nicht mehr relevant.

* Vor der Durchführung des Tests wird festgelegt, die Anzahl der Reservierungen pro Fahrt nur dann zu erhöhen, wenn die Nullhypothese aufgrund des Testergebnisses abgelehnt werden müsste.

d) Ermitteln Sie für den beschriebenen Test die zugehörige Entscheidungsregel. (5 BE)

e) Entscheiden Sie, ob bei der Wahl der Nullhypothese eher das Interesse, dass weniger Plätze frei bleiben sollen, oder das Interesse, dass nicht mehr Personen mit Reservierung abgewiesen werden müssen, im Vordergrund stand.
Begründen Sie Ihre Entscheidung. (3 BE)

f) Beschreiben Sie den Fehler zweiter Art im Sachzusammenhang.
Berechnen Sie die Größe des Fehlers zweiter Art, wenn tatsächlich 15 % der Personen mit Reservierungen zur jeweiligen Fahrt nicht erscheinen. (4 BE)

2. Für jede reelle Zahl k ist eine Gerade g_k gegeben durch

$$g_k\colon \vec{x} = \begin{pmatrix}1\\2\\1\end{pmatrix} + t \cdot \begin{pmatrix}k\\1\\k\end{pmatrix} \; (t \in \mathbb{R}).$$

a) Geben Sie den gemeinsamen Punkt aller Geraden g_k an.
Ermitteln Sie die Gleichung der Geraden g_k, die durch den Punkt $P\left(-1 \,\middle|\, \frac{3}{2} \,\middle|\, -1\right)$ verläuft. (3 BE)

b) Geben Sie die Gleichung der Geraden g_k an, die parallel zur y-Achse liegt.
Begründen Sie, dass keine Gerade g_k senkrecht zur xy-Ebene verläuft. (2 BE)

c) Die Geraden g_k schneiden für $k \neq 0$ die xy-Ebene.
Beschreiben Sie die besondere Lage dieser Schnittpunkte. (3 BE)

d) Jede Gerade g_k besitzt für $t = 2$ einen Punkt Q_k.
Bestimmen Sie eine Gleichung der Geraden, auf der alle Punkte Q_k liegen. (2 BE)

e) Weisen Sie nach, dass sich die Gerade $h\colon \vec{x} = \begin{pmatrix}2\\1\\2\end{pmatrix} + s \cdot \begin{pmatrix}1\\9\\5\end{pmatrix} \; (s \in \mathbb{R})$ nur mit einer der Geraden g_k schneidet.
Berechnen Sie die Koordinaten des Schnittpunktes und die Größe des Schnittwinkels. (5 BE)

(40 BE)

* Die Aufgabenteile 1 d bis 1 f sind ab der Abiturprüfung 2021 nicht mehr relevant.

Hinweise und Tipps

Aufgabe 1.1 a

Wahrscheinlichkeit

- Überlegen Sie, ob sich die Wahrscheinlichkeit nach jedem Zug verändert.
- Beachten Sie, dass es sich hier um Ziehen ohne Zurücklegen handelt.

Aufgabe 1.1 b

Anzahl der Kinder

- Nutzen Sie die Aussage, dass die Hälfte der 60 Personen Eis isst (und damit die andere Hälfte nicht), um ein lineares Gleichungssystem mit 2 Gleichungen zu erstellen.
- Führen Sie sinnvolle Variablenbezeichnungen ein.

Aufgabe 1.2 a

Vereinfachung

- Überlegen Sie, welche Voraussetzungen erforderlich sind, um das Modell der Binomialverteilung anwenden zu können.
- Eine Zufallsgröße kann als binomialverteilt aufgefasst werden, wenn es nur zwei Ergebnisse beim betrachteten Zufallsversuch gibt (bzw. zwei Ergebnisse konstruiert werden können) und wenn die Wahrscheinlichkeiten für die beiden Ergebnisse konstant sind (z. B. beim Ziehen mit Zurücklegen).

Aufgabe 1.2 b

Wahrscheinlichkeit

- Bestimmen Sie für die Fragestellung die Länge n der Bernoulli-Kette sowie die Trefferwahrscheinlichkeit für das gesuchte Ereignis.
- Überlegen Sie, wie viele Personen mit Reservierung maximal nicht erscheinen dürfen, damit Leute abgewiesen werden müssen.

Aufgabe 1.2 c

Mindestwahrscheinlichkeit

- Nutzen Sie einen ähnlichen Ansatz wie in Teilaufgabe 1.2 b, um die unbekannte Trefferwahrscheinlichkeit z. B. durch systematisches Probieren zu ermitteln.

Aufgabe 1.2 d

Entscheidungsregel

- Notieren Sie die Null- und die Gegenhypothese sowie die Stichprobengröße und das gegebene Signifikanzniveau.
- Bei einem rechtsseitigen Signifikanztest wird die Nullhypothese verworfen, wenn die Testgröße stark nach oben vom Erwartungswert abweicht. Daher hat der Verwerfungsbereich die Form $\{k; \ldots; 200\}$, der Nichtverwerfungsbereich die Form $\{0, \ldots; k-1\}$.
- Ermitteln Sie die Grenze des Verwerfungsbereiches z. B. durch systematisches Probieren und geben Sie die Entscheidungsregel an.

Aufgabe 1.2 e

Wahl der Nullhypothese

Machen Sie sich klar, was bei der vorgegebenen Testvariante der Fehler 1. Art bedeutet und welche Konsequenzen es hat, wenn dieser in Wirklichkeit eintritt.

Aufgabe 1.2 f

Fehler 2. Art

Ein Fehler 2. Art entsteht, wenn das Stichprobenergebnis im Nichtverwerfungsbereich der Nullhypothese liegt, obwohl diese falsch ist und für die Trefferwahrscheinlichkeit $p > 0{,}1$ gilt.

Es gilt weiterhin die Entscheidungsregel aus Teilaufgabe 1.2 d.

Aufgabe 2 a

Gemeinsamer Punkt

Eine Parametergleichung einer Geraden besteht aus einem Stützvektor und beliebigen Vielfachen eines Richtungsvektors.

Sie können aus der Definition der Geradenschar g_k direkt schlussfolgern, welcher der gemeinsame Punkt ist.

Gleichung der Geraden

Setzen Sie den Ortsvektor des Punktes P gleich dem Ortsvektor eines allgemeinen Geradenpunktes der Geraden g_k. Lösen Sie das entsprechende lineare Gleichungssystem.

Aufgabe 2 b

Gleichung der Geraden (parallel zur y-Achse)

Die y-Achse stellt eine Gerade dar und kann damit durch eine Geradengleichung beschrieben werden. Eine mögliche Gleichung für die y-Achse ist $\vec{x} = \begin{pmatrix} 0 \\ y \\ 0 \end{pmatrix}$.

Vergleichen Sie diesen Vektor mit dem Richtungsvektor der Geraden g_k. Für welchen Wert sind die beiden Vektoren linear abhängig?

Keine Gerade senkrecht zur xy-Ebene

Die xy-Ebene besitzt den Normalenvektor $\vec{n} = \begin{pmatrix} 0 \\ 0 \\ 1 \end{pmatrix}$.

Entscheiden Sie, ob der Normalenvektor ein Vielfaches des Richtungsvektors der Geraden g_k sein kann.

Aufgabe 2 c

Lage der Schnittpunkte

Durch Gleichsetzen der allgemeinen Geradengleichung g_k mit der Gleichung für die xy-Ebene $\vec{x} = \begin{pmatrix} x \\ y \\ 0 \end{pmatrix}$ lassen sich die Schnittpunkte bestimmen.

Aufgabe 2 d

Gleichung der Geraden

Ersetzen Sie in der allgemeinen Geradengleichung g_k den Parameter t durch den Wert 2 und formen Sie die entstandene Gleichung in die allgemeine Gleichung einer Geraden in Parameterform um.

Aufgabe 2 e

Nachweis

Durch Gleichsetzen des Terms der allgemeinen Geradengleichung g_k mit dem Term der Gleichung für die Gerade h lässt sich ein lineares Gleichungssystem aufstellen, welches Sie lösen müssen.

Schnittpunkt und -winkel

Winkel, die Geraden miteinander bilden, entsprechen den Winkeln, die ihre Richtungsvektoren zueinander haben.

Verwenden Sie zur Berechnung von Winkeln zwischen Vektoren die Ihnen aus dem Unterricht bekannte Formel.

Lösungen

1.1 a) **Wahrscheinlichkeit**

Das betrachtete Zufallsexperiment entspricht im Urnenmodell einem „Ziehen ohne Zurücklegen“, daher kann hier nicht mit dem Modell der Binomialverteilung gerechnet werden. Da von den 60 Personen zwei Drittel Deutsche sind, ist die Wahrscheinlichkeit, im „ersten Zug“ einen Deutschen zu erhalten, $\frac{2}{3}$, im „zweiten Zug“ nur noch $\frac{39}{59}$ und im „dritten Zug“ $\frac{38}{58}$.

Aufgrund der Pfadregeln ergibt sich:

$$P(A) = \frac{40}{60} \cdot \frac{39}{59} \cdot \frac{38}{58} = \frac{494}{1711} \approx \underline{\underline{0,2887}}$$

b) **Anzahl der Kinder**

Aus den Angaben zu der Anzahl der Kinder K und der Erwachsenen E im Aufgabentext folgen die beiden Gleichungen:

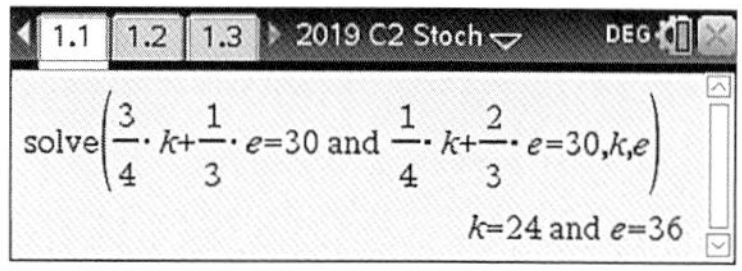

$$\frac{3}{4}K + \frac{1}{3}E = 30 \text{ und } \frac{1}{4}K + \frac{2}{3}E = 30$$

Als Lösung ergibt sich K = 24 und E = 36.

Es sind also $\underline{\underline{24}}$ Kinder an Bord des Schiffes.

Alternative Lösung

Man kann zur Lösung auch eine Tabelle nutzen, in der man alle Möglichkeiten berechnet und zeigen kann, dass es nur die eine Lösung gibt.

Hinweise zur Tabelle: In Spalte A und B stehen jeweils mögliche Anzahlen für Kinder (von 1 bis 59) und Erwachsene (von 59 bis 1). In den nächsten Spalten werden dann die zugehörigen „Eisesser“ unter den Kindern (Spalte C) und unter den Erwachsenen (Spalte D) gezählt. In Spalte E wird die Summe von Spalte C und Spalte D gebildet. Nur in einer Zeile ist diese Summe 30.

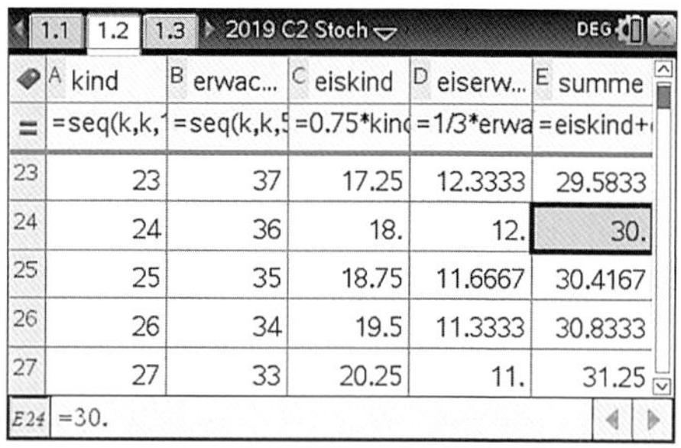

	A kind	B erwac...	C eiskind	D eiserw...	E summe
=	=seq(k,k,1	=seq(k,k,5	=0.75*kind	=1/3*erwa	=eiskind+
23	23	37	17.25	12.3333	29.5833
24	24	36	18.	12.	30.
25	25	35	18.75	11.6667	30.4167
26	26	34	19.5	11.3333	30.8333
27	27	33	20.25	11.	31.25

E24 =30.

1.2 a) **Vereinfachung**

Das betrachtete Zufallsexperiment hat zwei Ausgänge:

Person mit Reservierung nimmt teil – Person mit Reservierung nimmt nicht teil

Die Anzahl der Versuche ist n = 64. Allerdings dürfte nur von einer Unabhängigkeit der einzelnen Versuche bzw. ihrer Trefferwahrscheinlichkeit ausgegangen werden, wenn z. B. nur Einzelreisende reservieren und keine Paare oder Reisegruppen. Davon kann man aber bei einer Ausflugsfahrt keinesfalls ausgehen und damit liegt keine vollständige Unabhängigkeit vor. Deshalb handelt es sich um eine Vereinfachung.

b) **Wahrscheinlichkeit**
Das Ereignis, dass mindestens eine Person abgewiesen wird, ist gleichbedeutend mit:
A := „Höchstens 3 Personen mit Reservierung erscheinen nicht zur Fahrt.“

Angaben zur Binomialverteilung für das Ereignis A:
$n = 64;\ p = 0{,}1;\ 0 \le k \le 3$

$$P(A) = \sum_{k=0}^{3} \binom{64}{k} \cdot 0{,}1^k \cdot 0{,}9^{64-k} \approx \underline{\underline{0{,}1063}}$$

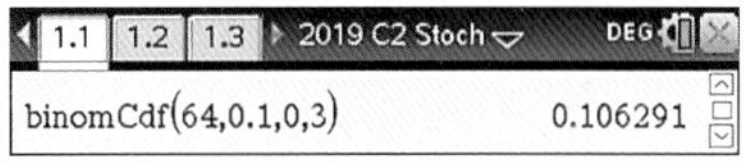

Alternative Lösung über die Betrachtung der Personen, die zur Fahrt erscheinen:
A := „Mindestens 61 Personen mit Reservierung erscheinen zur Fahrt.“
$n = 64,\ p = 0{,}9$ und $61 \le k \le 64$

$$P(A) = \sum_{k=61}^{64} \binom{64}{k} \cdot 0{,}9^k \cdot 0{,}1^{64-k} \approx 0{,}1063$$

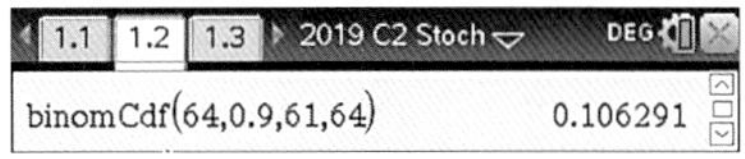

c) **Mindestwahrscheinlichkeit**
Gesucht ist die Trefferwahrscheinlichkeit p, für die bei einer binomialverteilten Zufallsgröße mit dem Parameter $n = 64$ die Wahrscheinlichkeit, mindestens eine Person mit Reservierung abweisen zu müssen, kleiner als 1 % ist, also:

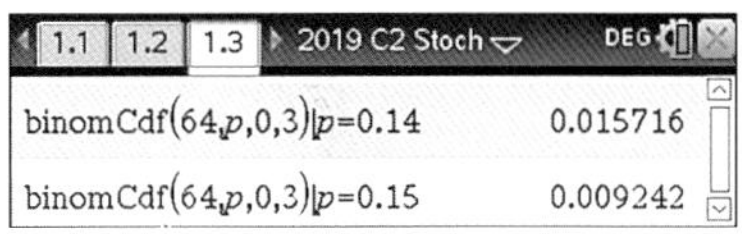

$$P(B) = \sum_{k=0}^{3} \binom{64}{k} \cdot p^k \cdot (1-p)^{64-k} < 0{,}01$$

Durch systematisches Probieren erhält man:
Die Wahrscheinlichkeit, dass eine Person mit Reservierung nicht erscheint, müsste mindestens $\underline{\underline{15\ \%}}$ betragen.

Alternative:
Nutzung des Rechnerbefehls nSolve().

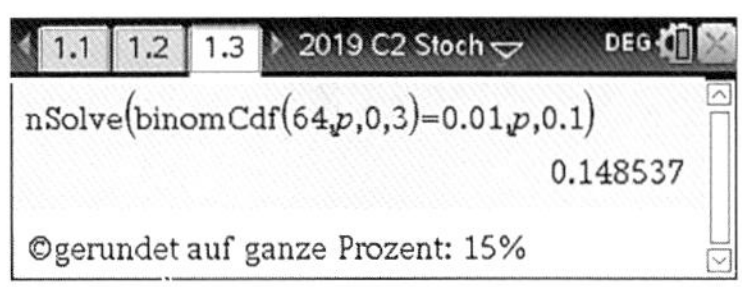

d) **Entscheidungsregel**
Es wird ein rechtsseitiger Signifikanztest mit der Nullhypothese H_0: $p \le 0{,}1$ und der Alternativhypothese H_1: $p > 0{,}1$ auf dem Signifikanzniveau von $\alpha = 5\ \%$ mit einer Stichprobe von $n = 200$ durchgeführt. Da der Verwerfungsbereich die Form $\{k; \ldots; 200\}$ hat und der Erwartungswert $E(X) = 200 \cdot 0{,}1 = 20$ ist, muss beim systematischen Probieren die kleinste ganze Zahl k gefunden werden, für die gilt:
$P(X \ge k) \le 0{,}05$

Man erhält $k = 28$.

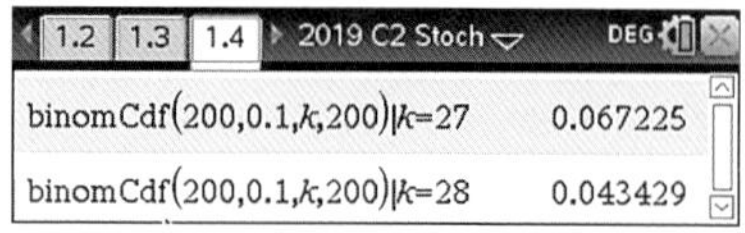

Hieraus ergeben sich:
Verwerfungsbereich $\underline{\underline{V = \{28; \ldots, 200\}}}$
Nichtverwerfungsbereich $\underline{\underline{\overline{V} = \{0; \ldots, 27\}}}$

Die Entscheidungsregel lautet: Erscheinen mindestens 28 Personen mit Reservierung nicht, dann wird die Nullhypothese abgelehnt.

e) **Wahl der Nullhypothese**
Der Fehler 1. Art bedeutet hier im Sachzusammenhang:
Das Stichprobenergebnis liegt im Verwerfungsbereich und es gilt in Wirklichkeit $p \leq 0{,}10$.
Konsequenz des Fehlers 1. Art ist: Das Risiko der Überbuchungen nimmt zu, da wegen des Stichprobenergebnisses mehr Reservierungen angenommen werden, obwohl für die Wahrscheinlichkeit weiterhin $p \leq 0{,}10$ gilt.
Der Fehler 1. Art soll mit dem gewählten Signifikanzniveau jedoch gering gehalten werden. Der Fehler 2. Art, bei dessen Eintreten das Risiko von frei bleibenden Plätzen steigt, kann, abhängig vom tatsächlichen Wert für p, viel größer sein.

Daher stand bei der Wahl der Nullhypothese wohl das Interesse, dass nicht mehr Personen mit Reservierung abgewiesen werden müssen, im Vordergrund.

f) **Fehler 2. Art**
Der Fehler 2. Art tritt ein, wenn tatsächlich mehr als 10 % der Personen mit Reservierung nicht erscheinen ($p > 0{,}1$), der durchgeführte Test aber nahelegt, dass höchstens 10 % nicht erscheinen. In diesem Fall werden keine Änderungen hinsichtlich der Zahl der Reservierungen vorgenommen.

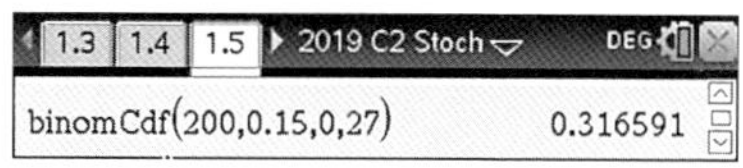

F := „Es kommen höchstens 27 Personen mit Reservierung nicht zur Fahrt.“
Angaben zur Binomialverteilung für das Ereignis F:
$n = 200;\ p = 0{,}15;\ 0 \leq k \leq 27$

$$P(F) = \sum_{k=0}^{27} \binom{27}{k} \cdot 0{,}15^k \cdot 0{,}85^{200-k}$$
$$\approx 0{,}317$$

Der Fehler 2. Art beträgt ca. $\underline{\underline{31{,}7\ \%}}$.

2. a) **Gemeinsamer Punkt**
Weil der Stützvektor $\begin{pmatrix} 1 \\ 2 \\ 1 \end{pmatrix}$ der Geradenschar unabhängig vom Parameter k ist, ist der Punkt $\underline{\underline{P(1\,|\,2\,|\,1)}}$ gemeinsamer Punkt aller Geraden der Schar.

Gleichung der Geraden

Mittels Punktprobe und dem Ansatz

$$\begin{pmatrix} -1 \\ \frac{3}{2} \\ -1 \end{pmatrix} = \begin{pmatrix} 1 \\ 2 \\ 1 \end{pmatrix} + t \cdot \begin{pmatrix} k \\ 1 \\ k \end{pmatrix}$$

findet man als Lösung $k = 4$ (und $t = -\frac{1}{2}$).

Die gesuchte Gerade ist:

$$g_4\colon\ \vec{x} = \begin{pmatrix} 1 \\ 2 \\ 1 \end{pmatrix} + t \cdot \begin{pmatrix} 4 \\ 1 \\ 4 \end{pmatrix}$$

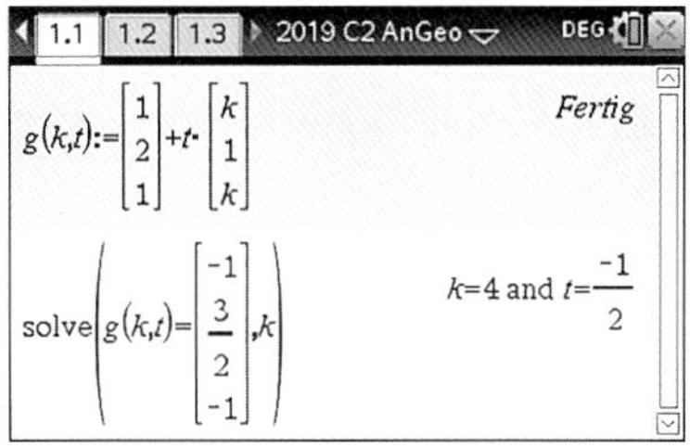

b) **Gleichung der Geraden (parallel zur y-Achse)**

Eine mögliche Gleichung für die y-Achse ist $\vec{x} = \begin{pmatrix} 0 \\ y \\ 0 \end{pmatrix}$.

Da für die Parallelität zur y-Achse nur der Richtungsvektor der Geraden g_k von Bedeutung ist, ist die gesuchte Gerade:

$$g_0\colon\ \vec{x} = \begin{pmatrix} 1 \\ 2 \\ 1 \end{pmatrix} + t \cdot \begin{pmatrix} 0 \\ 1 \\ 0 \end{pmatrix}$$

Keine Gerade senkrecht zur xy-Achse

Der Normalenvektor $\vec{n} = \begin{pmatrix} 0 \\ 0 \\ 1 \end{pmatrix}$ der xy-Ebene steht senkrecht zur Ebene und müsste damit parallel zu einer der Geraden g_k verlaufen. Damit müsste der Normalenvektor als Vielfaches des Richtungsvektors der Geraden darstellbar sein:

$$\begin{pmatrix} 0 \\ 0 \\ 1 \end{pmatrix} = s \cdot \begin{pmatrix} k \\ 1 \\ k \end{pmatrix},\quad s \neq 0$$

Ohne weitere Rechnung ist zu sehen, dass sich ein Widerspruch ergibt. Damit gibt es keine Gerade g_k, die senkrecht zur xy-Ebene verläuft.

c) **Lage der Schnittpunkte**

Durch Gleichsetzen der allgemeinen Geradengleichung g_k mit der vektoriellen Gleichung für die xy-Ebene $\vec{x} = \begin{pmatrix} x \\ y \\ 0 \end{pmatrix}$ lassen sich die Schnittpunkte bestimmen:

$$\begin{pmatrix} x \\ y \\ 0 \end{pmatrix} = \begin{pmatrix} 1 \\ 2 \\ 1 \end{pmatrix} + t \cdot \begin{pmatrix} k \\ 1 \\ k \end{pmatrix}$$

Man erhält $t = -\frac{1}{k}$ mit $k \neq 0$.

Setzt man in die allgemeine Geradengleichung g_k den ermittelten Wert ein, so erkennt man, dass alle Schnittpunkte auf der y-Achse liegen, da die x-Koordinate und die z-Koordinate jeweils gleich null sind.

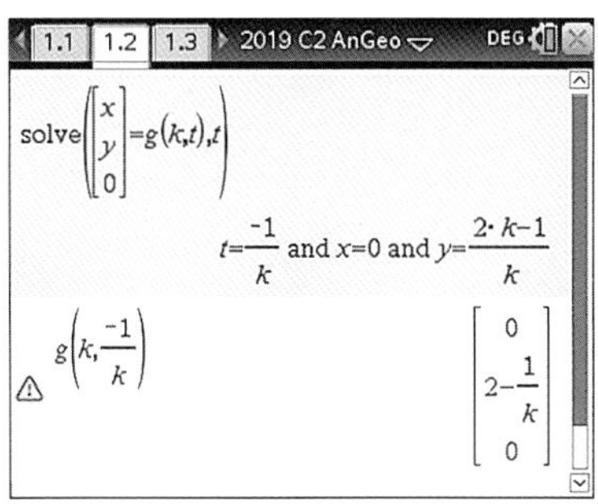

d) **Gleichung der Geraden**

Mit t = 2 ergibt sich für die Koordinaten von Q_k:

$$\overrightarrow{OQ_k} = \begin{pmatrix} 1 \\ 2 \\ 1 \end{pmatrix} + 2 \cdot \begin{pmatrix} k \\ 1 \\ k \end{pmatrix} = \begin{pmatrix} 1 \\ 4 \\ 1 \end{pmatrix} + k \cdot \begin{pmatrix} 2 \\ 0 \\ 2 \end{pmatrix}$$

Alle Punkte Q_k liegen auf der Geraden mit der Gleichung:

$$\vec{x} = \begin{pmatrix} 1 \\ 4 \\ 1 \end{pmatrix} + r \cdot \begin{pmatrix} 1 \\ 0 \\ 1 \end{pmatrix}, \quad r \in \mathbb{R}$$

e) **Nachweis**

Durch Gleichsetzen der allgemeinen Geradengleichung g_k mit der Gleichung für die Gerade h lässt sich ein lineares Gleichungssystem aufstellen.

$$\begin{pmatrix} 2 \\ 1 \\ 2 \end{pmatrix} + s \cdot \begin{pmatrix} 1 \\ 9 \\ 5 \end{pmatrix} = \begin{pmatrix} 1 \\ 2 \\ 1 \end{pmatrix} + t \cdot \begin{pmatrix} k \\ 1 \\ k \end{pmatrix}$$

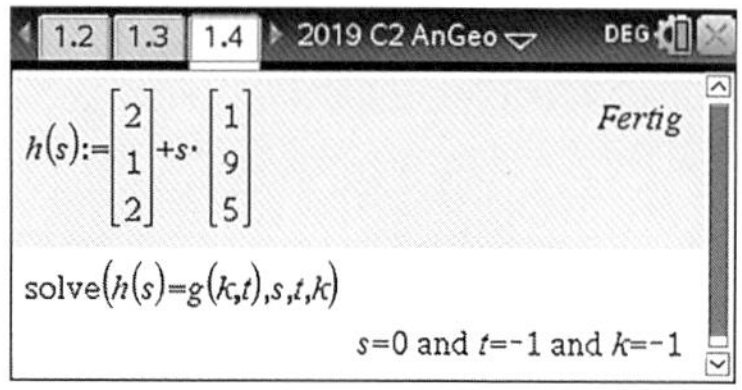

Es gibt nur für k = −1 eine eindeutige Lösung, die Gerade h schneidet also ausschließlich die Gerade g_{-1}.

Schnittpunkt und -winkel

Durch Einsetzen von s = 0 ergeben sich die Koordinaten des Schnittpunkts S:

$$\overrightarrow{OS} = \begin{pmatrix} 2 \\ 1 \\ 2 \end{pmatrix} + 0 \cdot \begin{pmatrix} 1 \\ 9 \\ 5 \end{pmatrix} = \begin{pmatrix} 2 \\ 1 \\ 2 \end{pmatrix}$$

Winkel, die Geraden miteinander bilden, entsprechen den Winkeln, die ihre Richtungsvektoren zueinander haben.

Die Vektoren $\vec{a}_1 = \begin{pmatrix} -1 \\ 1 \\ -1 \end{pmatrix}$ und $\vec{a}_2 = \begin{pmatrix} 1 \\ 9 \\ 5 \end{pmatrix}$ sind die Richtungsvektoren der Geraden g_{-1} und h.

Es ergibt sich der Schnittwinkel α:

$$\cos\alpha = \frac{|\vec{a}_1 \circ \vec{a}_2|}{|\vec{a}_1| \cdot |\vec{a}_2|} = \frac{\left| \begin{pmatrix} -1 \\ 1 \\ -1 \end{pmatrix} \circ \begin{pmatrix} 1 \\ 9 \\ 5 \end{pmatrix} \right|}{\left| \begin{pmatrix} -1 \\ 1 \\ -1 \end{pmatrix} \right| \cdot \left| \begin{pmatrix} 1 \\ 9 \\ 5 \end{pmatrix} \right|} = \frac{\sqrt{321}}{107}$$

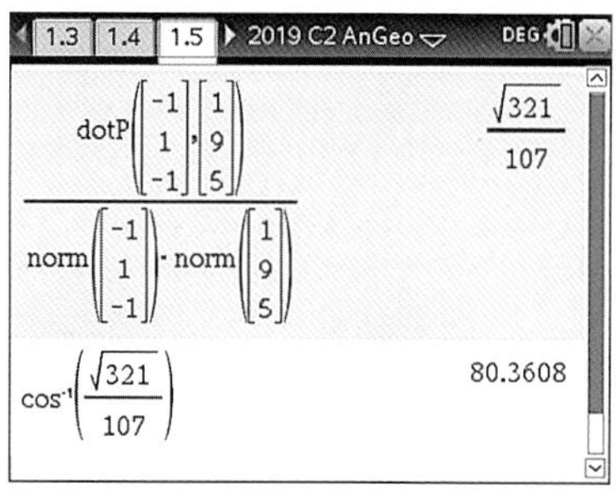

Hieraus ergibt sich der Winkel $\alpha \approx \underline{\underline{80,36}}$.

Kernfach Mathematik (Thüringen): Abiturprüfung 2020
Pflichtaufgaben Teil A

1. Geben Sie in der Tabelle je eine zugehörige Funktionsgleichung an.

Funktion	Ableitungsfunktion
$f(x) = 2 \cdot \sqrt{x}$	
$f(x) = x \cdot \sin(x)$	
	$f'(x) = -x + 5$
	$f'(x) = 6 \cdot e^x$
	$f'(x) = \frac{2}{x^2}$

(5 BE)

2. Gegeben ist der Graph einer Funktion f.

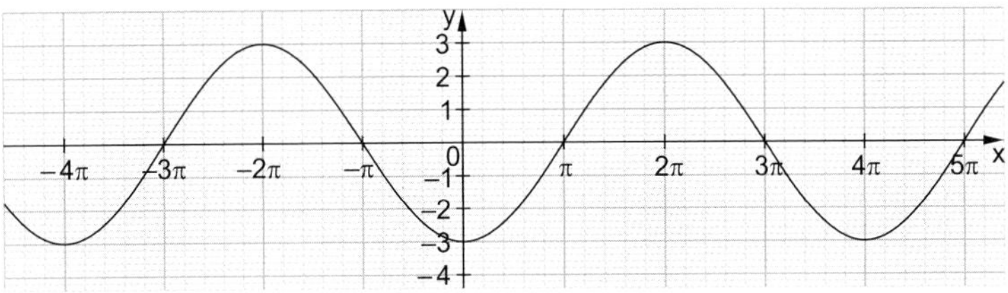

a) Geben Sie eine passende Funktionsgleichung für f an. (3 BE)

b) Veranschaulichen Sie mithilfe von Flächen in der obigen Darstellung

$$\int_{-4\pi}^{4\pi} f(x)\,dx.$$

Geben Sie den Wert des Integrals an. (2 BE)

3. Gegeben sind für $x \in \mathbb{R}$ die Funktionen f mit $f(x) = -x^2 + 4$ und g mit $g(x) = -4x + 8$.

a) Zeigen Sie, dass der Graph von g die Tangente an den Graphen von f im Punkt $P(2 \mid 0)$ ist. (2 BE)

b) Bestimmen Sie den Flächeninhalt der markierten Fläche A.

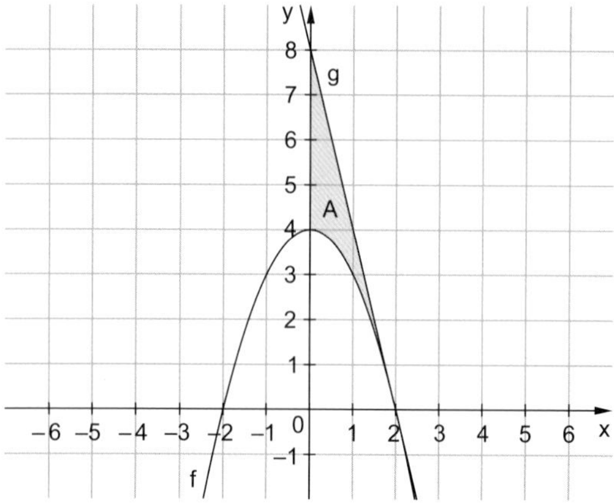

(3 BE)

4. Der Graph der Funktion f entsteht, wenn der Graph von g mit $g(x) = \sqrt{x}$ $(x \in \mathbb{R}, x \geq 0)$ um $\vec{v} = \begin{pmatrix} -4 \\ 0 \end{pmatrix}$ verschoben wird.

   a) Geben Sie eine Gleichung von f an. (1 BE)

   b) Der Graph von f, die Koordinatenachsen und die Gerade $x = -3$ begrenzen eine Fläche vollständig. Zur Berechnung des Flächeninhalts wird der Ansatz $A = \int_1^4 g(x)\,dx$ vorgeschlagen.
   Bewerten Sie diesen Ansatz und berechnen Sie den Flächeninhalt. (4 BE)

5. Die Punkte $A(4|0|0)$, $B(4|8|0)$ und $S(1|4|h)$ mit $h \in \mathbb{R}$; $h > 0$ sind Eckpunkte einer geraden Pyramide mit rechteckiger Grundfläche und der Höhe h.

   a) Zeichnen Sie eine solche Pyramide in das Koordinatensystem.

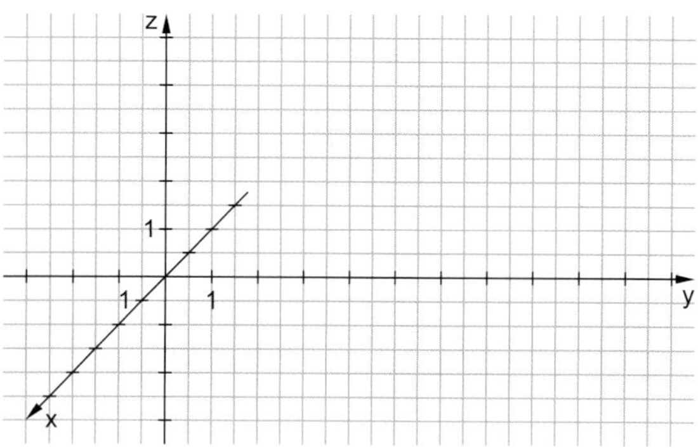

(2 BE)

   b) Die Länge einer Seitenkante soll 13 LE betragen.
   Bestimmen Sie die Höhe h dieser Pyramide. (3 BE)

6. Die Vektoren $\vec{a}, \vec{b}$ und $\vec{c}$ spannen eine gerade Pyramide auf.

   a) Geben Sie die Vektoren $\vec{s}$ und $\vec{h}$ mithilfe der Vektoren $\vec{a}, \vec{b}$ und $\vec{c}$ an.

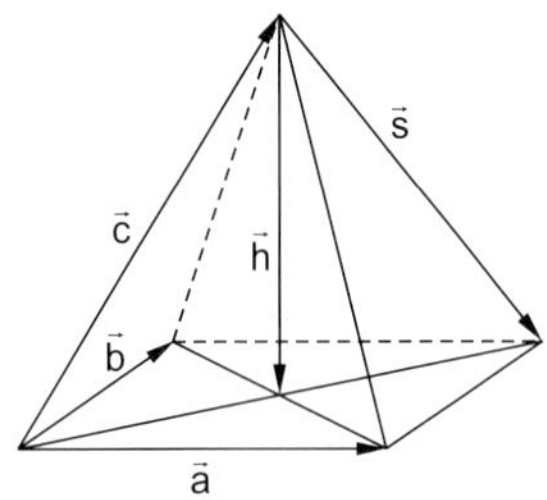

(2 BE)

   b) Durch $P(4 \mid 1 \mid z)$ mit $z \in \mathbb{R}$ wird eine Punktmenge P_z beschrieben. Eine weitere Punktmenge Q_{xy} wird durch $Q(x \mid y \mid 0)$ mit $-1 \leq x \leq 3$ und $2 \leq y \leq 4$ beschrieben.
   Veranschaulichen Sie die Punktmengen im Koordinatensystem.

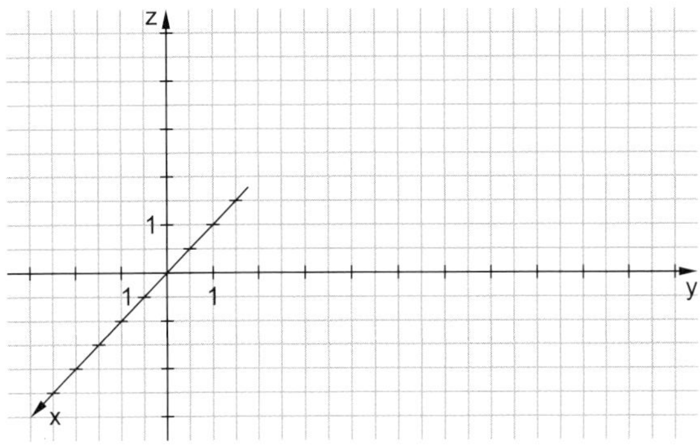

(3 BE)

7. In einer Box befinden sich zehn Kugeln, von denen zwei rot sind.
   Es werden zufällig nacheinander zwei Kugeln gezogen, in einem ersten Experiment mit Zurücklegen und in einem zweiten Experiment ohne Zurücklegen.

   a) Zeigen Sie, dass die Wahrscheinlichkeit des Ereignisses
   E := „Die zweite Kugel ist rot." bei beiden Experimenten $\frac{1}{5}$ beträgt. (2 BE)

   b) Die Anzahl der roten Kugeln unter den zehn Kugeln in der Box soll so verändert werden, dass sich die Wahrscheinlichkeit des Ereignisses E beim Ziehen mit Zurücklegen auf 30 % erhöht.
   Bestimmen Sie die Anzahl der benötigten roten Kugeln. (3 BE)

8. Es sei X eine normalverteilte Zufallsgröße mit Erwartungswert μ und Standardabweichung σ.

   a) Erläutern Sie anhand einer Skizze, dass $P(X \leq \mu) = \frac{1}{2}$ gilt. (3 BE)

   b) Es ist bekannt, dass $P(\mu - 2\sigma \leq X \leq \mu + 2\sigma) \approx 0{,}95$.
   Bestimmen Sie $P(X \geq \mu + 2\sigma)$. (2 BE)

(40 BE)

Hinweise und Tipps

Aufgabe 1

- Beachten Sie, ob Sie die Funktion f ableiten müssen, um f' zu erhalten, bzw. die Ableitungsfunktion f' integrieren müssen, um die Funktion f zu ermitteln.
- Analysieren Sie die gegebene Termstruktur, um die anzuwendende Ableitungs- bzw. Integrationsregel zu berücksichtigen.
- Beachten Sie die Zusammenhänge: $F'(x) = f(x)$ bzw. $\int f(x)\,dx = F(x) + c$
- Damit gilt auch: $\int f'(x)\,dx = f(x) + c$

Aufgabe 2

Teilaufgabe a

- Die Funktion f kann aus der Funktion $g(x) = \cos(x)$ (bzw. auch $g(x) = \sin(x)$) abgeleitet werden.
- Beachten Sie, dass eine Streckung/Stauchung entlang der y-Achse den Faktor a in $g(x) = a \cdot \cos(x)$ berücksichtigt, eine Spiegelung an der x-Achse bedeutet, dass g(x) in $-g(x)$ übergeht, und dass die Periodenlänge p im Term $g(x) = \cos\left(\frac{2\pi}{b} \cdot x\right)$ zu berücksichtigen ist.

Teilaufgabe b

- Das Integral entspricht der orientierten Fläche zwischen der x-Achse und dem Graphen der Funktion im gegebenen Intervall.

Aufgabe 3

Teilaufgabe a

- Eine Gerade g ist Tangente an den Graphen einer Funktion f in einem Punkt $P(p \mid f(p))$, wenn $g(p) = f(p)$ und $g'(p) = f'(p)$ gilt.
- Bestimmen Sie zunächst die 1. Ableitungsfunktion von f und von g und überprüfen Sie dann die beiden genannten Bedingungen.

Teilaufgabe b

- Die gesuchte Fläche ist eine Teilfläche im Dreieck, welches die Gerade g mit den Achsen einschließt. Berechnen Sie die Dreiecksfläche und subtrahieren Sie von dieser Fläche die Fläche, die der Graph von f mit den Achsen im I. Quadranten einschließt.

Aufgabe 4

Teilaufgabe a

- Beachten Sie, dass der Verschiebungsvektor nur eine Verschiebung in x-Richtung vorgibt.
- Verknüpfen Sie diese Verschiebung mit Ihren Kenntnissen über die Bedeutung des Zusammenhangs zwischen Graphen von Funktionen f(x) und $f(x + d)$.

Teilaufgabe b

- Beachten Sie, dass durch die Verschiebung in x-Richtung die Fläche zwischen x-Achse und Graph unter dem Graphen von g im Intervall [1; 4] kongruent zur Fläche unter dem Graphen von f im Intervall [–3; 0] ist.
- Berechnen Sie die Fläche mithilfe eines geeigneten bestimmten Integrals.

Aufgabe 5

Teilaufgabe a

- Beachten Sie, dass A und B Punkte der Grundfläche sind.
- Aus dem Text geht hervor, dass S die Spitze der Pyramide sein muss, denn h soll die Höhe der Pyramide angeben.
- Die Projektion S' der Spitze S in die Grundfläche muss der Schnittpunkt der Diagonalen der Grundfläche sein.
- Überlegen Sie, welche Koordinaten S' hat, und zeichnen Sie S' ein.
- Da A und B gleich weit von der y-Achse entfernt liegen und A auf der x-Achse liegt, müssen die Seiten der rechteckigen Grundfläche achsenparallel sein.
- Der Eckpunkt D muss sogar auf der x-Achse liegen.
- Beachten Sie, dass der Punkt D wegen der Symmetrie der geraden Pyramide eine andere Entfernung zum Ursprung hat als der Punkt A.

Teilaufgabe b

- Eine Seitenkante und die Höhe der Pyramide findet man z. B. im rechtwinkligen Stützdreieck B S' S.
- Die Länge der Seite $\overline{BS'}$ kann mit dem Satz des Pythagoras berechnet werden.
- Die Länge der Seitenkante $\overline{BS}$ ist gegeben.
- Die Länge der Höhe $h = \overline{S'S}$ lässt sich dann ebenfalls mit dem Satz des Pythagoras berechnen.

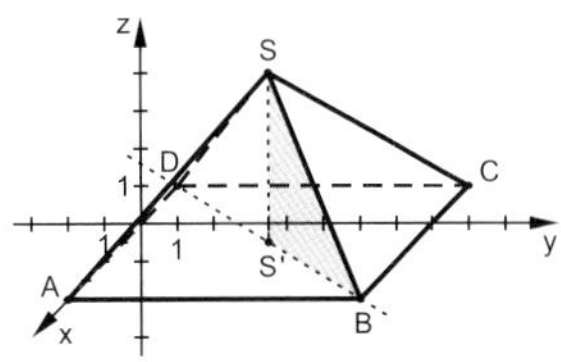

Aufgabe 6

Teilaufgabe a

- Suchen Sie Vektorzüge, in denen sich die Vektoren $\vec{s}$ bzw. $\vec{h}$ als Linearkombination von $\vec{a}$, $\vec{b}$ und $\vec{c}$ ausdrücken lassen.
- Beziehen Sie in Ihre Überlegungen eine der Diagonalen der Grundfläche mit ein.

Teilaufgabe b

- Für alle Punkte P gilt $x = 4$ und $y = 1$, während die z-Koordinate eine beliebige reelle Zahl ist.
- Die Punkte P bilden deshalb eine Gerade senkrecht zur xy-Ebene.
- Für die Punkte Q gilt $z = 0$, d. h., alle Punkte Q liegen in der xy-Ebene.
- Die x- Koordinaten liegen im Intervall $[-1; 3]$, die y-Koordinaten im Intervall $[2; 4]$.

Aufgabe 7

Teilaufgabe a

- Zeichnen Sie zu jedem Experiment ein Baumdiagramm mit den zugehörigen Pfadwahrscheinlichkeiten.
- Wenden Sie die Pfadregeln an.

Teilaufgabe b

- Verwenden Sie ein analoges Baumdiagramm zum Ziehen mit Zurücklegen.
- Die Wahrscheinlichkeit für das Ziehen einer roten Kugel ist dann $\frac{n}{10}$ mit $1 \le n \le 9$.
- Da die Summe der Pfadwahrscheinlichkeiten 30 % bzw. 0,3 betragen soll, können Sie aus dem Ansatz über die Pfadregeln den Wert für n bestimmen.

Aufgabe 8

Teilaufgabe a

- Skizzieren Sie den Graphen der Dichtefunktion der Normalverteilung.
- Beachten Sie die Glockenform und die Symmetrie dieses Graphen.
- Bedenken Sie, dass der Flächeninhalt unter dem Graphen der Dichtefunktion den Wert 1 hat.

Teilaufgabe b

- Skizzieren Sie den Graphen der Dichtefunktion der Normalverteilung.
- Beachten Sie die Glockenform und die Symmetrie dieses Graphen.
- Markieren Sie näherungsweise das Intervall $\mu - 2\sigma \leq X \leq \mu + 2\sigma$.
- Machen Sie sich anhand der Skizze klar, wo das Intervall $X \geq \mu + 2\sigma$ liegt.
- Schließen Sie auf die gesuchte Wahrscheinlichkeit unter Ausnutzung der Symmetrie der Glockenkurve.

Lösungen

1.

Funktion	Ableitungsfunktion
$f(x)=2\cdot\sqrt{x}$	$\underline{\underline{f'(x)=\frac{1}{\sqrt{x}}}}$
$f(x)=x\cdot\sin(x)$	$\underline{\underline{f'(x)=\sin(x)+x\cdot\cos(x)}}$
$\underline{\underline{f(x)=-\frac{1}{2}\cdot x^2+5x}}$	$f'(x)=-x+5$
$\underline{\underline{f(x)=6\cdot e^x}}$	$f'(x)=6\cdot e^x$
$\underline{\underline{f(x)=\frac{-2}{x}}}$	$f'(x)=\frac{2}{x^2}$

Hinweis:
Folgende Regeln wurden (in dieser Reihenfolge) für die Berechnung der Funktionsgleichungen verwendet:

- Potenzregel der Differenzialrechnung: $(x^n)'=n\cdot x^{n-1}$ (mit $\sqrt{x}=x^{\frac{1}{2}}$)
- Produktregel der Differenzialrechnung: $(f(x)\cdot g(x))'=f'(x)\cdot g(x)+f(x)\cdot g'(x)$
- Summenregel der Integralrechnung: $\int (g(x)+h(x))\,dx=\int g(x)\,dx+\int h(x)\,dx$
- Regel beachten: $\int e^x\,dx=e^x+C$
- Potenzregel der Integralrechnung: $\int x^n\,dx=\frac{x^{n+1}}{n+1}+C$ (mit $n=-2$)

2. a) 1. Berücksichtigung der Amplitude: $g_1(x)=3\cos(x)$

2. Berücksichtigung der Spiegelung an der x-Achse: $g_2(x)=-3\cos(x)$

3. Berücksichtigung der Periodenlänge $p=4\pi$: $f(x)=-3\cos\left(\frac{2\pi}{4\pi}\cdot x\right)=\underline{\underline{-3\cos\left(\frac{x}{2}\right)}}$

b)

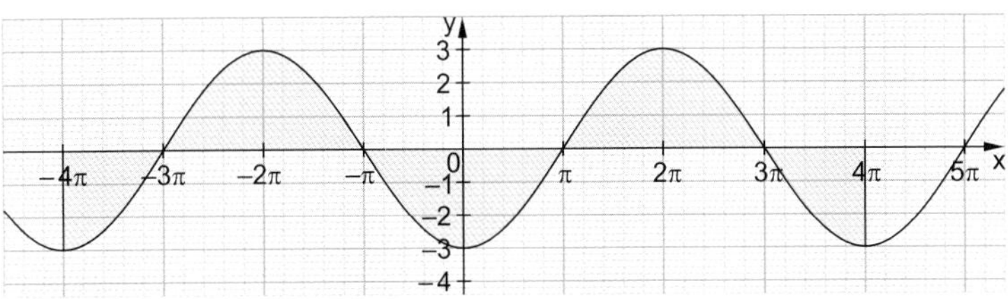

Wert des Integrals:
Da die Flächenanteile oberhalb der x-Achse gleich denen unterhalb der x-Achse sind, gilt:

$$\int_{-4\pi}^{4\pi} f(x)\,dx=\underline{\underline{0}}$$

3. a) $g'(x) = -4$ und $f'(x) = -2x$

Überprüfung:

$g'(2) = -4$ und $f'(2) = -4$ sowie $g(2) = 0$ und $f(2) = 0$

b) Für den gesuchten Flächeninhalt gilt:

$$A = A_{\Delta} - \int_0^2 (-x^2 + 4)\, dx$$

Da das Dreieck rechtwinklig ist, gilt $A_{\Delta} = \frac{8 \cdot 2}{2} = 8$ FE. Außerdem ist:

$$\int_0^2 (-x^2 + 4)\, dx = \left[-\frac{x^3}{3} + 4x \right]_0^2 = -\frac{8}{3} + 8 = \frac{16}{3}$$

Damit ergibt sich:

$$A = 8 - \frac{16}{3} = \underline{\underline{\frac{8}{3}}} \text{ FE}$$

Alternative Lösung: Der gesuchte Flächeninhalt entspricht der Fläche zwischen den Graphen von g und f. Damit ergibt sich:

$$A = \int_0^2 \big(g(x) - f(x)\big)\, dx = \int_0^2 \big(-4x + 8 - (-x^2 + 4)\big)\, dx = \int_0^2 (x^2 - 4x + 4)\, dx$$

$$= \int_0^2 (x-2)^2\, dx = \left[\frac{1}{3}(x-2)^3 \right]_0^2 = 0 - \frac{1}{3} \cdot (-2)^3 = \underline{\underline{\frac{8}{3}}} \text{ FE}$$

4. a) Graphen von Funktionen $f(x + d)$ gehen aus dem Graphen von $f(x)$ durch eine Verschiebung um $-d$ Einheiten in x-Richtung hervor.

Die gesuchte Funktion f hat einen Graphen, der aus dem Graphen von $g(x) = \sqrt{x}$ durch eine Verschiebung um -4 Einheiten in x-Richtung hervorgeht. Deshalb hat f die Gleichung $f(x) = \sqrt{x - (-4)} = \underline{\underline{\sqrt{x + 4}}}$.

b) Der Ansatz ist korrekt, da aufgrund der Verschiebung gilt:

$$A = \int_{-3}^0 f(x)\, dx = \int_1^4 g(x)\, dx$$

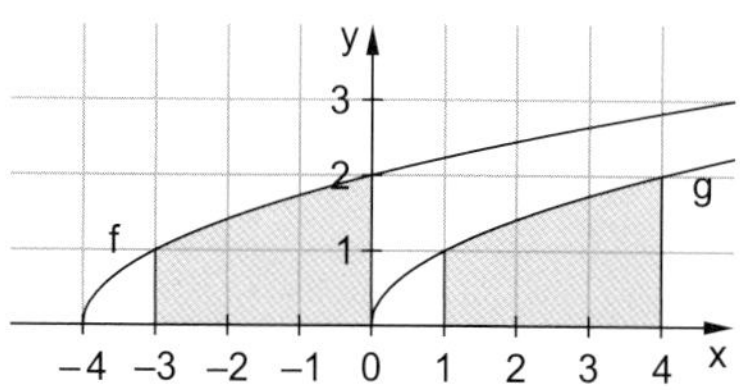

Für die Berechnung des Flächeninhaltes kann sowohl der Ansatz $A = \int_1^4 g(x)\, dx$ als auch der Ansatz $A = \int_{-3}^0 f(x)\, dx$ verwendet werden:

$$A = \int_1^4 g(x)\, dx = \int_1^4 \sqrt{x}\, dx = \int_1^4 x^{\frac{1}{2}}\, dx = \left[\frac{2}{3} \cdot x^{\frac{3}{2}} \right]_1^4 = \frac{2}{3} \cdot \left(4^{\frac{3}{2}} - 1^{\frac{3}{2}}\right) = \frac{2}{3} \cdot \left(\sqrt{4}^3 - 1\right)$$

$$= \frac{2}{3} \cdot (8 - 1) = \underline{\underline{\frac{14}{3}}}$$

$$A = \int_{-3}^{0} f(x)\,dx = \int_{-3}^{0} \sqrt{x+4}\,dx = \int_{-3}^{0} (x+4)^{\frac{1}{2}}\,dx = \left[\frac{2}{3}\cdot(x+4)^{\frac{3}{2}}\right]_{-3}^{0}$$

$$= \frac{2}{3}\cdot(0+4)^{\frac{3}{2}} - \frac{2}{3}\cdot(-3+4)^{\frac{3}{2}} = \frac{2}{3}\cdot 4^{\frac{3}{2}} - \frac{2}{3}\cdot 1^{\frac{3}{2}} = \frac{2}{3}(\sqrt{4}^{\,3}-1) = \frac{2}{3}\cdot(8-1) = \underline{\underline{\frac{14}{3}}}$$

5. a) Der Punkt S' (die Projektion der Spitze S in die Grundfläche) hat die Koordinaten S'(1 | 4 | 0).

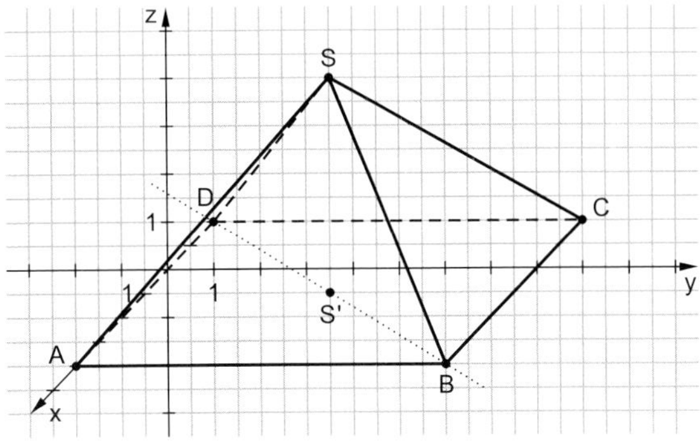

Der Eckpunkt D kann als Schnittpunkt der Geraden durch B und S' und der x-Achse gezeichnet werden.

Der Eckpunkt C der Grundfläche wird als Schnittpunkt der Parallelen zur x-Achse durch B sowie der Parallelen zur y-Achse durch D gewonnen.

Für eine beliebige Höhe h (h > 0) wird der Punkt S senkrecht über S' eingezeichnet.

Die fehlenden Kanten der Pyramide werden gezeichnet; dabei werden die verdeckten Kanten gestrichelt gezeichnet.

b) Dem Grundriss der Grundfläche kann man die Seitenlängen 8 cm bzw. 6 cm des Rechtecks aus der Anschauung heraus entnehmen.
Die Diagonale des Rechtecks hat die Länge:

$\overline{BD} = \sqrt{(8\text{ cm})^2 + (6\text{ cm})^2} = 10\text{ cm}$

Damit ergibt sich:

$h = \overline{S'S} = \sqrt{(13\text{ cm})^2 - (5\text{ cm})^2} = \underline{\underline{12\text{ cm}}}$

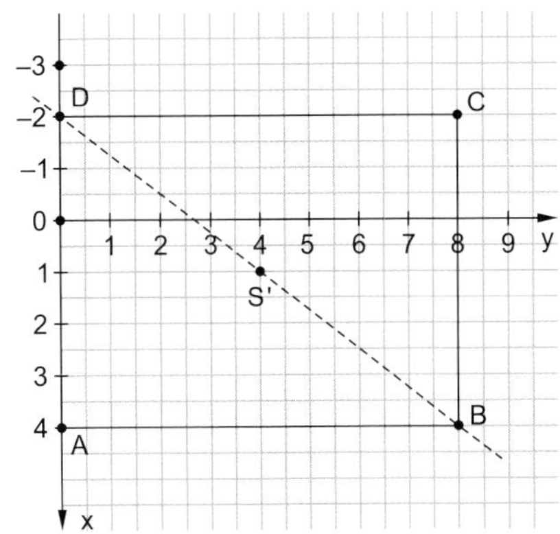

Alternative Lösung:
Die Koordinaten von D lassen sich auch über eine vektorielle Geradengleichung ermitteln.
Wegen S'(1 | 4 | 0) und B(4 | 8 | 0) gilt:

$$g_{BS'}: \vec{x} = \begin{pmatrix}4\\8\\0\end{pmatrix} + t\cdot\begin{pmatrix}-3\\-4\\0\end{pmatrix} \quad\Rightarrow\quad \text{Mit } y=0 \text{ ist } t=2\text{: } \vec{x}_D = \begin{pmatrix}4\\8\\0\end{pmatrix} + 2\cdot\begin{pmatrix}-3\\-4\\0\end{pmatrix} = \begin{pmatrix}-2\\0\\0\end{pmatrix}$$

Damit sind: $|\overline{AD}| = \left|\begin{pmatrix}6\\0\\0\end{pmatrix}\right| = 6$ und $|\overline{AB}| = \left|\begin{pmatrix}8\\0\\0\end{pmatrix}\right| = 8$

6. a) Die Diagonale der Grundfläche kann angegeben werden durch $\vec{a}+\vec{b}$.

Damit gilt in dem grau gefärbten Dreieck:

$\vec{a}+\vec{b}=\vec{c}+\vec{s}$

Daraus ergibt sich:

$\underline{\underline{\vec{a}+\vec{b}-\vec{c}=\vec{s}}}$

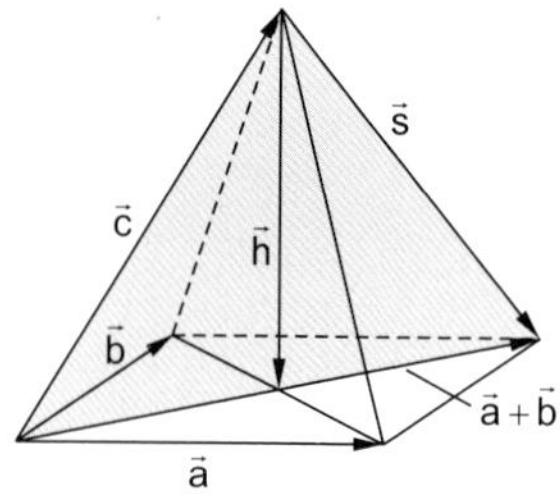

Um den Vektor $\vec{h}$ als Linearkombination von $\vec{a}$, $\vec{b}$ und $\vec{c}$ auszudrücken, betrachtet man das halbierte Dreieck von oben (in der Zeichnung grau gefärbt).

Hier gilt:

$$\vec{c}+\vec{h}=\frac{\vec{a}+\vec{b}}{2}$$

Damit ist:

$$\underline{\underline{\vec{h}=\frac{\vec{a}+\vec{b}}{2}-\vec{c}}}$$

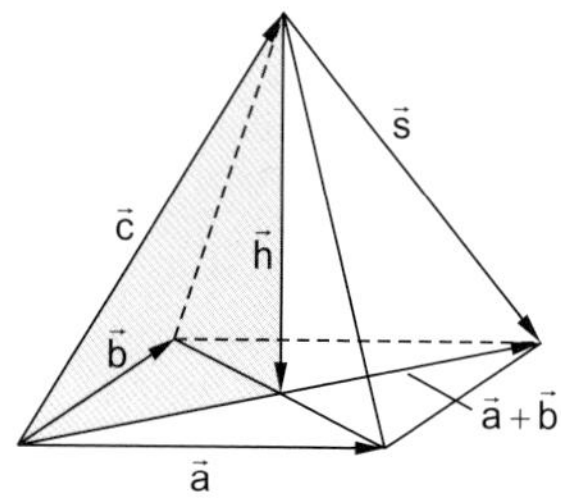

b) **Punktmenge P_z**

Um die Gerade, auf der die Punkte P_z liegen, zu zeichnen, zeichnen Sie zunächst den Punkt $P_0(4|1|0)$ ein.
Alle Punkte P_z liegen auf der Senkrechten zur xy-Ebene durch diesen Punkt.
Zeichnen Sie im Schrägbild eine Parallele zur z-Achse durch den Punkt P_0 ein.

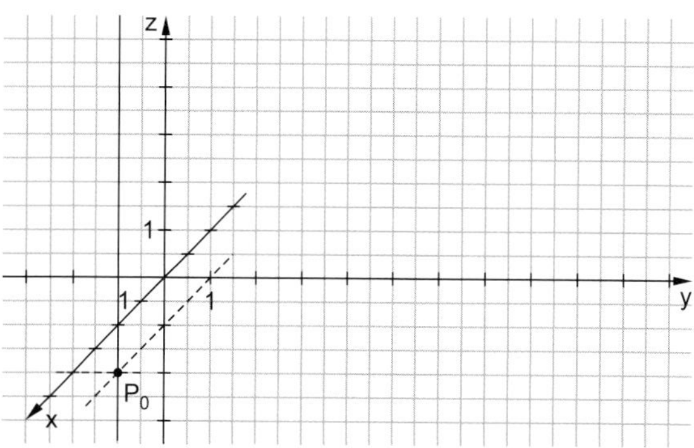

Punktmenge Q_{xy}

Zeichnen Sie die Parallelen zur y-Achse durch $(-1|0|0)$ und $(3|0|0)$.
Zeichnen Sie die Parallelen zur x-Achse durch $(0|2|0)$ und $(0|4|0)$.
Die Schnittpunkte dieser Parallelen bilden ein Rechteck mit den Eckpunkten $(3|2|0)$, $(3|4|0)$, $(-1|2|0)$ und $(-1|4|0)$.
Im Schrägbild ist dieses Rechteck als Parallelogramm zu erkennen.
Alle Punkte Q_{xy} liegen auf dem Rand dieses Rechtecks und in seinem Inneren.

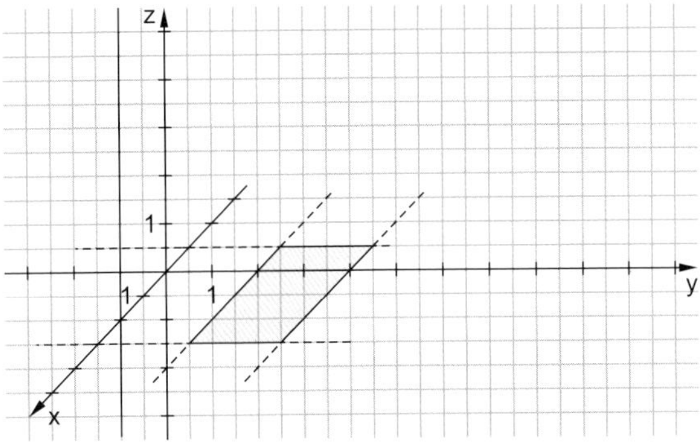

7. a) **Baumdiagramm für das zweimalige Ziehen mit Zurücklegen**

r: Ziehen einer roten Kugel
nr: Ziehen einer Kugel, die nicht rot ist

Günstige Pfade für das Ereignis E sind: (r, r) und (nr, r)

$$P(E) = 0{,}2 \cdot 0{,}2 + 0{,}8 \cdot 0{,}2 = 0{,}2 = \frac{1}{5}$$

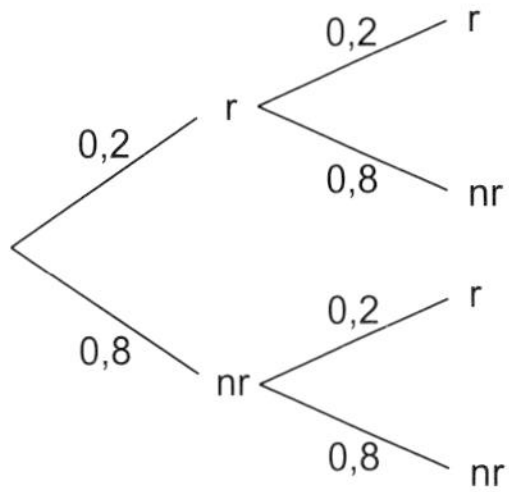

Baumdiagramm für das zweimalige Ziehen ohne Zurücklegen

Günstige Pfade für das Ereignis E sind: (r, r) und (nr, r)

$$P(E) = \frac{2}{10} \cdot \frac{1}{9} + \frac{8}{10} \cdot \frac{2}{9} = \frac{18}{90} = \frac{1}{5}$$

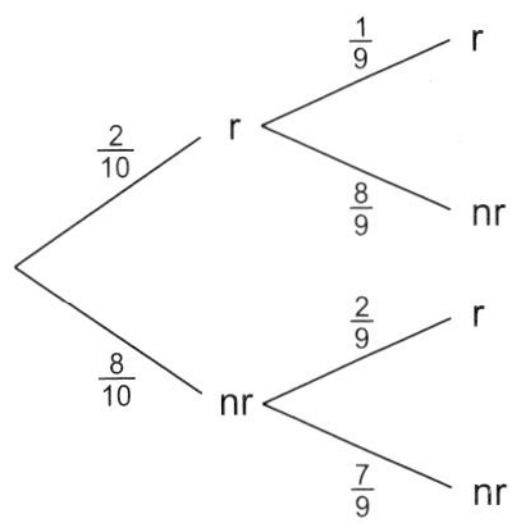

b) Günstige Pfade für das Ereignis E sind: (r, r) und (nr, r)

$$P(E) = \frac{n}{10} \cdot \frac{n}{10} + \frac{10-n}{10} \cdot \frac{n}{10} = 0{,}3$$

$$\frac{n^2}{100} + \frac{10n - n^2}{100} = 0{,}3 \quad \Rightarrow \quad \underline{\underline{n = 3}}$$

Es werden drei rote Kugeln benötigt.

Alternative Lösung:
Beim Ziehen mit Zurücklegen ist in diesem Sachzusammenhang das Ergebnis beim ersten Zug egal, deshalb kann man auch folgendermaßen argumentieren:

$$P(E) = 1 \cdot \frac{n}{10} = 0{,}3$$

Daraus ergibt sich sofort $n = 3$.

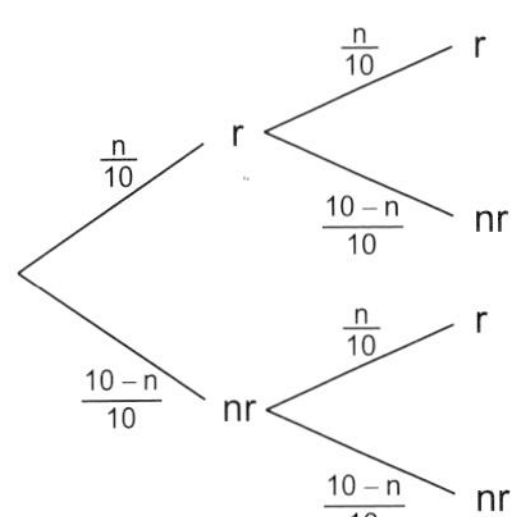

8. a) Die gesamte Fläche unter der Kurve hat den Wert 1.
Da die Glockenkurve achsensymmetrisch zu $x = \mu$ ist, beträgt die Wahrscheinlichkeit $P(X \le \mu)$ die Hälfte von 1, also gilt:

$$P(X \le \mu) = \frac{1}{2}$$

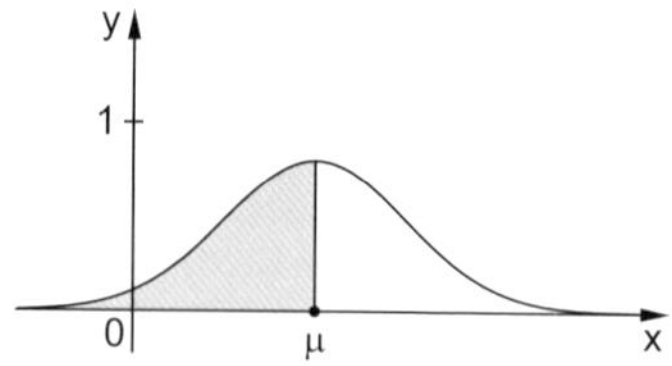

b) Der grau markierte Bereich stellt die Wahrscheinlichkeit $P(\mu - 2\sigma \le X \le \mu + 2\sigma)$ dar. Sie soll ca. 95 % betragen.
Das Intervall liegt symmetrisch zum Erwartungswert.

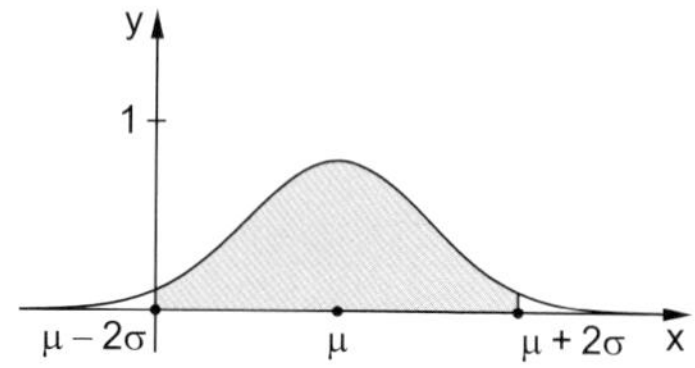

Die Restwahrscheinlichkeit 1 − 0,95 verteilt sich dann auf die beiden Restintervalle zu gleichen Teilen.

Es gilt:

$$P(X \le \mu - 2\sigma) + P(X \ge \mu + 2\sigma) \approx 1 - 0{,}95 = 0{,}05$$

Wegen $P(X \le \mu - 2\sigma) = P(X \ge \mu + 2\sigma)$ ist dann:

$$P(X \ge \mu + 2\sigma) \approx \underline{\underline{0{,}025}}$$

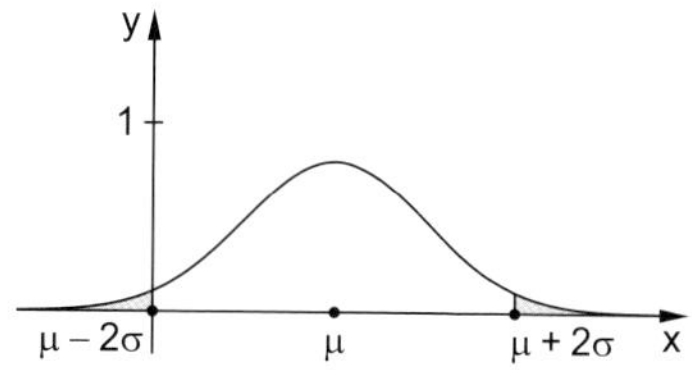

Kernfach Mathematik (Thüringen): Abiturprüfung 2020
Pflichtaufgabe Teil B: Analysis

1. Gegeben sind mit $x \in \mathbb{R}$ die Funktion f durch $f(x) = \frac{1}{10}x^2 \cdot (x-6)$ und für jede reelle Zahl a ($a \neq 0$) eine Funktion g_a durch $g_a(x) = f(x) + a \cdot x$.
   a) Zeigen Sie, dass $x = 2$ die Wendestelle von f ist. (2 BE)
   b) Begründen Sie, dass die Funktionen f und g_a für alle Werte von a eine gemeinsame Wendestelle besitzen. (2 BE)
   c) Weisen Sie nach, dass sich die Wendetangente an den Graphen von f und alle Wendetangenten an die Graphen von g_a in einem gemeinsamen Punkt schneiden. (4 BE)
   d) Die Punkte $P\left(0 \,\middle|\, \frac{4}{5}\right)$, $W_f(2 \mid f(2))$ und $W_{g_a}(2 \mid g_a(2))$ sind Eckpunkte eines Dreiecks.
   Untersuchen Sie, für welche Werte von a dieses Dreieck rechtwinklig ist. (6 BE)
   e) Die Graphen von f und g_a sowie die Gerade $x = 2$ begrenzen eine Fläche vollständig.
   Bestimmen Sie alle Werte für a so, dass der Inhalt dieser Fläche 10 FE beträgt. (3 BE)

2. Ein Unternehmen produziert E-Scooter.
   Die monatlichen Produktionskosten der E-Scooter in Euro werden im Unternehmen mithilfe der Funktion k mit $k(x) = \frac{1}{400}x^3 - 3x^2 + 1250x + 50\,000$ mathematisch beschrieben.
   Für den Erlös e beim Verkauf der E-Scooter gilt der funktionale Zusammenhang $e(x) = p \cdot x$, wobei p der Stückpreis in Euro und x die Stückzahl bedeuten. Der Gewinn g eines Unternehmens lässt sich als Differenz aus dem Erlös e und den Produktionskosten k berechnen.

   Für die folgenden Aufgaben wird vorausgesetzt, dass alle produzierten E-Scooter auch verkauft werden.

   a) Dargestellt sind die Graphen der Funktionen k und e mit $p = 400$ im Intervall $0 \leq x \leq 1000$.

   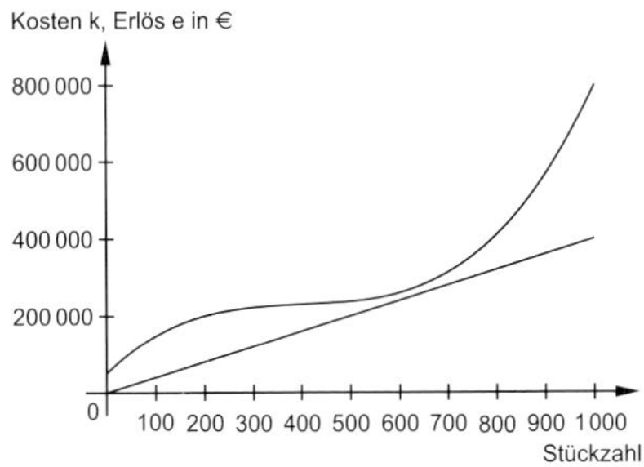

   Entscheiden Sie mithilfe der Graphen, ob der Stückpreis von 400 € für das Unternehmen rentabel ist. Begründen Sie Ihre Entscheidung. (3 BE)
   b) Im Unternehmen wird nach Analyse der Marktsituation entschieden, den Preis für einen E-Scooter auf 725 € festzusetzen.

   Bestimmen Sie die monatliche Mindest- und die Höchstanzahl von E-Scootern, damit Gewinn erwirtschaftet werden kann.
   Berechnen Sie den Maximalgewinn, den das Unternehmen erzielen kann. (7 BE)

Die E-Scooter werden zu einem Preis von 725 € verkauft.
Modellhaft kann der zugehörige Absatz mithilfe der Funktion a mit $a(t) = 500 \cdot t \cdot e^{-0,25 \cdot t}$ ($t \in \mathbb{R}$; $0 \leq t \leq 12$) beschrieben werden.
Dabei ist t die seit der Produkteinführung vergangene Zeit in Monaten und a(t) der Absatz in Stück pro Monat.

c) Ermitteln Sie die Monate, in denen der Absatz zunimmt. (3 BE)

d) Die Produktionskosten bedingen, dass das Unternehmen mindestens 309 Stück pro Monat verkaufen muss, um Gewinn zu erwirtschaften.

Bestimmen Sie den Zeitraum, in dem sich die Produktion lohnt.

Ermitteln Sie die Stückzahl der in den ersten elf Monaten verkauften E-Scooter sowie den Gesamterlös, den das Unternehmen aus dem Verkauf der E-Scooter in diesem Zeitraum erzielt. (5 BE)

e) Es gibt einen Zeitpunkt, an dem der Absatz am stärksten zunimmt, und einen Zeitpunkt, an dem er am stärksten abnimmt.
Zur Bestimmung dieser Zeitpunkte wird folgende Untersuchung durchgeführt:

$a''(t) = 0$ hat nur die Lösung $t = 8$ und es gilt $a'''(8) > 0$.

Erläutern Sie diese Untersuchung.

Geben Sie den anderen Zeitpunkt an und begründen Sie Ihre Angabe ohne weitere Rechnung. (5 BE)

(40 BE)

Hinweise und Tipps

Aufgabe 1 a

- Falls Sie diese einfache Funktion ohne CAS ableiten wollen, dann multiplizieren Sie den Funktionsterm von f aus. So lässt es sich besser ableiten.
- Berechnen Sie die ersten drei Ableitungen von f.
- Berechnen Sie die Nullstellen von f''(x). Wenn es solche Nullstellen gibt, dann sind sie die möglichen Wendestellen.
- Prüfen Sie eine hinreichende Bedingung für Wendestellen.
- Untersuchen Sie also, ob $f'''(2) \neq 0$ ist.

Aufgabe 1 b

- Die Funktion $g_a(x) = f(x) + a \cdot x$ unterscheidet sich von f(x) durch den Summanden $a \cdot x$. Das ist der Funktionsterm einer linearen Funktion.
- Begründen Sie, weshalb aus diesem Grunde die 2. und 3. Ableitungen von f(x) und $g_a(x)$ übereinstimmen müssen.
- Überlegen Sie, welche Schlussfolgerungen bezüglich der Existenz von Wendestellen sich aus der Übereinstimmung der 2. und 3. Ableitungen ergeben.

Aufgabe 1 c

- Am einfachsten lassen sich die Wendetangenten mit dem CAS bestimmen.
- Ermitteln Sie die Gleichungen der Tangenten von f(x) und $g_a(x)$ an der gemeinsamen Wendestelle $x = 2$.
- Vergleichen Sie diese Gleichungen und ziehen Sie Schlussfolgerungen für einen gemeinsamen Punkt.

Aufgabe 1 d

- Berechnen Sie die Funktionswerte f(2) und $g_a(2)$.
- Machen Sie sich die gegenseitige Lage der Punkte P, W_f und W_{g_a} klar.
- Fertigen Sie eine Skizze dazu an.
- Überlegen Sie, wie man die Rechtwinkligkeit eines Dreiecks nachweisen kann.
- Sie können z. B. auf den Satz des Pythagoras oder das Skalarprodukt geeigneter Vektoren zurückgreifen.
- Durch den Operator „Untersuchen Sie …" ist auch eine grafische Lösung möglich.

Aufgabe 1 e

- Verwenden Sie im Ansatz das bestimmte Integral zur Flächenberechnung.
- Veranschaulichen Sie sich die gegenseitige Lage der Graphen der Funktionen $g_a(x)$ mit dem Graphen der Funktion f(x).
- Beachten Sie bei der Festlegung der Integrationsgrenzen, dass die Funktionen f(x) und $g_a(x)$ den Punkt $O(0 \mid 0)$ gemeinsam haben.
- Bedenken Sie, dass die Graphen von $g_a(x)$ unterhalb oder oberhalb des Graphen von f(x) liegen können.

Aufgabe 2

- Beachten Sie, dass sowohl die Funktion k die Kosten als auch die Funktion e den Erlös (Einnahmen) in Abhängigkeit von der Stückzahl x angeben.
- Definieren Sie im CAS die Funktionen k und e.

Aufgabe 2a

- Ordnen Sie die Graphen den beiden Funktionen k und e zu und treffen Sie aufgrund der Lage der beiden Graphen zueinander die gesuchte Entscheidung.
- Beachten Sie, dass rentabel bedeutet, dass für eine entsprechende Stückzahl der Erlös größer als die Kosten ist.

Aufgabe 2b

- Definieren Sie die Funktion e nun mit $e(x)=725x$. Stellen Sie die Graphen beider Funktionen k und e dar und bestimmen Sie die Schnittpunkte beider Funktionen.
- *Alternative:* Definieren Sie zusätzlich die sogenannte Gewinnfunktion $g(x)=e(x)-k(x)$ und ermitteln Sie deren Nullstellen.
- Berechnen Sie den Maximalgewinn, indem Sie ein Ihnen bekanntes Verfahren zur Bestimmung lokaler Hochpunkte anwenden:
  Bilden Sie die erste und ggf. die zweite Ableitungsfunktion. Notieren Sie deren Gleichungen.
  Speichern Sie die Gleichungen der Ableitungsfunktionen unter geeigneten Bezeichnungen auf Ihrem CAS-Rechner ab, damit Sie sie nicht immer wieder eintippen müssen.
  Untersuchen Sie für die Bestimmung der lokalen Extrempunkte jeweils die notwendige und eine hinreichende Bedingung.
  Ermitteln Sie die zugehörigen Funktionswerte und notieren Sie die Koordinaten des lokalen Extrempunktes.

Aufgabe 2c

- Beachten Sie, dass die Funktion a den Absatz in Stück pro Monat angibt. Der Absatz nimmt solange zu, solange die Funktion a monoton wächst.

Aufgabe 2d

- Lösen Sie die Gleichung $a(t)=309$ und entscheiden Sie dann aufgrund des Verlaufs des Graphen von a, in welchen Zeiträumen Gewinn erwirtschaftet werden kann.
- Die Funktion a gibt den Absatz in Stück pro Monat an, also die Änderungsrate. Um die Anzahl der verkauften E-Scooter zu ermitteln, muss die Funktion a im Intervall [0; 11] integriert werden, also die Bestandsfunktion ermittelt werden.
- *Hinweis:* Wer die Funktion als diskret ansieht, muss entsprechende Summen berechnen, da der Absatz in Stück pro Monat angegeben ist.

Aufgabe 2e

- Wendepunkte sind Punkte mit extremaler Steigung.
- An der Stelle, an der a' einen lokalen Extrempunkt hat, hat a einen Wendepunkt.
- Die Nullstellen der zweiten Ableitung einer Funktion sind Kandidaten für mögliche Wendestellen.
- Wenn in einem Intervall nur eine lokale Extremstelle vorliegt und eine zweite gesucht ist, kann diese bei im Intervall durchgängig differenzierbaren Funktionen nur an den Intervallrändern existieren.

Lösungen

1. a) **Ableitungen**

$$f(x) = \frac{1}{10}x^2 \cdot (x-6) = \frac{1}{10}x^3 - \frac{3}{5}x^2$$

$$f'(x) = \frac{3}{10}x^2 - \frac{6}{5}x$$

$$f''(x) = \frac{3}{5}x - \frac{6}{5}$$

$$f'''(x) = \frac{3}{5}$$

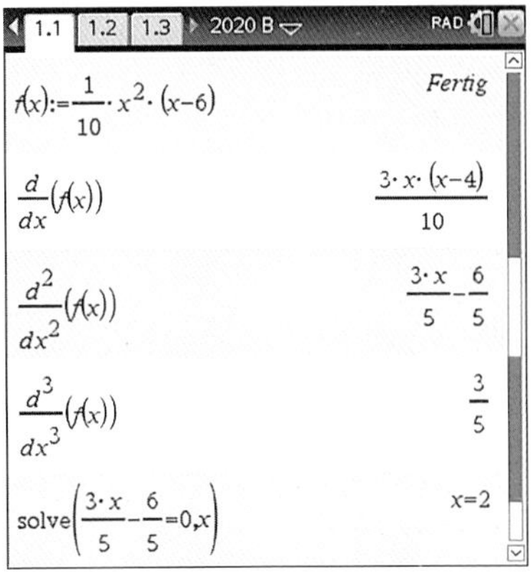

Notwendige Bedingung für Wendestellen
$f''(x) = 0$ setzen und lösen:

$$\frac{3}{5}x - \frac{6}{5} = 0$$

$$x = 2$$

Hinreichende Bedingung für Wendestellen
Prüfen, ob $f'''(x) \neq 0$ ist:

$$f'''(2) = \frac{3}{5} > 0$$

Damit ist sicher, dass $x = 2$ eine Wendestelle von f ist.

Alternative Lösung zur hinreichenden Bedingung: $f''(x)$ wechselt an der Stelle $x = 2$ das Vorzeichen von minus zu plus.

Hinweis: Durch eine grafische Bestimmung der Wendestelle kann man das Ergebnis selbst kontrollieren.

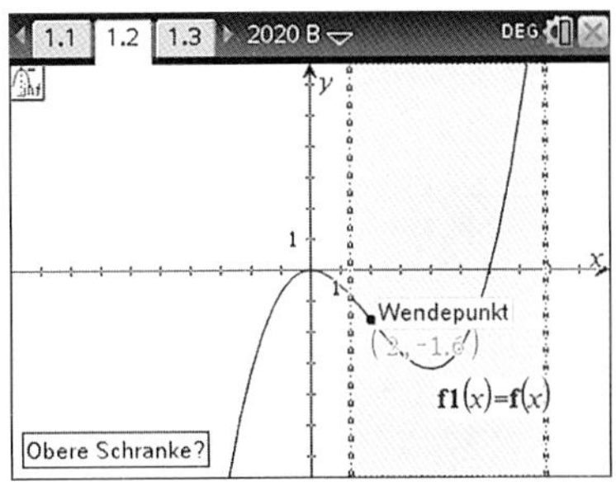

b) Die 1. Ableitung der Funktion $y = a \cdot x$ ist $y' = a$ und die 2. Ableitung ist $y'' = 0$.

Damit ist klar, dass die 2. und 3. Ableitungen von f(x) und $g_a(x)$ übereinstimmen.

Demzufolge hat $g_a(x)$ dieselbe Wendestelle $x = 2$ wie f(x), die in Teilaufgabe 1 a bestimmt wurde.

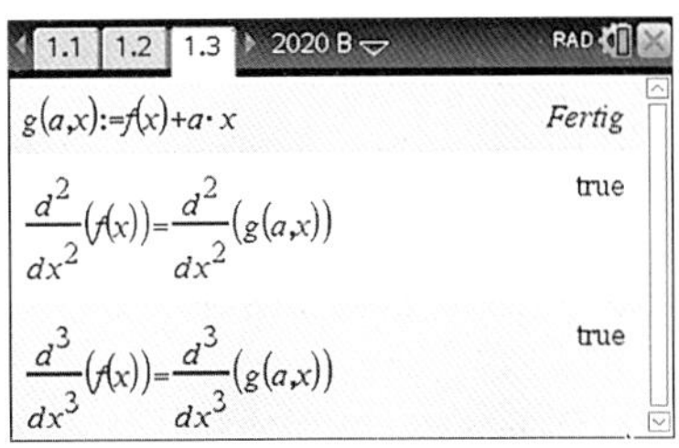

Alternative Lösung: Die Wendestelle von $g_a(x)$ wird „traditionell" berechnet mit der Nullstelle x_0 der 2. Ableitung als notwendiger Bedingung und dem von null verschiedenen Wert der 3. Ableitung an der Stelle x_0. Anschließend erfolgt ein Vergleich mit der Wendestelle der Funktion f.

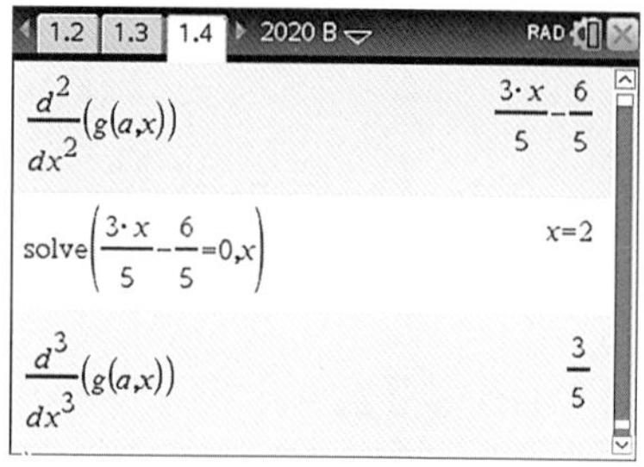

c) Die Gleichung der Tangente an den Graphen einer Funktion f an einer Stelle x_0 lässt sich mit dem CAS-Befehl tangentLine(f(x),x,x_0) unter <Analysis> und <Tangententerm> bestimmen.

Die Tangentengleichung für f(x) an der Stelle x = 2 ist:

$$y=-\frac{6}{5}\cdot x+\frac{4}{5}$$

Die Funktionen $g_a(x)$ haben an der Stelle x = 2 die Tangentengleichungen:

$$y=\frac{5a-6}{5}\cdot x+\frac{4}{5}$$

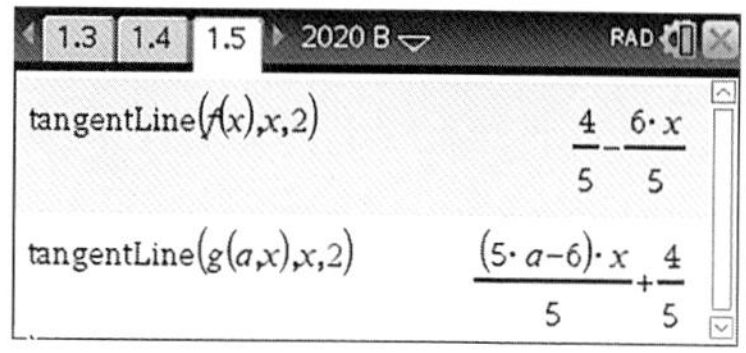

Die Tangentengleichungen haben ein und dasselbe Absolutglied $\frac{4}{5}$ und wegen $a \neq 0$ unterschiedliche Anstiege. Da es sich um lineare Funktionen handelt, die, wenn sich ihre Graphen schneiden, genau einen Schnittpunkt haben, so muss dies der Punkt $P\left(0 \,\middle|\, \frac{4}{5}\right)$ sein.

Wieder ist hier eine grafische Selbstkontrolle möglich.

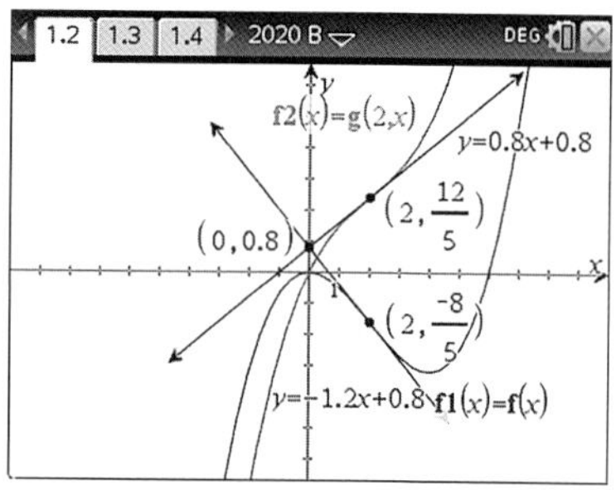

Alternative Lösung: Die Tangentengleichungen sind von der Form $y = m \cdot x + n$. Der Anstieg m wird über die 1. Ableitung der Funktion an der Stelle x = 2 bestimmt. Durch Einsetzen von m sowie x = 2 und dem Funktionswert an der Stelle x = 2 kann n ermittelt werden.

Für die Funktion f bedeutet das:

$$m=f'(2)=\frac{3}{10}\cdot 2^2-\frac{6}{5}\cdot 2=-\frac{6}{5}$$

$$f(2)=\frac{1}{10}\cdot 2^2\cdot(2-6)=-\frac{8}{5} \quad\Rightarrow\quad -\frac{8}{5}=-\frac{6}{5}\cdot 2+n \quad\Rightarrow\quad n=\frac{4}{5} \quad\Rightarrow\quad y=-\frac{6}{5}x+\frac{4}{5}$$

Für die Funktionen $g_a(x)$ erhält man:

$$m = g_a'(2) = \frac{3}{10}\cdot 2^2 - \frac{6}{5}\cdot 2 + a = a - \frac{6}{5}$$

$$g_a(2) = f(2) + a\cdot 2 = 2a - \frac{8}{5} \quad\Rightarrow\quad 2a - \frac{8}{5} = \left(a - \frac{6}{5}\right)\cdot 2 + n \quad\Rightarrow\quad n = \frac{4}{5}$$

$$\Rightarrow\quad y = \left(a - \frac{6}{5}\right)x + \frac{4}{5}$$

Der Vergleich der beiden Tangentengleichungen kann wie oben beschrieben erfolgen.

d) $f(2) = \frac{1}{10}\cdot 2^2\cdot(2-6) = -\frac{8}{5};\quad g_a(2) = f(2) + a\cdot 2 = 2a - \frac{8}{5}$

Koordinaten:

$$P\left(0\,\middle|\,\frac{4}{5}\right),\ W_f\left(2\,\middle|\,-\frac{8}{5}\right) \text{ und } W_{g_a}\left(2\,\middle|\,2a-\frac{8}{5}\right)$$

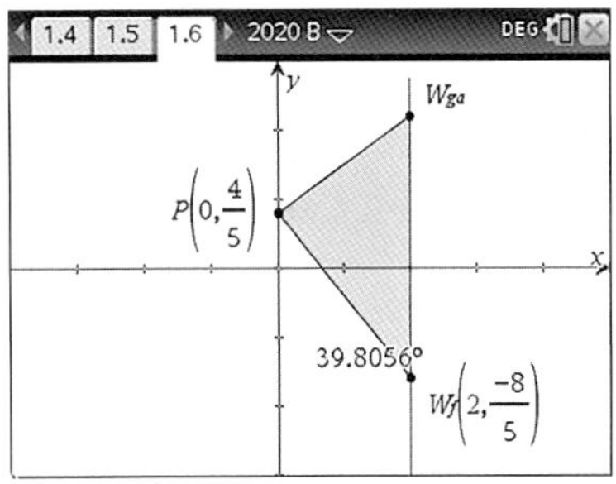

Die Punkte W_f und W_{g_a} liegen auf ein und derselben Geraden $x = 2$, der Senkrechten zur x-Achse bei $x = 2$.

Die Punkte P und W_f liegen eindeutig fest, während der Punkt W_{g_a} jeden Punkt auf der Senkrechten $x = 2$ annehmen kann, mit Ausnahme des Punktes W_f, weil an dieser Stelle $a = 0$ sein müsste, was in der Aufgabenstellung ausgeschlossen wurde.

Das Dreieck $PW_fW_{g_a}$ kann nur am Eckpunkt P oder am Eckpunkt W_{g_a} einen rechten Innenwinkel haben.

Am Eckpunkt W_f ist der Winkel α zwischen den Geraden $x = 2$ und $g(W_fP)$ unabhängig von a ein spitzer Winkel:

$$\tan(\alpha) = \frac{2}{\frac{4}{5} - \left(-\frac{8}{5}\right)} = \frac{10}{12} \quad\Rightarrow\quad \alpha \approx 39{,}8^\circ \text{ (muss nicht berechnet werden)}$$

Am Eckpunkt W_{g_a} liegt genau dann ein rechter Innenwinkel vor, wenn P und W_{g_a} auf gleicher Höhe über der x-Achse liegen, ihre y-Werte also gleich sind. Damit muss gelten:

$$2a - \frac{8}{5} = \frac{4}{5} \quad\Rightarrow\quad a = \frac{6}{5}$$

Bei P liegt genau dann ein rechter Winkel vor, wenn die Vektoren $\overrightarrow{PW_{g_a}}$ und $\overrightarrow{PW_f}$ aufeinander senkrecht stehen. Das ist genau dann der Fall, wenn das Skalarprodukt dieser Vektoren null ist:

$$\overrightarrow{PW_{g_a}} \circ \overrightarrow{PW_f} = \begin{pmatrix} 2 \\ 2a - \frac{8}{5} - \frac{4}{5} \end{pmatrix} \circ \begin{pmatrix} 2 \\ -\frac{8}{5} - \frac{4}{5} \end{pmatrix} = 4 - \frac{24}{5}a + \frac{144}{25} = 0 \quad\Leftrightarrow\quad a = \frac{61}{30}$$

Es gibt genau zwei Werte für a, für die das Dreieck $PW_fW_{g_a}$ rechtwinklig ist:

$$\underline{\underline{a = \frac{6}{5}}} \text{ und } \underline{\underline{a = \frac{61}{30}}}$$

Alternative Lösung 1: grafische Lösung durch Messung der Innenwinkel (auch zur Selbstkontrolle geeignet)

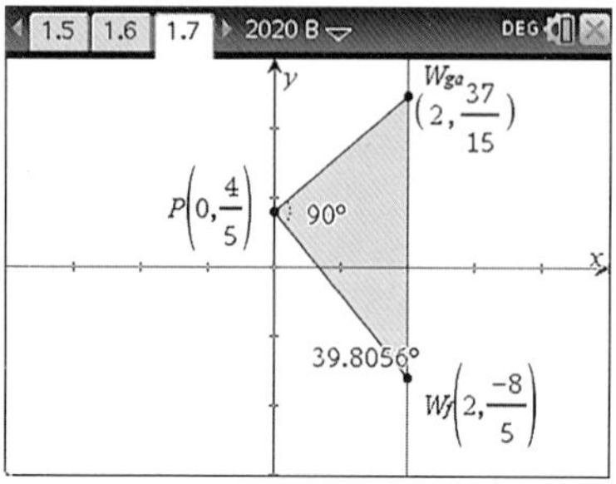

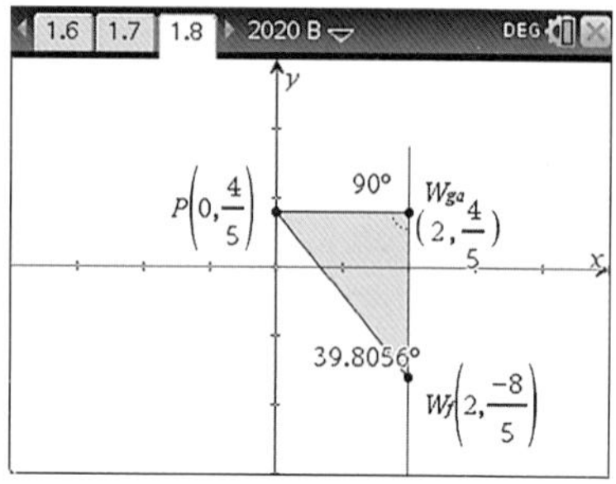

Alternative Lösung 2: Satz des Pythagoras verwenden

Bei P liegt genau dann ein rechter Winkel vor, wenn der Satz des Pythagoras erfüllt ist:

$$|\overline{W_f W_{g_a}}|^2 = |\overline{PW_f}|^2 + |\overline{PW_{g_a}}|^2$$

$$\left(2a - \frac{8}{5} - \left(-\frac{8}{5}\right)\right)^2 = 2^2 + \left(-\frac{12}{5}\right)^2 + 2^2 + \left(2a - \frac{12}{5}\right)^2$$

$$4a^2 = 4 + \frac{144}{25} + 4 + 4a^2 - \frac{48}{5}a + \frac{144}{25}$$

$$\frac{48}{5}a = \frac{488}{25}$$

$$a = \frac{61}{30}$$

Alternative Lösung 3: Aus der Teilaufgabe 1 c ist bekannt, dass die Tangenten an den Graphen von f und die Graphen von g_a den Punkt P gemeinsam haben. Die Tangenten stehen senkrecht aufeinander, wenn das Produkt ihrer Anstiege den Wert –1 hat:

$m_f \cdot m_{g_a} = -1$

Die Anstiege entsprechen den Werten der 1. Ableitung an der Stelle $x = 2$, also muss gelten:

$$f'(2) \cdot g_a'(2) = -1$$

$$\left(\frac{3}{10} \cdot 2^2 - \frac{6}{5} \cdot 2\right) \cdot \left(\frac{3}{10} \cdot 2^2 - \frac{6}{5} \cdot 2 + a\right) = -1$$

$$\left(-\frac{6}{5}\right) \cdot \left(-\frac{6}{5} + a\right) = -1$$

$$a = \frac{61}{30}$$

e) Da sich die Funktionswerte von f(x) und $g_a(x)$ nur um den Summanden $a \cdot x$ unterscheiden, folgt für $x > 0$:
Für $a < 0$ liegt der Graph von $g_a(x)$ im I. Quadranten unterhalb des Graphen von f(x).
Für $a > 0$ liegt der Graph von $g_a(x)$ im I. Quadranten oberhalb des Graphen von f(x).

Beim Ansatz zur Flächenberechnung mit dem bestimmten Integral muss dieser Umstand berücksichtigt werden.

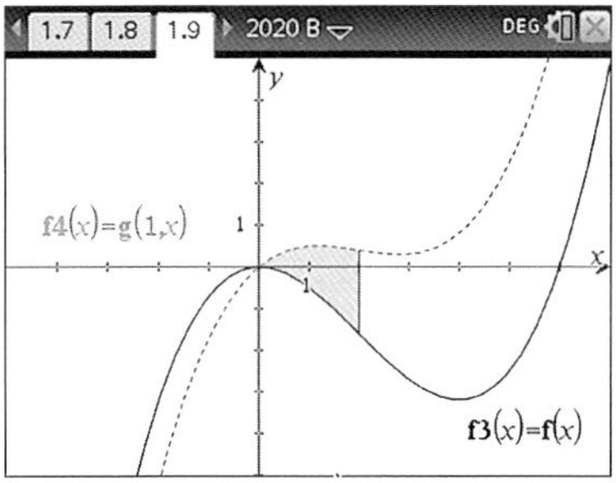

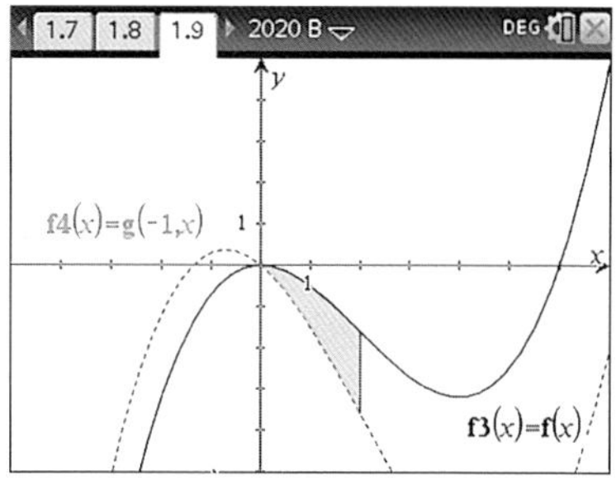

Für x > 0 und a < 0 ist dann die Lösung für a über den Ansatz

$$\int_0^2 (f(x) - g_a(x))\, dx = 10$$

zu berechnen.

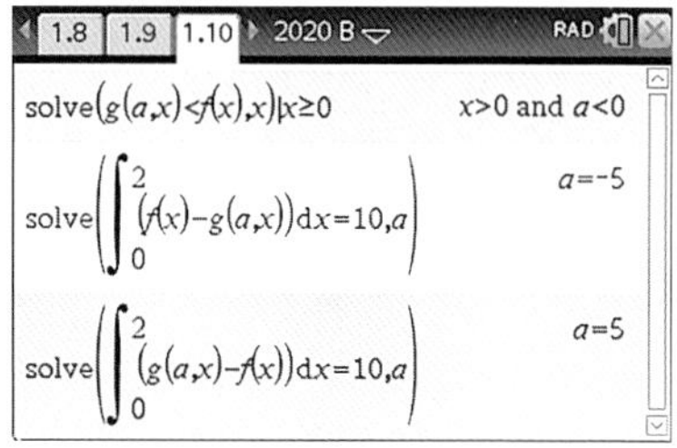

Für x > 0 und a > 0 muss der Ansatz

$$\int_0^2 (g_a(x) - f(x))\, dx = 10$$

gewählt werden.

Ergebnis: Der Flächeninhalt hat den Wert 10 FE für $\underline{\underline{a = -5}}$ und für $\underline{\underline{a = 5}}$.

Alternativer Lösungsweg 1: Der Ansatz kann mit dem Betrag der Differenz von f(x) und $g_a(x)$ erfolgen:

$$\int_0^2 |f(x) - g_a(x)|\, dx = 10$$

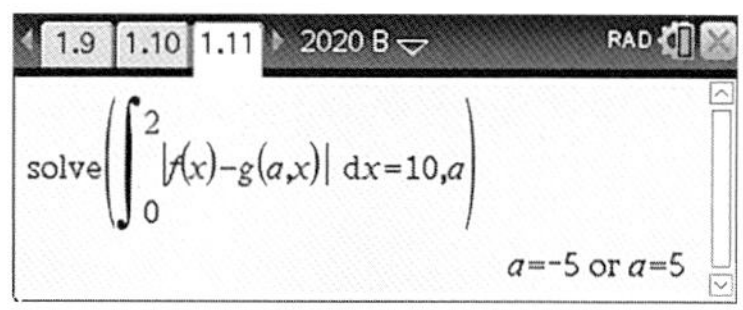

Alternativer Lösungsweg 2: Der verwendete Operator lässt auch eine grafische Bestimmung der Lösung zu. Dazu richtet man für den Parameter a einen Schieberegler ein. Der Schieberegler sollte hier aber mit einer anderen Variablen benannt werden, z. B. t. Mittels <Graph analysieren> und <Begrenzter Bereich> kann man den Flächeninhalt anzeigen lassen und t solange verändern, bis der Wert 10 FE angezeigt wird.

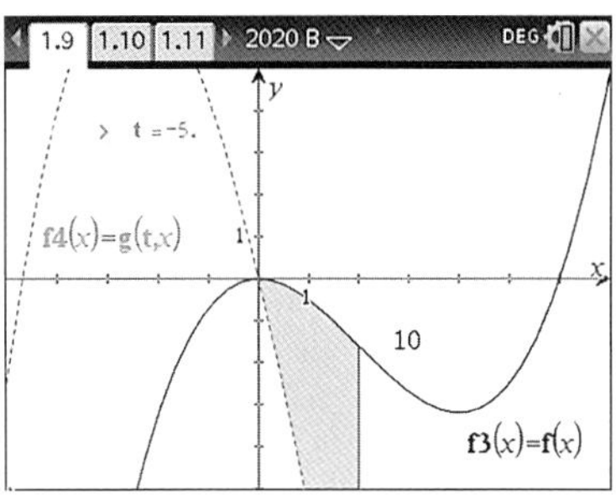

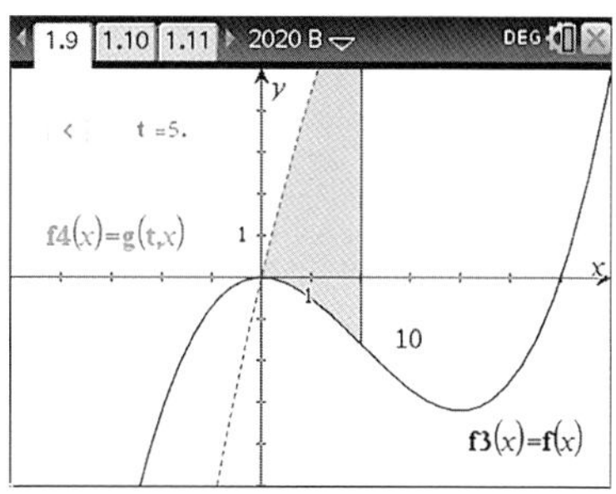

Hinweis: Die Lösung ist auch leicht zu finden, ohne ein CAS zu verwenden.

$$\int_0^2 |f(x) - g_a(x)|\,dx = \int_0^2 |a \cdot x|\,dx = 10$$

Wegen $x \geq 0$ ist das gleichwertig mit:

$$|a| \cdot \int_0^2 x\,dx = 10 \quad \Rightarrow \quad |a| \cdot 2 = 10 \quad \Rightarrow \quad a = \pm 5$$

2. a) Die Funktionen k und e werden im CAS definiert und die Graphen dargestellt.

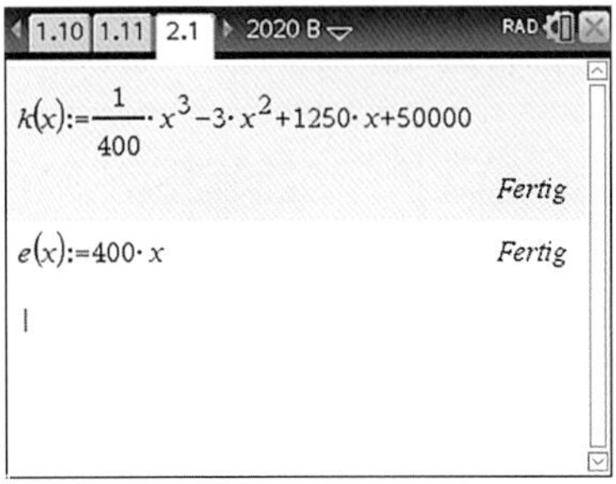

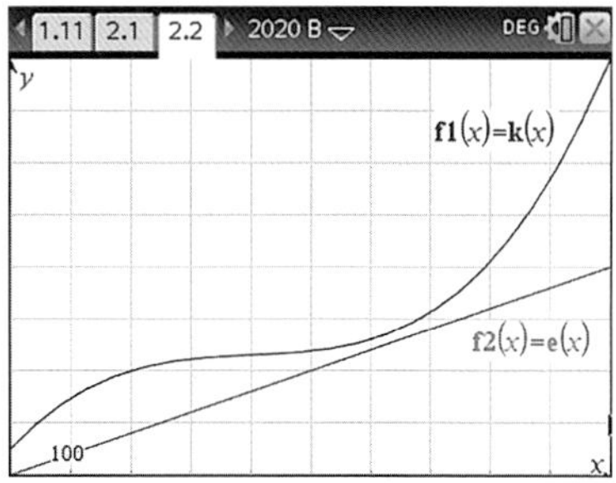

Da die Kosten im gesamten zu untersuchenden Intervall größer als die Einnahmen sind, ist das Unternehmen auf diese Art nicht rentabel, es macht in jedem Fall Verlust.

b) Die Funktion e wird neu definiert.

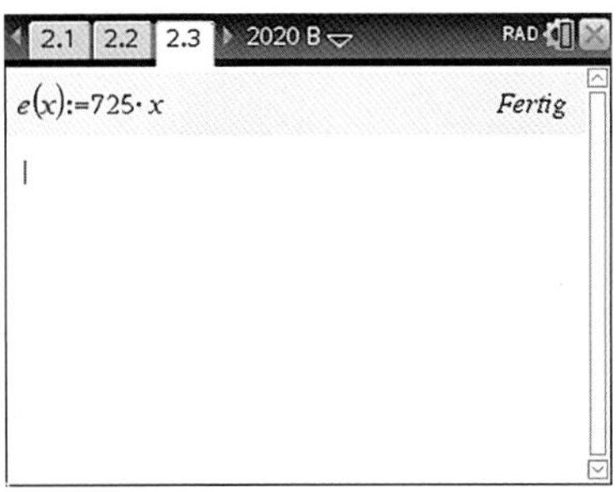

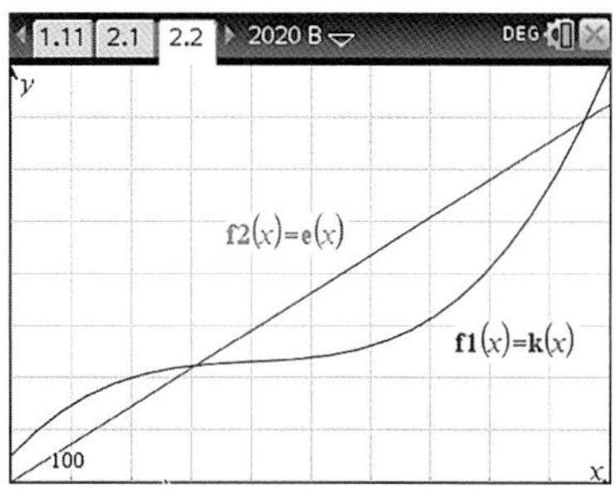

Aus dem Graphen ist ersichtlich, dass im Bereich zwischen den beiden Schnittpunkten im I. Quadranten Gewinn erwirtschaftet werden kann, denn dort ist $e(x) > k(x)$.

Bestimmung der Schnittpunkte durch Lösen der Gleichung $k(x) = e(x)$ liefert die beiden x-Werte im I. Quadranten mit:
$x_1 \approx 308{,}251$ bzw. $x_2 \approx 959{,}379$

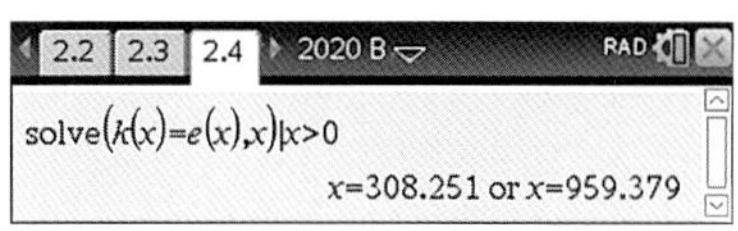

Bei Produktion und Verkauf von monatlich mindestens 309 und höchstens 959 E-Scootern kann Gewinn erwirtschaftet werden.

Alternative 1: grafische Lösung

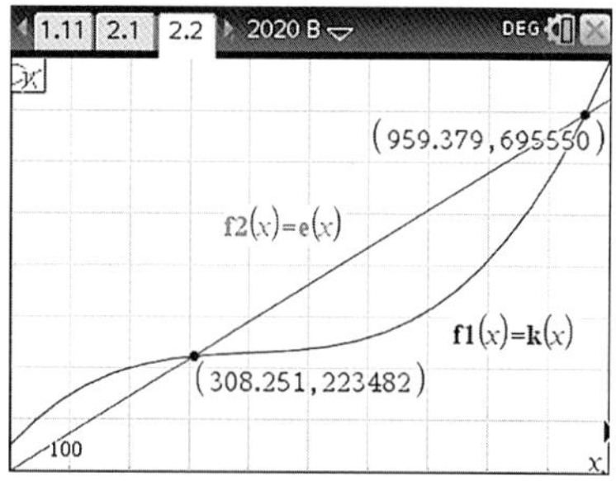

Alternative 2: Die Gewinnfunktion wird mit g(x) = e(x) – k(x) definiert. Durch Bestimmung der Nullstellen der Gewinnfunktion im I. Quadranten erhält man ebenfalls den gesuchten Bereich.

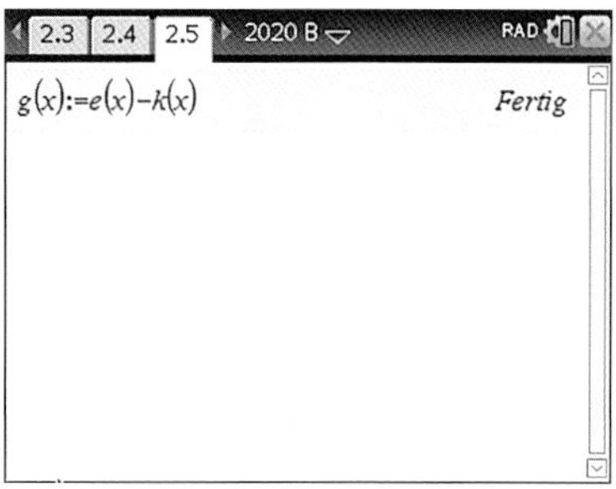

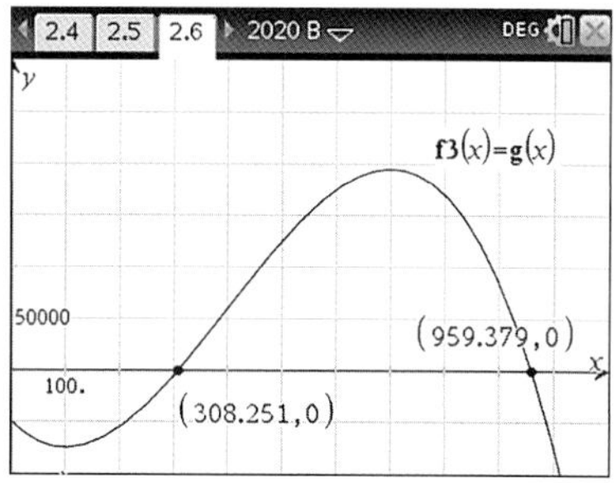

Ableitungsfunktionen

$$g(x) = -\frac{1}{400}x^3 + 3x^2 - 525x - 50\,000,\ x \in \mathbb{R}$$

(gespeichert unter g(x))

$$g'(x) = -\frac{3}{400}x^2 + 6x - 525$$

(gespeichert unter ga(x))

$$g''(x) = 6 - \frac{3}{200}x$$

(gespeichert unter ga2(x))

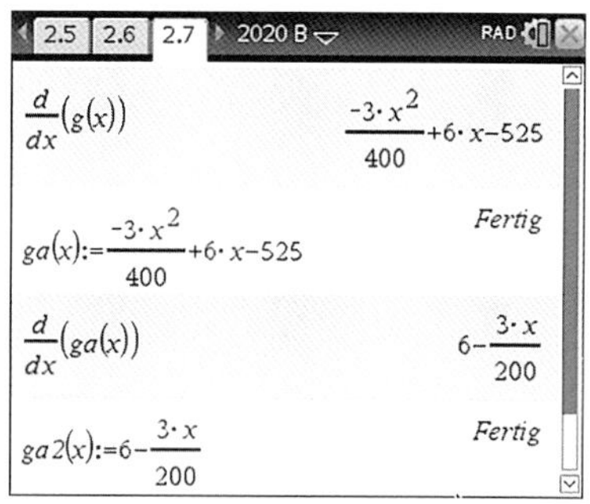

Lokale Extrempunkte

Für die *notwendige Bedingung* werden die Nullstellen von

$$g'(x) = -\frac{3}{400}x^2 + 6x - 525$$

bestimmt.

Man erhält zwei mögliche Extremstellen:
$x_1 = 100$ und $x_2 = 700$

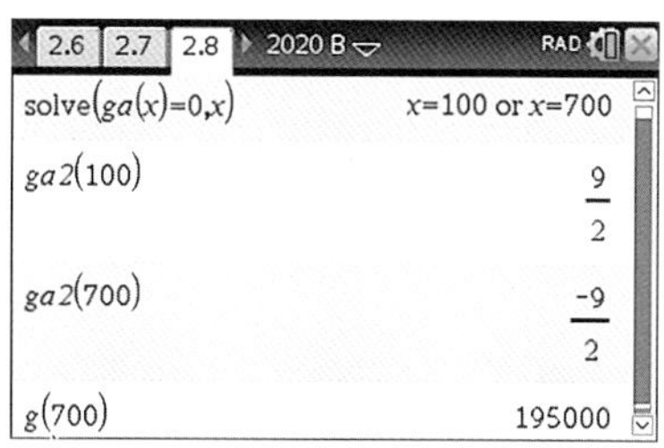

Für eine hinreichende Bedingung werden die Vorzeichen der 2. Ableitung an diesen Stellen bestimmt:

$$g''(100) = \frac{9}{2} > 0 \quad \Rightarrow \quad \text{lokales Minimum}$$

$$g''(700) = -\frac{9}{2} < 0 \quad \Rightarrow \quad \text{lokales Maximum}$$

Nun wird noch der zugehörige Funktionswert an der Maximumstelle berechnet:
$g(700) = 195\,000$

Das Unternehmen kann bei einem Verkauf von 700 E-Scootern einen Maximalgewinn von 195 000 € erzielen.

c) Der Absatz nimmt zu, solange für die 1. Ableitung $a'(t) > 0$ gilt.

$a'(t) = (500 - 125t) \cdot e^{-\frac{t}{4}}$

(gespeichert unter aa(t))

Als Lösung der Ungleichung $a'(t) \geq 0$ erhält man $0 \leq t \leq 4$.

Der Absatz nimmt demzufolge in den ersten vier Monaten zu.

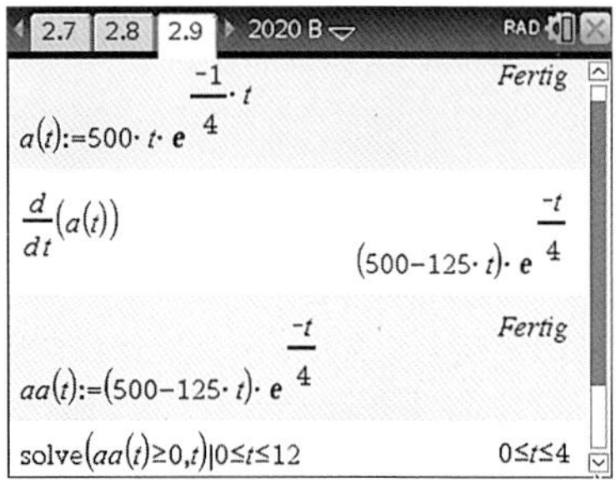

Alternativ: Der Operator „Ermittle“ erlaubt auch eine grafische Lösung.

Man erhält als Extremstelle $t = 4$.

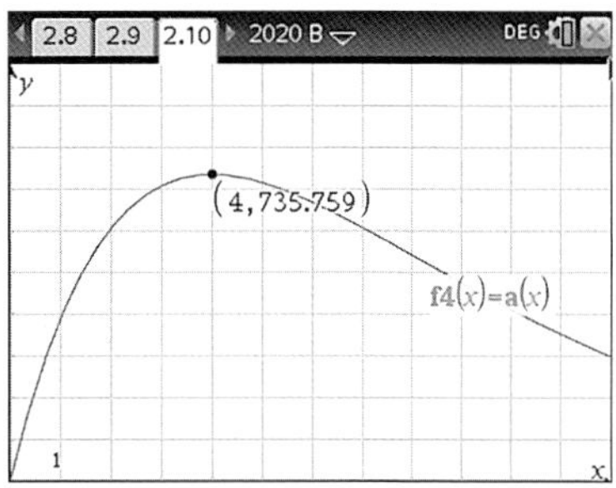

Variante: Man kann die Funktion a(t) als diskrete Funktion betrachten.

Definition zweier Listen:
Liste xwert für den Monat
Liste fwert für Absatz pro Monat

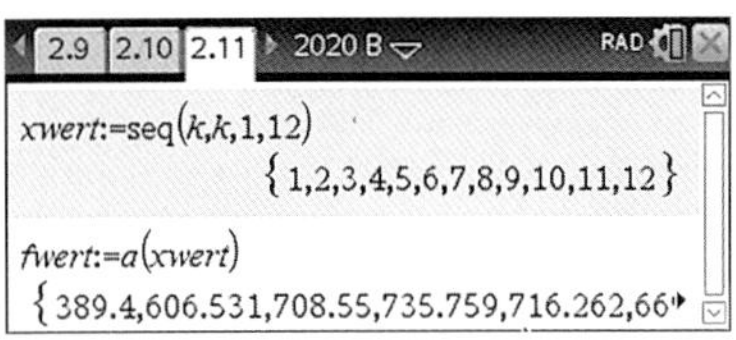

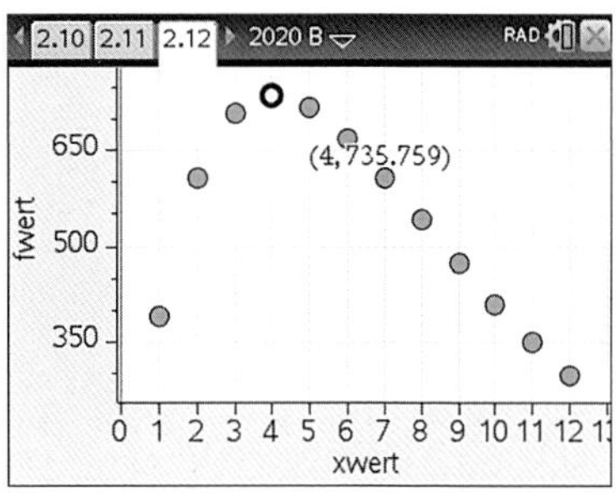

Aus dem Graphen ist sofort ersichtlich, dass der Absatz bis zum 4. Monat ansteigt.

d) Als Lösung der Gleichung $a(t) = 309$ erhält man:
$\underline{\underline{t_1 \approx 0{,}744}}$ und $\underline{\underline{t_2 \approx 11{,}796}}$

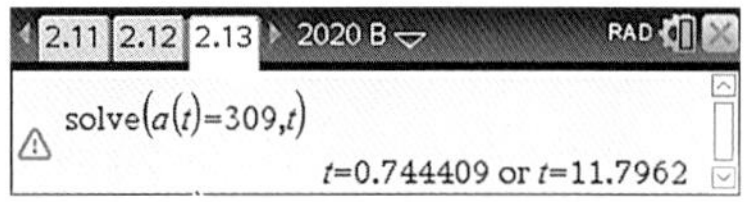

Unter Beachtung des Verlaufs des Graphen von a ergibt sich, dass sich die Produktion ab ungefähr drei Wochen nach Produktionsbeginn bis kurz vor Ende des Produktionsjahres lohnt.

Alternativ: Der Operator „Bestimmen" erlaubt auch die grafische Lösung.

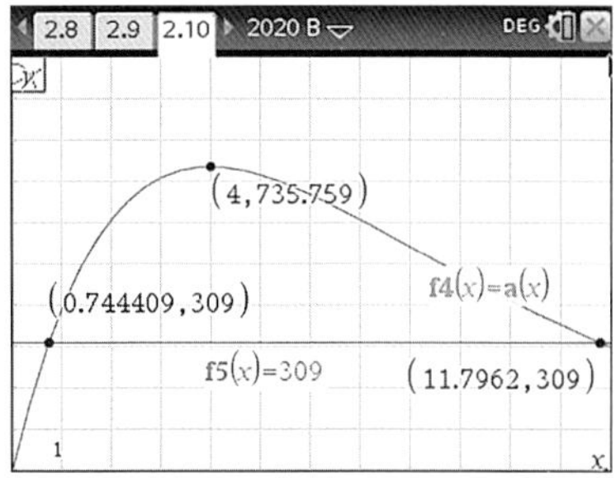

Um die Anzahl der verkauften E-Scooter zu ermitteln, muss die Funktion a im Intervall [0; 11] integriert werden:

$$\int_0^{11} a(t)\, dt \approx 6082{,}16 \approx \underline{\underline{6082}}$$

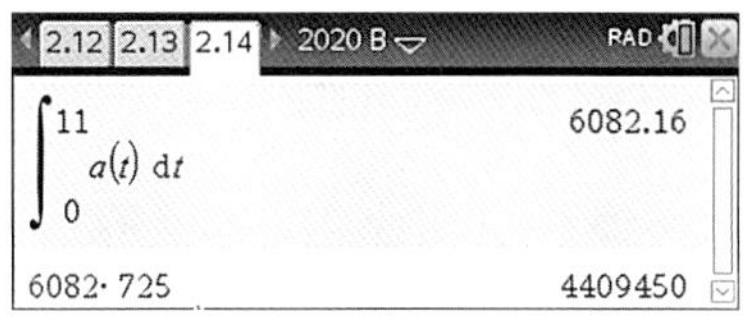

Unter Berücksichtigung des Preises von 725 € pro E-Scooter ergibt sich ein Gesamterlös innerhalb der ersten 11 Monate von ca. $\underline{\underline{\text{4,4 Millionen €}}}$.

Variante: Bei der Betrachtung als diskrete Funktion lohnt sich die Produktion vom 1. bis zum 11. Monat.

1. Monat $\rightarrow$ 389 E-Scooter

12. Monat $\rightarrow$ 298 E-Scooter

Um die Stückzahl der ersten 11 Monate zu ermitteln, muss man nur diese Werte addieren. Man erhält ca. 6 212 Stück, d. h. einen Gesamterlös von ca. 4,5 Millionen Euro.

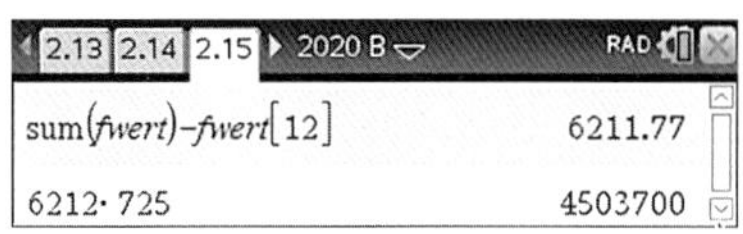

Anmerkung: Die Berechnungen können auch in einer Tabellenkalkulation erfolgen.

e) Da a' die Änderung des Absatzes pro Monat beschreibt, ergeben die lokalen Extremstellen von a' die Zeitpunkte der lokalen maximalen/minimalen Änderungen. Da $t = 8$ die einzige lokale Extremstelle ist (Minimum wegen $a'''(8) > 0$), liegt hier der Zeitpunkt der stärksten Abnahme vor.

Da es kein weiteres lokales Extremum von a' gibt, können (bei einer im Intervall durchgängig differenzierbaren Funktion) weitere Extrema nur an den Intervallrändern vorkommen. Da, wie in Teilaufgabe c gezeigt, die Funktion a im Bereich $0 \le t \le 4$ monoton wächst und in diesem Bereich keine weitere Wendestelle vorliegt, kann nur für $\underline{\underline{t = 0}}$ ein Maximum für die Änderung vorliegen.

Kernfach Mathematik (Thüringen): Abiturprüfung 2020
Wahlaufgabe C1: Schwerpunkt Geometrie

1. In Apolda wurde 2009 eine Schach-Skulptur mit Figuren im Bauhausstil nach Entwürfen von Prof. Josef Hartwig aus dem Jahr 1923 auf einer Rasenfläche aufgestellt. Nur eine Seitenfläche der würfelförmigen Skulptur ist vollständig sichtbar.

Eine Schülergruppe plant für eine Rasenfläche auf dem Schulgelände eine ähnliche Skulptur. Mit dynamischer Geometriesoftware wird ein Würfel ABCDEFGH mit $A(-1\,|\,4\,|\,-5)$, $E(1\,|\,1\,|\,1)$, $F(4\,|\,7\,|\,3)$, $G(-2\,|\,9\,|\,6)$ und $H(-5\,|\,3\,|\,4)$ entworfen.
Die xy-Ebene stellt die Rasenfläche dar.
Eine Längeneinheit entspricht 20 cm in der Wirklichkeit.

a) Vervollständigen Sie die graphische Darstellung des Würfels auf dem Arbeitsblatt.
Ermitteln Sie die Koordinaten der Eckpunkte B, C und D. (6 BE)

Auf die Fläche, die dem Quadrat EFGH entspricht, soll das Schachbrett ohne Rand aufgezeichnet werden.

b) Berechnen Sie den Flächeninhalt des Schachbretts in Quadratmeter. (2 BE)

c) Berechnen Sie die Größe des Winkels, unter dem die Fläche mit dem Schachbrett gegenüber der Rasenfläche geneigt ist. (3 BE)

d) Die Skulptur auf dem Schulgelände soll nach dem Eingraben entlang der Rasenkanten mit Aluminiumleisten eingefasst werden.
Beschreiben Sie eine mögliche Vorgehensweise zur Berechnung der Gesamtlänge dieser Einfassung. (3 BE)

e) Ausgehend vom Mittelpunkt des Schachbretts soll die Skulptur senkrecht zur Rasenfläche bis zur gegenüberliegenden Fläche durchbohrt werden.
Zeigen Sie, dass eine durchgeführte Bohrung ca. 1,63 m lang sein würde. (6 BE)

f) Die Schüler planen in der Nähe der Skulptur, einen Baum zu pflanzen.
Der Mindestabstand zur Skulptur soll zwei Meter betragen.
Der Standort des Baums wird durch den Punkt $P(-8\,|\,-6\,|\,0)$ festgelegt.
Der Baumstamm soll senkrecht auf der Rasenfläche stehen und sein Durchmesser wird vernachlässigt.
Untersuchen Sie, ob für diesen Standort der Mindestabstand des Baumstamms von der Kante der Skulptur, die im Modell $\overline{EH}$ entspricht, gewährleistet ist. (5 BE)

2. Laut einer repräsentativen Umfrage des Meinungsforschungsinstitutes forsa im Juli 2017 sind 52 % aller Deutschen über 18 Jahre für ein Tempolimit von 130 km/h auf Autobahnen.
Daten nach: Repräsentative Umfrage „Auto der Zukunft" des Meinungsforschungsinstituts forsa im Auftrag von CosmosDirekt (Juli 2017)

Im Rahmen einer Seminarfacharbeit führten Schüler in ihrer Stadt eine Befragung zu diesem Thema durch. Für die Auswertung der Daten soll das Modell der Binomialverteilung unter Verwendung des Ergebnisses der forsa-Umfrage genutzt werden.

a) Geben Sie drei Bedingungen an, die die Schüler bei der Planung der Befragung beachten mussten. (3 BE)

b) Berechnen Sie für die Befragung der Schüler die Wahrscheinlichkeiten folgender Ereignisse, wenn 200 Deutsche über 18 Jahre zufällig befragt wurden:
A := „Mindestens 90 Befragte sind für das Tempolimit."
B := „Die Zahl der Befürworter des Tempolimits weicht um höchstens die Standardabweichung vom Erwartungswert ab." (5 BE)

c) Ermitteln Sie die Anzahl der Personen, die von den Schülern mindestens befragt werden müssten, damit sich mit einer Wahrscheinlichkeit von mindestens 99 % mindestens 100 von ihnen für ein Tempolimit aussprechen. (3 BE)

* d) Die Schüler zweifeln an, dass das Umfrageergebnis von 2017 noch immer gültig ist. Sie wollen deshalb auf der Grundlage ihrer Befragung mit 200 Personen einen zweiseitigen Signifikanztest durchführen.
Sie legen vorab fest, dass sie dem Umfrageergebnis nicht mehr glauben, wenn sich weniger als 90 oder mehr als 120 der Befragten für ein Tempolimit aussprechen.
Berechnen Sie die Irrtumswahrscheinlichkeit dieses Tests. Interpretieren Sie Ihr Ergebnis im Sachzusammenhang. (4 BE)

(40 BE)

* Der Aufgabenteil d ist ab der Abiturprüfung 2021 nicht mehr relevant.

Arbeitsblatt zu C1 Aufgabe 1 a

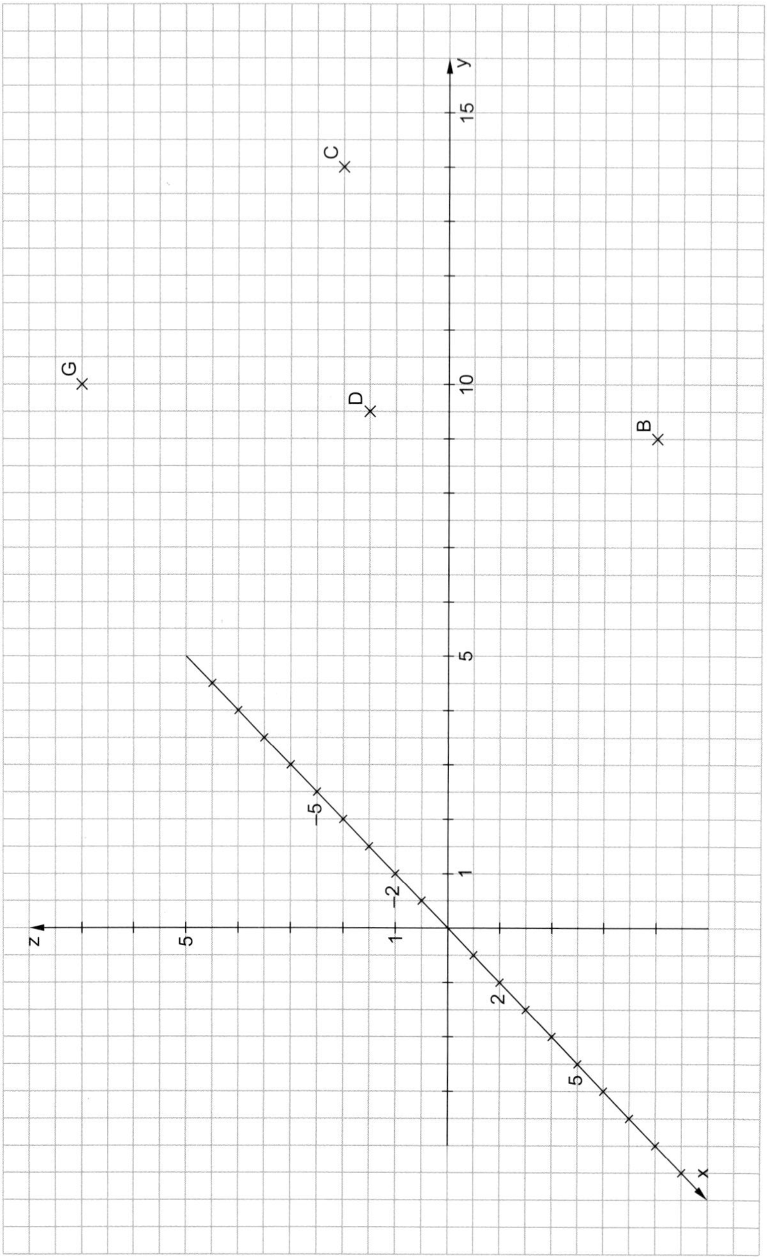

Hinweise und Tipps

Aufgabe 1 a

- Machen Sie sich klar, in welcher Reihenfolge die Eckpunkte eines Würfels im Allgemeinen bezeichnet werden.
- Verwenden Sie die Vorlage und zeichnen Sie die Würfelkanten ein, die durch die bereits vorhandenen Eckpunkte gegeben sind.
- Zeichnen Sie die fehlenden Eckpunkte durch Parallelverschiebung geeigneter Kanten.
- *Alternativ* können Sie auch die Punkte, deren Koordinaten gegeben sind, durch Abzählen der x-, y- und z-Koordinate in das Schrägbild einzeichnen.
- Zeichnen Sie die restlichen Kanten des Würfels. Beachten Sie dabei, dass verdeckte Kanten gestrichelt gezeichnet werden.
- *Alternativ* lassen sich die Koordinaten der fehlenden Punkte über geeignete Vektoradditionen der im Text gegebenen Punktkoordinaten berechnen und zusammen mit den gegebenen Punkten im Schrägbild einzeichnen.

Aufgabe 1 b

- Beachten Sie, dass die Seitenfläche des Würfels ein Quadrat ist.
- Berechnen Sie eine Seitenlänge des Quadrats EFGH.
- Verwenden Sie dazu die Ortsvektoren der Eckpunkte.
- Beachten Sie die im Text angegebene Längeneinheit.

Aufgabe 1 c

- Die Rasenfläche soll der xy-Ebene entsprechen.
- Das Schachbrett entspricht der Ebene, die durch die Punkte E, F, G und H aufgespannt wird.
- Der Winkel zwischen zwei Ebenen kann als Winkel zwischen den Normalenvektoren dieser Ebenen berechnet werden.
- Beachten Sie, dass bei Verwendung des Rechners das Gradmaß berücksichtigt wird.

Aufgabe 1 d

- Sie sollen eine mögliche Vorgehensweise nur beschreiben, müssen diese aber nicht ausführen.
- Zur Berechnung der Gesamtlänge braucht man die Längen der Teilstücke, die der eingegrabene Würfel entlang der Rasenfläche mit dieser bildet.

Aufgabe 1 e

- Der Mittelpunkt des Schachbrettes ist der Mittelpunkt der Seitenfläche EFGH.
- Die Senkrechte zur Rasenfläche hat als Richtungsvektor den Vektor $\vec{n}_1 = \begin{pmatrix} 0 \\ 0 \\ 1 \end{pmatrix}$.
- Man braucht den Durchstoßpunkt der Senkrechten durch die Ebene ABCD.
- Die Entfernung des Mittelpunkts zum Durchstoßpunkt ergibt bei Berücksichtigung des Längenmaßstabes die Länge der Bohrung.
- Der hierzu berechnete Wert muss dann noch mit dem Wert von ca. 1,63 m verglichen werden.

Aufgabe 1f

- Sie können das Problem zurückführen auf die Berechnung des Abstandes windschiefer Geraden.
- Betrachten Sie die Gerade, die senkrecht zur xy-Ebene durch den Punkt P verläuft, sowie die Gerade, die durch die Punkte E und H gegeben ist.
- Berechnen Sie den Abstand dieser Geraden.

Aufgabe 2a

- Beachten Sie, dass die Binomialverteilung als mathematisches Modell dienen soll.
- Überlegen Sie, welche Voraussetzungen bei einer Zufallsgröße gegeben sein müssen, damit die Zufallsgröße als binomialverteilt aufgefasst werden kann.
- Welcher Personenkreis müsste in der Stichprobe berücksichtigt werden?
- Sie müssen die Bedingungen nur angeben, brauchen also weiter keine Begründungen zu liefern.

Aufgabe 2b

- Ermitteln Sie anhand des Aufgabentextes die Werte für den Stichprobenumfang n und die Wahrscheinlichkeit p als Parameter der binomialverteilten Zufallsgröße X: „Die befragte Person ist für das Tempolimit".
- Legen Sie die Intervallgrenzen für die Berechnung der Ereignisse fest.
- Berechnen Sie die Standardabweichung und den Erwartungswert der binomialverteilten Zufallsgröße.

Aufgabe 2c

- Machen Sie sich, eventuell anhand einer Skizze, klar, welche Größen der binomialverteilten Zufallsgröße Y: „Die befragte Person ist für das Tempolimit" gegeben bzw. gesucht sind.
- Sie können die Lösung dieser „Dreimal-mindestens-Aufgabe" z. B. durch systematisches Probieren finden.

Aufgabe 2d

- Machen Sie sich klar, welche Bedeutung die Irrtumswahrscheinlichkeit bei einem zweiseitigen Signifikanztest hat.
- Legen Sie die Nullhypothese fest.
- Entnehmen Sie den Ablehnungsbereich dem Aufgabentext. Beachten Sie die Bedeutung von „weniger als" und „mehr als".
- Berechnen Sie die Wahrscheinlichkeit dafür, dass das Stichprobenergebnis in den Ablehnungsbereich fällt, obwohl die Nullhypothese stimmt.
- Interpretieren Sie Ihr Ergebnis im Sachzusammenhang.

Lösungen

1. a) **Zeichnung durch Parallelverschiebungen geeigneter Kanten**

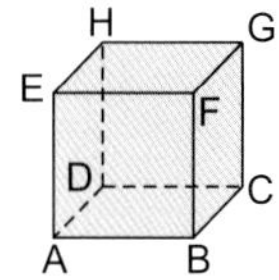

Das ist die durch das Arbeitsblatt gegebene Ausgangssituation:

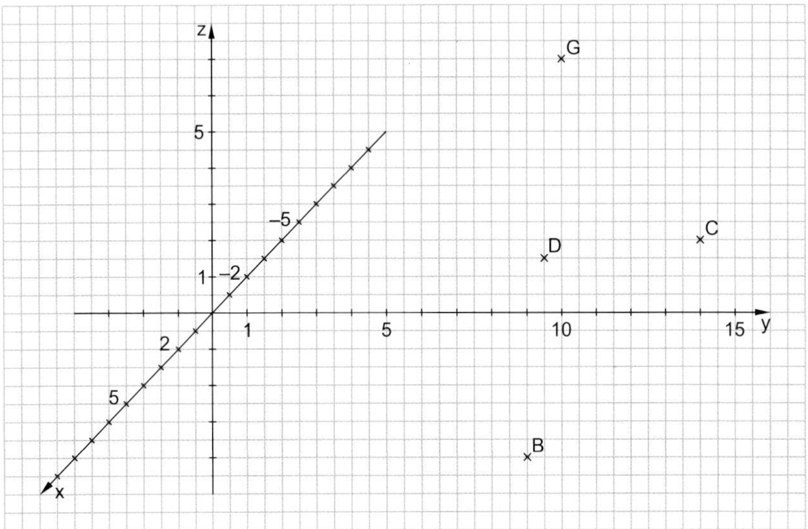

Es lassen sich die Kanten $\overline{BC}$, $\overline{CG}$ und $\overline{CD}$ einzeichnen.

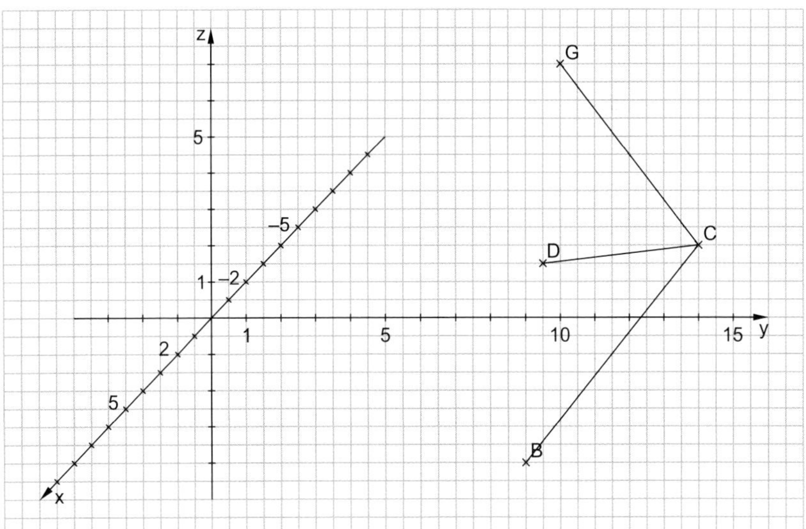

Der **Punkt A** kann durch Parallelverschiebung der Strecken $\overline{BC}$ und $\overline{CD}$ in die Punkte D bzw. B konstruiert werden. Oder: Um von B nach A zu kommen, muss man analog vorgehen wie von C nach D, also ein Kästchen nach unten und neun Kästchen nach links.

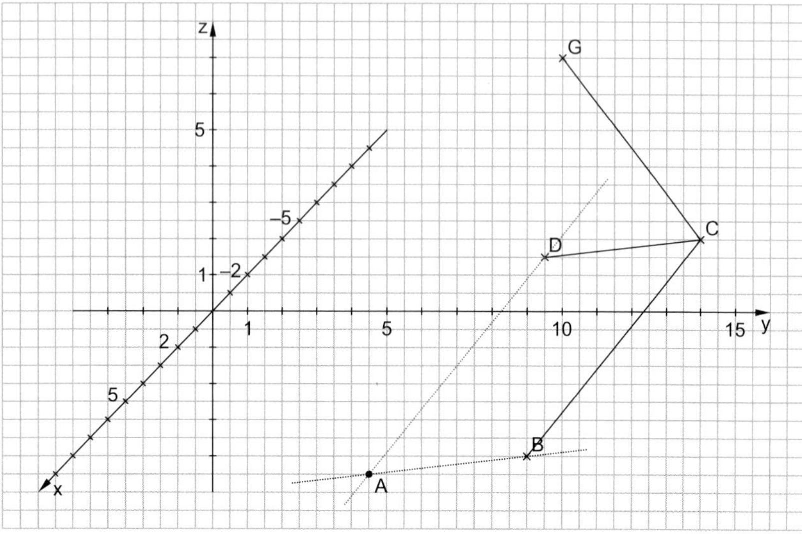

Der **Punkt F** kann durch Parallelverschiebung der Strecken $\overline{BC}$ und $\overline{CG}$ in die Punkte G bzw. B konstruiert werden. Oder: Um von B nach F zu kommen, muss man analog vorgehen wie von C nach G, also zehn Kästchen nach oben und acht Kästchen nach links.

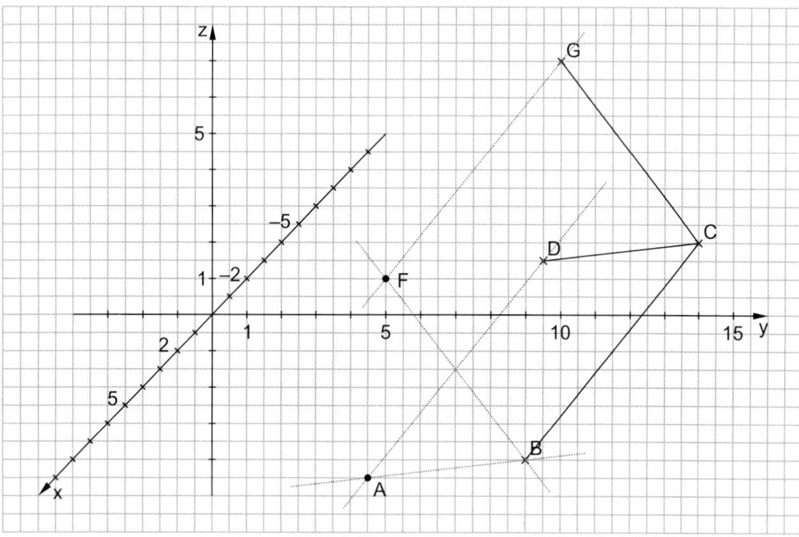

Der **Punkt E** kann durch Parallelverschiebung der Strecken $\overline{BF}$ und $\overline{AB}$ in die Punkte A bzw. F konstruiert werden. Oder: Um von F nach E zu kommen, muss man analog vorgehen wie von C nach D (oder von B nach A), also ein Kästchen nach unten und neun Kästchen nach links.

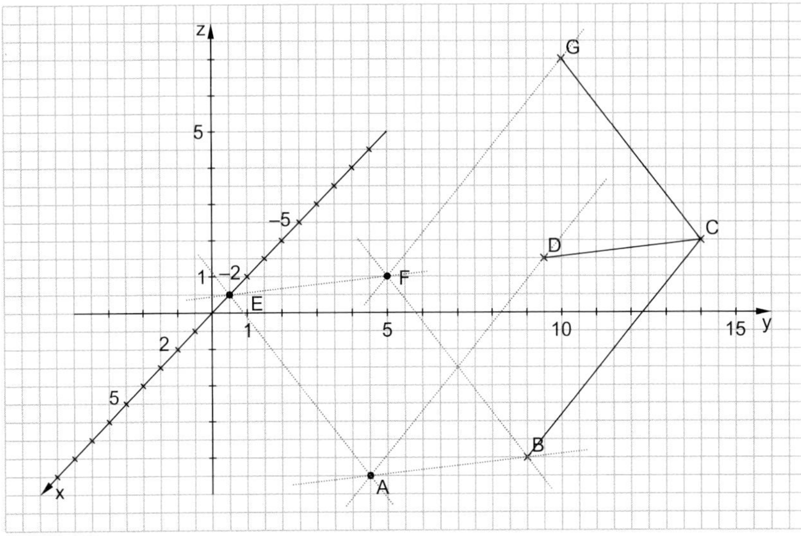

Der **Punkt H** kann durch Parallelverschiebung der Strecken $\overline{BC}$ und $\overline{AB}$ in die Punkte E bzw. G konstruiert werden. Oder: Um von G nach H zu kommen, muss man analog vorgehen wie von C nach D (oder von B nach A), also ein Kästchen nach unten und neun Kästchen nach links.

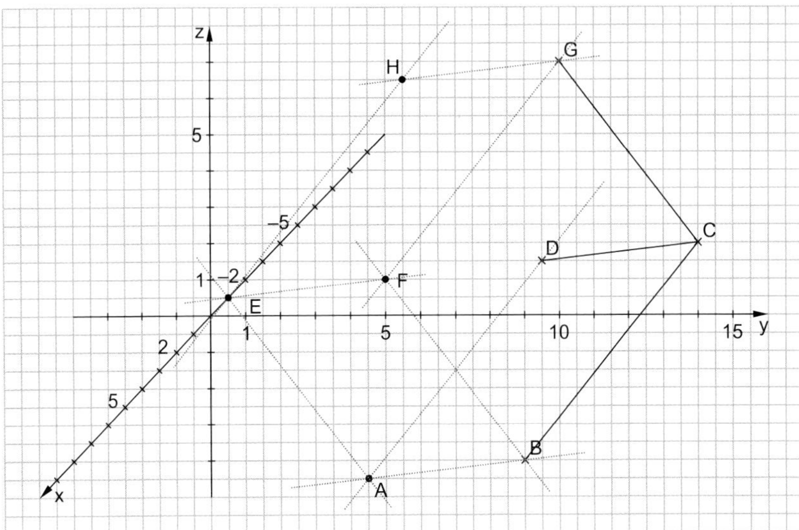

Abschließend werden die Kanten kräftig nachgezeichnet und die fehlende Kante $\overline{DH}$ wird ergänzt. Nicht sichtbare Kanten werden gestrichelt gezeichnet.

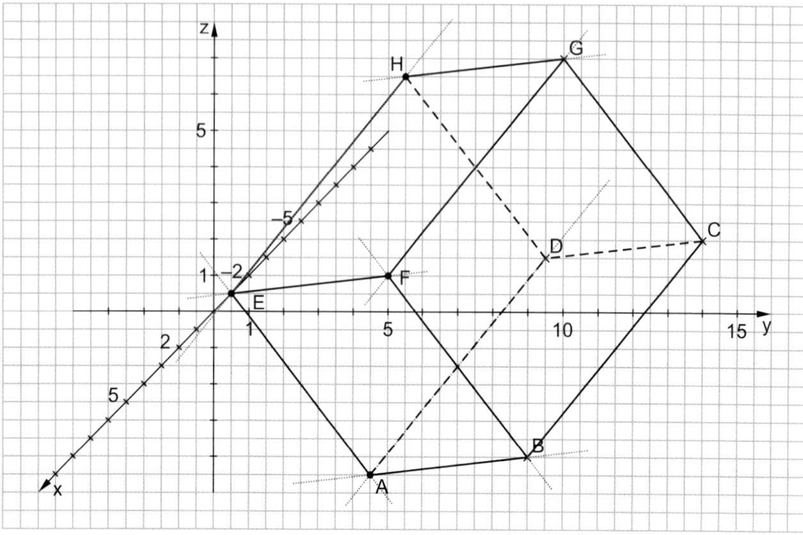

Alternativ: Zeichnung durch Abzählen der Koordinaten
Aus Platzgründen wird nur das Vorgehen beim Eintragen des Punktes F(4 | 7 | 3) veranschaulicht. Man geht vom Ursprung vier Einheiten in positive x-Richtung, dann sieben Einheiten nach rechts in y-Richtung und dann drei Einheiten nach oben in z-Richtung.

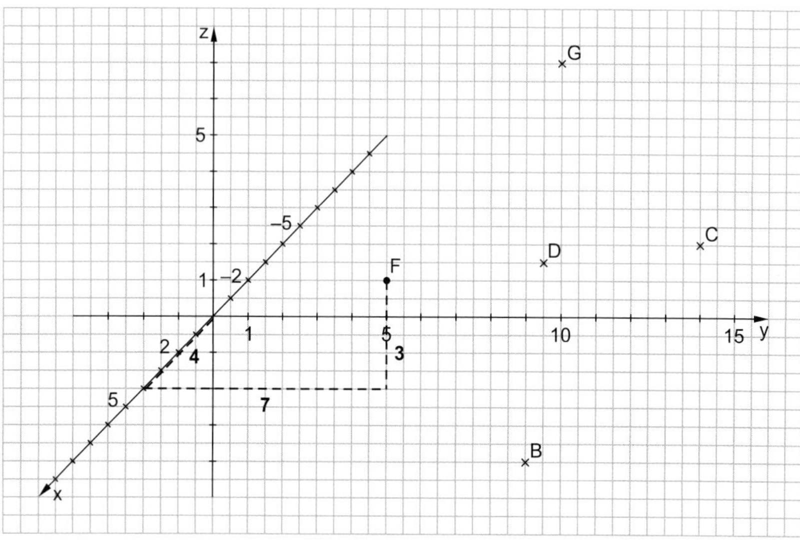

Berechnung der Punktkoordinaten
Die Ortsvektoren der gegebenen Punkte werden definiert und die Koordinaten der gesuchten Punkte berechnet:

$$\overrightarrow{OB} = \overrightarrow{OA} + \overrightarrow{EF} = \underline{\underline{\begin{pmatrix} 2 \\ 10 \\ -3 \end{pmatrix}}}$$

$$\overrightarrow{OC} = \overrightarrow{OB} + \overrightarrow{FG} = \underline{\underline{\begin{pmatrix} -4 \\ 12 \\ 0 \end{pmatrix}}}$$

$$\overrightarrow{OD} = \overrightarrow{OA} + \overrightarrow{FG} = \underline{\underline{\begin{pmatrix} -7 \\ 6 \\ -2 \end{pmatrix}}}$$

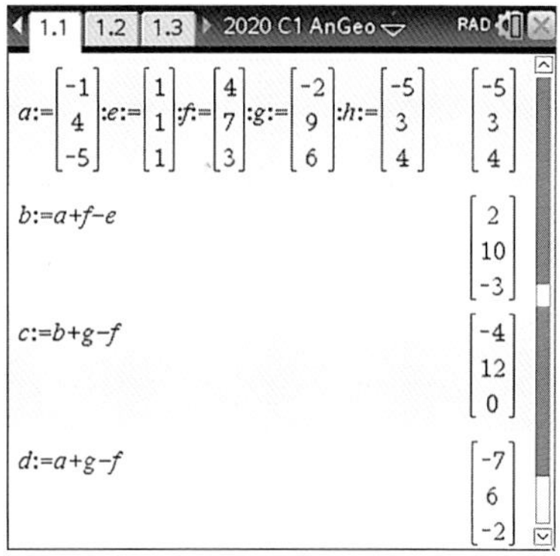

b) Mithilfe der Ortsvektoren der Punkte E und F wird die Länge des Vektors $\overrightarrow{EF}$ berechnet:

$$|\overrightarrow{EF}| = \left|\begin{pmatrix} 3 \\ 6 \\ 2 \end{pmatrix}\right| = \sqrt{3^2 + 6^2 + 2^2} = 7 \text{ LE}$$

Da eine Längeneinheit 20 cm in der Wirklichkeit entspricht, besitzt die Kante $\overline{EF}$ eine Länge von $7 \cdot 0{,}2 \text{ m} = 1{,}4 \text{ m}$.

Der Flächeninhalt des Quadrates EFGH ist $(1{,}4 \text{ m})^2 = \underline{\underline{1{,}96 \text{ m}^2}}$.

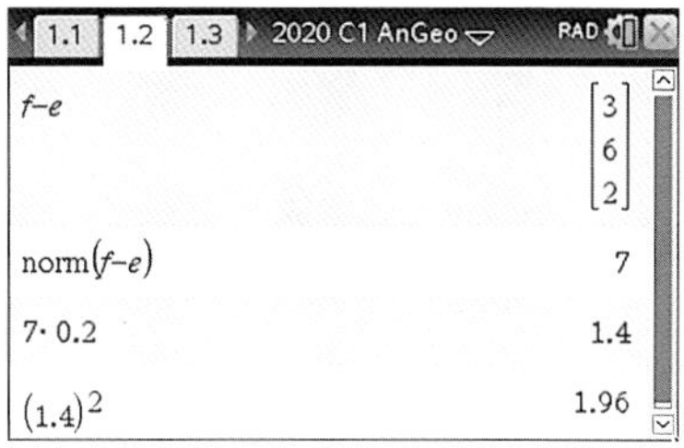

c) Die xy-Ebene hat den Normalenvektor:

$$\vec{n}_1 = \begin{pmatrix} 0 \\ 0 \\ 1 \end{pmatrix}$$

Als Normalenvektor der Ebene EFGH kann eine der zu dieser Ebene senkrechten Kanten des Würfels gewählt werden, z. B.:

$$\vec{n}_2 = \overrightarrow{AE} = \begin{pmatrix} 2 \\ -3 \\ 6 \end{pmatrix}$$

Der Winkel zwischen den Vektoren $\vec{n}_1$ und $\vec{n}_2$ lässt sich berechnen über die Formel:

$$\cos(\alpha) = \frac{|\vec{n}_1 \circ \vec{n}_2|}{|\vec{n}_1| \cdot |\vec{n}_2|} = \frac{\left|\begin{pmatrix} 0 \\ 0 \\ 1 \end{pmatrix} \circ \begin{pmatrix} 2 \\ -3 \\ 6 \end{pmatrix}\right|}{\left|\begin{pmatrix} 0 \\ 0 \\ 1 \end{pmatrix}\right| \cdot \left|\begin{pmatrix} 2 \\ -3 \\ 6 \end{pmatrix}\right|} = \frac{6}{1 \cdot 7}$$

$$\underline{\underline{\alpha \approx 31{,}0^\circ}}$$

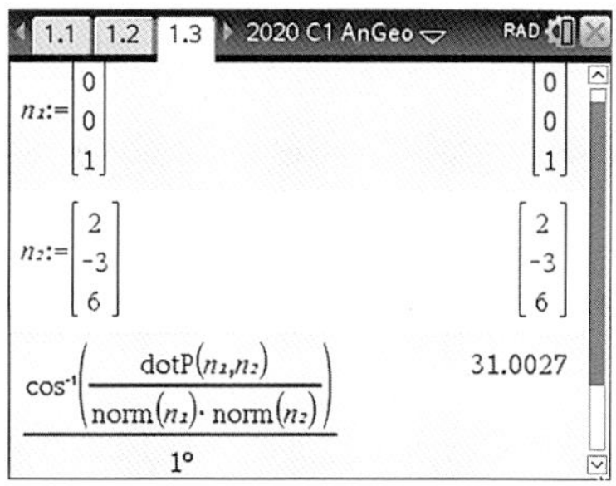

d) Man könnte z. B. die Spurpunkte der Seitenkanten des Würfels mit der xy-Ebene berechnen und deren Abstände entlang ein und derselben Würfelseite bestimmen. Die Summe dieser Abstände entspricht der Gesamtlänge der Einfassung.

Alternative: Man nimmt einen Zollstock und misst diese Längen und berechnet deren Summe.

e) Mittelpunkt M des Schachbretts:

$$\overrightarrow{OM} = \overrightarrow{OE} + \frac{1}{2} \cdot \overrightarrow{EG} = \begin{pmatrix} 1 \\ 1 \\ 1 \end{pmatrix} + \frac{1}{2} \cdot \begin{pmatrix} -3 \\ 8 \\ 5 \end{pmatrix} = \begin{pmatrix} -\frac{1}{2} \\ 5 \\ \frac{7}{2} \end{pmatrix}$$

$$M\left(-\frac{1}{2} \,\middle|\, 5 \,\middle|\, \frac{7}{2}\right)$$

Die Senkrechte zur Rasenfläche durch den Punkt M hat die Gleichung:

$$\vec{x} = \begin{pmatrix} -\frac{1}{2} \\ 5 \\ \frac{7}{2} \end{pmatrix} + t \cdot \begin{pmatrix} 0 \\ 0 \\ 1 \end{pmatrix}$$

Die Gleichung der Senkrechten wird im CAS-Rechner unter $s_1(t)$ gespeichert.

Die Ebene ABCD kann in der Normalenform angegeben werden, z. B. durch:

$$\vec{x} = \overrightarrow{OA} + r \cdot \overrightarrow{AB} + s \cdot \overrightarrow{AD} = \begin{pmatrix} -1 \\ 4 \\ -5 \end{pmatrix} + r \cdot \begin{pmatrix} 3 \\ 6 \\ 2 \end{pmatrix} + s \cdot \begin{pmatrix} -6 \\ 2 \\ 3 \end{pmatrix}$$

Die Gleichung der Ebene ABCD wird im CAS-Rechner unter $e_1(r, s)$ gespeichert.

Um den Durchstoßpunkt S der Senkrechten zur Ebene ABCD zu berechnen, wird das Gleichungssystem $s_1(t) = e_1(r, s)$ mit dem CAS gelöst. Es ergeben sich die Lösungen:

$$t = -\frac{49}{6}; \quad r = \frac{1}{6}; \quad s = 0$$

Mit $s_1\left(-\frac{49}{6}\right)$ erhält man:

$$S\left(-\frac{1}{2} \,\middle|\, 5 \,\middle|\, -\frac{14}{3}\right)$$

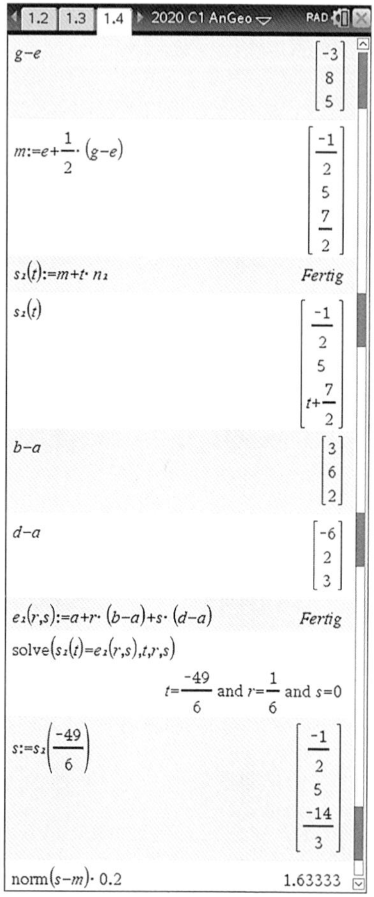

Der Betrag des Vektors $\overrightarrow{MS}$ ergibt unter Beachtung des geforderten Maßstabes einen Wert von:

$$|\overrightarrow{MS}| \cdot 0{,}2\text{ m} \approx 1{,}63\text{ m}$$

Dies entspricht dem in der Aufgabenstellung gegebenen Wert.

f) Die Gerade, die den Baumstamm mathematisch modelliert, lässt sich beschreiben durch:

$$\vec{x} = \overrightarrow{OP} + r \cdot \vec{n}_1 = \begin{pmatrix} -8 \\ -6 \\ 0 \end{pmatrix} + r \cdot \begin{pmatrix} 0 \\ 0 \\ 1 \end{pmatrix}$$

Sie wird unter der Variablen $g_1(r)$ gespeichert.

Die Gerade, auf der die Kante $\overline{EH}$ liegt, lässt sich beschreiben durch:

$$\vec{x} = \overrightarrow{OE} + t \cdot \overrightarrow{EH} = \begin{pmatrix} 1 \\ 1 \\ 1 \end{pmatrix} + t \cdot \begin{pmatrix} -6 \\ 2 \\ 3 \end{pmatrix}$$

Sie wird unter der Variablen $g_2(t)$ gespeichert.

Die Geraden g_1 und g_2 sind tatsächlich windschief, denn das Gleichungssystem $g_1(r) = g_2(t)$ hat keine Lösung und die Richtungsvektoren $\begin{pmatrix} 0 \\ 0 \\ 1 \end{pmatrix}$ und $\begin{pmatrix} -6 \\ 2 \\ 3 \end{pmatrix}$ sind nicht parallel zueinander.

Um den Abstand von g_1 und g_2 zu berechnen, sind ein Punkt K auf g_1 und ein Punkt L auf g_2 gesucht, sodass $\overrightarrow{KL}$ sowohl senkrecht zu g_1 als auch senkrecht zu g_2 verläuft. Für diesen Fall ist der Betrag von $\overrightarrow{KL}$ minimal. Dieser Wert repräsentiert den Abstand von g_1 und g_2.

$$\overrightarrow{KL} = g_2(t) - g_1(r) = \begin{pmatrix} 9 - 6t \\ 7 + 2t \\ 1 - r + 3t \end{pmatrix}$$

Orthogonalitätsbedingungen:

$\overrightarrow{KL} \circ \vec{n}_1 = 0$ und $\overrightarrow{KL} \circ \overrightarrow{EH} = 0$

Dieses Gleichungssystem führt auf $r = 4$ und $t = 1$. Damit ist der Vektor:

$$\overrightarrow{KL} = \begin{pmatrix} 3 \\ 9 \\ 0 \end{pmatrix}$$

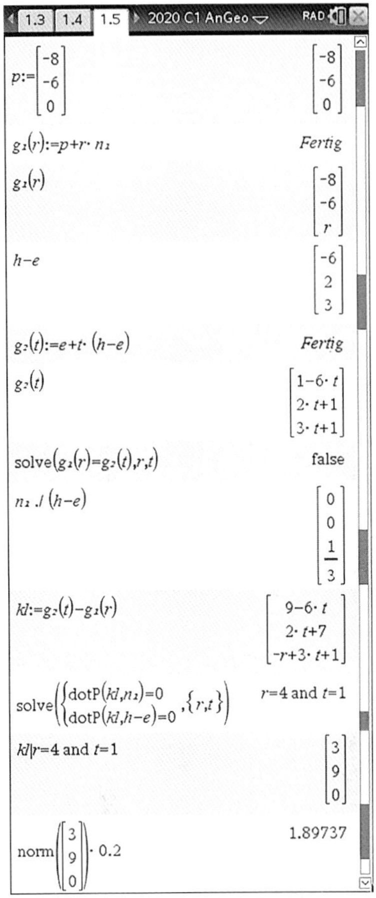

Der Betrag von $\overrightarrow{KL}$ ist ca. 1,9 m (unter Beachtung des gegebenen Längenmaßstabes). Der Mindestabstand von 2 m wird nicht eingehalten.

Alternativer Lösungsweg 1: **Lösung als Extremwertaufgabe**

Der Vektor $\overrightarrow{KL}(r,t)$ verbindet einen beliebigen Punkt K der Geraden $g_1(r)$ mit einem beliebigen Punkt L der Geraden $g_2(t)$.

Gesucht sind zunächst die Parameter r und t, für die der Betrag des Vektors $\overrightarrow{KL}$ ein Minimum hat.

Die zugehörigen Werte sind $t=1$ und $r=4$.

Damit ist $\overrightarrow{KL}(4,1) \approx 9,49$ LE.

Maßstab berücksichtigen:
$9,49 \cdot 0,2\ \text{m} \approx 1,90\ \text{m} < 2,00\ \text{m}$

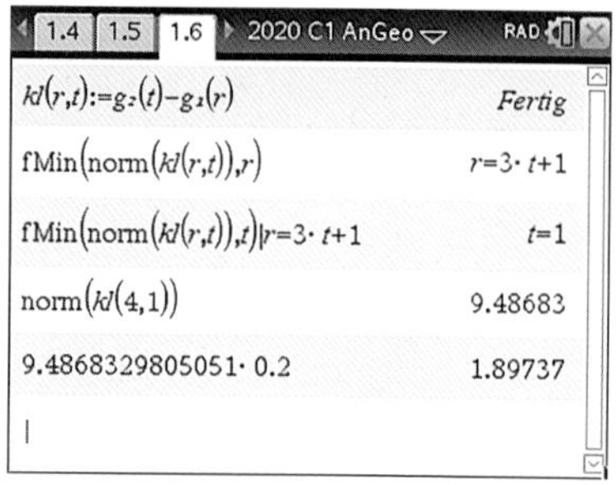

Alternativer Lösungsweg 2: **Lösung mit einer Hilfsebene**

Mit den Richtungsvektoren der Geraden g_1 und g_2 sowie dem festen Punkt P von g_1 als Aufpunkt wird eine Hilfsebene e_2 konstruiert:

$$e_2(r,t) = \begin{pmatrix} -8 \\ -6 \\ 0 \end{pmatrix} + r \cdot \begin{pmatrix} 0 \\ 0 \\ 1 \end{pmatrix} + t \cdot \begin{pmatrix} -6 \\ 2 \\ 3 \end{pmatrix}$$

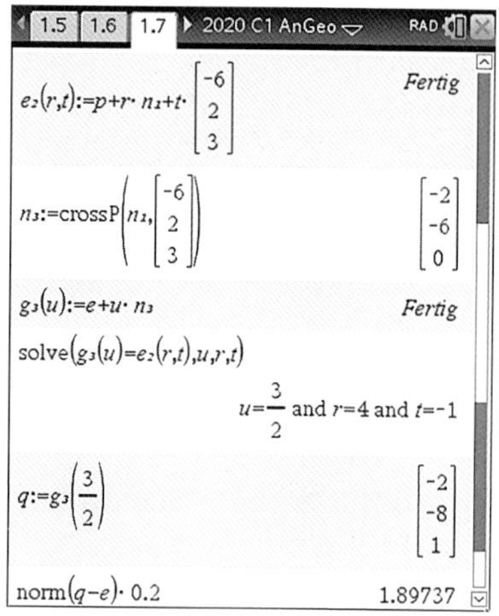

Diese Hilfsebene ist nach Konstruktion parallel zu g_2.

Nun kann der Abstand des festen Punktes von g_2 zur Hilfsebene bestimmt werden.

Dazu wird der Normalenvektor $\vec{n}_3 = \begin{pmatrix} -2 \\ -6 \\ 0 \end{pmatrix}$ der Hilfsebene als Richtungsvektor einer Lotgeraden g_3 zu e_2 verwendet. Die Lotgerade

$$g_3(u)\colon \vec{x} = \begin{pmatrix} 1 \\ 1 \\ 1 \end{pmatrix} + u \cdot \begin{pmatrix} -2 \\ -6 \\ 0 \end{pmatrix}$$

enthält als Aufpunkt den Punkt E von g_2 und schneidet die Hilfsebene in einem Punkt Q. Der Punkt Q ergibt sich aus den Lösungsparametern des Gleichungssystems:

$g_3(u) = e_2(r,t)$

Es ist:

$$u = \frac{3}{2};\quad r = 4;\quad t = -1$$

$$g_3\left(\frac{3}{2}\right) = \begin{pmatrix} -2 \\ -8 \\ 1 \end{pmatrix}$$

Der Betrag des Vektors $\overrightarrow{EQ}$ gibt unter Beachtung des Längenmaßstabes den gesuchten Abstand an. Er ist ca. 10 cm kleiner als der geforderte Mindestabstand.

2. a) Bei der Planung der Befragung müssten z. B. folgende Bedingungen berücksichtigt werden:

Die für die Stichprobe befragten Personen
- müssen deutsche Staatsbürger sein,
- älter als 18 Jahre sein,
- repräsentativ ausgewählt werden,
- trotzdem zufällig ausgewählt werden.

Die Stichprobe muss genügend groß sein.

Die Befragung muss so durch durchgeführt werden, dass es genau zwei Antwortmöglichkeiten (Treffer/Niete) bezüglich eines Tempolimits von 130 km/h auf Autobahnen gibt.

b) Betrachtet wird eine Stichprobe für die binomialverteilte Zufallsgröße:
X: „Die befragte Person ist für das Tempolimit."

Der Umfang der Stichprobe ist $n = 200$.

Die Wahrscheinlichkeit der betrachteten binomialverteilten Zufallsgröße X ist $p = 0{,}52$.

Der Erwartungswert von X ist:
$\mu = 200 \cdot 0{,}52 = 104$

Die Standardabweichung von X ist:
$\sigma = \sqrt{200 \cdot 0{,}52 \cdot 0{,}48} \approx 7{,}07$

Damit folgt:
$P(A) = P(X \geq 90) \approx \underline{\underline{0{,}9799}}$

$P(\mu - \sigma \leq X \leq \mu + \sigma) = P(97 \leq X \leq 111) \approx \underline{\underline{0{,}7116}}$

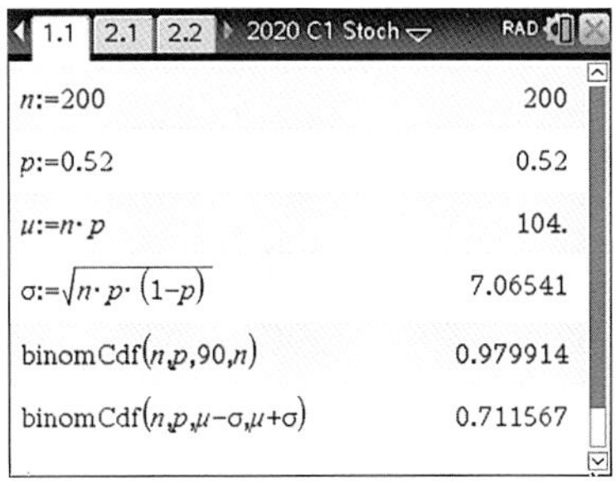

c) Gesucht ist der Stichprobenumfang n, sodass gilt:
$P(Z \geq 100) \geq 0{,}99$

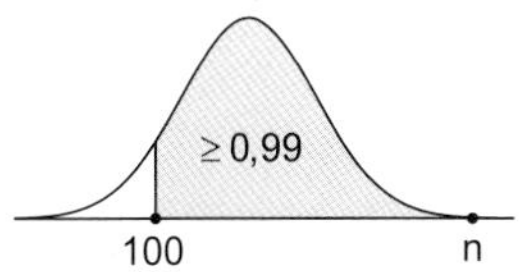

Dabei muss Z: „Die befragte Person ist für das Tempolimit." eine binomialverteilte Zufallsgröße mit unbekanntem n und $p = 0{,}52$ sein.

Für verschiedene Werte von n werden die Wahrscheinlichkeiten für $P(Z \geq 100)$ bestimmt, bis die kleinste Zahl n gefunden ist, für die erstmals $P(Z \geq 100) \geq 0{,}99$ gilt.

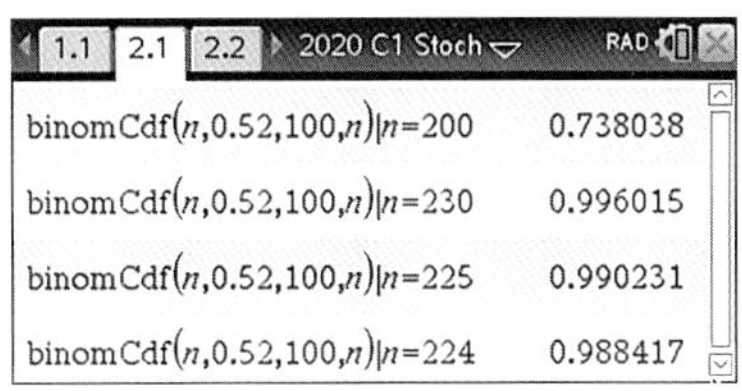

Als Lösung erhält man $\underline{\underline{n = 225}}$. Es müssen also mindestens 225 Personen befragt werden, damit mit einer Wahrscheinlichkeit von mindestens 99 % mindestens 100 von ihnen für ein Tempolimit stimmen.

Alternativer Lösungsweg 1:
Man verwendet die Anweisung zur Bestimmung von n über die inverse Binomialverteilung invBinomN(p*,p,k,1). Sie gibt sowohl den kleinsten Wert für k zurück, für den die von 0 bis k kumulierte Wahrscheinlichkeit p* bereits größer als der gegebene Wert für p ist, als auch den größten Wert für k, für den $P(X \leq k) \leq p$ ist.

Außerdem werden die zugehörigen aufsummierten Wahrscheinlichkeiten angezeigt:
$P(X_{224;\,0,52} \le 99) \approx 0{,}0116$ und

$P(X_{225;\,0,52} \le 99) \approx 0{,}0098$

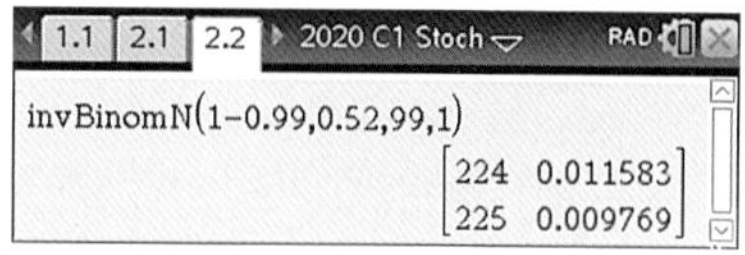

Für die Lösung der gegebenen Aufgabe muss also mit der Gegenwahrscheinlichkeit $p^* = 1 - 0{,}99$ und mit $k = 100 - 1 = 99$ gearbeitet werden.

Für $n = 224$ ist: $P(Z < 100) \approx 0{,}0116 \;\Rightarrow\; P(Z \ge 100) < 1 - 0{,}0116 = 0{,}9884 < 0{,}99$

Für $n = 225$ ist: $P(Z < 100) \approx 0{,}0098 \;\Rightarrow\; P(Z \ge 100) < 1 - 0{,}0098 = 0{,}9902 > 0{,}99$

Alternativer Lösungsweg 2:
Man verwendet die grafische Darstellung der Summenfunktion und bringt sie zum Schnitt mit der angegebenen minimalen Gesamtwahrscheinlichkeit 0,99.
Die Koordinaten des Schnittpunktes lassen sich z. B. mit dem Spurmodus ermitteln.

floor(x) ordnet der reellen Zahl x die nächstliegende nicht größere ganze Zahl zu. Die Verwendung dieses Befehls ist hier notwendig, damit die Anweisung binomCdf funktioniert.

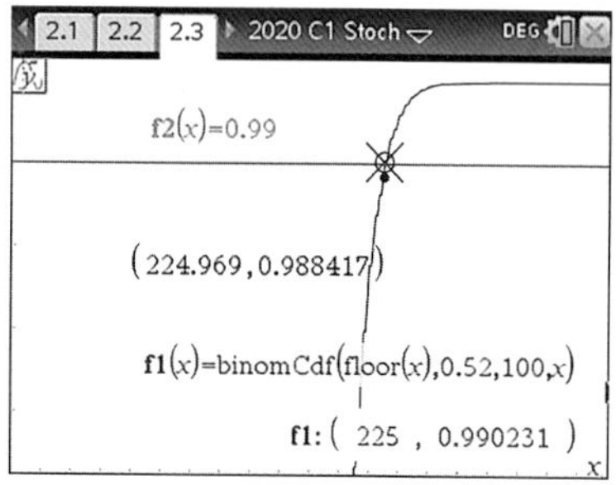

Alternativer Lösungsweg 3:
Ein zu einer grafischen Lösung ähnlicher Weg ist durch die Verwendung der Tabellenkalkulation gegeben.

In der Spalte A werden die natürlichen Zahlen von 100 bis z. B. 230 mit der Anweisung =seq(k,k,100,230) erzeugt.

In der Spalte B werden die Summenwahrscheinlichkeiten der Binomialverteilung von 100 bis k berechnet, wobei k von 100 bis 230 läuft: =seq(binomCdf(k,0.52,100,k),k,100,230)

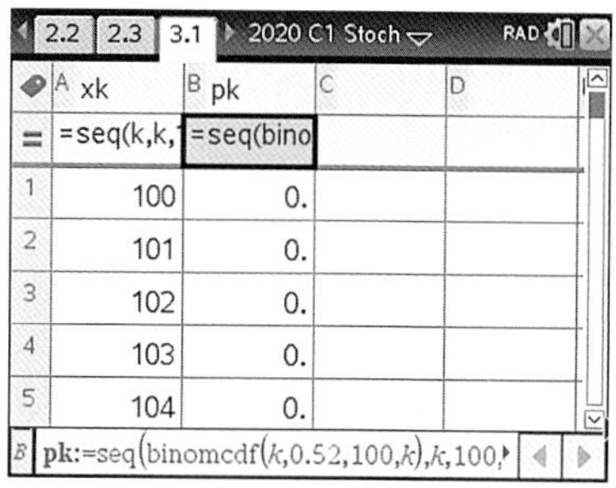

In Data & Statistics werden die Wertepaare grafisch dargestellt. Zusätzlich wird die Funktion $y = 0{,}99$ eingezeichnet. Um besser entscheiden zu können, für welches Wertepaar erstmals der y-Wert 0,99 erreicht oder überschritten wird, kann die Fenstereinstellung angepasst werden.

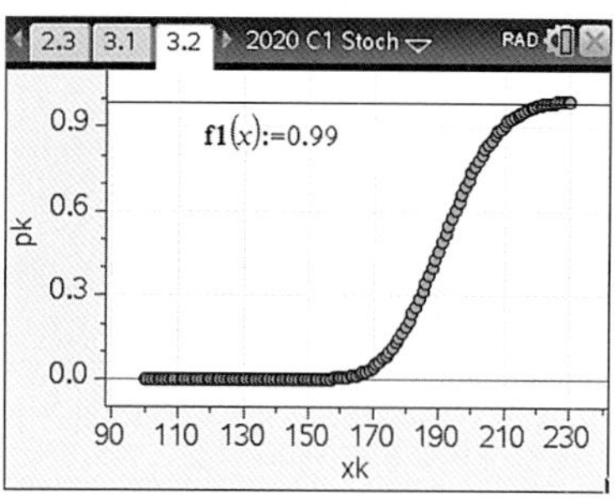

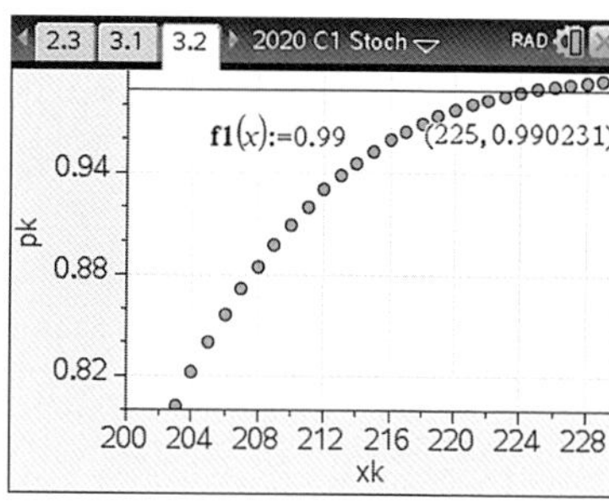

d) Die Irrtumswahrscheinlichkeit beschreibt die Wahrscheinlichkeit, eine Nullhypothese aufgrund des Stichprobenergebnisses abzulehnen, obwohl die Nullhypothese in Wirklichkeit stimmt.

Die Nullhypothese ist in diesem Fall H_0: $p = 0{,}52$, der Stichprobenumfang ist $n = 200$. Der Ablehnungsbereich ist $\{0; 1; \ldots; 89\} \cup \{121; 122; \ldots; 200\}$.

Die Irrtumswahrscheinlichkeit α wird durch

$\alpha = P(0 \le X \le 89) + P(121 \le X \le 200)$

bzw. über die Gegenwahrscheinlichkeit

$\alpha = 1 - P(90 \le X \le 120)$

berechnet. Dabei ist die Zufallsgröße X binomialverteilt mit $n = 200$ und $p = 0{,}52$.

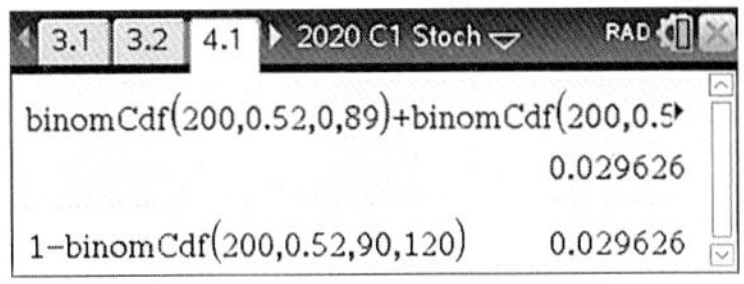

Ergebnis: $\underline{\underline{\alpha \approx 0{,}0296}}$

Interpretation: Die Irrtumswahrscheinlichkeit von ca. 3 % bedeutet in diesem Zusammenhang, dass die Schüler die Hypothese, dass 52 % der Befragten für das Tempolimit sind, aufgrund des Stichprobenergebnisses mit dieser Wahrscheinlichkeit von ca. 3 % ablehnen, obwohl dieser Wert in Wirklichkeit stimmt.

Kernfach Mathematik (Thüringen): Abiturprüfung 2020
Wahlaufgabe C2: Schwerpunkt Stochastik

Die Bigband einer Schule nimmt anlässlich des 50-jährigen Jubiläums der Schule eine CD mit zehn Musikstücken auf. Vier dieser Stücke sind kurz, sechs lang. Diese CD wird in großer Anzahl hergestellt.

1. Bei der Jubiläumsfeier werden von einer dieser CDs in zufälliger Reihenfolge Stücke abgespielt, wobei jedes Stück auch mehrfach abgespielt werden kann.
   a) Bestimmen Sie die Wahrscheinlichkeit dafür, dass die ersten drei abgespielten Stücke verschieden sind. (2 BE)
   b) Bestimmen Sie die Wahrscheinlichkeit folgender Ereignisse:
      A := „Unter zwölf abgespielten Stücken befinden sich genau fünf lange Stücke."
      B := „Unter zwölf abgespielten Stücken befinden sich mehr lange als kurze Stücke." (4 BE)

* 2. Als die CDs vor der Jubiläumsfeier geliefert wurden, entdeckten die Mitglieder der Bigband unter den ersten 20 betrachteten CDs ein Exemplar mit fehlerhafter Hülle und befürchteten, dass mindestens 5 % aller Hüllen fehlerhaft sind. Sie planten deshalb die Durchführung eines Signifikanztests mit einem Signifikanzniveau von 10 % und der Nullhypothese „Der Anteil der fehlerhaften Hüllen ist kleiner als 5 %." Sollte das Ergebnis des Tests dafür sprechen, dass die Befürchtung zutrifft, wollten sie beim Hersteller einen Preisnachlass verlangen.
   a) Geben Sie eine Überlegung an, die zur Wahl der Nullhypothese geführt haben könnte, und begründen Sie Ihre Angabe. (3 BE)
   b) Dem Test wurde eine Stichprobe von 150 CDs zugrunde gelegt. Bestimmen Sie die zugehörige Entscheidungsregel. (5 BE)
   c) Angenommen, der beschriebene Test wird auf der Grundlage einer Stichprobe von 250 CDs durchgeführt. In diesem Fall wird die Nullhypothese abgelehnt, wenn mindestens 18 Hüllen fehlerhaft sind.
      Ermitteln Sie den Bereich, in dem der tatsächliche Anteil fehlerhafter Hüllen liegen müsste, damit die Wahrscheinlichkeit für den Fehler zweiter Art kleiner als 0,25 ist. (4 BE)

3. Bei der Jubiläumsfeier können die CDs sowohl zu einem Preis von 9 Euro pro Stück gekauft als auch bei einem Spiel gewonnen werden. Für das Spiel wird das abgebildete Glücksrad verwendet. Für einen Einsatz von einem Euro wird das Glücksrad dreimal gedreht. Nur wenn dabei genau zweimal der grau markierte Sektor getroffen wird, gewinnt man eine CD.
   Die Größe des Öffnungswinkels dieses Sektors im Bogenmaß wird mit b bezeichnet.

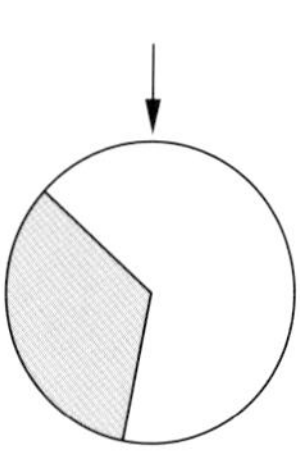

* Die Teilaufgabe 2 ist ab der Abiturprüfung 2021 nicht mehr relevant.

a) Zeigen Sie, dass die Wahrscheinlichkeit dafür, bei diesem Spiel eine CD zu gewinnen, mithilfe des Terms $\frac{3}{4\pi^2}b^2 - \frac{3}{8\pi^3}b^3$ berechnet werden kann. (3 BE)

b) Es gibt Werte von b, für die die Bigband bei mehrfacher Durchführung des Spiels im Mittel pro CD die gleichen Einnahmen erwarten könnte wie beim Verkauf der CD.
Ermitteln Sie diese Werte. (4 BE)

4. Von einem geraden, quadratischen Pyramidenstumpf ABCDEFGH sind die Koordinaten der Eckpunkte $A(4|0|0)$, $B(4|4|0)$, $C(0|4|0)$, $D(0|0|0)$, $E(3|1|4)$ und $G(1|3|4)$ gegeben.

a) Stellen Sie den Pyramidenstumpf in einem geeigneten Koordinatensystem dar.
Geben Sie die Koordinaten der Eckpunkte F und H an. (4 BE)

b) Berechnen Sie den Flächeninhalt der Seitenfläche ABFE. (3 BE)

c) Im Inneren des Pyramidenstumpfs gibt es einen Punkt $P(2|2|z)$, der von allen Eckpunkten den gleichen Abstand besitzt.
Berechnen Sie die z-Koordinate von P. (3 BE)

Für jede reelle Zahl k ist eine Gerade g_k gegeben durch

$$g_k\colon \vec{x} = \begin{pmatrix} 2 \\ 4 \\ 6 \end{pmatrix} + r \cdot \begin{pmatrix} 0 \\ -1 \\ k \end{pmatrix} \quad (r \in \mathbb{R}).$$

d) Begründen Sie, dass alle Geraden g_k parallel zur yz-Ebene verlaufen.
Geben Sie den Abstand d dieser Geraden zur yz-Ebene an. (2 BE)

e) Bestimmen Sie alle Werte k, für die die Geraden g_k mit dem Pyramidenstumpf gemeinsame Punkte besitzen. (3 BE)

(40 BE)

Hinweise und Tipps

Aufgabe 1a

- Überlegen Sie, ob sich die Wahrscheinlichkeiten nach jedem gespielten Stück verändern.
- Beachten Sie, dass es sich hier um Ziehen ohne Zurücklegen handelt und zeichnen Sie ggf. ein Baumdiagramm.

Aufgabe 1b

- Bestimmen Sie für jede Fragestellung die Länge n der Bernoullikette sowie die Trefferwahrscheinlichkeit p für das gesuchte Ereignis.

Aufgabe 2a

- Machen Sie sich klar, was bei der vorgegebenen Testvariante der Fehler 1. Art bedeutet und welche Konsequenzen es hat, wenn dieser in Wirklichkeit eintritt.
- Fragen Sie sich, was es für die Mitglieder der Bigband bedeutet, wenn Sie einen Preisnachlass verlangen, obwohl der Anteil fehlerhafter Hüllen in Wirklichkeit kleiner als 5 % ist.
- Oft wählt man als Alternativhypothese diejenige, die man verwerfen will.

Aufgabe 2b

- Schreiben Sie die Null- und die Gegenhypothese sowie die Stichprobengröße und das gegebene Signifikanzniveau auf.
- Es liegt ein rechtsseitiger Signifikanztest vor, weil die Nullhypothese dann verworfen wird, wenn die Testgröße stark nach oben vom Erwartungswert abweicht. Die Nullhypothese H_0 wird abgelehnt, wenn die Zahl der fehlerhaften Hüllen deutlich über dem Erwartungswert liegt; der Verwerfungsbereich hat die Form $[k; 150]$, der Nichtverwerfungsbereich die Form $[0; k-1]$.
- Ermitteln Sie die Grenze des Verwerfungsbereiches z. B. durch systematisches Probieren und geben Sie die Entscheidungsregel an.

Aufgabe 2c

- Ein Fehler 2. Art entsteht, wenn das Stichprobenergebnis zufällig im Nichtverwerfungsbereich der Nullhypothese liegt, obwohl diese falsch ist.
- Der Nichtverwerfungsbereich soll das Intervall $[0; k-1]$ umfassen, d. h., es muss für die Ungleichung $B_{250;\,p}(Y \leq 17) \leq 0{,}25$ das kleinste p gefunden werden, sodass die Ungleichung gilt.
- Ermitteln Sie die gesuchte Wahrscheinlichkeit durch systematisches Probieren.

Aufgabe 3a

- Berücksichtigen Sie, dass das Spiel nur gewonnen wird, wenn bei genau 2 von 3 Versuchen der grau markierte Sektor getroffen wird.
- Beachten Sie, dass für das Bogenmaß $b = \alpha \cdot \frac{2\pi}{360°}$ und für einen Winkel $0° \leq \alpha \leq 360°$ für die Trefferwahrscheinlichkeit $P(\alpha) = \frac{\alpha}{360°}$ gilt.

Aufgabe 3 b

Betrachten Sie das Spiel unter dem Gesichtspunkt eines fairen Spiels und berechnen Sie den Erwartungswert. Benennen Sie zunächst die Zufallsgröße X.

Variante: Wenn pro CD 9 € eingenommen werden, dann muss die Trefferwahrscheinlichkeit $p = \frac{1}{9}$ betragen, damit im Mittel bei 8 von 9 Spielen verloren und nur einmal gewonnen wird.

Aufgabe 4

Speichern Sie die Koordinaten der Ortsvektoren der gegebenen Punkte in Ihrem CAS unter geeigneten Variablen ab.

Aufgabe 4 a

Überlegen Sie sich anhand der gegebenen Koordinaten, wie viel Platz Sie auf den einzelnen Achsen benötigen.

Ermitteln Sie die Koordinaten der Eckpunkte F und H durch Betrachtung der Lage der Punkte E und G der Deckfläche unter Berücksichtigung, dass der Pyramidenstumpf gerade ist.

Aufgabe 4 b

Die gesuchte Fläche stellt ein gleichschenkliges Trapez dar. Nutzen Sie zur Berechnung der Fläche die entsprechende Formel.

Variante: Zerlegen Sie die Fläche in zwei Dreieckflächen und berechnen Sie den Flächeninhalt z. B. mithilfe des Kreuzproduktes.

Aufgabe 4 c

Da die Gerade g, auf der der Punkt $P(2 \mid 2 \mid z)$ liegt, die Symmetrieachse des geraden quadratischen Pyramidenstumpfes darstellt, folgt aus dieser Symmetrie, dass der Abstand eines beliebigen Punktes der Deckfläche zum Punkt P gleich sein muss wie der Abstand eines beliebigen Punktes der Grundfläche zum Punkt P.

Berechnen Sie z, indem Sie die Längen zweier dieser Strecken gleichsetzen.

Aufgabe 4 d

Betrachten Sie nur den Richtungsvektor der Geraden g_k. Die yz-Ebene kann vektoriell durch $\vec{x} = \begin{pmatrix} 0 \\ y \\ z \end{pmatrix}$ dargestellt werden. Vergleichen Sie diese Darstellung mit der Parameterdarstellung des Richtungsvektors der Geraden g_k.

Der Abstand der Geraden zur yz-Ebene hängt damit nur von einer Koordinate des Stützvektors ab.

Aufgabe 4 e

Machen Sie sich die Lage aller Geraden g_k in einer geeigneten Skizze deutlich.

Aufgrund der besonderen Lage von g_k kann man das räumliche Problem in eine geeignete Ebene verlagern, z. B. die Ebene $x = 2$. Schlussfolgern Sie aus Ihrer Skizze, welche Kanten des Pyramidenstumpfes von einer der Geraden g_k geschnitten werden müssen, damit g_k gemeinsame Punkte mit dem Pyramidenstumpf besitzt.

Lösungen

1. a) Damit die drei Stücke verschieden sind, hat man beim ersten Stück 10 Stücke zur Auswahl, beim zweiten nur noch 9 und dann nur noch 8 Stücke. Damit erhält man:

$$P(A) = \frac{10}{10} \cdot \frac{9}{10} \cdot \frac{8}{10} = \underline{\underline{\frac{18}{25}}}$$

b) Unter Verwendung der bekannten Formeln zur Berechnung von Wahrscheinlichkeiten bei gegebener Binomialverteilung erhält man z. B. mit $p = 0{,}6$ (Wahrscheinlichkeit für lange Stücke):

$$P(A) = \binom{12}{5} \cdot 0{,}6^5 \cdot 0{,}4^7 \approx \underline{\underline{0{,}1009}}$$

$$P(B) = \sum_{k=7}^{12} \binom{12}{k} \cdot 0{,}6^k \cdot 0{,}4^{12-k} \approx \underline{\underline{0{,}6652}}$$

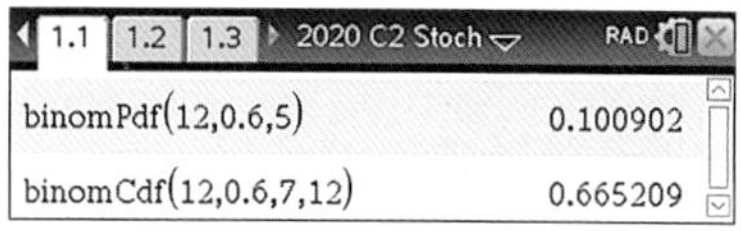

2. a) Da die Mitglieder der Band begründete Zweifel hegen, dass der Anteil defekter Hüllen kleiner als 5 % ist, wählen Sie dies als Nullhypothese. Damit beschränken Sie auch den Fehler 1. Art, dass man zu Unrecht einen Preisnachlass fordert.

Sie nehmen also an, dass der Anteil fehlerhafter Hüllen maximal 5 % beträgt (Nullhypothese). Denn zeigen wollen sie, dass mehr als 5 % der Hüllen fehlerhaft sind (Alternativhypothese).

b) Es wird ein rechtsseitiger Signifikanztest mit der Nullhypothese H_0: $p \leq 0{,}05$ und der Alternativhypothese H_1: $p > 0{,}05$ auf dem Signifikanzniveau von $\alpha = 10\ \%$ mit einer Stichprobe von $n = 150$ durchgeführt. Da der Verwerfungsbereich die Form $[k;\ 150]$ hat und der Erwartungswert $E(X) = 150 \cdot 0{,}05 = 7{,}5$ ist, muss beim systematischen Probieren die kleinste ganze Zahl k gefunden werden, für die $P(X \geq k) \leq 0{,}1$ gilt.

Durch systematisches Probieren ermittelt man $k = 12$.

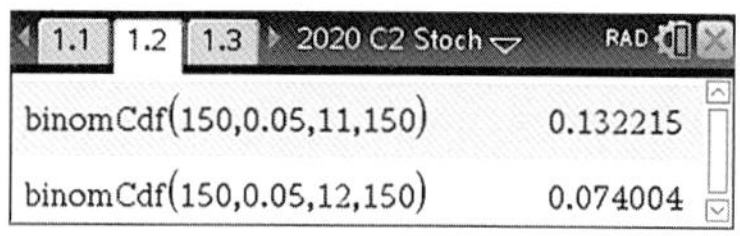

Hieraus ergeben sich:

Verwerfungsbereich $V = \{12; \ldots; 150\}$

Nichtverwerfungsbereich $\overline{V} = \{0; \ldots; 11\}$

Die Entscheidungsregel könnte lauten: Sind mindestens 12 defekte Hüllen in der Stichprobe, wird ein Preisnachlass verlangt.

c) Der Nichtverwerfungsbereich soll das Intervall $[0;\ k-1]$ umfassen, d. h., es muss für die Ungleichung $B_{250;\,p}(Y \leq 17) \leq 0{,}25$ das kleinste p gefunden werden, sodass die Ungleichung gilt.

Das kleinste p, für das die Ungleichung gilt, ist $p \approx 0{,}082$. Der gesuchte Bereich ist daher $\underline{\underline{[0{,}082;\ 1]}}$.

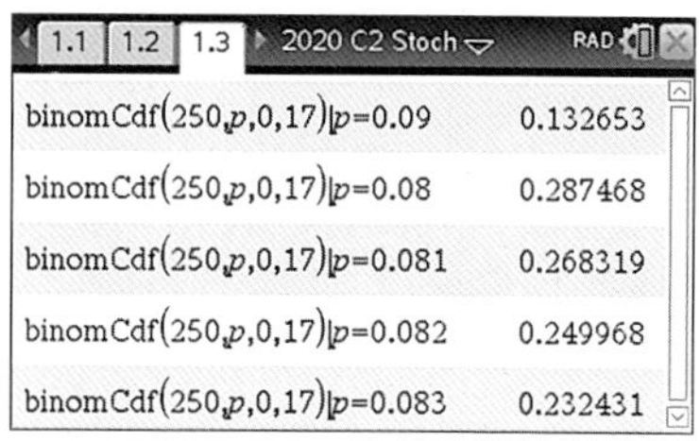

3. a) Aus $P(\alpha)=\frac{\alpha}{360°}$ folgt auch, dass $P(b)=\frac{b}{2\pi}$ gilt. Da man nur bei genau zwei Treffern bei drei Versuchen gewinnt, d. h. die Möglichkeiten TTN, TNT bzw. NTT hat (was $\binom{3}{2}$ entspricht), gilt:

$$P(\text{Gewinn})=\binom{3}{2}\cdot\left(\frac{b}{2\pi}\right)^2\cdot\left(1-\frac{b}{2\pi}\right)$$
$$=\frac{3}{4\pi^2}b^2-\frac{3}{8\pi^3}b^3$$

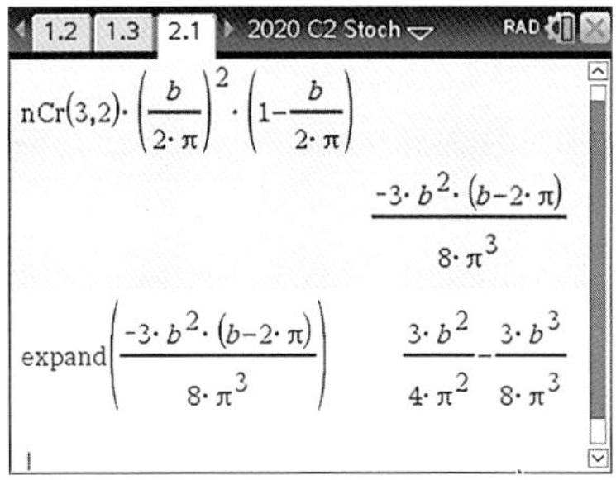

b) Betrachtet man die Zufallsgröße X: Gewinn/Verlust aus Sicht der Bigband, so ergibt sich:

x_i	-8	1
$P(X=x_i)$	p	$1-p$

Hieraus folgt für ein faires Spiel:
$E(x)=-8p+1-p=0$
Damit erhält man $p=\frac{1}{9}$ und es folgt:

$$\frac{3}{4\pi^2}b^2-\frac{3}{8\pi^3}b^3=\frac{1}{9}$$

Man erhält als Lösung dieser Gleichung die beiden möglichen Werte $\underline{\underline{b_1\approx 1{,}37}}$ und $\underline{\underline{b_2\approx 6{,}03}}$.

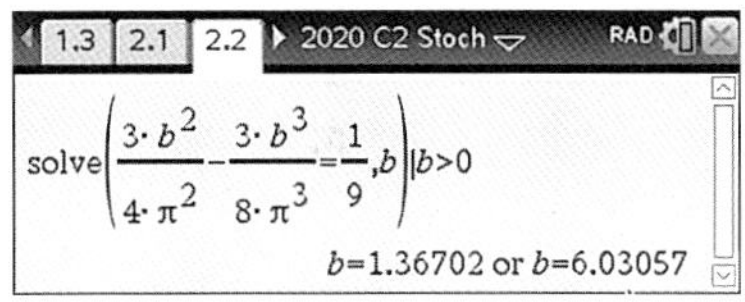

Variante: Wenn pro CD 9 € eingenommen werden, dann muss die Trefferwahrscheinlichkeit $p=\frac{1}{9}$ betragen, damit im Mittel bei 8 von 9 Spielen verloren und nur einmal gewonnen wird. Damit folgt als zu lösende Gleichung sofort:

$$\frac{3}{4\pi^2}b^2-\frac{3}{8\pi^3}b^3=\frac{1}{9}$$

4. a) **Darstellung des Pyramidenstumpfes**

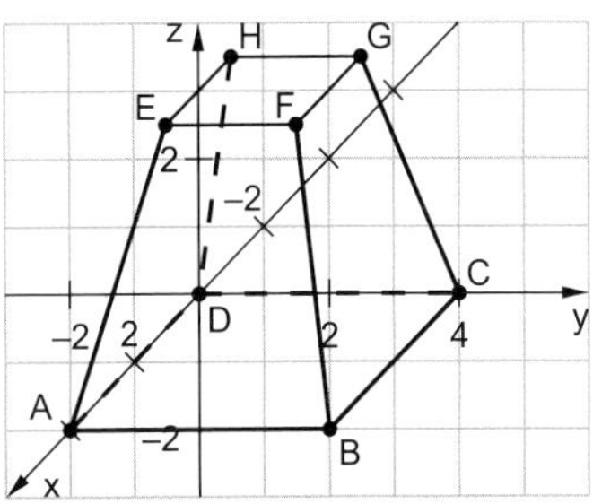

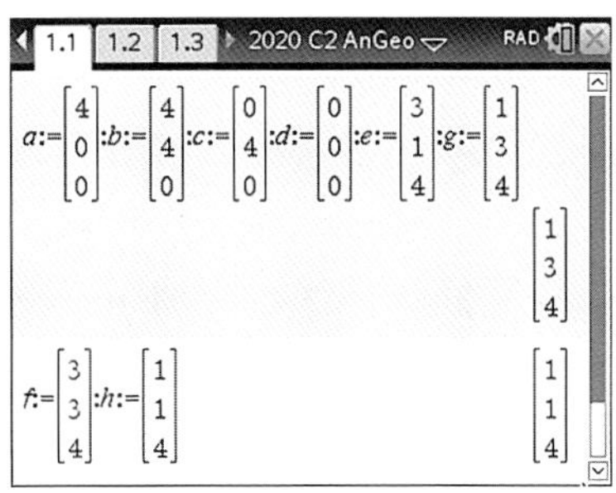

Angabe der Koordinaten der Eckpunkte
Der Punkt F hat die gleiche x- und z-Koordinate wie der Punkt E, also F(3 | y | 4), die y-Koordinate muss gleich der des Punktes G sein. Man erhält $\underline{\underline{F(3|3|4)}}$, analog folgt $\underline{\underline{H(1|1|4)}}$.

b) Nutzt man die Formel für den Flächeninhalt eines Trapezes,

$A_{Trapez} = \frac{a+c}{2} \cdot h,$

dann benötigt man neben den Seitenlängen der zueinander parallelen Seiten $\overline{AB}$ und $\overline{EF}$ des Trapezes noch die Seitenhöhe h des Trapezes.

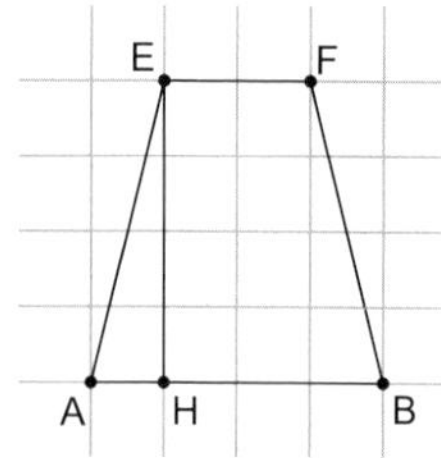

$\overline{AB} = 4\text{ LE}, \quad \overline{EF} = 2\text{ LE}$

Die Seitenhöhe lässt sich berechnen, da die Strecke $\overline{AH} = 1\text{ LE}$ beträgt, weil es sich um ein gleichschenkliges Trapez handelt.

Die Seitenhöhe h kann dann mithilfe des Satzes des Pythagoras berechnet werden:

$h = \overline{EH} = \sqrt{\overline{AE}^2 - \overline{AH}^2} = \sqrt{17}\text{ LE}$

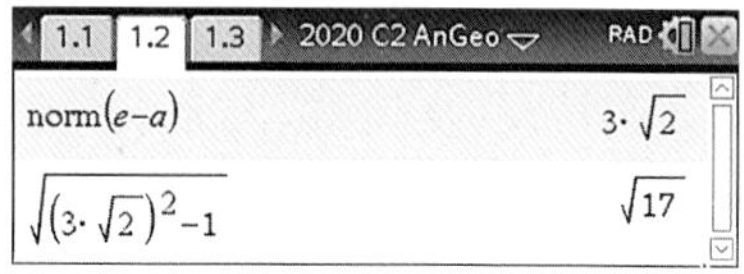

Damit erhält man:

$A_{Trapez} = \frac{4+2}{2} \cdot \sqrt{17} = \underline{\underline{3\sqrt{17}\text{ FE}}}$

Variante: Nutzung des Kreuzproduktes

$A_{Trapez} = A_{\Delta ABF} + A_{\Delta AFE}$

$= \frac{1}{2} \cdot |\overrightarrow{AB} \times \overrightarrow{AF}| + \frac{1}{2} \cdot |\overrightarrow{AF} \times \overrightarrow{AE}|$

$= \underline{\underline{3\sqrt{17}\text{ FE}}}$

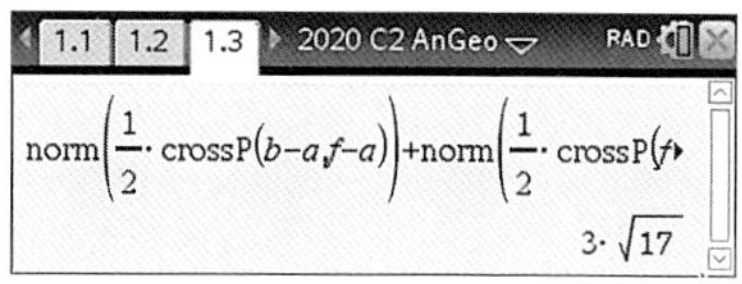

c) Da die Gerade g, auf der der Punkt P(2 | 2 | z) liegt, die Symmetrieachse des geraden quadratischen Pyramidenstumpfes darstellt, folgt aus dieser Symmetrie, dass der Abstand eines beliebigen Punktes der Deckfläche zum Punkt P gleich sein muss wie der Abstand eines beliebigen Punktes der Grundfläche zum Punkt P. Es muss z. B. gelten:

$\overline{AP} = \overline{GP}$

Die Längen der Strecken bestimmt man mittels des Betrages der entsprechenden Vektoren $|\overrightarrow{AP}|$ bzw. $|\overrightarrow{GP}|$. Aus dieser Gleichung bestimmt man mit dem CAS den Wert für $\underline{\underline{z = \frac{5}{4}}}$.

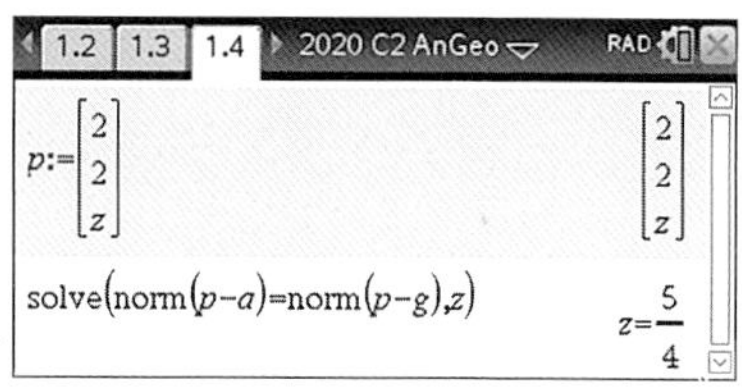

d) Da der Richtungsvektor von g_k ebenso wie die Parameterdarstellung $\vec{x} = \begin{pmatrix} 0 \\ y \\ z \end{pmatrix}$ der yz-Ebene in x-Richtung den Wert 0 hat, verlaufen alle Geraden der Schar parallel zur yz-Ebene. Der Stützvektor hat als x-Koordinate den Wert x = 2, dies entspricht damit dem Abstand $\underline{\underline{d = 2}}$ aller Geraden von g_k zur yz-Ebene.

e) Da alle Geraden g_k in der Ebene $x = 2$ liegen, kann man zur Veranschaulichung des Problems diese Schnittebene betrachten.

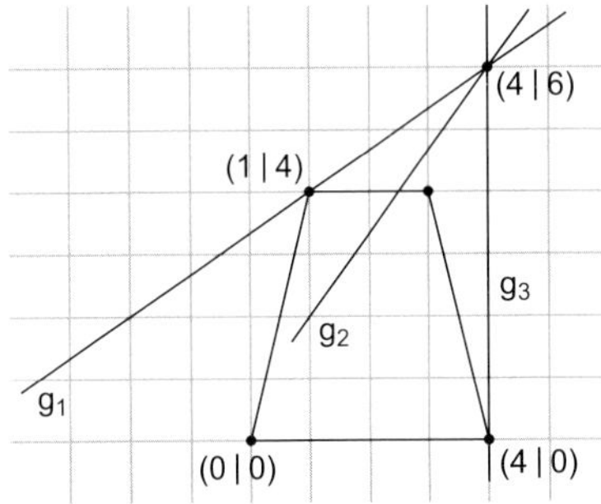

Es ist zu erkennen, dass die Geraden g_k ab einem bestimmten negativen Wert für k über die Kante $\overline{EH}$ in die Pyramide „eindringen“.

Dieser k-Wert kann durch Gleichsetzen der Geraden g_k mit der Geraden durch E und H berechnet werden:

$$\begin{pmatrix}2\\4\\6\end{pmatrix} + r \cdot \begin{pmatrix}0\\-1\\k\end{pmatrix} = \begin{pmatrix}3\\1\\4\end{pmatrix} + t \cdot \begin{pmatrix}-2\\0\\0\end{pmatrix}$$

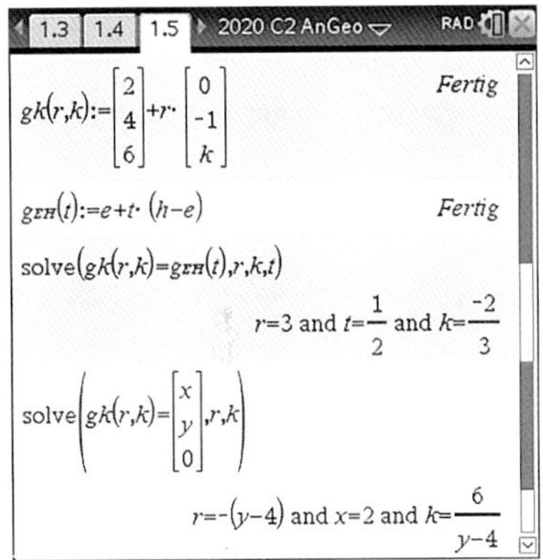

Man ermittelt für den Fall des Schneidens $k = -\frac{2}{3}$ und kann aufgrund der Lage der Geraden schlussfolgern, dass es für alle $k \leq -\frac{2}{3}$ gemeinsame Punkte mit dem Pyramidenstumpf gibt.

Betrachtet man zusätzlich den Durchstoßpunkt aller Geraden g_k durch die xy-Ebene, indem man die Vektorgleichung

$$\begin{pmatrix}2\\4\\6\end{pmatrix} + r \cdot \begin{pmatrix}0\\-1\\k\end{pmatrix} = \begin{pmatrix}x\\y\\0\end{pmatrix}$$

löst, so erhält man:

$$D\left(2 \,\middle|\, 4 + \frac{6}{k} \,\middle|\, 0\right)$$

Dies bedeutet, dass für $k \to \pm\infty$ die Geraden g_k der Kante $\overline{BC}$ beliebig nahekommen, diese aber nicht erreichen (Grenzwert).

Damit ist auch gezeigt, dass es für alle $\underline{\underline{-\infty < k \leq -\frac{2}{3}}}$ gemeinsame Punkte von Gerade und Pyramidenstumpf gibt.

Variante 1: Man betrachtet die Grund- und Deckfläche des Pyramidenstumpfes und untersucht, für welche k diese Flächen gemeinsame Punkte mit der Geradenschar haben.

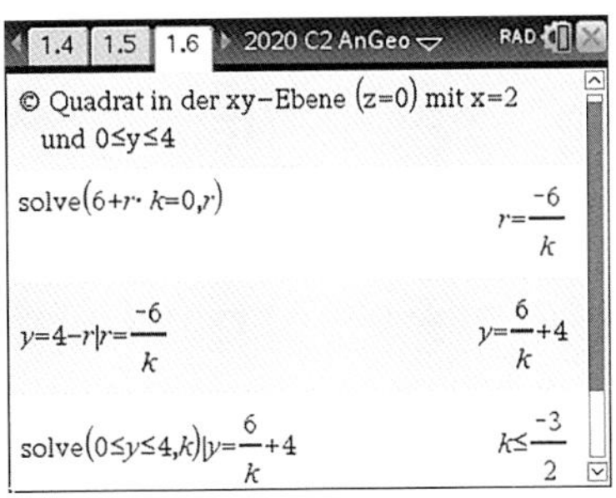

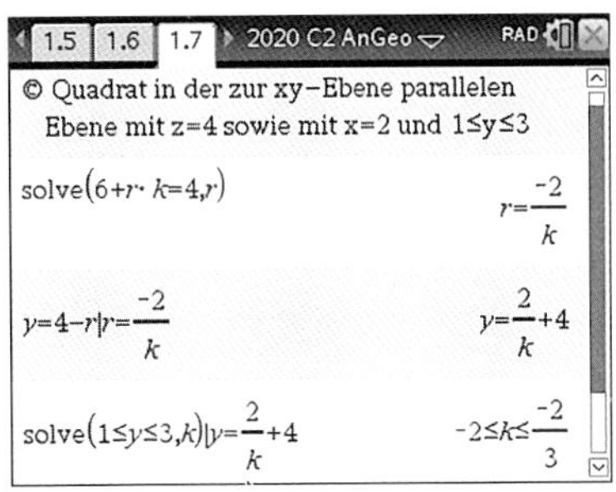

Aus beiden Ungleichungen für k folgert man, dass $k \leq -\frac{2}{3}$ gelten muss.

Variante 2: Aus der Skizze in der Ebene x = 2 lassen sich Geradengleichungen ableiten.

$\begin{pmatrix}4\\6\end{pmatrix}+r\cdot\begin{pmatrix}-1\\k\end{pmatrix}=\begin{pmatrix}1\\4\end{pmatrix} \quad\Rightarrow\quad k=-\frac{2}{3}$

$\begin{pmatrix}4\\6\end{pmatrix}+r\cdot\begin{pmatrix}-1\\k\end{pmatrix}=\begin{pmatrix}0\\0\end{pmatrix} \quad\Rightarrow\quad k=-\frac{3}{2}$

$\begin{pmatrix}4\\6\end{pmatrix}+r\cdot\begin{pmatrix}-1\\k\end{pmatrix}=\begin{pmatrix}4\\0\end{pmatrix} \quad\Rightarrow$ keine Lösung für k

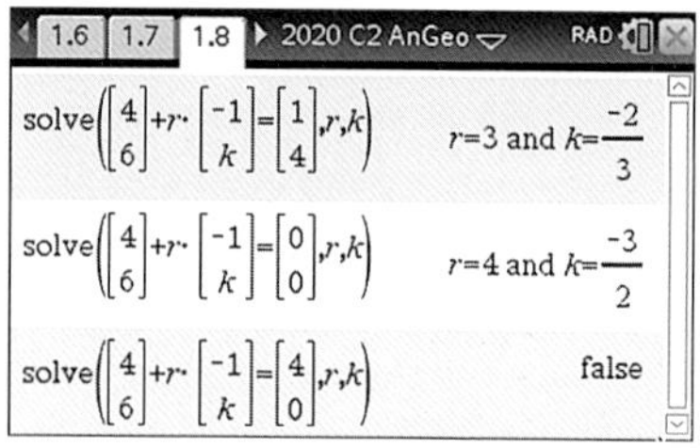

Aus dieser Betrachtung lässt sich ebenfalls schlussfolgern, dass $k\le-\frac{2}{3}$ gelten muss.

Kernfach Mathematik (Thüringen): Abiturprüfung 2021
Pflichtaufgaben Teil A

1. Geben Sie in der Tabelle je eine zugehörige Funktionsgleichung an.

Funktionsgleichung von f	**Funktionsgleichung von f'**
$f(x) = 4 \cdot \sqrt{x}$	
$f(x) = x \cdot e^x$	
	$f'(x) = 5 - x$
	$f'(x) = \pi \cdot \sin(x)$
	$f'(x) = \frac{6}{x^3}$

(5 BE)

2. Betrachtet wird eine Schar von Funktionen f_a mit $a \in \mathbb{R}$ und $x \in \mathbb{R}$.
   $f_a(x) = (x-1) \cdot (x+1) \cdot (x+a)$
   a) Geben Sie die Nullstellen von f_a an. (2 BE)
   b) Entscheiden Sie, ob folgende Aussage wahr ist.
   Begründen Sie Ihre Entscheidung.
   „Es gibt Werte für a so, dass die x-Achse Tangente an den Graphen von f_a ist." (3 BE)

3. Für jeden Wert von $a \in \mathbb{R}$ ist eine Funktion f_a gegeben durch $f_a(x) = e^{x+1} + a$ $(x \in \mathbb{R})$.
   a) Beschreiben Sie die Lage der Graphen von f_a bezogen auf den Graphen der Funktion g mit $g(x) = e^x$. (2 BE)
   b) Berechnen Sie den Wert für a so, dass gilt:
   $$\int_0^1 f_a(x)\,dx = 0$$
   (3 BE)

4. Gegeben sind die Graphen der Funktionen f und g.

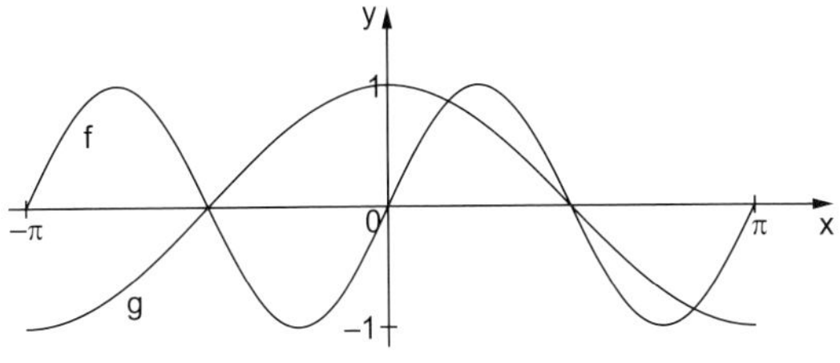

a) Ordnen Sie den Graphen die entsprechende Gleichung zu.

$h_1(x) = \sin(x)$ $\qquad$ $h_4(x) = \cos(x)$

$h_2(x) = \sin(2x)$ $\qquad$ $h_5(x) = \cos(2x)$

$h_3(x) = \sin\left(\frac{1}{2}x\right)$ $\qquad$ $h_6(x) = \cos\left(\frac{1}{2}x\right)$ (2 BE)

b) Die Funktion s mit $s(x) = f(x) + g(x)$ besitzt im Intervall $-\pi \leq x \leq \pi$ genau vier Nullstellen.
Kennzeichnen Sie diese Nullstellen näherungsweise in der Darstellung und begründen Sie die Gültigkeit dieser Aussage mithilfe der Darstellung. (3 BE)

5. Gegeben ist der Vektor $\vec{a} = \begin{pmatrix} 2 \\ -2 \\ 1 \end{pmatrix}$.

Ermitteln Sie jeweils einen Vektor $\vec{x}$, der die angegebene Bedingung erfüllt.

a) $2\vec{a} + \vec{x} = \vec{0}$ (1 BE)

b) $\vec{x} \parallel \vec{a}$ und $|\vec{x}| = 12$ (2 BE)

c) Der Vektor $\vec{x}$ ist senkrecht zu $\vec{a}$ und parallel zur xy-Ebene. (2 BE)

6. Ein Körper bewegt sich auf einer geradlinigen Bahn.
Der Körper wird von einer Radarstation, die mathematisch durch $R(0|0|0)$ beschrieben wird, zuerst in $P_1(-1|3|2)$ und fünf Sekunden später in $P_2(0|2|2{,}5)$ geortet.

a) Geben Sie eine Gleichung an, die die Flugbahn mathematisch beschreibt. (2 BE)

b) Der Körper wird von der Radarstation in einem weiteren Punkt P_3 geortet. Die Richtung des Radarsignals wird durch $\vec{p} = \begin{pmatrix} 1 \\ 3 \\ z \end{pmatrix}$ mathematisch beschrieben.
Zeigen Sie, dass $z = 5{,}5$ ist.

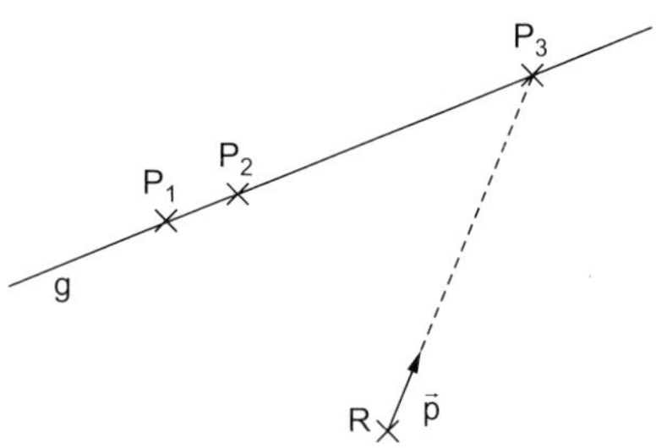

Skizze nicht maßstäblich (3 BE)

7. Ein Glücksrad ist in genau zwei Sektoren eingeteilt, die mit den Zahlen „1" und „2" beschriftet sind.
Die Zahl „1" tritt mit der Wahrscheinlichkeit $\frac{1}{4}$ auf.
Paula und Leon vereinbaren folgendes Spiel:

> Jeder dreht das Glücksrad genau einmal.
> Ist die Summe beider Zahlen ungerade, erhält Paula von Leon die Summe der Zahlen in Euro.
> Ist die Summe beider Zahlen gerade, erhält Leon von Paula die Summe der Zahlen in Euro.

a) Bestimmen Sie die Wahrscheinlichkeit dafür, dass Paula von Leon Geld erhält. (2 BE)

b) Berechnen Sie den Gewinn, den Leon pro Spiel auf lange Sicht erwarten kann. (3 BE)

8. Dargestellt sind Graphen der Dichtefunktionen von Normalverteilungen mit den Erwartungswerten 1 bzw. 2 und den Standardabweichungen 0,5 bzw. 0,25.

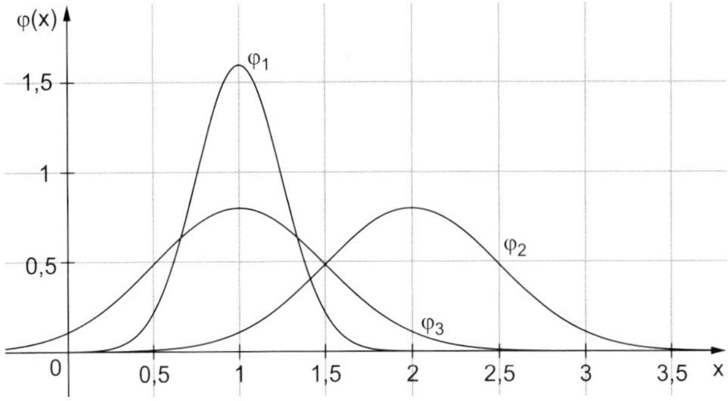

a) Ordnen Sie den dargestellten Graphen die richtigen Werte zu.

Graph der Funktion	Erwartungswert	Standardabweichung
φ_1		
φ_2		
φ_3		

(2 BE)

b) Die Zufallsgröße X ist normalverteilt und gehört zu φ_1.
Entscheiden Sie, ob folgende Gleichungen richtig oder falsch sind.
Korrigieren Sie gegebenenfalls.

Gleichung	**richtig/ falsch**	**korrigiert**
$P(X \le 2) = \int_{-\infty}^{2} \varphi_1(x)\,dx$		
$P(0{,}5 \le X \le 1{,}5) = 1 - \int_{1{,}5}^{\infty} \varphi_1(x)\,dx$		
$P(X = 1) = \varphi_1(1)$		

(3 BE)

9. Gegeben ist die Koordinatengleichung einer Ebene ε mit $x + 2z = 13$ und der Punkt P mit den Koordinaten $P(1 \mid 1 \mid 1)$.

a) Beschreiben Sie die besondere Lage der Ebene ε im Koordinatensystem. (1 BE)

b) Bestimmen Sie die Koordinaten des Bildpunktes P', der bei der Spiegelung von P an der Ebene ε entsteht. (4 BE)

10. Ein Glücksrad mit gleichgroßen Sektoren ist einmal mit „1“, zweimal mit „2“ und dreimal mit „3“ beschriftet.

a) Das Glücksrad wird dreimal gedreht. Aus den angezeigten Ergebnissen werden entsprechend der Reihenfolge der Ergebnisse Zahlen gebildet. Berechnen Sie die Wahrscheinlichkeit dafür, dass man die Zahl „321“ erhält. (1 BE)

b) Das Glücksrad wird zweimal gedreht. Aus den angezeigten Zahlen werden Summen gebildet.
Betrachtet werden folgende Ereignisse:

E := „Die Summe der angezeigten Zahlen ist mindestens fünf.“
F := „Die Summe der angezeigten Zahlen ist kleiner als fünf.“

Untersuchen Sie, ob das Ereignis E mit einer höheren Wahrscheinlichkeit eintritt als das Ereignis F.

(4 BE)
(40 BE)

Hinweise und Tipps

Aufgabe 1

- Beachten Sie, ob Sie die Funktion f ableiten müssen, um f' zu erhalten, bzw. die Ableitungsfunktion f' integrieren müssen, um die Funktion f zu ermitteln.
- Analysieren Sie die gegebene Termstruktur, um die anzuwendende Ableitungs- bzw. Integrationsregel zu berücksichtigen.
- Beachten Sie die Zusammenhänge: $F'(x) = f(x)$ bzw. $\int f(x)\,dx = F(x) + c$
- Damit gilt auch: $\int f'(x)\,dx = f(x) + c$

Aufgabe 2

Teilaufgabe a

- Da die Gleichung von f_a in faktorisierter Form vorgegeben ist, können Sie die Nullstellen durch Untersuchung der Faktoren bestimmen. Beachten Sie: Ein Produkt ist dann gleich null, wenn mindestens einer der Faktoren null ergibt.

Teilaufgabe b

- Damit die x-Achse an einer Stelle x_0 Tangente an den Graphen von f_a sein kann, muss $f_a(x_0) = 0$ und gleichzeitig $f_a'(x_0) = 0$ gelten.
- *Beachte:* Wenn der gleiche Linearfaktor in einer Linearfaktorzerlegung zweimal auftritt, hat die Funktion eine doppelte Nullstelle. Es gilt: An der doppelten Nullstelle liegt ein Extrempunkt vor.

Aufgabe 3

Teilaufgabe a

- Für $b \geq 0$ gilt: $f(x) + b$: Verschiebung des Graphen von f auf der y-Achse um b in positive y-Richtung (für $b < 0$ in negative y-Richtung)
  $f(x + b)$: Verschiebung des Graphen von f auf der x-Achse um b in negative x-Richtung (für $b < 0$ in positive x-Richtung)

Teilaufgabe b

- Um eine Stammfunktion von f_a zu ermitteln, benötigen Sie einerseits die Summenregel sowie andererseits die Integrationsregel für die natürliche Exponentialfunktion und die Regel für die lineare Substitution:

  $\int e^x\,dx = e^x + C$ und $\int (ax + b)\,dx = \frac{1}{a} \cdot F(ax + b) + C$
- Nutzen Sie den Zusammenhang $F'(x) = f(x)$ zur Kontrolle Ihrer ermittelten Stammfunktion.

Aufgabe 4

Teilaufgabe a

- Skizzieren Sie sich zunächst die Graphen der Funktionen $y = \sin(x)$ bzw. $y = \cos(x)$ für eine volle Periode im Intervall $[0; 2\pi]$ und vergleichen Sie Amplitude und Periodenlänge mit den dargestellten Funktionen f und g.

Teilaufgabe b

- Da im gegebenen Intervall schon zwei Stellen liegen, wo f und g gemeinsame Nullstellen haben, müssen noch zwei Stellen gefunden werden, für die z. B. $f(x) = -g(x)$ gilt; dies lässt sich durch „Messung“ überprüfen.

Aufgabe 5

Teilaufgabe a

Damit die Summe zweier Vektoren den Nullvektor ergibt, müssen die Summen der einander entsprechenden Koordinaten jeweils den Wert 0 ergeben.

Teilaufgabe b

Zwei Vektoren $\vec{a}$ und $\vec{b}$ sind genau dann parallel zueinander, wenn $\vec{a} = r \cdot \vec{b}$ mit $r \in \mathbb{R}$ gilt und $r \neq 0$ ist, der eine Vektor also ein Vielfaches des anderen ist.

Berechnen Sie den Betrag des Vektors $\vec{a}$.

Teilaufgabe c

Zwei Vektoren stehen senkrecht aufeinander, wenn das Skalarprodukt aus beiden null ergibt.

Die xy-Ebene kann vektoriell dargestellt werden durch $\begin{pmatrix} x \\ y \\ 0 \end{pmatrix}$ bzw. in Koordinatenform mit $z = 0$.

Aufgabe 6

Teilaufgabe a

Sie können einen der beiden Punkte P_1 oder P_2 als festen Punkt der Geraden und seinen Ortsvektor als Stützvektor verwenden.

Der Richtungsvektor der Flugbahn ist der Differenzvektor der Ortsvektoren von P_1 und P_2.

Teilaufgabe b

Der Ortungsstrahl von der Radarstation R zum Punkt P_3 kann durch eine weitere Gerade beschrieben werden.

Der Ursprung O kann als fester Punkt und der Vektor $\overrightarrow{OP_3}$ als Richtungsvektor dieser Geraden verwendet werden.

Die Flugbahn und der Ortungsstrahl schneiden einander in P_3. Aus diesem Ansatz lässt sich durch Gleichsetzen der Geradengleichungen und Lösen des Gleichungssystems die z-Koordinate von P_3 bestimmen.

Verwenden Sie unterschiedliche Parameter in den Geradengleichungen.

Aufgabe 7

Teilaufgabe a

Zeichnen Sie ein Baumdiagramm.

Beachten Sie, dass die Wahrscheinlichkeiten bei jeder Drehung gleichbleiben.

Die Gesamtwahrscheinlichkeiten in jeder Stufe sind gleich 1.

Erstellen Sie eine Wahrscheinlichkeitsverteilung für die ausgezahlten Summen.

Stellen Sie fest, welche der Summen gerade bzw. ungerade sind.

Ordnen Sie Paula die Summen zu, die sie im Gewinnfall erhält.

Teilaufgabe b

Entnehmen Sie der Tabelle von Teilaufgabe a, welche Summen zu welchen Wahrscheinlichkeiten Leon im Gewinnfall erhält bzw. an Paula auszahlen muss, falls er verliert.

Der Erwartungswert einer Zufallsgröße ist die Summe der Produkte von jedem Wert und zugehöriger Wahrscheinlichkeit der Zufallsgröße.

Aufgabe 8

Teilaufgabe a

Der Graph einer normalverteilten Zufallsgröße ist achsensymmetrisch zum Erwartungswert (Gauß'sche Glockenkurve).

Suchen Sie also die Symmetrieachse jedes Graphen, um den Erwartungswert zu bestimmen.

Die Standardabweichung gibt den Abstand der Wendepunkte der Graphen von der Symmetrieachse an. Da nur zwei Standardabweichungen auftreten, können Sie mit dieser Überlegung abschätzen, welche Standardabweichungen für jede Glockenkurve zutreffend sind.

Teilaufgabe b

Beachten Sie, dass für eine normalverteilte Zufallsgröße X mit der Dichtefunktion $\varphi(x)$ gilt:

$$P(a \le X \le b) = \int_a^b \varphi(x)\,dx$$

Außerdem ist zu berücksichtigen, dass

- $\int_a^a \varphi(x)\,dx = 0$ ist,
- die Dichtefunktion über alle reellen Zahlen definiert ist,
- die Symmetrie der Glockenkurve manche Rechnungen vereinfacht,
- Erwartungswert und Standardabweichung von Teilaufgabe a genutzt werden können.

Aufgabe 9

Teilaufgabe a

Beachten Sie, dass in der Koordinatengleichung eine Variable nicht vorkommt.

Es ist eine Beschreibung der Lage gesucht. Dazu sind Redewendungen hilfreich wie „parallel zu", „senkrecht auf" o. ä.

Teilaufgabe b

Bestimmen Sie einen Normalenvektor der Ebene ε.

Der Normalenvektor und der Punkt P legen eine Lotgerade zur Ebene ε fest.

Bestimmen Sie den Durchstoßpunkt F der Lotgeraden durch die Ebene ε.

Der Spiegelpunkt P' liegt genauso weit von F entfernt wie der Originalpunkt P, und er liegt ebenfalls auf der Lotgeraden.

Aufgabe 10

Teilaufgabe a

Überlegen Sie, wie viele Sektoren es insgesamt sind.

Wenn alle Sektoren gleich groß sind, kann man damit die Wahrscheinlichkeiten für die Ergebnisse 1, 2 und 3 aus der jeweiligen Anzahl bestimmen.

Ein dreistufiges Baumdiagramm zu zeichnen, ist recht aufwendig. Versuchen Sie, ohne ein solches auszukommen, da nur ein Pfad das gewünschte Ergebnis liefert.

Teilaufgabe b

Zeichnen Sie ein Baumdiagramm und ermitteln Sie damit die Wahrscheinlichkeiten.

Beachten Sie, dass einige Summen doppelt vorkommen.

Ereignis F ist das Gegenereignis von E.

Lösungen

1.

Funktionsgleichung von f	Funktionsgleichung von f'
$f(x) = 4 \cdot \sqrt{x}$	$\underline{\underline{f'(x) = 4 \cdot \left(\frac{1}{2} x^{-\frac{1}{2}}\right) = \frac{2}{\sqrt{x}}}}$
$f(x) = x \cdot e^x$	$\underline{\underline{f'(x) = 1 \cdot e^x + x \cdot e^x = e^x \cdot (1 + x)}}$
$\underline{\underline{f(x) = 5x - \frac{x^2}{2}}}$	$f'(x) = 5 - x$
$\underline{\underline{f(x) = -\pi \cdot \cos(x)}}$	$f'(x) = \pi \cdot \sin(x)$
$\underline{\underline{f(x) = -\frac{3}{x^2}}}$	$f'(x) = \frac{6}{x^3}$

Hinweis:
Folgende Regeln wurden (in dieser Reihenfolge) für die Berechnung der Funktionsgleichungen verwendet:

- Potenzregel der Differenzialrechnung: $(x^n)' = n \cdot x^{n-1}$ (mit $\sqrt{x} = x^{\frac{1}{2}}$)
- Produktregel der Differenzialrechnung: $(f(x) \cdot g(x))' = f'(x) \cdot g(x) + f(x) \cdot g'(x)$
- Summenregel der Integralrechnung: $\int (g(x) + h(x))\, dx = \int g(x)\, dx + \int h(x)\, dx$
- Integration einer Winkelfunktion: $\int \sin(x)\, dx = -\cos(x) + C$
- Potenzregel der Integralrechnung: $\int x^n\, dx = \frac{x^{n+1}}{n+1} + C$ (mit $n = -3$)

2. a) Die Betrachtung der drei Linearfaktoren liefert die Nullstellen von f_a:

$x - 1 = 0$ Nullstelle $\underline{\underline{x_1 = 1}}$

$x + 1 = 0$ Nullstelle $\underline{\underline{x_2 = -1}}$

$x + a = 0$ Nullstelle $\underline{\underline{x_3 = -a}}$

b) Da an einer doppelten Nullstellen ein Extrempunkt vorliegt und die Funktion f_a mit Sicherheit die beiden Nullstellen $x_1 = 1$ und $x_2 = -1$ hat, kann eine doppelte Nullstelle nur entstehen, wenn $a = 1$ bzw. $a = -1$ gilt. In beiden Fällen ergibt sich als Tangente an den Graphen von f_a die x-Achse. Die Aussage ist $\underline{\underline{\text{wahr}}}$.

Begründung
Ausgehend von der Vermutung, dass $a = 1$ bzw. $a = -1$ gilt, wird untersucht, ob die x-Achse Tangente ist:
$a = 1$: $f(x) = (x - 1) \cdot (x + 1) \cdot (x + 1) = x^3 + x^2 - x - 1$, also $f'(x) = 3x^2 + 2x - 1$

Es gilt: $f(-1) = 0$ und $f'(-1) = 0$

Analog zeigt man, dass die Aussage auch für $a = -1$ gilt.

3. a) Der Graph der Funktion f_a ist gegenüber der Funktion $f(x) = e^x$ um a Einheiten entlang der y-Achse und um eine Einheit entlang der y-Achse nach links verschoben.

b) Unter Beachtung der Regeln gilt:

$$\int_0^1 (e^{x+1} + a)\,dx = \left[e^{x+1} + a \cdot x\right]_0^1 = e^2 + a - e$$

Die Gleichung $e^2 + a - e = 0$ wird zu einer wahren Aussage, wenn $\underline{\underline{a = e - e^2}}$ gilt.

4. a) Der Graph der Funktion f entspricht vom „prinzipiellen Verlauf" dem Graphen der Funktion $y = \sin(x)$: Die Amplitude ist gleich, nur die Periodenlänge ist gegenüber $y = \sin(x)$ verändert. Damit bleiben noch die Funktionen $h_2(x) = \sin(2x)$ bzw. $h_3(x) = \sin\left(\frac{1}{2}x\right)$ übrig. Nutzt man die Beziehung für die Periodenlänge p der Funktion $y = \sin(b \cdot x)$ mit $p = \frac{2\pi}{b}$, so erhält man $b = 2$. Damit ist die Funktion f der Gleichung h_2 zuzuordnen.

Die Funktion g entspricht sowohl von der Periodenlänge als auch der Periode der Funktion $y = \cos(x)$. Damit ist die Funktion g der Gleichung h_4 zuzuordnen.

b) Neben den beiden gemeinsamen Nullstellen bei $x = \pm\frac{\pi}{2}$ müssen zwei weitere Stellen gesucht werden, für die $f(x) = -g(x)$ gilt, was bedeutet, dass man Stellen sucht, für die die beiden Graphen gleich weit von der x-Achse entfernt sind.

Es ist zu erkennen, dass dies nur im Bereich von $[-\pi; 0]$ sein kann. Durch einfaches Messen findet man in etwa die Stellen $x \approx -2{,}63$ und $x \approx -0{,}53$.

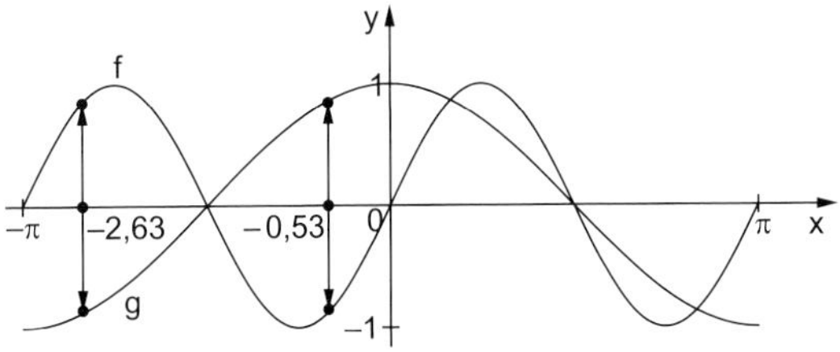

5. a) Es soll gelten:

$$2\vec{a} + \vec{x} = \vec{0}$$

Dies bedeutet

$$2 \cdot \begin{pmatrix} 2 \\ -2 \\ 1 \end{pmatrix} + \begin{pmatrix} x \\ y \\ z \end{pmatrix} = 0,$$

womit sich die drei Gleichungen

$$4 + x = 0$$
$$-4 + y = 0$$
$$2 + z = 0$$

ergeben. Hieraus folgt $x = -4$, $y = 4$ und $z = -2$ und damit erhält man den Vektor:

$$\underline{\underline{\vec{x} = \begin{pmatrix} -4 \\ 4 \\ -2 \end{pmatrix}}}$$

b) Der Betrag des Vektors $\vec{a}$ ist:

$|\vec{a}| = \sqrt{2^2 + (-2)^2 + 1^2} = 3$

Damit $\vec{x} = r \cdot \vec{a}$ gilt und $|\vec{x}| = 12$ ist, muss

$$\vec{x} = \frac{12}{3} \cdot \begin{pmatrix} 2 \\ -2 \\ 1 \end{pmatrix} = 4 \cdot \begin{pmatrix} 2 \\ -2 \\ 1 \end{pmatrix} = \underline{\underline{\begin{pmatrix} 8 \\ -8 \\ 4 \end{pmatrix}}}$$

sein.

c) Für das Skalarprodukt eines Vektors $\vec{x} = \begin{pmatrix} x \\ y \\ z \end{pmatrix}$ mit dem Vektor $\vec{a}$ muss gelten $\vec{x} \circ \vec{a} = 0$.
Es ergibt sich damit $2x - 2y + z = 0$. Damit dieser Vektor parallel zur xy-Ebene $\begin{pmatrix} x \\ y \\ 0 \end{pmatrix}$ verläuft, muss $z = 0$ sein, dies entspricht auch der Koordinatenform der xy-Ebene. Somit muss die Gleichung $2x - 2y = 0$ gelöst werden.

Eine Möglichkeit dafür ist $x = 1$ und $y = 1$. Damit erhält man für den gesuchten Vektor z. B. $\underline{\underline{\vec{x} = \begin{pmatrix} 1 \\ 1 \\ 0 \end{pmatrix}}}$.

6. a) Gleichung der Flugbahn:

$$\vec{x} = \overrightarrow{OP_1} + r \cdot \overrightarrow{P_1P_2} = \begin{pmatrix} -1 \\ 3 \\ 2 \end{pmatrix} + r \cdot \begin{pmatrix} 0-(-1) \\ 2-3 \\ 2{,}5-2 \end{pmatrix} = \underline{\underline{\begin{pmatrix} -1 \\ 3 \\ 2 \end{pmatrix} + r \cdot \begin{pmatrix} 1 \\ -1 \\ 0{,}5 \end{pmatrix}}} \quad \text{mit } r \in \mathbb{R}$$

b) Geradengleichung für den Ortungsstrahl:

$$\vec{x} = \overrightarrow{OR} + s \cdot \overrightarrow{RP_3} = \begin{pmatrix} 0 \\ 0 \\ 0 \end{pmatrix} + s \cdot \vec{p} = s \cdot \begin{pmatrix} 1 \\ 3 \\ z \end{pmatrix} \quad \text{mit } s \in \mathbb{R}$$

Gleichsetzen der Geradengleichungen in Form eines Gleichungssystems:

(1) $-1 + r = s$

(2) $3 - r = 3s$

(3) $2 + 0{,}5r = s \cdot z$

Einsetzen von (1) in (2):

$$3 - r = 3 \cdot (-1 + r) \Rightarrow 3 - r = 3r - 3 \Rightarrow 6 = 4r \Rightarrow r = \frac{3}{2} \quad (4)$$

Einsetzen von (4) in (1):

$$-1 + \frac{3}{2} = s \Rightarrow s = \frac{1}{2} \quad (5)$$

Einsetzen von (4) und (5) in (3):

$$2 + \frac{1}{2} \cdot \frac{3}{2} = \frac{1}{2} \cdot z \Rightarrow \frac{11}{4} = \frac{1}{2} \cdot z \Rightarrow z = \frac{11}{2} = 5{,}5$$

7. a) Baumdiagramm und Wahrscheinlichkeitsverteilung:

Ergebnis	(1; 1)	(1; 2)	(2; 1)	(2; 2)
Summe	2	3	3	4
Wahrscheinlichkeit	$\frac{1}{16}$	$\frac{3}{16}$	$\frac{3}{16}$	$\frac{9}{16}$

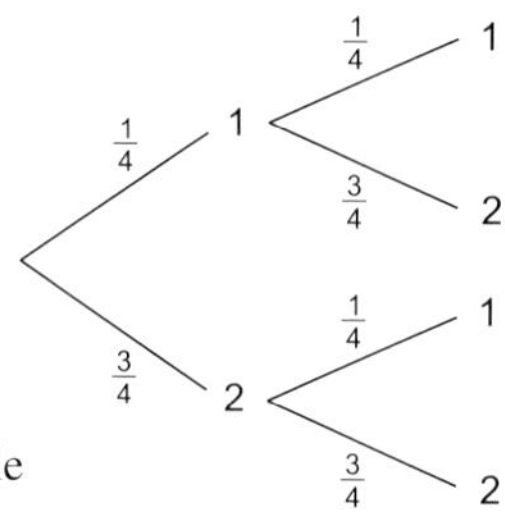

Paula erhält Geld von Leon, wenn die Summer der beiden Zahlen ungerade ist. Dies ist nur bei der Summe 3 der Fall. Die zugehörigen Wahrscheinlichkeiten kann man der Tabelle entnehmen:

$$P(\text{Paula erhält Geld}) = \frac{3}{16} + \frac{3}{16} = \frac{6}{16} = \underline{\underline{\frac{3}{8}}}$$

b) Der Erwartungswert für Leons Gewinn ergibt sich nach der Tabelle von Teilaufgabe a durch folgenden Term:

$$2 \cdot \frac{1}{16} + 4 \cdot \frac{9}{16} - 3 \cdot \frac{3}{16} - 3 \cdot \frac{3}{16} = \frac{2}{16} + \frac{36}{16} - \frac{9}{16} - \frac{9}{16} = \frac{20}{16} = \frac{5}{4}$$

Auf lange Sicht macht Leon einen Gewinn von $\underline{\underline{1{,}25 \text{ Euro}}}$ pro Spiel.

8. a)

Graph der Funktion	Erwartungswert	Standardabweichung
φ_1	1	0,25
φ_2	2	0,5
φ_3	1	0,5

b)

Gleichung	**richtig/ falsch**	**korrigiert**
$P(X \leq 2) = \int_{-\infty}^{2} \varphi_1(x)\,dx$	$\underline{\underline{\text{richtig}}}$	
$P(0{,}5 \leq X \leq 1{,}5) = 1 - \int_{1{,}5}^{\infty} \varphi_1(x)\,dx$	$\underline{\underline{\text{falsch}}}$	$\underline{\underline{P(0{,}5 \leq X \leq 1{,}5) = 1 - 2 \cdot \int_{1{,}5}^{\infty} \varphi_1(x)\,dx}}$
$P(X = 1) = \varphi_1(1)$	$\underline{\underline{\text{falsch}}}$	$P(X = 1) = \int_{1}^{1} \varphi_1(x)\,dx = \underline{\underline{0}}$

Alternative Lösungen für die mittlere Gleichung:

$$P(0{,}5 \leq X \leq 1{,}5) = \underline{\underline{1 - \int_{1{,}5}^{\infty} \varphi_1(x)\,dx - \int_{-\infty}^{0{,}5} \varphi_1(x)\,dx}} = \underline{\underline{\int_{0{,}5}^{1{,}5} \varphi_1(x)\,dx}}$$

9. a) Da in der Koordinatengleichung die Variable y nicht vorkommt, ist die Ebene ε parallel zur y-Achse.
Dies ist gleichbedeutend damit, dass die Ebene ε senkrecht zur xz-Ebene verläuft.

b) Ein Normalenvektor der Ebene ε kann aus den Koeffizienten der Koordinatengleichung abgelesen werden:

$$\vec{n} = \begin{pmatrix} 1 \\ 0 \\ 2 \end{pmatrix}$$

Gleichung der Lotgeraden:

$$\ell\colon\ \vec{x} = \overrightarrow{OP} + t \cdot \vec{n} = \begin{pmatrix} 1 \\ 1 \\ 1 \end{pmatrix} + t \cdot \begin{pmatrix} 1 \\ 0 \\ 2 \end{pmatrix} \text{ mit } t \in \mathbb{R}$$

Für den Durchstoßpunkt F von ℓ durch die Ebene ε setzt man die Koordinaten von ℓ in die Ebenengleichung ein:

$$1 \cdot (1+t) + 0 \cdot 1 + 2 \cdot (1+2t) = 13 \quad \Rightarrow \quad 5t + 3 = 13 \quad \Rightarrow \quad t = 2$$

Da der Spiegelpunkt P' doppelt so weit von P entfernt ist wie Punkt F, setzt man in die Gleichung der Lotgeraden für den Parameter t den doppelten Wert, also $t = 4$, ein:

$$\overrightarrow{OP'} = \begin{pmatrix} 1 \\ 1 \\ 1 \end{pmatrix} + 4 \cdot \begin{pmatrix} 1 \\ 0 \\ 2 \end{pmatrix} = \begin{pmatrix} 5 \\ 1 \\ 9 \end{pmatrix}$$

Der Spiegelpunkt P' hat die Koordinaten $\underline{\underline{P'(5\,|\,1\,|\,9)}}$.

10. a) Es sind insgesamt sechs gleichgroße Sektoren, von denen jeder also mit der Wahrscheinlichkeit $\frac{1}{6}$ gedreht wird. Bei jeder Umdrehung bleibt diese Wahrscheinlichkeit erhalten.

Da genau ein Sektor eine „1“ enthält, ist:

$$P(„1“) = \frac{1}{6}$$

Da zweimal die „2“ vorkommt, ist:

$$P(„2“) = 2 \cdot \frac{1}{6} = \frac{1}{3}$$

Für dreimal eine „3“ ist dann:

$$P(„3“) = 3 \cdot \frac{1}{6} = \frac{1}{2}$$

Um die Zahl „321“ zu drehen, muss zuerst eine 3, dann eine 2 und zum Schluss eine 1 gedreht werden. Das ergibt eine Wahrscheinlicht von:

$$P(„321“) = \frac{1}{2} \cdot \frac{1}{3} \cdot \frac{1}{6} = \underline{\underline{\frac{1}{36}}}$$

b) Aus Platzgründen werden im Baumdiagramm die Wahrscheinlichkeiten weggelassen.

Es gilt wie in Teilaufgabe a in jeder Stufe:

$P(„1") = \frac{1}{6}, \quad P(„2") = \frac{1}{3}, \quad P(„3") = \frac{1}{2}$

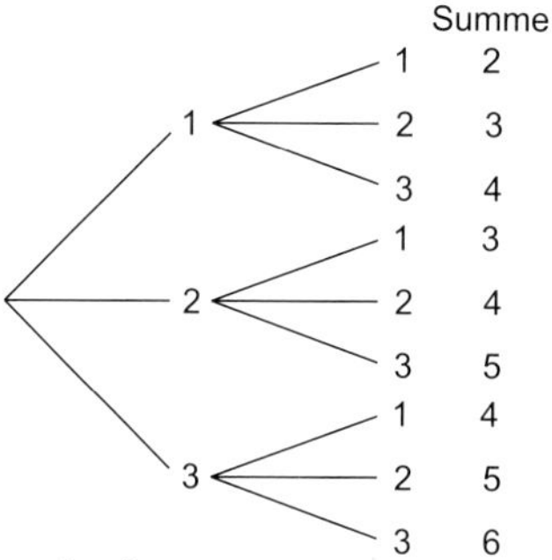

Damit kann man folgende Wahrscheinlichkeitstabelle aufstellen:

Summe	2	3	4	5	6
Ergebnisse	{(1; 1)}	{(1; 2), (2; 1)}	{(1; 3), (3; 1), (2; 2)}	{(2; 3), (3; 2)}	{(3; 3)}
Wahrscheinlichkeit	$\frac{1}{6}\cdot\frac{1}{6} = \frac{1}{36}$	$\frac{1}{6}\cdot\frac{1}{3}+\frac{1}{3}\cdot\frac{1}{6} = \frac{2}{18} = \frac{1}{9}$	$\frac{1}{6}\cdot\frac{1}{2}+\frac{1}{2}\cdot\frac{1}{6}+\frac{1}{3}\cdot\frac{1}{3} = \frac{1}{6}+\frac{1}{9} = \frac{5}{18}$	$\frac{1}{3}\cdot\frac{1}{2}+\frac{1}{2}\cdot\frac{1}{3} = \frac{2}{6} = \frac{1}{3}$	$\frac{1}{2}\cdot\frac{1}{2} = \frac{1}{4}$

Außer für die Alternativlösung (siehe unten) braucht man die Summen 2, 3 und 4 nicht, sodass es reichen würde, nur die Wahrscheinlichkeiten für die Summen 5 und 6 zu ermitteln.

$P(E) = P(\text{Summe} \geq 5) = \frac{1}{3} + \frac{1}{4} = \frac{7}{12}; \; P(F) = P(\text{Summe} < 5) = 1 - P(E) = \frac{5}{12} < P(E)$

Das Ereignis E tritt mit einer höheren Wahrscheinlichkeit ein als das Ereignis F.

Alternative Lösung:

$P(F) = P(\text{Summe} < 5) = \frac{1}{36} + \frac{1}{9} + \frac{5}{18} = \frac{1+4+10}{36} = \frac{15}{36} = \frac{5}{12} < P(E)$

Kernfach Mathematik (Thüringen): Abiturprüfung 2021
Pflichtaufgabe Teil B: Analysis

1. Gegeben ist die Schar der in $\mathbb{R}$ definierten Funktionen f_a mit
$$f_a(x) = \left(\frac{1}{2} - x\right) \cdot e^{a-x} \quad (a \in \mathbb{R}).$$

a) Geben Sie die Koordinaten der Schnittpunkte der Graphen von f_a mit den Koordinatenachsen an.

Ermitteln Sie den Wert für a so, dass der Graph von f_a die y-Achse unter einem Winkel von 45° schneidet. (4 BE)

b) Berechnen Sie die Koordinaten der lokalen Extrempunkte und Wendepunkte der Graphen von f_a.

Geben Sie zwei Eigenschaften für die Lage der Extrempunkte im Koordinatensystem an. (8 BE)

c) Für jeden Wert von a bilden die Punkte $S\left(\frac{1}{2} \,\middle|\, f_a\left(\frac{1}{2}\right)\right)$, $E\left(\frac{3}{2} \,\middle|\, f_a\left(\frac{3}{2}\right)\right)$ und $W\left(\frac{5}{2} \,\middle|\, f_a\left(\frac{5}{2}\right)\right)$ ein Dreieck.

Bestimmen Sie den Wert von a, für den dieses Dreieck gleichschenklig mit der Basis $\overline{EW}$ ist. (3 BE)

d) Der Anstieg einer Tangente im Punkt $W\left(\frac{5}{2} \,\middle|\, f_a\left(\frac{5}{2}\right)\right)$ an einen Graphen von f_a soll eine natürliche Zahl sein.

Ermitteln Sie eine zugehörige Tangentengleichung. (3 BE)

e) Die Graphen der Schar g_a ergeben sich, wenn die Graphen der Schar f_a so in x-Richtung verschoben werden, dass die Extrempunkte auf der y-Achse liegen.

Geben Sie die Verschiebung und eine Gleichung von g_a an.

Begründen Sie, dass kein Wert für a existiert, so dass der Extrempunkt des Graphen der zugehörigen Funktion g_a im Koordinatenursprung liegt. (3 BE)

2. Das Ufer eines Sees kann im Süden durch den Graphen der Funktion f_2 mit

$$f_2(x) = \left(\frac{1}{2} - x\right) \cdot e^{2-x}$$

und im größeren restlichen Bereich durch den Graphen einer quadratischen Funktion p mathematisch modelliert werden. Der Zufluss zum See wird durch den Punkt Z dargestellt.
In der Darstellung liegt der Scheitelpunkt des Graphen von p bei $S\left(\frac{7}{2} \,\middle|\, 5\right)$. Der Graph von p schneidet den Graphen von f_2 im Punkt $Z\left(\frac{1}{2} \,\middle|\, f_2\left(\frac{1}{2}\right)\right)$.

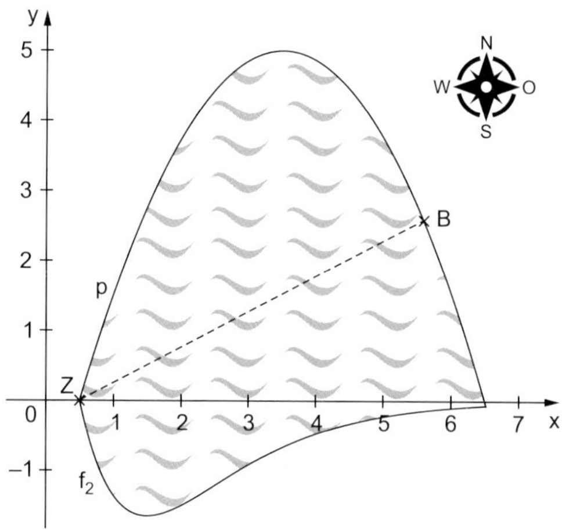

a) Weisen Sie nach, dass $p(x) = -\frac{5}{9}x^2 + \frac{35}{9}x - \frac{65}{36}$ eine Funktionsgleichung von p ist. (3 BE)

b) Eine Längeneinheit entspricht 20 m in der Wirklichkeit.
Berechnen Sie die Größe der Fläche des Sees in Quadratmeter. (4 BE)

c) Der südliche Teil des Sees wird als Badebereich freigegeben. Dieser soll aus Gründen des Naturschutzes nur die Hälfte der Gesamtfläche des Sees umfassen. Ausgehend vom Zufluss wird der Badebereich geradlinig mit Baumstämmen abgegrenzt.

Berechnen Sie die Koordinaten des Punktes B, der den zweiten Befestigungspunkt der Baumstämme beschreibt.
Runden Sie die Koordinaten von B auf zwei Dezimalstellen genau. (7 BE)

d) Im nördlichen Teil des Sees gibt es eine geschützte Wasserpflanzenart. Die von den Pflanzen bedeckte Fläche kann mathematisch durch die Funktion h mit $h(t) = \frac{80 \cdot e^{0{,}11t}}{9 + e^{0{,}11t}}$ beschrieben werden.

Dabei gibt h(t) die von den Pflanzen bedeckte Fläche in Quadratmeter und t die Beobachtungszeit in Tagen an.
Die Beobachtung beginnt zum Zeitpunkt $t = 0$ und endet nach 80 Tagen.

Stellen Sie den Graphen der Funktion h im gegebenen Intervall dar.
Beschreiben Sie die Größe der von den Pflanzen bedeckten Fläche anhand der graphischen Darstellung ab Beobachtungsbeginn. (5 BE)

(40 BE)

Hinweise und Tipps

Aufgabe 1

- Definieren Sie die Funktion f_a auf ihrem CAS-Rechner in geeigneter Form, z. B. als f(a, x).

Aufgabe 1 a

- Bilden Sie die ersten drei Ableitungsfunktionen von f_a. Notieren Sie deren Gleichungen. Beachten Sie dabei den Hinweis zu dynamischen Definitionen im Kapitel „Hinweise und Tipps zur schriftlichen Abiturprüfung“ in diesem Band.
- Speichern Sie die Gleichungen der Ableitungsfunktionen unter geeigneten Bezeichnungen auf Ihrem CAS-Rechner ab, damit Sie sie nicht immer wieder eintippen müssen.

Aufgabe 1 b

- Untersuchen Sie für die Bestimmung der lokalen Extrempunkte und der Wendepunkte jeweils eine notwendige und eine hinreichende Bedingung.
- Ermitteln Sie die zugehörigen Funktionswerte und notieren Sie die Koordinaten der lokalen Extrempunkte und der Wendepunkte.
- Betrachten Sie die Koordinaten der ermittelten Extrempunkte und schlussfolgern Sie hieraus auf gemeinsame Eigenschaften.

Aufgabe 1 c

- Veranschaulichen Sie, z. B. für $a=3$, den Sachverhalt.
- Bestimmen Sie für das gesuchte Dreieck SEW für alle Dreiecksseiten eine vektorielle Darstellung und berechnen Sie die Längen der Seiten SW und SE. Ermitteln Sie, wann $\overline{SW}=\overline{SE}$ gilt.

Aufgabe 1 d

- Für den Anstieg m einer Funktion f an einer Stelle x_0 gilt $m=f'(x_0)$. Überprüfen Sie, wann sich hierfür eine natürliche Zahl ergibt. Berücksichtigen Sie z. B., dass e zwar eine irrationale Zahl ist, für die aber $e^0=1$ gilt.
- Neben dem Anstieg der Tangente benötigen Sie für die Tangentengleichung noch den Berührpunkt $P(x_0 \mid f(x_0))$.

Aufgabe 1 e

- Es gilt: $f(x+b)$ ergibt für $b>0$ eine Verschiebung des Graphen von f auf der x-Achse um b in negative x-Richtung.
- Berücksichtigen Sie zur Beantwortung der zweiten Anweisung den Verlauf der natürlichen Exponentialfunktion $y=e^x$.

Aufgabe 2 a

- Sie haben die Koordinaten des Scheitelpunkts des Graphen von p gegeben. Diese Koordinaten müssen die Gleichung von p erfüllen. Zweckmäßig ist es, dabei an die Scheitelpunktsform der Parabel zu denken.
- Die Koordinaten des Schnittpunktes Z von f_2 und p müssen ebenfalls die Gleichung von p erfüllen.
- Stellen Sie zunächst die Scheitelpunktsform von p auf.
- Vergleichen Sie dann durch Ausmultiplizieren mit der für p gegebenen Gleichung.

- *Alternative:* Zeigen Sie, dass die gegebene Gleichung für p die im Aufgabentext gelieferten Eigenschaften der Parabel liefert: Im Scheitelpunkt muss die 1. Ableitung von p den Wert 0 haben, weil dort ein lokales Maximum existiert und somit der Tangentenanstieg 0 ist.

Aufgabe 2 b

- Die Fläche des Sees wird durch die beiden Graphen begrenzt.
- Der Flächeninhalt kann durch ein bestimmtes Integral $\int_{x_1}^{x_2} (p(x) - f_2(x))\,dx$ bestimmt werden.
- Sie können die Funktion $f_a(x)$, die Sie für die Lösung von Aufgabe 1 verwendet haben, mit $a = 2$ weiter verwenden. Auch den Term der Funktion p haben Sie ggf. zur Lösung von Teilaufgabe 2 a bereits definiert. Falls dies nicht der Fall ist, sollten Sie die Definition dieser Funktionsgleichungen auf dem CAS-Rechner jetzt nachholen.
- Eine der Integrationsgrenzen ist als x-Koordinate des Punktes Z gegeben. Die andere kann durch Gleichsetzen der beiden Funktionsgleichungen berechnet werden.
- Bei der Angabe des Flächeninhaltes ist der Maßstab für die Länge zu beachten. Der Maßstab muss auf den Flächeninhalt übertragen werden.

Aufgabe 2 c

- Verwenden Sie die in der Zeichnung gegebene Teilung der Gesamtfläche des Sees in Teilflächen.
- Die Gerade, die die Grenze des Badebereiches mathematisch modelliert, verläuft durch die Punkte Z und B.
- Stellen Sie eine Gleichung dieser Geraden auf. Beachten Sie dabei, dass Sie die Koordinaten von Z kennen.
- Wählen Sie eine Teilfläche aus, die sich leicht integrieren lässt, falls man mit der x-Koordinate von B als Integrationsgrenze arbeiten möchte.
- Da B sowohl auf der Geraden durch Z und B als auch auf p liegt, gibt es eine weitere Bedingung für die Lösung der Aufgabe.
- Beachten Sie, dass das Ergebnis auf zwei Dezimalstellen genau angegeben werden soll.

Aufgabe 2 d

- Definieren Sie die Funktion h(t) auf Ihrem CAS-Rechner.
- Entnehmen Sie Funktionswerte dem CAS-Rechner.
- Nutzen Sie die Funktionswerte zur grafischen Darstellung von h(t).
- Vergleichen Sie Ihre handschriftliche Darstellung mit dem vom CAS-Rechner angezeigten Graphen.
- Um die verlangte Beschreibung möglichst exakt angeben zu können, lassen sich einige Eigenschaften des Graphen mit den Werkzeugen des CAS untersuchen.

Lösungen

1. a) Für die Schnittpunkte gilt:
Schnittpunkte mit der x-Achse erhalten Sie durch Lösen der Gleichung $f_a(x) = 0$.
Der Schnittpunkt mit der y-Achse ergibt sich für $x = 0$ aus $f_a(0)$.

Zeichnen Sie mit dem CAS für verschiedene a mehrere Funktionsgraphen, um sich ein Bild über den Verlauf der Kurven der Schar zu machen.
Ein Schnittwinkel von 45° (des Graphen) mit der y-Achse bedeutet auch einen Schnittwinkel von 45° (der Tangente an den Graphen) mit der x-Achse.
Beachten Sie, dass der Schnittwinkel an einer Stelle x_0 mit der x-Achse dem Anstieg an dieser Stelle entspricht und mithilfe der 1. Ableitung an dieser Stelle bestimmt werden kann. Berücksichtigen Sie die Orientierung des gesuchten Winkels.

Vorarbeiten
Die Funktion f_a und die 1. bis 3. Ableitung werden definiert und gespeichert:

$$f_a'(x) = \frac{(2x-3)\cdot e^{a-x}}{2}$$

$$f_a''(x) = \frac{-(2x-5)\cdot e^{a-x}}{2}$$

$$f_a'''(x) = \frac{(2x-7)\cdot e^{a-x}}{2}$$

Beachten Sie den Hinweis zu dynamischen Definitionen in Abschnitt 6 des Kapitels „Hinweise und Tipps zur schriftlichen Abiturprüfung“ dieses Buches: Erst den Term auswerten, dann abspeichern.

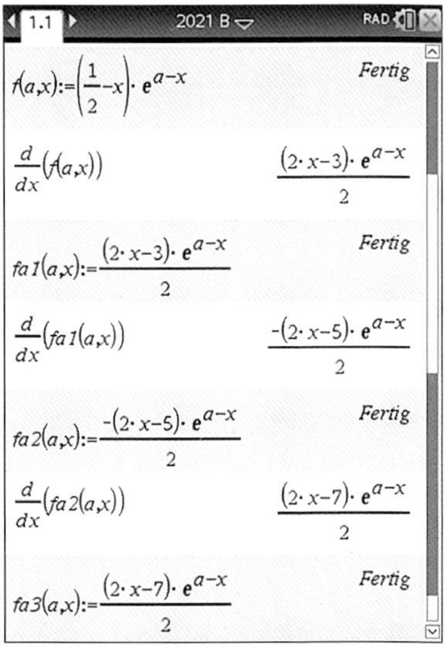

Schnittpunkte mit den Koordinatenachsen
Das Lösen der Gleichung $f_a(x) = 0$ ergibt $x = \frac{1}{2}$. Damit ist der Schnittpunkt mit der x-Achse $\underline{\underline{S_x\left(\frac{1}{2}\,\middle|\,0\right)}}$.

Da $f_a(0) = \frac{e^a}{2}$ gilt, ist der Schnittpunkt mit der y-Achse $\underline{\underline{S_y\left(0\,\middle|\,\frac{e^a}{2}\right)}}$.

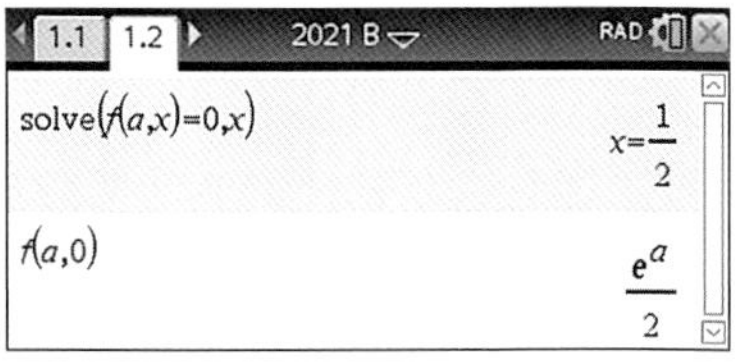

Schnittwinkel
Betrachtet man den Verlauf z. B. von $f_1(x)$, so erkennt man, dass der Anstieg im Schnittpunkt mit der y-Achse negativ ist.
Das bedeutet, dass für den Anstieg im Schnittpunkt mit der y-Achse $f_a'(0) = -1$ gelten muss, da $\tan(-45°) = -1$ gilt.

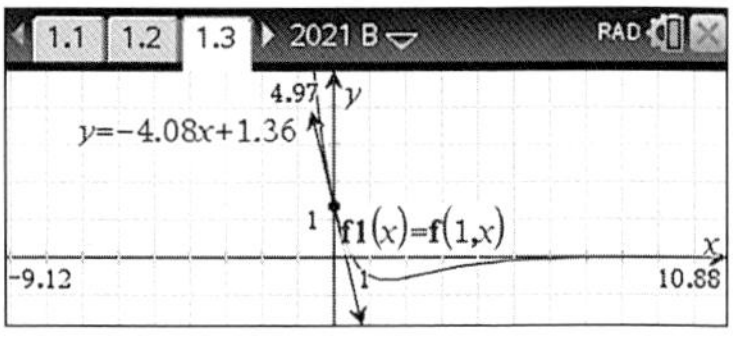

Das Lösen der Gleichung $f_a'(0) = -1$ liefert:

$$\underline{\underline{a = \ln\left(\frac{2}{3}\right)}}$$

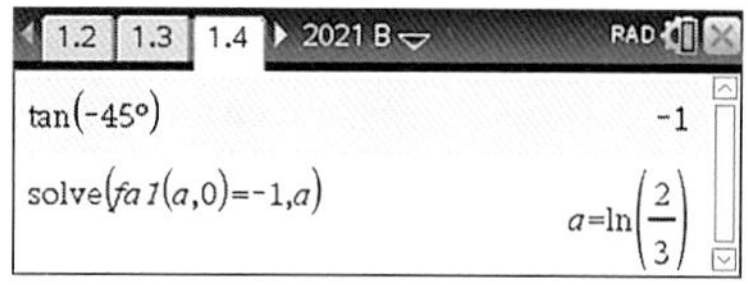

Eine Kontrolle im Grafikfenster ist möglich.

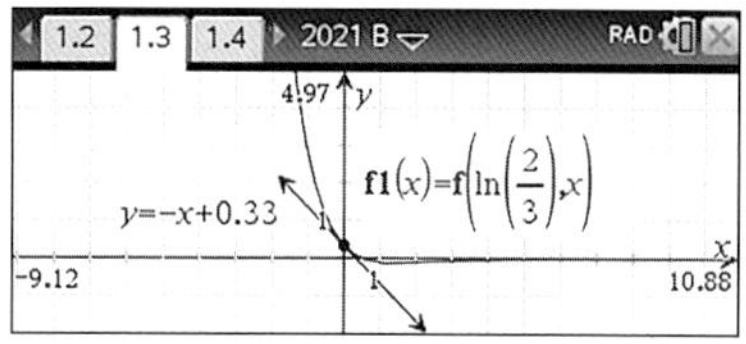

Anmerkung:
Ein Schnittwinkel (des Graphen) von 45° mit der y-Achse führt auf einen Schnittwinkel (der Tangente) von 135° mit der x-Achse (siehe Abbildung rechts).
Daraus resultiert der Anstieg $\tan(135°) = -1$.

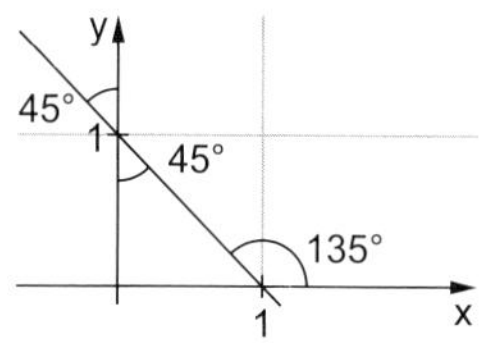

b) **Lokale Extrempunkte**
Für die notwendige Bedingung werden die Nullstellen von

$$f_a'(x) = \frac{(2x-3)\cdot e^{a-x}}{2}$$

bestimmt. $x = \frac{3}{2}$ kommt als einzige mögliche lokale Extremstelle infrage.

Für eine hinreichende Bedingung wird das Vorzeichen der 2. Ableitung an dieser Stelle bestimmt:

$$f_a''\left(\frac{3}{2}\right) = e^{a-\frac{3}{2}} > 0 \quad \Rightarrow \quad \text{lokales Minimum}$$

Nun wird noch der zugehörige Funktionswert berechnet:

$$f_a\left(\frac{3}{2}\right) = -e^{a-\frac{3}{2}}$$

Es gibt also einen lokalen Tiefpunkt:

$$\underline{\underline{T\left(\frac{3}{2} \,\middle|\, -e^{a-\frac{3}{2}}\right)}}$$

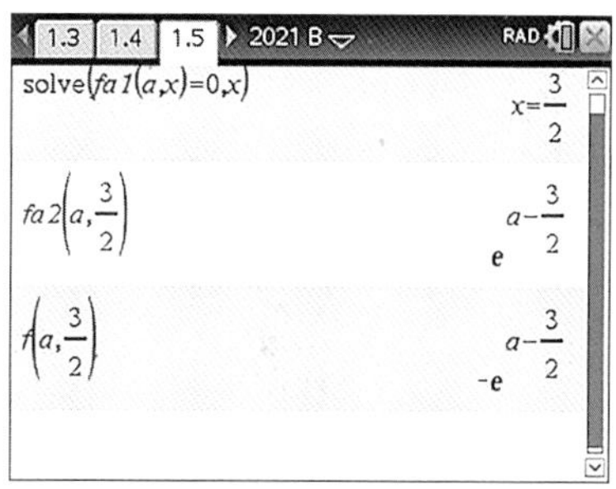

Wendepunkte
Für die notwendige Bedingung werden die Nullstellen von

$$f_a''(x) = \frac{-(2x-5)\cdot e^{a-x}}{2}$$

bestimmt. $x = \frac{5}{2}$ kommt als einzige mögliche Wendestelle infrage.

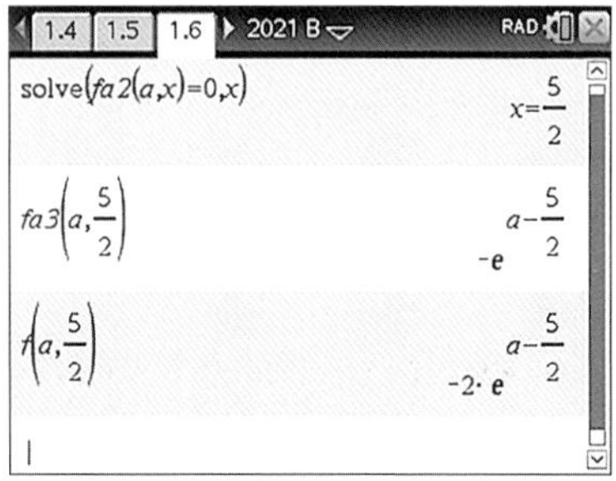

Für eine hinreichende Bedingung wird die 3. Ableitung an dieser Stelle bestimmt:

$$f_a'''\left(\frac{5}{2}\right) = -e^{a-\frac{5}{2}} < 0 \quad \Rightarrow \quad \text{Wendepunkt}$$

Nun wird noch der zugehörige Funktionswert berechnet:

$$f_a\left(\frac{5}{2}\right) = -2e^{a-\frac{5}{2}}$$

Es gibt also einen Wendepunkt:

$$\underline{\underline{W\left(\frac{5}{2}\,\middle|\,-2e^{a-\frac{5}{2}}\right)}}$$

Eigenschaften

1. Da die x-Koordinate $x = \frac{3}{2}$ für den Extrempunkt aller Kurven unabhängig vom Parameter a ist, liegen alle Extrempunkte auf der Geraden $x = \frac{3}{2}$.
2. Da zusätzlich die y-Koordinaten aller Extrempunkte negativ sind, liegen alle Extrempunkte im IV. Quadranten.

Das könnte man noch durch einige Scharkurven veranschaulichen.

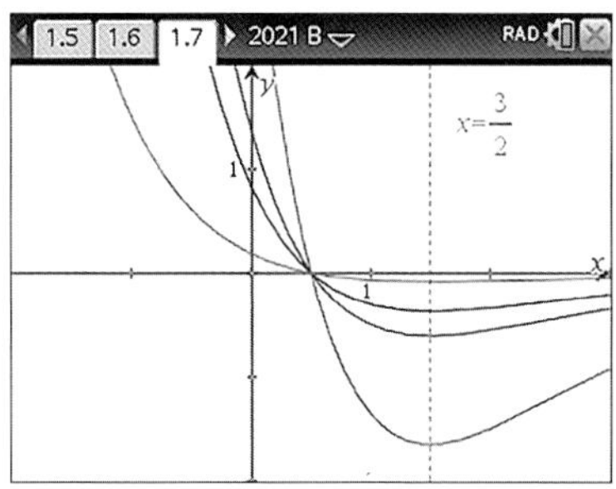

c) Für $a = 3$ kann der Sachverhalt, wie nebenstehend zu sehen ist, veranschaulicht werden.

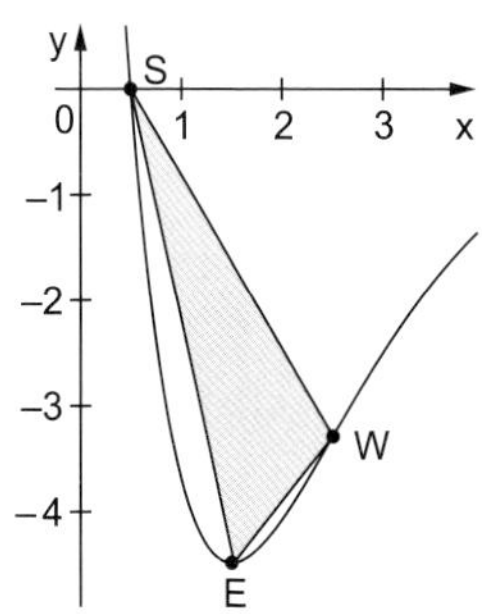

Die Ortsvektoren der Punkte S, E und W werden gespeichert.

Damit $\overline{SW} = \overline{SE}$ gilt, wird untersucht, für welches a die Beträge der zugehörigen Vektoren gleich sind:

$|\overrightarrow{SW}| = |\overrightarrow{SE}|$

Man ermittelt einen Wert von $a \approx 2{,}44$.

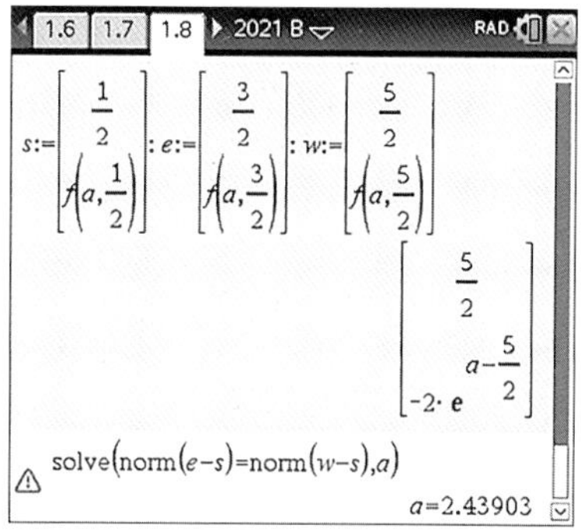

Hinweis: Die Ermittlung eines exakten Wertes ist möglich, indem man die sich ergebende Wurzelgleichung quadriert und dann die Lösung sucht.

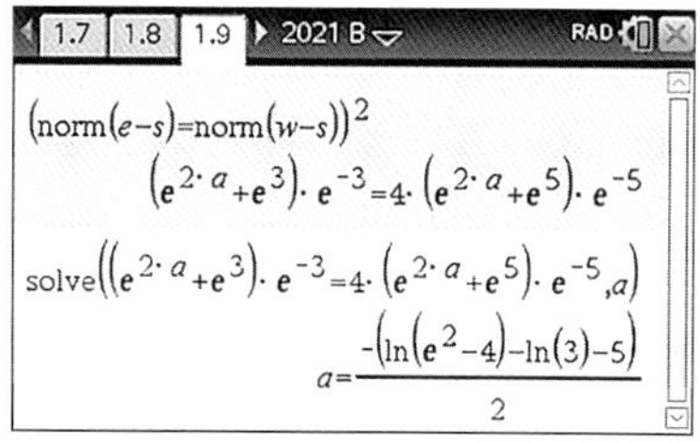

Eine Selbstkontrolle durch grafische Darstellung mit Längenmessung ist zu empfehlen.

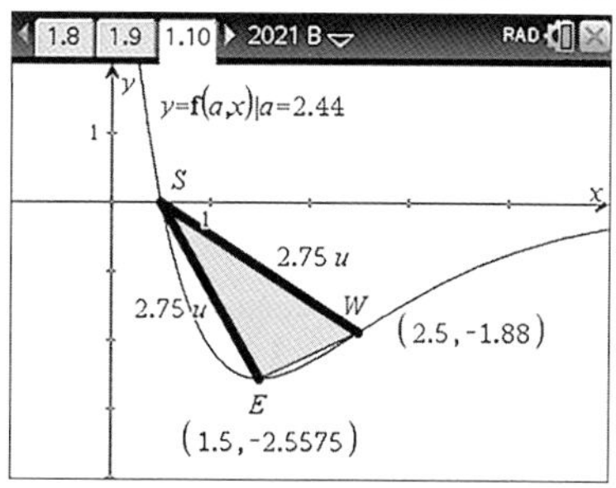

d) Für den Anstieg gilt:

$$f_a'\left(\frac{5}{2}\right) = e^{a-\frac{5}{2}}$$

Dieser Ausdruck ist für $a = \frac{5}{2}$ offensichtlich eine natürliche Zahl, denn es gilt:

$$f_{\frac{5}{2}}'\left(\frac{5}{2}\right) = e^{\frac{5}{2}-\frac{5}{2}} = e^0 = 1$$

Um die Gleichung $y = mx + n$ der Tangente an den Graphen von $f_{\frac{5}{2}}(x)$ im Wendepunkt $W\left(\frac{5}{2} \middle| -2\right)$ zu ermitteln, benötigt man neben diesem Anstieg $m = f'_{\frac{5}{2}}(\frac{5}{2}) = 1$ noch dessen Koordinaten.

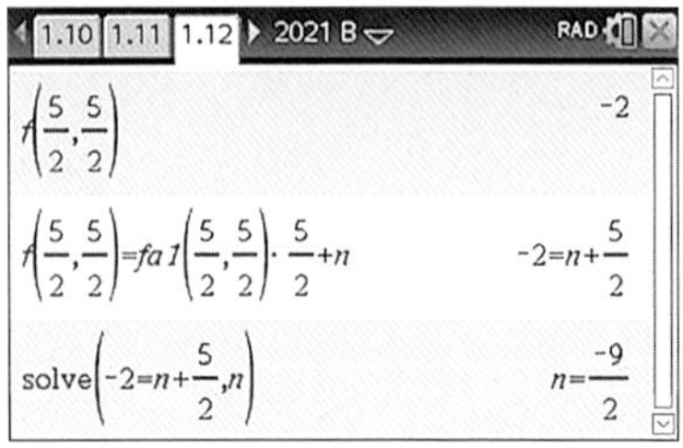

Es gilt dann:

$$-2 = 1 \cdot \frac{5}{2} + n \quad \Rightarrow \quad n = -\frac{9}{2}$$

Damit ist die gesuchte Tangentengleichung:

$$\underline{\underline{y = x - \frac{9}{2}}}$$

e) Die Funktion g_a erhält man durch eine Verschiebung um $\frac{3}{2}$ in negative x-Richtung,

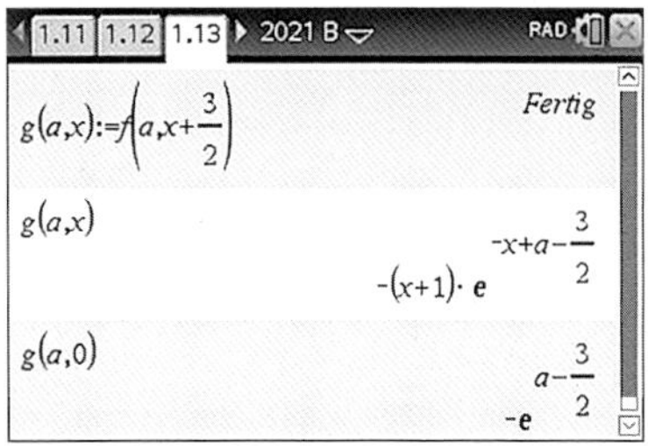

$$g_a(x) = f_a\left(x + \frac{3}{2}\right),$$

da für die Extremstelle $x = \frac{3}{2}$ gilt. Daher ist:

$$\underline{\underline{g_a(x) = -(x+1) \cdot e^{-x+a-\frac{3}{2}}}}$$

Für alle a ist die y-Koordinate $-e^{a-\frac{3}{2}}$ des Extrempunktes negativ, da $e^x > 0$ für alle $x \in \mathbb{R}$ gilt und damit $-e^x < 0$ für alle $x \in \mathbb{R}$.

2. a) Die Scheitelpunktform der Gleichung einer Parabel ist $g(x) = a \cdot (x - x_s)^2 + y_s$.
Mit $S\left(\frac{7}{2} \middle| 5\right)$ folgt:

$$g(x) = a \cdot \left(x - \frac{7}{2}\right)^2 + 5$$

Der Punkt $Z\left(\frac{1}{2} \middle| f_2\left(\frac{1}{2}\right)\right)$ muss sowohl die Gleichung von f_2 als auch von p erfüllen.
Setzt man $x = \frac{1}{2}$ in die Gleichung von f_2 ein, so ergibt sich:

$$f_2\left(\frac{1}{2}\right) = \left(\frac{1}{2} - \frac{1}{2}\right) \cdot e^{2-x} = 0$$

Der Punkt Z hat also die Koordinaten $Z\left(\frac{1}{2} \middle| 0\right)$. Diese werden nun in die Gleichung für g eingesetzt:

$$0 = a \cdot \left(\frac{1}{2} - \frac{7}{2}\right)^2 + 5 \quad \Rightarrow \quad 0 = 9a + 5 \quad \Rightarrow \quad a = -\frac{5}{9}$$

Das bedeutet:

$$g(x) = -\frac{5}{9} \cdot \left(x - \frac{7}{2}\right)^2 + 5$$
$$= -\frac{5}{9}x^2 + \frac{35}{9}x - \frac{65}{36} = p(x)$$

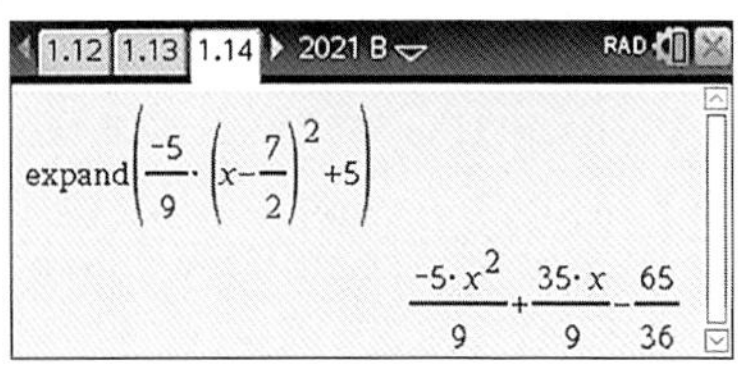

Alternative Lösung 1:
Die Funktion p(x) wird auf dem CAS-Rechner definiert.
Damit gelingt der Nachweis für folgende Eigenschaften:

- Der Scheitelpunkt erfüllt die Gleichung von p, denn:
  $p\left(\frac{7}{2}\right) = 5$
- Der Punkt Z erfüllt die Gleichung von p, denn:
  $p\left(\frac{1}{2}\right) = 0 = f_2\left(\frac{1}{2}\right)$
- Der Anstieg der Parabel p am Scheitelpunkt ist null, denn:
  $p'\left(\frac{7}{2}\right) = 0$

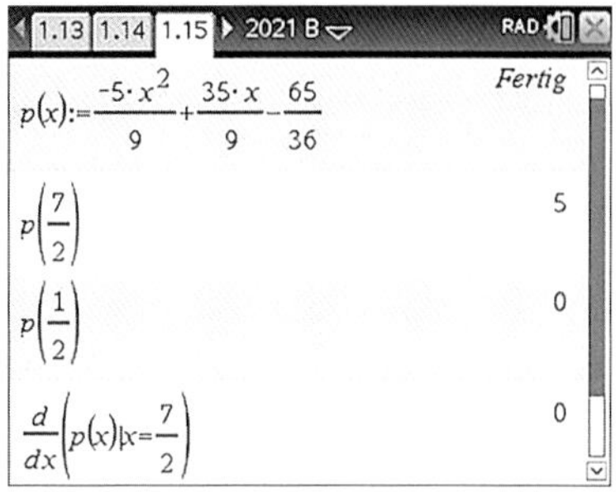

Alternative Lösung 2:
Die Gleichung für p wird mit den oben genannten Bedingungen hergeleitet. Man definiert $p(x) = a \cdot x^2 + b \cdot x + c$ und $p'(x) = 2a \cdot x + b$ und löst dann das Gleichungssystem:

$$p\left(\frac{1}{2}\right) = 0, \quad p\left(\frac{7}{2}\right) = 5, \quad p'\left(\frac{7}{2}\right) = 0$$

Man erhält die Koeffizienten
$a = -\frac{5}{9}, \; b = \frac{35}{9}, \; c = -\frac{65}{36}$
der gegebenen Funktion p.

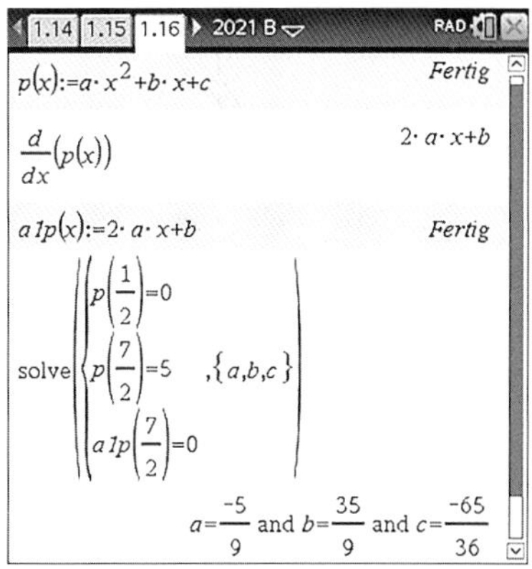

b) Die Lösungen der Gleichung $f_2(x) = p(x)$ werden mit dem CAS-Rechner ermittelt.
Der Rechner gibt als Lösungen $x_1 = \frac{1}{2}$ und $x_2 \approx 6{,}52$ zurück.

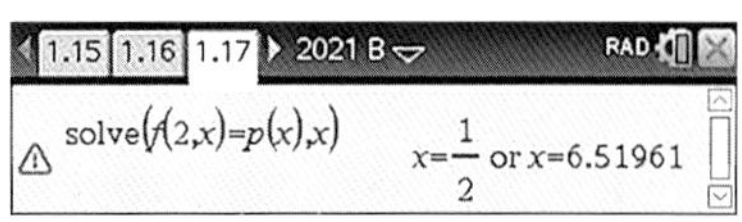

Die Warnung des Rechners (gelbes Dreieck) auf eventuelle weitere Lösungen können Sie mit einem Blick auf die Zeichnung im Aufgabentext ignorieren, weil dort Näherungswerte für beide Lösungen ablesbar sind, die mit den Rechnerangaben weitgehend übereinstimmen.

Die Fläche des Sees wird also von den Graphen der beiden Funktionen f_2 und p im Intervall [0,5; 6,52] vollständig eingeschlossen.

Vorsicht: Der rechte Schnittpunkt der Graphen von f_2 und p liegt *nicht* auf der x-Achse. Die Gesamtfläche des Sees kann also nicht mithilfe der x-Achse aufgeteilt werden.

Der Flächeninhalt dieser Fläche kann deshalb mithilfe des Integrals

$$\int_{x_1}^{x_2} \left(p(x) - f_2(x)\right) dx \approx 24{,}4$$

berechnet werden.

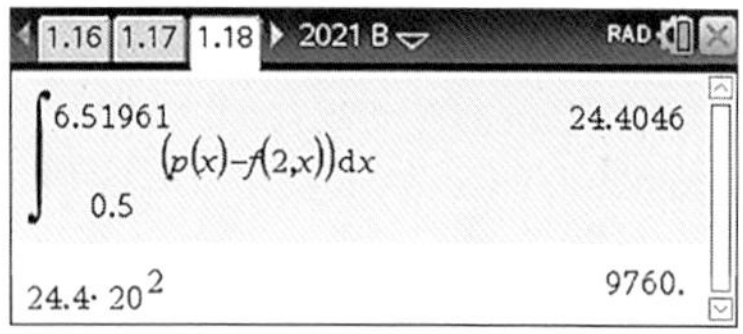

Nun muss noch der Maßstab für die Längeneinheit (1 LE = 20 m) berücksichtigt werden. Die Längeneinheit geht in die Fläche quadratisch über, also muss das Ergebnis mit 20^2 multipliziert werden.

Die Fläche des Sees hat eine Größe von ca. $\underline{\underline{9\,760\ \text{m}^2}}$.

c) Der Flächeninhalt der Gesamtfläche ist aus Teilaufgabe 2 b bekannt; er ist $A_{Gesamt} \approx 24{,}4$.

Für die Fläche A_1 (siehe Abbildung) muss daher $A_1 = 12{,}2$ gelten, weil der Badebereich die Hälfte der Gesamtfläche ausmachen soll.

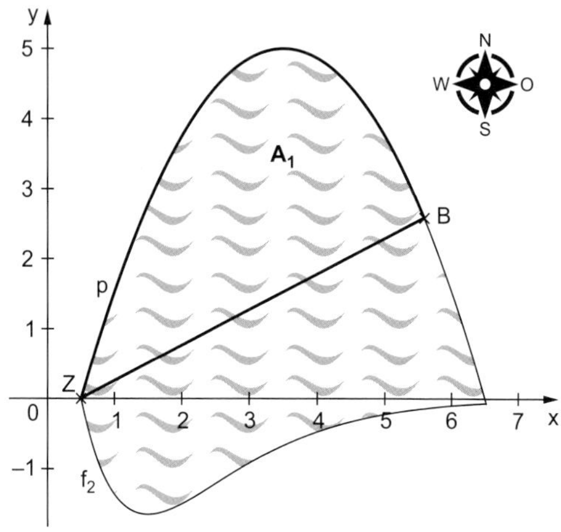

Zunächst wird die Gleichung $y = m \cdot x + n$ der Geraden k durch die Punkte $Z(0{,}5\,|\,0)$ und $B(x_B\,|\,y_B)$ bestimmt.

Mit den Koordinaten von Z folgt aus dem Ansatz:

$0 = 0{,}5 \cdot m + n \;\Rightarrow\; n = -0{,}5m$

Für die Gerade k gilt also:

$k(x) = m \cdot x - 0{,}5m$

Für den Flächeninhalt der Fläche A_1 lässt sich nun folgender Ansatz bilden:

$$\int_{0{,}5}^{x_B} \left(p(x) - k(x)\right) dx = 12{,}2 \qquad \text{Gleichung (1)}$$

Außerdem muss gelten:

$p(x_B) = k(x_B)$ Gleichung (2)

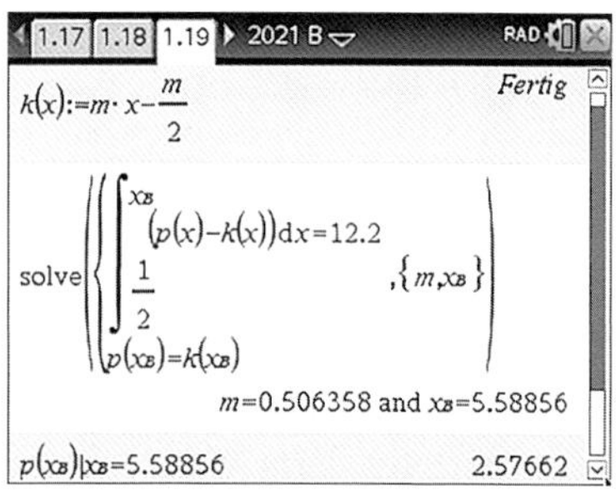

Das Gleichungssystem aus den Gleichungen (1) und (2) wird nach den Variablen m und x_B gelöst:

$m \approx 0{,}506$ und $x_B \approx 5{,}589$

Einsetzen von $x_B \approx 5{,}589$ in p(x) ergibt $y_B \approx 2{,}577$.

Die Koordinaten von B sind $\underline{\underline{B(5{,}59\,|\,2{,}58)}}$.

d) Definieren Sie die Funktion h(t) auf dem Rechner.

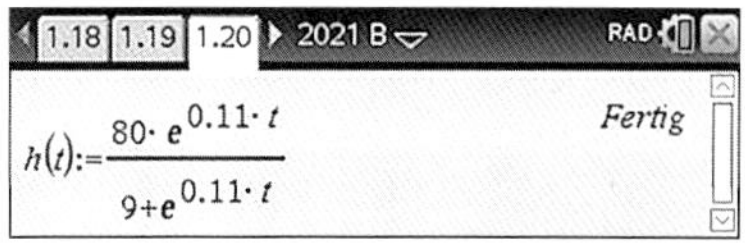

Tabellieren Sie Argumente und Funktionswerte in einer geeigneten Schrittweite, z. B. von zehn Tagen.

Verwenden Sie z. B. die Möglichkeit der Tabellierung von Funktionswerten in der Anwendung Graphs. Stellen Sie dazu unter menu die gewählte Schrittweite ein.

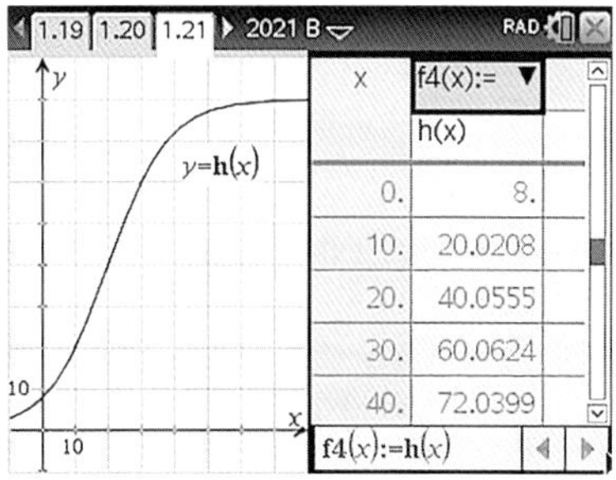

Sie können sich aber auch mit der Anwendung „Grafikspur" verschiedene Wertepaare anzeigen lassen und diese zum Skizzieren des Graphen nutzen.

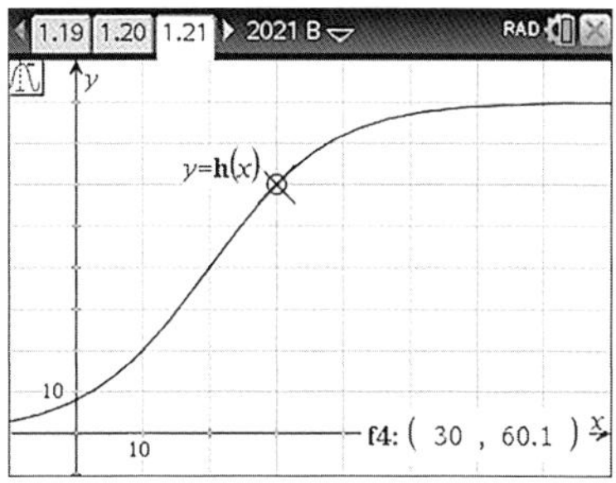

Zeichnen Sie den Graphen von h anhand der ermittelten Werte.

Vergleichen Sie Ihre Zeichnung mit dem vom Rechner angezeigten Graphen. Die Handzeichnung sollte den Verlauf gut wiedergeben.

Eine Wertetabelle sieht etwa so aus:

t	0	10	20	30	40	50	60	70	80
h(t)	8	20	40	60	72	77	79	79,7	79,9

Zeichnung des Graphen von h:

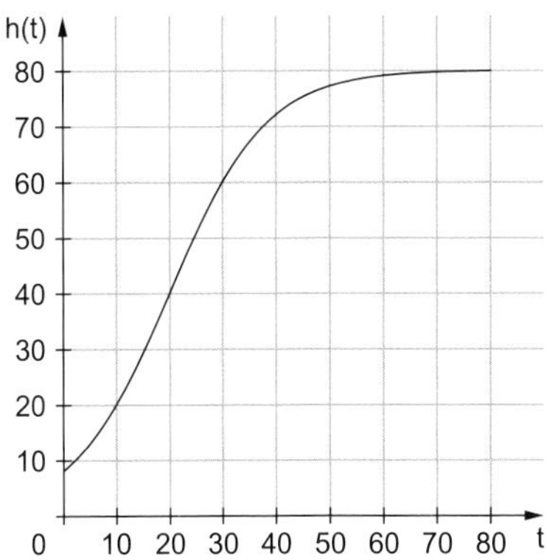

Mit Graph analysieren können Sie z. B. den Wendepunkt ablesen, der eine wichtige Rolle bei der Beschreibung der Veränderung des Größenwachstums spielt.

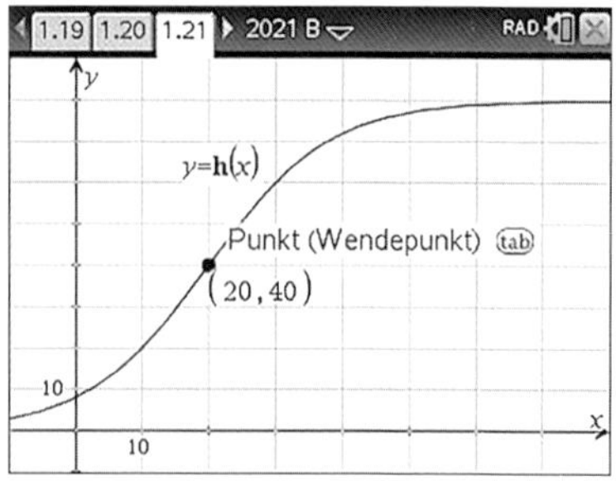

Beschreibung der Größe der von den Pflanzen bedeckten Fläche
Zu Beginn der Beobachtung sind 8 m^2 der Seeoberfläche mit Pflanzen bedeckt. Die Größe der Fläche nimmt bis zum 20. Tag exponentiell immer stärker zu (Wendepunkt). Danach nimmt die Geschwindigkeit des Pflanzenwachstums ab, die Größe der von Pflanzen bedeckte Fläche nimmt langsamer zu und nähert sich einer Grenze von 80 m^2, wie eine Berechnung des Grenzwertes auch rechnerisch bestätigt.

Kernfach Mathematik (Thüringen): Abiturprüfung 2021
Wahlaufgabe C1: Schwerpunkt Geometrie

1. Gegeben sind die Punkte $A(6|6|3)$, $B(3|6|6)$ und $C(6|3|6)$.

a) Weisen Sie nach, dass das Dreieck ABC ein gleichseitiges Dreieck ist. (3 BE)

b) Die Punkte A, B und C liegen in einer Ebene ε.
Beschreiben Sie eine Vorgehensweise zur Ermittlung einer Koordinatengleichung von ε.

Ein Normalenvektor von ε ist $\vec{n} = \begin{pmatrix} 1 \\ 1 \\ 1 \end{pmatrix}$.

Geben Sie eine Koordinatengleichung von ε an. (4 BE)

c) Berechnen Sie die Größe des Neigungswinkels des Dreiecks ABC zur xy-Ebene. (3 BE)

d) Auf der Geraden h mit $\vec{x} = \begin{pmatrix} 0 \\ 0 \\ 0 \end{pmatrix} + r \cdot \begin{pmatrix} 1 \\ 1 \\ 1 \end{pmatrix}$ $(r \in \mathbb{R})$ gibt es einen Punkt P, der vom Koordinatenursprung O und vom Punkt A den gleichen Abstand hat.
Berechnen Sie die Koordinaten von P. (3 BE)

Gemeinsam mit dem Koordinatenursprung O bilden die Punkte A, B und C eine dreiseitige Pyramide ABCO.

e) Berechnen Sie das Volumen dieser Pyramide. (3 BE)

f) Stellen Sie diese Pyramide in einem Koordinatensystem dar. Veranschaulichen Sie verdeckte Körperkanten.
Zeichnen Sie in die Darstellung die senkrechte Projektion der Pyramide in die xy-Ebene ein. (4 BE)

g) Eine Ebene η soll die Pyramide in zwei volumengleiche Teilkörper zerlegen.
Veranschaulichen Sie im Koordinatensystem aus Teilaufgabe 1 f die Schnittfläche einer solchen Ebene mit der Pyramide.
Begründen Sie, dass die von Ihnen gewählte Ebene die Bedingung erfüllt.
Geben Sie eine Gleichung für η an. (5 BE)

2. An einem Montag wurden die Schüler eines Gymnasiums befragt, auf welche Art sie die Schule erreichten:

motorisierter Individualverkehr:	35 %
Fußgänger:	35 %
ÖPNV:	15 %
Fahrrad:	15 %

Die relativen Häufigkeiten werden im Folgenden als Wahrscheinlichkeiten interpretiert. Betrachtet werden folgende Ereignisse:

A := „Unter 20 befragten Schülern kamen höchstens 5 mit dem Fahrrad."

B := „Von 100 befragten Schülern nutzten mindestens 20 den ÖPNV."

C := „Unter 80 befragten Schülern waren mindestens 20 und höchstens 30 Fußgänger."

a) Geben Sie drei Bedingungen an, unter denen zur Berechnung für die Wahrscheinlichkeiten dieser Ereignisse das Modell der Binomialverteilung angenommen werden kann. (3 BE)

Zur Auswertung der Befragung wird das Modell der Binomialverteilung angewendet.

b) Berechnen Sie die Wahrscheinlichkeiten der Ereignisse A, B und C. (6 BE)

c) Beschreiben Sie in diesem Sachzusammenhang ein Ereignis D, dessen Wahrscheinlichkeit durch

$$P(D) = 1 - \left(\binom{15}{14} \cdot 0{,}35^{14} \cdot 0{,}65^{1} + \binom{15}{15} \cdot 0{,}35^{15} \cdot 0{,}65^{0} \right)$$

berechnet werden kann. (3 BE)

d) Schüler eines anderen Gymnasiums wollen überprüfen, ob an ihrer Schule auch 15 % der Schüler mit dem Fahrrad zur Schule kommen.
Dazu befragen sie 100 Schüler.
Berechnen Sie für $p = 0{,}15$ das Prognoseintervall, in dem die Anzahl der Radfahrer mit einer Sicherheitswahrscheinlichkeit von 95 % liegt. (3 BE)

(40 BE)

Hinweise und Tipps

Aufgabe 1 a

- Speichern Sie die Ortsvektoren der Punkte unter geeigneten Variablen ab.
- Berechnen und vergleichen Sie die Beträge der Vektoren, die die Seiten des Dreiecks ABC beschreiben.

Aufgabe 1 b

- Zur Koordinatengleichung einer Ebene können Sie über die Normalenform $\vec{n} \circ (\vec{x} - \vec{x}_0) = 0$ gelangen. Dabei ist $\vec{n}$ ein Normalenvektor, $\vec{x} = \begin{pmatrix} x \\ y \\ z \end{pmatrix}$ der Ortsvektor eines beliebigen Punktes der Ebene und $\vec{x}_0$ der Ortsvektor eines bekannten Punktes der Ebene.

Aufgabe 1 c

- Der Winkel zwischen zwei Ebenen entspricht dem (spitzen) Winkel zwischen ihren Normalenvektoren.
- Da das Dreieck in der Ebene ε liegt, können deren Normalenvektor $\vec{n}$ und ein Normalenvektor $\vec{m}$ der xy-Ebene verwendet werden.
- Der Winkel zwischen den zwei Vektoren wird mithilfe der folgenden Gleichung bestimmt:
  $\cos(\varphi) = \frac{|\vec{n} \circ \vec{m}|}{|\vec{n}| \cdot |\vec{m}|}$

Aufgabe 1 d

- Untersuchen Sie, für welchen Punkt P auf h die Bedingung $|\overrightarrow{OP}| = |\overrightarrow{AP}|$ erfüllt ist.

Aufgabe 1 e

- Für die Pyramide ABCO kann man das Dreieck ABC als Grundfläche ansehen.
- Der Abstand der Ebene ε vom Ursprung wäre dann die Höhe der Pyramide, denn das Dreieck ABC liegt in der Ebene ε.
- Der Flächeninhalt der Grundfläche ABC kann über das Kreuzprodukt $\overrightarrow{AB} \times \overrightarrow{AC}$ ermittelt werden (siehe Teilaufgabe 1 b).

Alternativen:

- Sind $\vec{a}$, $\vec{b}$, $\vec{c}$ die das Tetraeder aufspannenden Vektoren, kann dessen Volumen berechnet werden durch die Formel (siehe „Spatprodukt" im Tafelwerk):
  $V = \frac{1}{6} \cdot |(\vec{a} \times \vec{b}) \circ \vec{c}|$
- Da die Grundfläche ABC ein gleichseitiges Dreieck ist, kann dessen Flächeninhalt auch über die Formel $A_\Delta = \frac{a^2}{4} \cdot \sqrt{3}$ bestimmt werden.
- Die Höhe der Pyramide kann auch über die Hesse'sche Normalenform der Ebenengleichung gefunden werden.

Aufgabe 1f

- Da Sie die Zeichnung wohl am besten auf kariertem Papier anfertigen, sollten Sie für das Schrägbild eine Perspektive verwenden, bei der die x-Achse mit einem Winkel von 135° zur y-Achse gezeichnet wird und eine Verkürzung der Einheit in x-Richtung auf die Länge einer Kästchendiagonalen erfolgt. Die Einheiten auf der y-Achse und der z-Achse sollten dann zwei Kästchenlängen betragen.
- Verwenden Sie Hilfslinien, um eine korrekte Darstellung zu erreichen. Beachten Sie die Koordinaten der Punkte A, B, C und O.

Aufgabe 1g

- Die Pyramide ABCO ist eine Pyramide mit einem gleichseitigen Dreieck ABC als Grundfläche. Ihre Seitenkanten $\overline{OA}$, $\overline{OB}$ und $\overline{OC}$ haben alle die gleiche Länge $d = \sqrt{2 \cdot 6^2 + 3^2} = 9$ LE.
- Diese Vorstellung vereinfacht möglicherweise die Überlegungen zum Finden einer Ebene η, die die Pyramide in zwei volumengleiche Teilkörper zerlegt.
- Im Folgenden werden mehrere Lösungsvarianten vorgestellt. Es ist natürlich nur genau eine Lösung verlangt.

Aufgabe 2a

- Wichtige Voraussetzungen für eine Modellierung mit der Binomialverteilung sind die Unabhängigkeit der Einzelversuche bei gleichbleibender Wahrscheinlichkeit.
- Bei jedem Einzelversuch müssen genau zwei Ausgänge möglich sein (Treffer-Niete-Modell).
- Der Stichprobenumfang darf nicht zu klein sein.

Aufgabe 2b

- Nutzen Sie den CAS-Rechner zur Berechnung der Wahrscheinlichkeiten.
- Machen Sie sich klar, ob die Grenzen bei Redewendungen wie „höchstens" oder „mindestens" zum Intervall dazugehören.
- Achten Sie auf die verschiedenen Werte für n und p.

Aufgabe 2c

- Der Term für P(D) beschreibt eine Wahrscheinlichkeit, bei der von der Gesamtwahrscheinlichkeit 1 genau zwei Einzelwahrscheinlichkeiten subtrahiert werden.
- Die Wahrscheinlichkeit $P(X=k)$ bei einer binomialverteilten Zufallsgröße X mit den Parametern n und p wird berechnet durch $P(X = k) = \binom{n}{k} \cdot p^k \cdot (1-p)^{n-k}$.
- Entnehmen Sie n, k und p dem Term für P(D).

Aufgabe 2d

- Eine Sicherheitswahrscheinlichkeit von 95 % können Sie näherungsweise einer Zwei-Sigma-Umgebung zuordnen.
- Berechnen Sie für $n = 100$ und $p = 0{,}15$ die Zwei-Sigma-Umgebung zum Erwartungswert.

Lösungen

1. a) Es ist:

$$\overrightarrow{OA} = \begin{pmatrix} 6 \\ 6 \\ 3 \end{pmatrix},\ \overrightarrow{OB} = \begin{pmatrix} 3 \\ 6 \\ 6 \end{pmatrix},\ \overrightarrow{OC} = \begin{pmatrix} 6 \\ 3 \\ 6 \end{pmatrix}$$

Die Beträge der Vektoren, die die Seiten des Dreiecks beschreiben, sind:

$$|\overrightarrow{AB}| = 3\cdot\sqrt{2},\ |\overrightarrow{AC}| = 3\cdot\sqrt{2},\ |\overrightarrow{BC}| = 3\cdot\sqrt{2}$$

Die Seiten sind gleich lang, also ist das Dreieck ABC gleichseitig.

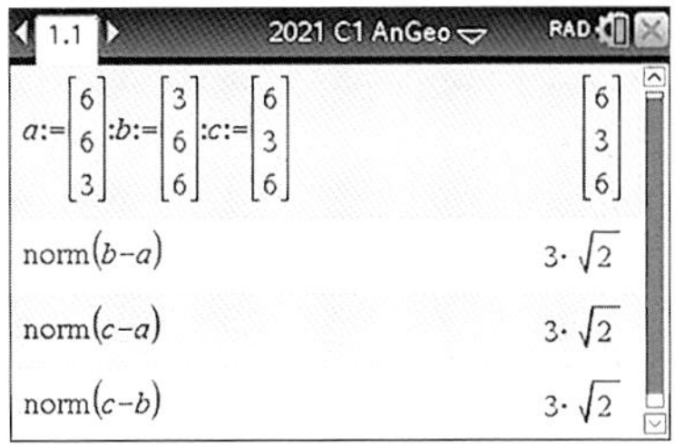

b) Eine Koordinatengleichung der Ebene kann über die Normalenform $\vec{n} \circ (\vec{x} - \vec{x}_0) = 0$ gebildet werden. Der Normalenvektor $\vec{n}$ ist hier gegeben.

Dieser Vektor $\vec{n} = \begin{pmatrix} 1 \\ 1 \\ 1 \end{pmatrix}$ ist ein Vielfaches von $\overrightarrow{AB} \times \overrightarrow{AC}$:

$$\vec{n} = \frac{1}{9}\cdot(\overrightarrow{AB} \times \overrightarrow{AC})$$

Der Vektor $\vec{x}_0$ ist der Ortsvektor eines Punktes, der in der Ebene liegt, also hier z. B. der Ortsvektor $\overrightarrow{OA} = \begin{pmatrix} 6 \\ 6 \\ 3 \end{pmatrix}$.

Die Gleichung $\vec{n} \circ (\vec{x} - \vec{x}_0) = 0$ führt auf die Koordinatengleichung der Ebene:

$$\varepsilon\colon x + y + z - 15 = 0$$

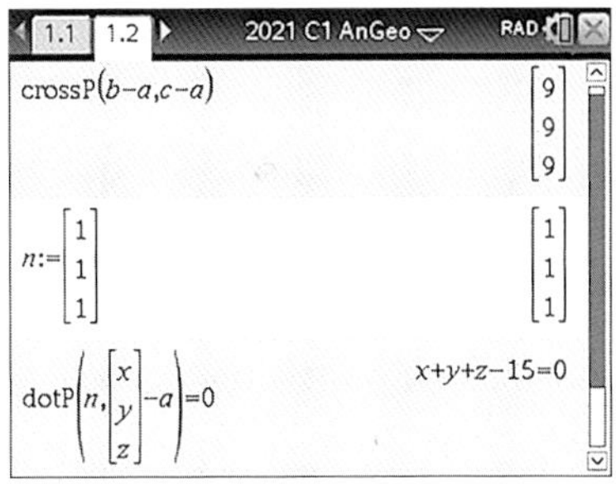

c) Der Normalenvektor der Ebene ε ist gegeben mit $\vec{n} = \begin{pmatrix} 1 \\ 1 \\ 1 \end{pmatrix}$. Als Normalenvektor der xy-Ebene kann $\vec{m} = \begin{pmatrix} 0 \\ 0 \\ 1 \end{pmatrix}$ verwendet werden. Damit ergibt sich:

$$\cos(\varphi) = \frac{|\vec{n} \circ \vec{m}|}{|\vec{n}|\cdot|\vec{m}|} = \frac{\left|\begin{pmatrix} 1 \\ 1 \\ 1 \end{pmatrix} \circ \begin{pmatrix} 0 \\ 0 \\ 1 \end{pmatrix}\right|}{\left|\begin{pmatrix} 1 \\ 1 \\ 1 \end{pmatrix}\right| \cdot \left|\begin{pmatrix} 0 \\ 0 \\ 1 \end{pmatrix}\right|} = \frac{1}{\sqrt{3}} = \frac{\sqrt{3}}{3}$$

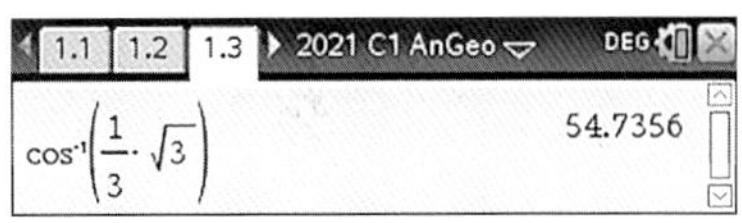

Der Neigungswinkel des Dreiecks ABC gegen die xy-Ebene hat eine Größe von etwa 54,74°.

d) $\overrightarrow{OP} = \begin{pmatrix} 0 \\ 0 \\ 0 \end{pmatrix} + r\cdot\begin{pmatrix} 1 \\ 1 \\ 1 \end{pmatrix} = r\cdot\begin{pmatrix} 1 \\ 1 \\ 1 \end{pmatrix}$; $|\overrightarrow{OP}| = r\cdot\sqrt{3}$

$\overrightarrow{AP} = r\cdot\begin{pmatrix} 1 \\ 1 \\ 1 \end{pmatrix} - \begin{pmatrix} 6 \\ 6 \\ 3 \end{pmatrix} = \begin{pmatrix} r-6 \\ r-6 \\ r-3 \end{pmatrix}$;

$|\overrightarrow{AP}| = \sqrt{3}\cdot\sqrt{r^2 - 10r + 27}$

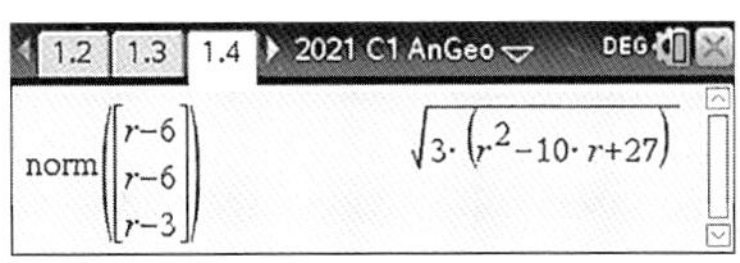

$|\overrightarrow{OP}| = |\overrightarrow{AP}|$ ist damit gleichbedeutend zu:

$r \cdot \sqrt{3} = \sqrt{3} \cdot \sqrt{r^2 - 10r + 27} \quad \Leftrightarrow \quad r = \sqrt{r^2 - 10r + 27}$

Diese Gleichung wird mit dem CAS-Rechner gelöst. Es gibt nur die Lösung $r = \frac{27}{10}$.

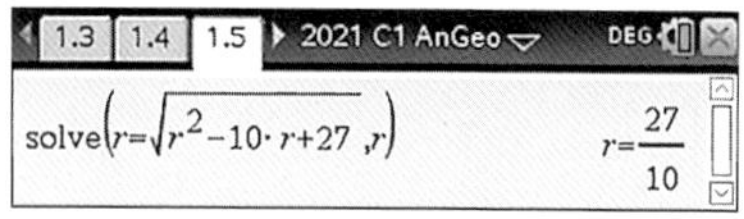

Der Ortsvektor des Punktes P ist:

$$\overrightarrow{OP} = \frac{27}{10} \cdot \begin{pmatrix} 1 \\ 1 \\ 1 \end{pmatrix}$$

Der Punkt P hat die Koordinaten $\underline{\underline{P(2{,}7 \mid 2{,}7 \mid 2{,}7)}}$.

e) Die Lotgerade vom Ursprung zur Ebene ε: $x + y + z - 15 = 0$ hat die Gleichung $\vec{x} = r \cdot \begin{pmatrix} 1 \\ 1 \\ 1 \end{pmatrix}$. Den Durchstoßpunkt F erhält man durch Einsetzen der Koordinaten in die Ebenengleichung: $r + r + r - 15 = 0$ ergibt $r = 5$ und damit hat der Durchstoßpunkt F die Koordinaten $F(5 \mid 5 \mid 5)$.

Der Abstand von F zum Ursprung und damit die Höhe h der Pyramide ist:

$$|\overrightarrow{OF}| = \sqrt{5^2 + 5^2 + 5^2} = \sqrt{3 \cdot 5^2} = \sqrt{3} \cdot 5$$

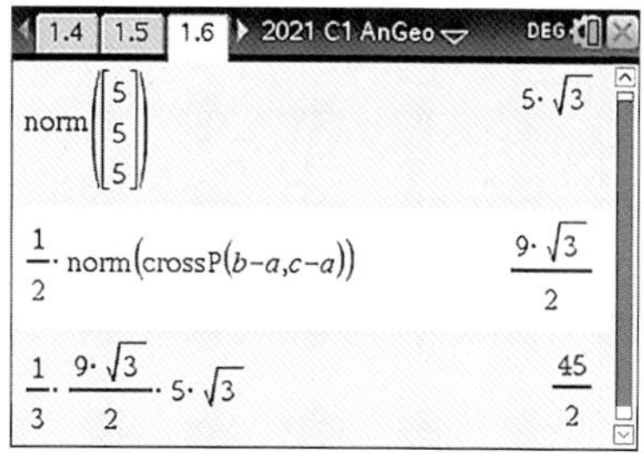

Für den Flächeninhalt des Dreieckes ABC wird verwendet:

$$A_\Delta = \frac{1}{2} \cdot |\overrightarrow{AB} \times \overrightarrow{AC}| = \frac{1}{2} \cdot \left| \begin{pmatrix} 9 \\ 9 \\ 9 \end{pmatrix} \right| = \frac{1}{2} \cdot 9 \cdot \sqrt{3}$$

Das Volumen der Pyramide ABCO wird berechnet durch:

$$V = \frac{1}{3} \cdot A_\Delta \cdot h = \frac{1}{3} \cdot \frac{1}{2} \cdot 9 \cdot \sqrt{3} \cdot \sqrt{3} \cdot 5 = \underline{\underline{\frac{45}{2}}} \text{ [VE]}$$

Alternative Lösungen:

Die Pyramide ABCO ist ein Tetraeder, das z. B. von $\overrightarrow{AB}$, $\overrightarrow{AC}$, $\overrightarrow{AO}$ aufgespannt wird. Damit ist das Volumen berechenbar durch:

$$V = \frac{1}{6} \cdot |(\overrightarrow{AB} \times \overrightarrow{AC}) \circ \overrightarrow{AO}|$$

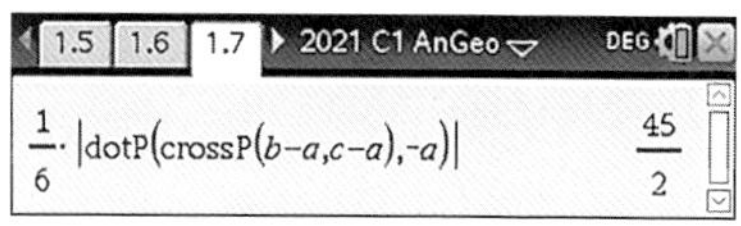

Es ergibt sich dasselbe Ergebnis wie oben.

Flächeninhalt der Grundfläche über $A_\Delta = \frac{a^2}{4} \cdot \sqrt{3}$, wobei $a = |\overrightarrow{AB}| = 3 \cdot \sqrt{2}$ ist:

$$\frac{(3 \cdot \sqrt{2})^2}{4} \cdot \sqrt{3} = \frac{18}{4} \cdot \sqrt{3} = \frac{9}{2} \cdot \sqrt{3}$$

Höhe h der Pyramide über die Hesse'sche Normalenform der Ebenengleichung:

$$\frac{1}{\sqrt{3}} \cdot (x + y + z - 15) = 0$$

Die Höhe h entspricht dem Abstand zum Ursprung, also dem Betrag des Absolutglieds:

$$h = \left| -\frac{1}{\sqrt{3}} \cdot 15 \right| = \frac{15}{3} \cdot \sqrt{3} = 5 \cdot \sqrt{3}$$

f) Schrägbild:

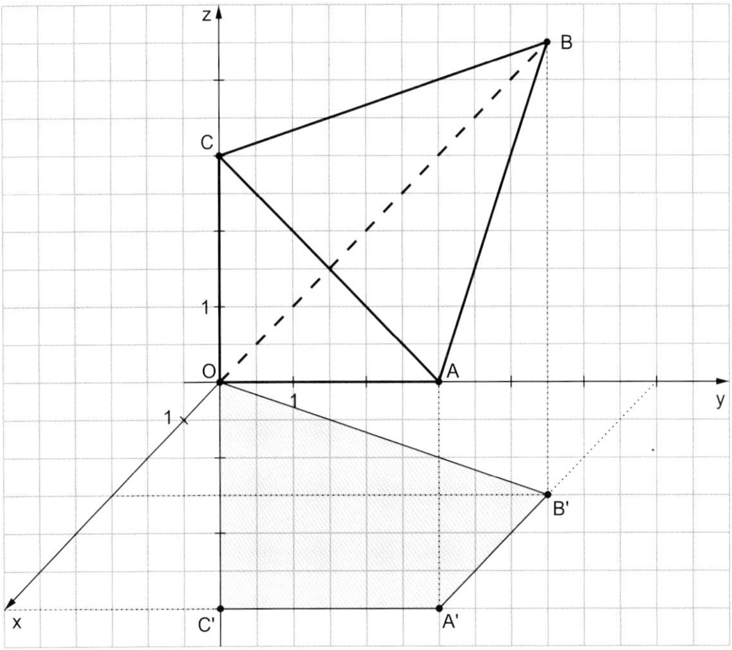

g) (1) Es sei M_{OA} der Mittelpunkt der Seitenkante $\overline{OA}$. Die Strecke $\overline{CM_{OA}}$ zerlegt die Seitenfläche ACO in zwei flächengleiche Teildreiecke ACM_{OA} und OCM_{OA}, weil diese in der Länge der Seiten $\overline{OM_{OA}}$ und $\overline{AM_{OA}}$ übereinstimmen. Außerdem sind diese Seiten bzw. ihre Verlängerungen gleich weit von C entfernt, haben also die gleiche Höhe. Die Teildreiecke ACM_{OA} und OCM_{OA} sind, weil sie in ein und derselben Ebene liegen, gleich weit vom Punkt B entfernt, sodass die Teilkörper $ACM_{OA}B$ und $OCM_{OA}B$ neben den flächengleichen Teildreiecke ACM_{OA} und OCM_{OA} als Grundflächen auch die gleiche Höhe besitzen und somit volumengleich sind. Die Veranschaulichung zeigt die obere Abbildung auf der nächsten Seite.

Die Ebene CBM_{OA} hat die Gleichung:

$$\underline{\underline{\frac{27}{2}x + \frac{27}{2}y - 9z - \frac{135}{2} = 0}}$$

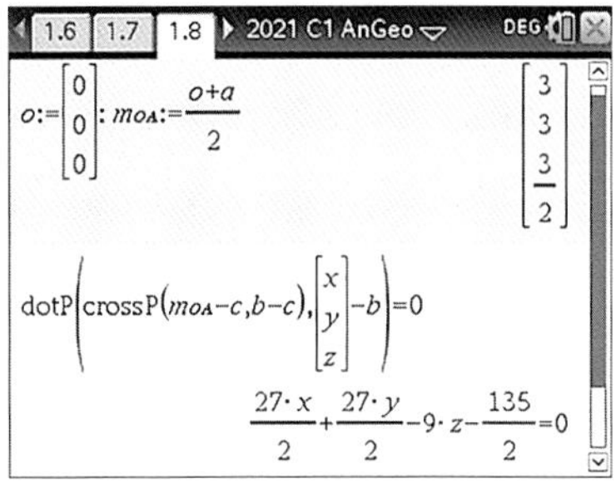

Analog könnte man auch die anderen beiden Seitenflächen halbieren und die entstehenden Teilkörper betrachten: Die untere Abbildung auf der nächsten Seite zeigt die Halbierung der Seitenfläche OBC, die Abbildung auf der übernächsten Seite die von ABC (dort sieht man die zerlegende Schnittfigur wegen der Perspektive nur als Strecke $\overline{OB}$).

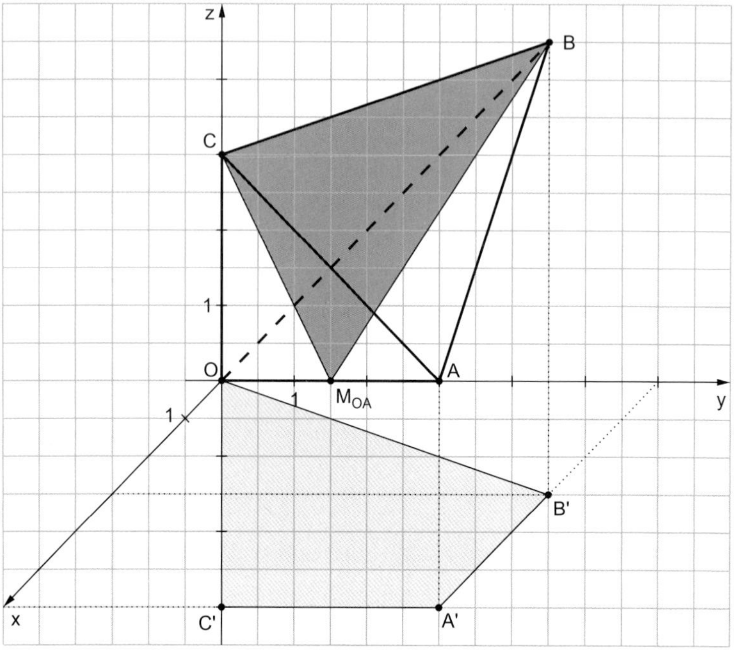
z
B
C
1
O
A
M_OA
1
y
1
B'
x
C'
A'

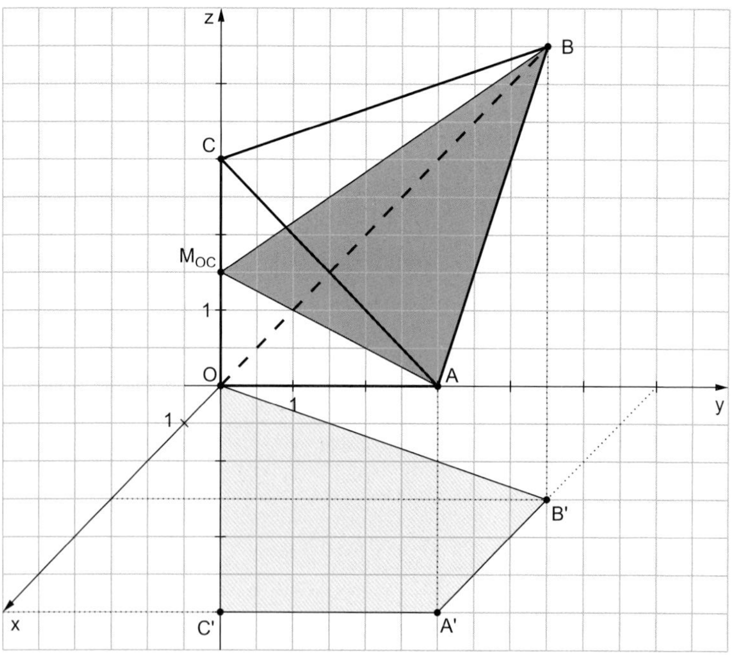
z
B
C
M_OC
1
O
A
1
y
1
B'
x
C'
A'

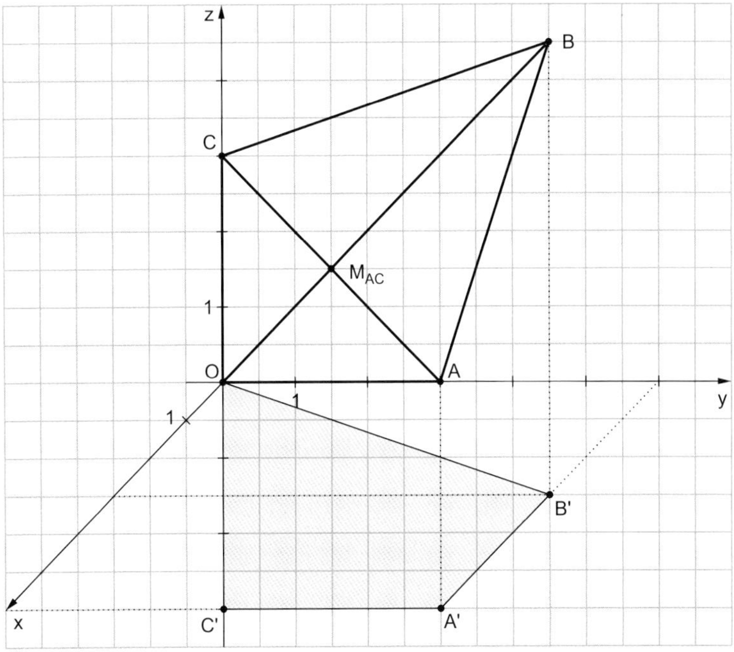

(2) Man kann aber auch die Grundfläche ABC halbieren, z. B. durch die Halbierung der Grundkante $\overline{BC}$. Die Strecke $\overline{AM_{BC}}$ zerlegt die Grundfläche ABC in zwei flächengleiche Teildreiecke ACM_{BC} und ABM_{BC}, weil diese in der Länge der Seiten $\overline{CM_{BC}}$ und $\overline{BM_{BC}}$ übereinstimmen. Außerdem sind diese Seiten bzw. ihre Verlängerungen gleich weit von A entfernt, haben also die gleiche Höhe. Die Teildreiecke ACM_{BC} und ABM_{BC} sind, weil sie in ein und derselben Ebene liegen, gleich weit vom Punkt O entfernt, sodass die Teilkörper $ABM_{BC}O$ und $ACM_{BC}O$ neben den flächengleichen Teildreiecke ACM_{BC} und ABM_{BC} als Grundflächen auch die gleiche Höhe besitzen und somit volumengleich sind. Die Veranschaulichung zeigt die obere Abbildung auf der nächsten Seite.

Die Ebene OAM_{BC} hat die Gleichung:

$$\underline{\underline{-\frac{45}{2}x + \frac{45}{2}y = 0}}$$

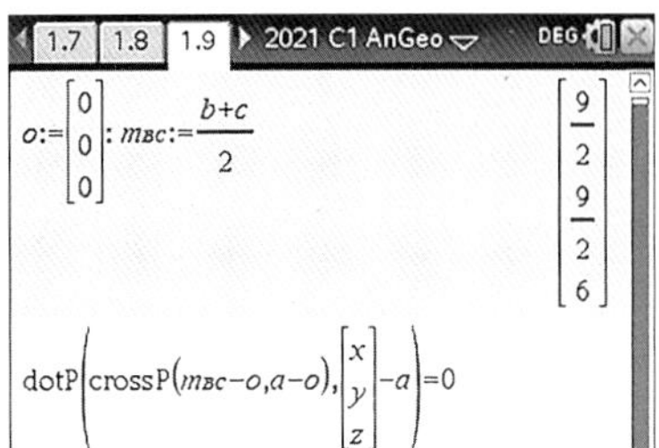

Analog könnte man auch die anderen beiden Grundkanten halbieren und die entstehenden Teilkörper betrachten: Die untere Abbildung auf der nächsten Seite zeigt die Halbierung der Grundkante $\overline{AB}$, die Abbildung auf der übernächsten Seite die von $\overline{AC}$ (dort sieht man die zerlegende Schnittfigur wegen der Perspektive nur als Strecke $\overline{OB}$).

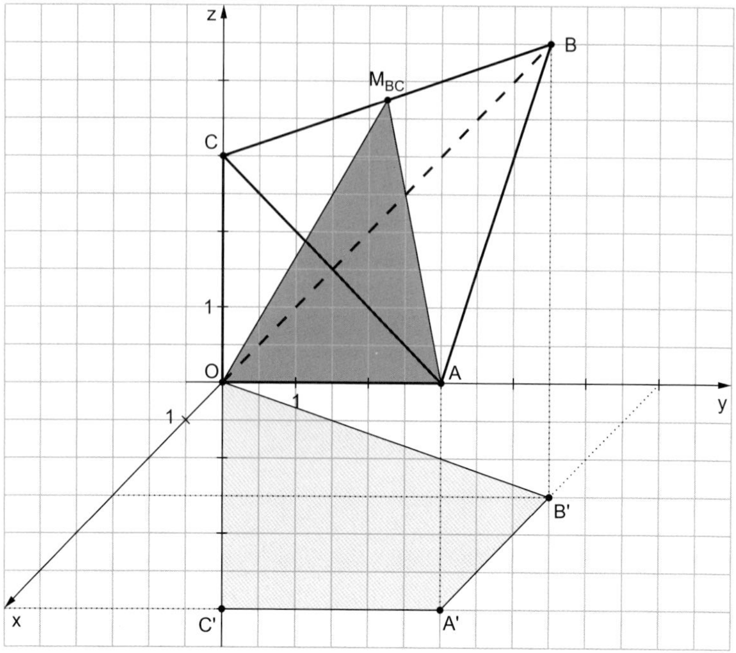

z
B
M_{BC}
C
1
O
A
1
1
y
B'
x
C'
A'

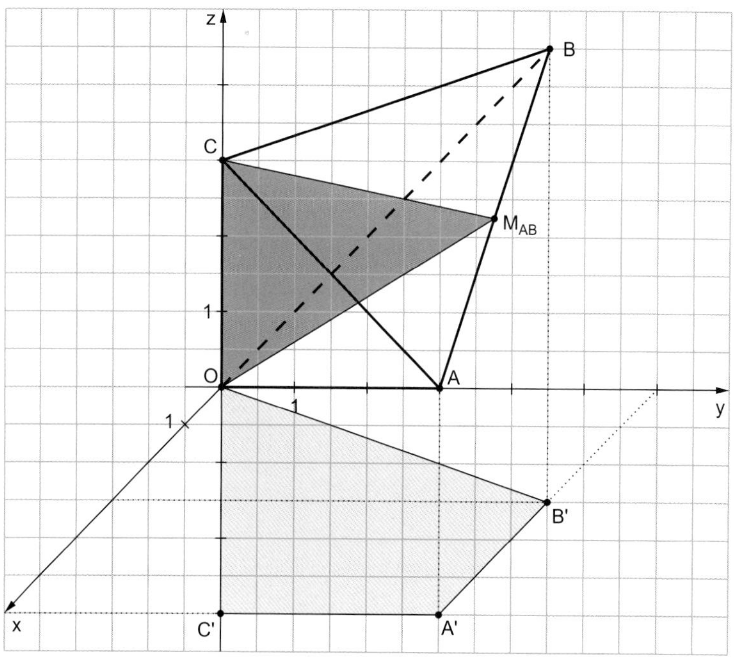

z
B
C
M_{AB}
1
O
A
1
1
y
B'
x
C'
A'

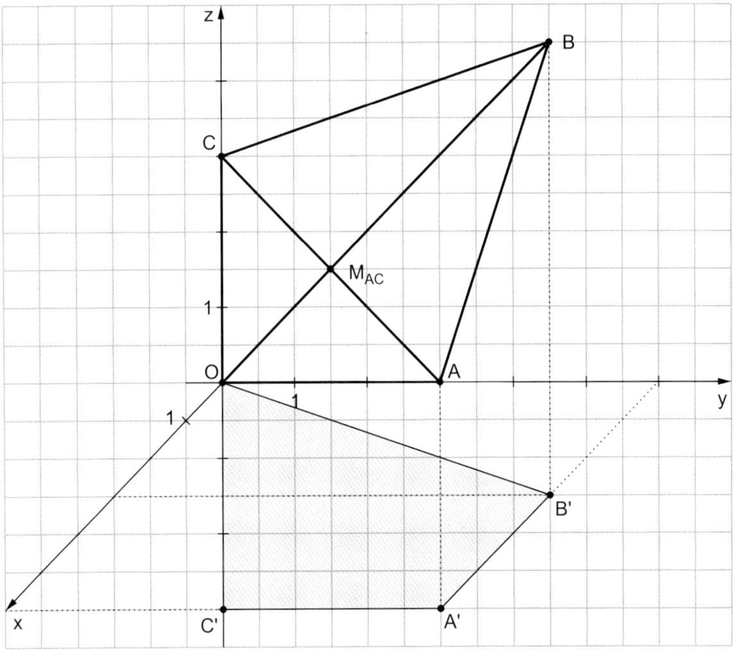

Alternative Lösung: Schrägbild der Pyramide mit halbierender Ebene bei etwas anderer Perspektive. Die x-Achse wird mit einem Winkel von 153,43° zur y-Achse gezeichnet und eine Verkürzung der Einheit in x-Richtung auf die Länge von $\frac{1}{2} \cdot \sqrt{5}$ Kästchenlängen vorgenommen. Die Einheiten auf der y-Achse und der z-Achse betragen jeweils zwei Kästchenlängen.

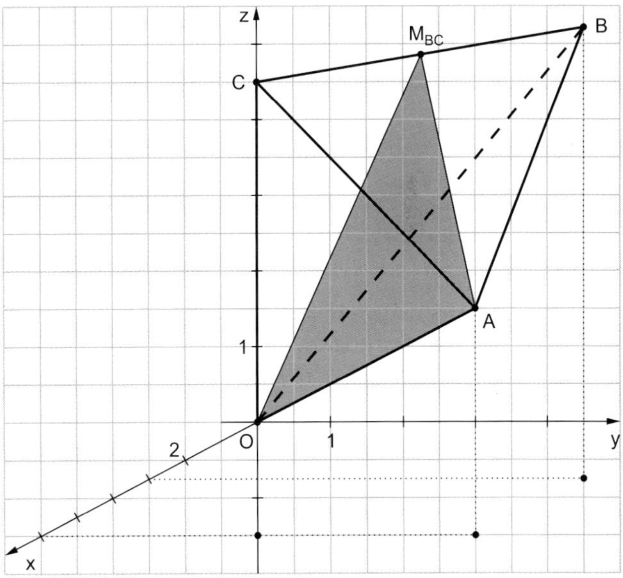

2. a) (1) Die Anzahl n der befragten Schüler ist groß, damit man von einer gewissen Stabilisierung der relativen Häufigkeiten ausgehen kann.

(2) Die Schüler werden unabhängig voneinander befragt.

(3) Es sind keine Mehrfachantworten möglich, jeder Schüler kann nur genau eine Antwort ankreuzen.

b) $P(A) = B_{20;\,0,15}(X \leq 5) \approx \underline{\underline{0,9327}}$

$P(B) = B_{100;\,0,15}(X \geq 20) \approx \underline{\underline{0,1065}}$

$P(C) = B_{80;\,0,35}(20 \leq X \leq 30) \approx \underline{\underline{0,7027}}$

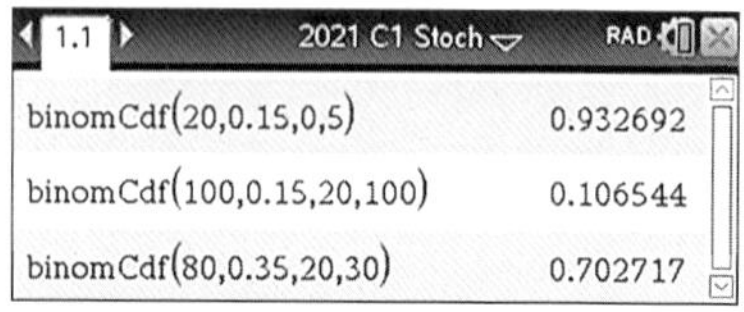

c) Dem Term für P(D) kann man entnehmen, dass von der Gesamtwahrscheinlichkeit 1 zwei Einzelwahrscheinlichkeiten für eine binomialverteilte Zufallsgröße mit $n = 15$, $p = 0,35$ und $k = 15$ sowie $k = 14$ subtrahiert werden. Die Wahrscheinlichkeit $p = 0,35$ kann zwei Sachverhalten zugeordnet werden: „motorisierter Individualverkehr" oder „Fußgänger"

Zwei Beschreibungen sind möglich:
„Von 15 befragten Schülern erreichen höchstens 13 individuell motorisiert die Schule."
oder
„Von 15 befragten Schülern erreichen höchstens 13 als Fußgänger die Schule."

d) Der Erwartungswert μ einer binomialverteilten Zufallsgröße ist $\mu = n \cdot p$, die zugehörige Standardabweichung σ ist:

$\sigma = \sqrt{n \cdot p \cdot (1 - p)}$

Zu berechnen ist das Intervall $[\mu - 2 \cdot \sigma;\ \mu + 2 \cdot \sigma]$.

Es ergibt sich rechnerisch das Intervall [7,859; 22,141]. Da es um Anzahlen von Personen geht, sind nur ganzzahlige Intervallgrenzen sinnvoll.

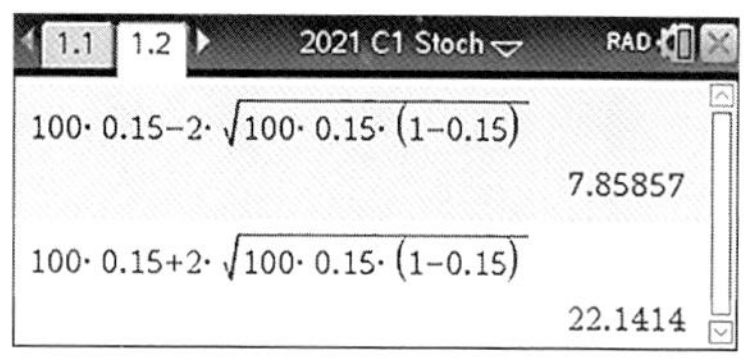

Mit einer Sicherheitswahrscheinlichkeit von ca. 95 % kann man bei einem Stichprobenergebnis im Intervall $\underline{\underline{[8;\ 22]}}$ davon ausgehen, dass auch bei dem anderen Gymnasium 15 % der Schüler mit dem Fahrrad zur Schule kommen.

Zur Probe können mit dem CAS-Rechner die entsprechenden Wahrscheinlichkeiten berechnet werden.

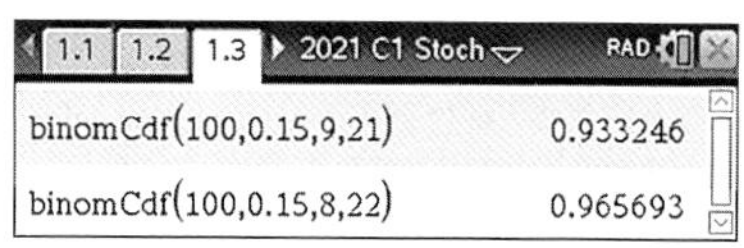

Kernfach Mathematik (Thüringen): Abiturprüfung 2021
Wahlaufgabe C2: Schwerpunkt Stochastik

1. In einer Zufallsstichprobe wurden 1 009 volljährige Thüringer befragt. 74 % der Befragten bezweifeln, dass eine CO_2-Steuer zu einem geringeren CO_2-Ausstoß führen würde. Nur 19 % erwarten einen positiven Effekt auf die CO_2-Bilanz.

   Die Befragung zeigt auch, dass die Thüringer bereit sind, selbst zur Senkung des CO_2-Ausstoßes beizutragen. Von den Befragten wollen
   - 54 % häufiger zu Fuß gehen,
   - 48 % häufiger das Fahrrad nutzen,
   - 45 % öfter auf öffentliche Verkehrsmittel umsteigen.

   Nach: OTZ. 26. 08. 2019, Seite 1.

   a) Stellen Sie die Befragungsergebnisse zur CO_2-Steuer in einem Kreisdiagramm dar. Begründen Sie, dass diese Art der Darstellung für die Befragung zur Bereitschaft, persönlich zur Senkung des CO_2-Ausstoßes beizutragen, nicht möglich ist. (3 BE)

   b) Gegeben ist die nebenstehende Darstellung einer Binomialverteilung.

   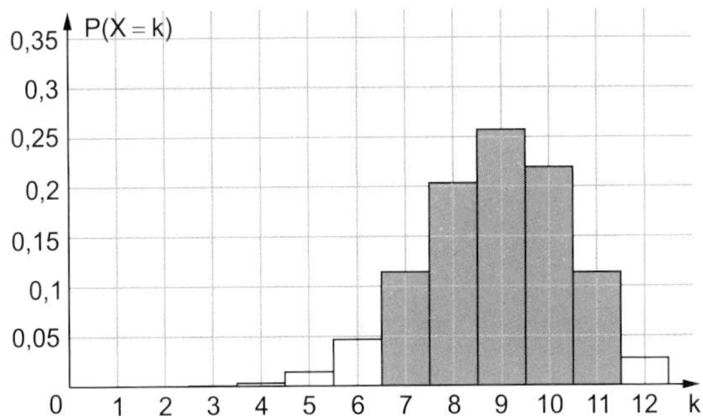

   Begründen Sie, dass die Angaben zur CO_2-Steuer als Grundlage dieser Modellierung dienen können.

   Beschreiben Sie ein Ereignis, das in der Darstellung durch die grau markierte Fläche mathematisch beschrieben wird. (5 BE)

   Anita möchte Voraussagen für ihren eigenen Jahrgang treffen. Dafür nutzt sie die Befragungsergebnisse zur Bereitschaft, selbst zur Senkung des CO_2-Ausstoßes beizutragen und verwendet das Modell der Binomialverteilung.
   Zu ihrem Jahrgang gehören 60 Jugendliche.

   c) Begründen Sie, dass die relativen Häufigkeiten aus der Befragung als Trefferwahrscheinlichkeiten p der zugehörigen Binomialverteilungen interpretiert werden können. (1 BE)

d) Berechnen Sie die Wahrscheinlichkeit folgender Ereignisse:

A := „Weniger als 40 Jugendliche ihres Jahrgangs wollen häufiger zu Fuß gehen."

B := „Mindestens die Hälfte und höchstens drei Viertel der Jugendlichen ihres Jahrgangs wollen häufiger das Fahrrad nutzen."

C := „Die Anzahl der Jugendlichen ihres Jahrgangs, die bereit sind, häufiger das Fahrrad zu benutzen, liegt außerhalb der 1σ-Umgebung um den Erwartungswert." (8 BE)

e) Bestimmen Sie die Anzahl von Personen, die mindestens befragt werden müssen, damit mit einer Wahrscheinlichkeit von mindestens 90 % mindestens 50 der Befragten angeben, häufiger das Fahrrad zu benutzen. (3 BE)

f) Anita nimmt weiterhin an, dass auch an ihrer Schule 48 % der Jugendlichen häufiger das Fahrrad nutzen wollen. Vor der Befragung der 60 Jugendlichen ihres Jahrgangs interessiert sie sich für das Intervall, in dem mit einer Wahrscheinlichkeit von 95 % die Anzahl derer liegt, die bereit sind, häufiger das Fahrrad zu nutzen.
Berechnen Sie das zugehörige Prognoseintervall für die Anzahl dieser Jugendlichen.
Beschreiben Sie seine Bedeutung im Sachzusammenhang. (5 BE)

2. Gegeben sind die Gerade g durch:

$$g\colon \vec{x} = \begin{pmatrix} -1 \\ -1 \\ 4 \end{pmatrix} + r \cdot \begin{pmatrix} -1 \\ -1 \\ 2 \end{pmatrix} \quad (r \in \mathbb{R})$$

und für jede reelle Zahl a die Gerade h_a durch

$$h_a\colon \vec{x} = \begin{pmatrix} 0 \\ 0 \\ 0 \end{pmatrix} + s \cdot \begin{pmatrix} 3 \\ 3 \\ a \end{pmatrix} \quad (s \in \mathbb{R}).$$

a) Zeigen Sie, dass die Geraden g und h_{-6} parallel zueinander verlaufen, aber nicht identisch sind. (2 BE)

b) Berechnen Sie den Abstand der Geraden g und h_{-6}. (3 BE)

c) Es gibt eine Zahl a, so dass sich die Geraden g und h_a unter einem rechten Winkel schneiden.
Berechnen Sie diesen Wert von a und bestimmen Sie die Koordinaten des zugehörigen Schnittpunkts. (5 BE)

d) Die Geraden h_a liegen alle in einer Ebene ε.

Geben Sie zwei Eigenschaften für die Lage der Ebene ε im Raum an.
Bestimmen Sie eine Gleichung der Ebene ε in Koordinatenform. (5 BE)

(40 BE)

Hinweise und Tipps

Aufgabe 1 a

- Berücksichtigen Sie, dass der Vollwinkel von 360° einem Prozentwert von 100 entspricht und dass ein gewisser Teil der Befragten nicht geantwortet hat.
- Kreisdiagramme eignen sich dann besonders gut zur Veranschaulichung eines Sachverhaltes, wenn die betrachteten Daten 100 % ergeben.

Aufgabe 1 b

- Beachten Sie bei Ihrer Begründung die Kenngrößen einer Binomialverteilung: Stichprobengröße n, Trefferwahrscheinlichkeit p sowie die Bedeutung und Lage des Erwartungswertes und dessen Berechnung mit $E(X) = n \cdot p$
- Beachten Sie, dass die markierte Fläche einer Summenwahrscheinlichkeit entspricht.

Aufgabe 1 c

- Wichtige Voraussetzungen für eine Modellierung mit der Binomialverteilung sind die Unabhängigkeit der Einzelversuche bei gleichbleibender Wahrscheinlichkeit.
- Bei jedem Einzelversuch müssen genau zwei Ausgänge möglich sein (Treffer-Niete-Modell).
- Der Stichprobenumfang darf nicht zu klein sein.

Aufgabe 1 d

- Nutzen Sie den CAS-Rechner zur Berechnung der Wahrscheinlichkeiten.
- Machen Sie sich klar, ob die Grenzen bei Redewendungen wie „höchstens" oder „mindestens" zum Intervall dazugehören.
- Achten Sie auf die verschiedenen Werte für n und p.
- Berechnen Sie die Sigma-Umgebung um den Erwartungswert.

Aufgabe 1 e

- Es liegt eine „Dreimal-mindestens-Aufgabe" vor.
- Der Parameter n einer binomialverteilten Zufallsgröße X ist so zu bestimmen, dass $P(X \geq 50) \geq 0{,}9$ gilt. Der Wert für n lässt sich durch systematisches Probieren finden.

Aufgabe 1 f

- Eine Sicherheitswahrscheinlichkeit von 95 % können Sie näherungsweise einer Zwei-Sigma-Umgebung zuordnen.
- Berechnen Sie für $n = 60$ und $p = 0{,}48$ das Prognoseintervall für die Zwei-Sigma-Umgebung um den Erwartungswert. Beachten Sie beim Runden, dass Sie in Richtung der Ungleichheitszeichen runden. Führen Sie eine Probe durch.
- Bei n Befragungen kann aufgrund der 2σ-Regel erwartet werden, dass ca. 95 % der Befragungen im Schnitt Ergebnisse im 95 %-Prognoseintervall liefern, falls die Annahme ($p = 0{,}48$) zutrifft.

Aufgabe 2a

- Speichern Sie die Vektorgleichungen für die Geraden unter geeigneten Variablen ab.
- Geraden sind echt parallel zueinander, wenn die Richtungsvektoren parallel zueinander sind und die Geraden keinen gemeinsamen Punkt haben.

Aufgabe 2b

- Da die Geraden g und h_{-6} parallel zueinander verlaufen, kann man den Abstand der beiden Geraden berechnen, indem man den Abstand eines beliebigen Punktes P der einen Geraden von der anderen Geraden bestimmt.
- Dieser Abstand kann z. B. als Minimum des Betrages des Differenzvektors aus dem Ortsvektor des Punktes P und dem allgemeinen Ortsvektor eines Punktes der anderen Geraden bestimmt werden.
- Weitere Möglichkeiten (Orthogonalitätsbedingung, Flächeninhaltsberechnung) werden als Alternativen dargestellt.

Aufgabe 2c

- Damit zwei Geraden rechtwinklig zueinander verlaufen, müssen die beiden Richtungsvektoren rechtwinklig zueinander sein. Dies überprüft man z. B. mit dem Skalarprodukt.
- Ob ein Schnittpunkt vorliegt, muss dann noch durch Gleichsetzen der beiden Geraden überprüft werden.
- Vergessen Sie nicht, die Koordinaten des Schnittpunktes zu berechnen.

Aufgabe 2d

- Es ist eine Beschreibung der Lage gesucht. Dazu sind Redewendungen hilfreich wie „parallel zu“ (Koordinatenebene bzw. -achse), „senkrecht auf“ (Koordinatenebene) u. ä.
- Berücksichtigen Sie, dass im Richtungsvektor der Geraden h_a zwei Koordinaten nicht von a abhängig sind.
- Sollten Sie Probleme haben, sich die Lage vorzustellen, so berechnen Sie zunächst eine Koordinatengleichung der Ebene und schlussfolgern Sie dann auf deren Lage.
- Zur Koordinatengleichung einer Ebene können Sie über die Normalenform $\vec{n} \circ (\vec{x} - \vec{x}_0) = 0$ gelangen. Dabei ist $\vec{n}$ ein Normalenvektor, $\vec{x} = \begin{pmatrix} x \\ y \\ z \end{pmatrix}$ der Ortsvektor eines beliebigen Punktes der Ebene und $\vec{x}_0$ der Ortsvektor eines bekannten Punktes der Ebene. Einen Normalenvektor können Sie z. B. mit dem Kreuzprodukt aus zwei verschiedenen Richtungsvektoren ermitteln.

Lösungen

1. a) **Kreisdiagramm**
Um die gegebenen Daten in einem Kreisdiagramm zu veranschaulichen, müssen die Prozentwerte in die entsprechenden Winkelgrößen umgerechnet werden.

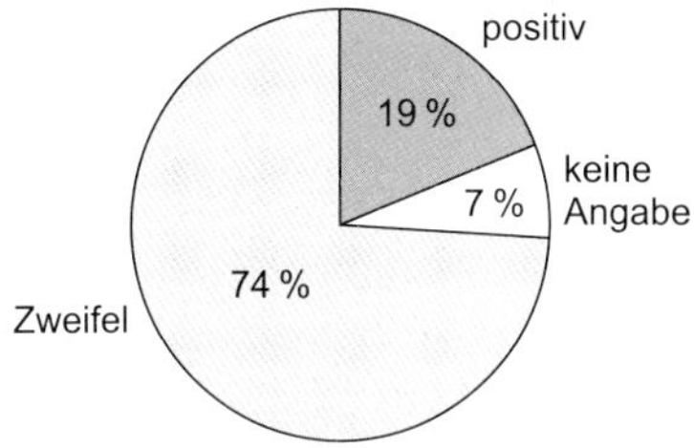

Es gilt: $100\,\% \mathrel{\hat{=}} 360°$ bzw. $p\,\% \mathrel{\hat{=}} 3{,}6° \cdot p$

Es ergibt sich damit:

Zweifel: $74\,\% \mathrel{\hat{=}} 3{,}6° \cdot 74 = 266{,}4°$

Positiver Effekt: $19\,\% \mathrel{\hat{=}} 3{,}6° \cdot 19 = 68{,}4°$

Keine Angabe: $7\,\% \mathrel{\hat{=}} 3{,}6° \cdot 7 = 25{,}2°$

Begründung
Da Mehrfachnennungen möglich waren, was man an der Summe der Prozentangaben erkennt, ist eine Darstellung im Kreisdiagramm nicht sinnvoll.

b) Der grafischen Darstellung kann man die Stichprobengröße $n = 12$ sowie den Erwartungswert $E(X) \approx 9$ entnehmen. Mit der Formel $E(X) = n \cdot p$ zur Berechnung des Erwartungswertes einer binomialverteilten Zufallsgröße X ergibt sich für die Wahrscheinlichkeit p der Wert $p \approx 0{,}75$. Daher passt die Darstellung des nach rechts verschobenen „Gipfels" des Säulendiagramms zu „Zweifel am Nutzen einer CO_2-Steuer".

Die markierte Fläche umfasst die Trefferwahrscheinlichkeit von 7 bis 11 Befragten, die Zweifel haben. Mit der Zufallsgröße X: „Anzahl der Befragten in der Stichprobe, die Zweifel am Nutzen einer CO_2-Steuer haben", ist in der Grafik das Ereignis E: „Von 12 Befragten bezweifeln mindestens 7 und höchstens 11 Befragte, dass eine CO_2-Steuer zu einem geringeren CO_2-Ausstoß führen wird" markiert.

c) (1) Die Anzahl n der befragten Thüringer ist mit $n = 1\,009$ groß genug.

(2) Die Thüringer werden unabhängig voneinander befragt (Zufallsstichprobe).

(3) Es sind keine Mehrfachantworten möglich, jeder Befragte kann nur genau eine von zwei möglichen Antworten ankreuzen, wenn man die Kategorien „häufiger zu Fuß", „Fahrrad" und „öffentliche Verkehrsmittel" einzeln betrachtet.

d) $P(A) = B_{60;\,0,54}(X < 40) \approx \underline{\underline{0{,}9681}}$

$P(B) = B_{60;\,0,48}(30 \le X \le 45) \approx \underline{\underline{0{,}4277}}$

$\mu = 60 \cdot 0{,}48 = 28{,}8$; $\sigma = \sqrt{60 \cdot 0{,}48 \cdot 0{,}52} \approx 3{,}9$

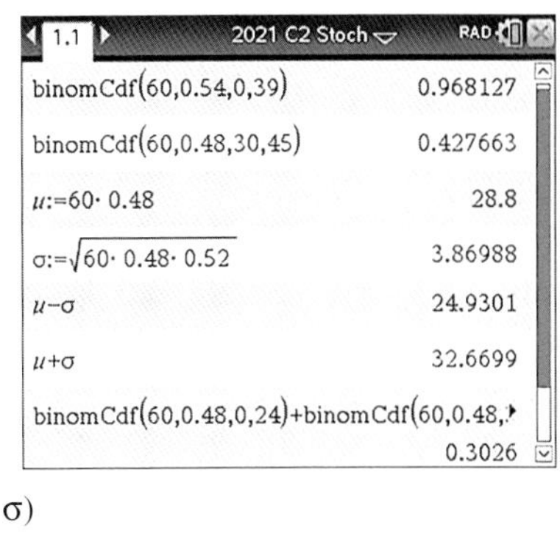

Das 1σ-Intervall ist daher (24,9; 32,7). Es ist nach der Anzahl gefragt, die außerhalb dieses Intervalls liegt. Da Anzahlen ganzzahlig sind, ist der größte ganzzahlige Wert, der unterhalb dieses Intervalls liegt, 24 und der kleinste ganzzahlige Wert, der oberhalb dieses Intervalls liegt, 33. Deshalb wird hier berechnet:

$$P(C) = B_{60;\,0,48}(X < \mu - \sigma) + B_{60;\,0,48}(X > \mu + \sigma)$$
$$= B_{60;\,0,48}(X \le 24) + B_{60;\,0,48}(X \ge 33) \approx \underline{\underline{0{,}3026}}$$

e) Zu betrachten ist:

$B_{n;\,0,48}(X \geq 50) \geq 0{,}90$

Das systematische Probieren liefert erstmals für $n = 118$ eine Wahrscheinlichkeit $\geq 0{,}9$.

Mindestens 118 Personen müssen befragt werden.

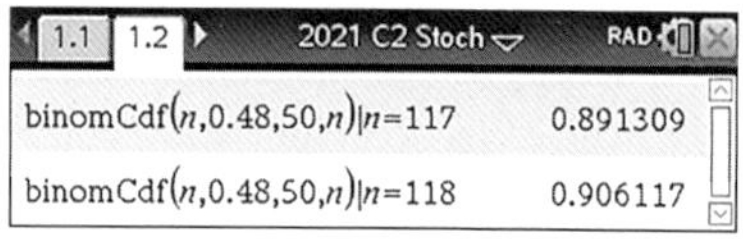

f) **Berechnung des Prognoseintervalls**

Der Erwartungswert μ einer binomialverteilten Zufallsgröße ist $\mu = n \cdot p$, die zugehörige Standardabweichung σ ist:

$\sigma = \sqrt{n \cdot p \cdot (1-p)}$

Zu berechnen ist das Intervall $[\mu - 2 \cdot \sigma;\ \mu + 2 \cdot \sigma]$.

Mit $n = 60$ und $p = 0{,}48$ ergibt sich, wenn man in Richtung der Ungleichheitszeichen rundet, das Intervall [22; 36].

Eine Probe liefert: $P(22 \leq X \leq 36) \approx 0{,}948$

Da im Aufgabentext 95 % gefordert werden, wählt man das Intervall [21; 36], für welches $P(21 \leq X \leq 36) \approx 0{,}962$ gilt.

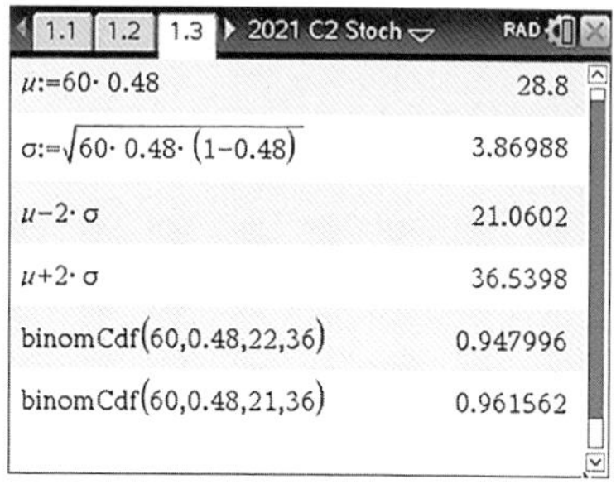

Bedeutung im Sachzusammenhang

Wenn diese Befragung unter gleichen Bedingungen z. B. 100-mal durchgeführt wird, dann kann man in ca. 95 Fällen erwarten, dass mindestens 21 und höchstens 36 Befragte angeben, häufiger mit dem Fahrrad zu fahren.

2. a) Die Gerade

$$g\colon \vec{x} = \begin{pmatrix} -1 \\ -1 \\ 4 \end{pmatrix} + r \cdot \begin{pmatrix} -1 \\ -1 \\ 2 \end{pmatrix} \quad (r \in \mathbb{R})$$

und die Geradenschar

$$h_a\colon \vec{x} = \begin{pmatrix} 0 \\ 0 \\ 0 \end{pmatrix} + s \cdot \begin{pmatrix} 3 \\ 3 \\ a \end{pmatrix} \quad (s \in \mathbb{R})$$

werden als Variablen g(r) bzw. h(a, s) gespeichert.

Das Gleichsetzen der beiden Geradengleichungen g und h_{-6} ergibt keine Lösung. Damit gibt es für die Lagebeziehung der beiden Geraden noch die beiden Möglichkeiten, dass sie windschief verlaufen oder echt parallel sind.

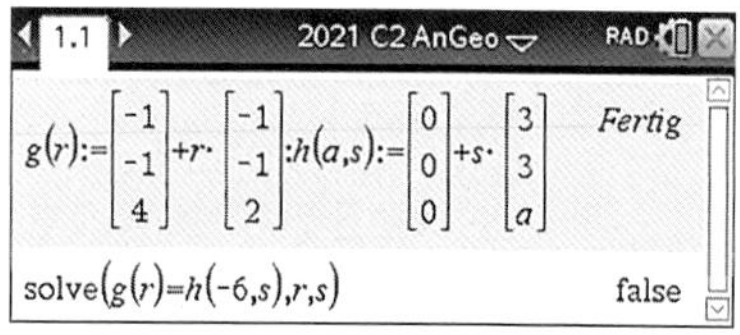

Für $a = -6$ verlaufen die Richtungsvektoren der beiden Geraden parallel zueinander, da

$$\begin{pmatrix} -1 \\ -1 \\ 2 \end{pmatrix} = -\frac{1}{3} \cdot \begin{pmatrix} 3 \\ 3 \\ -6 \end{pmatrix}$$

gilt. Damit ist gezeigt, dass beide Geraden echt parallel zueinander verlaufen.

Alternative Lösung:
Hat man gezeigt, dass die beiden Richtungsvektoren kollinear verlaufen, kann man durch eine Punktprobe zeigen, dass z. B. der Punkt $A(-1\,|-1\,|\,4)$, der dem Stützvektor der Geraden g entspricht, nicht auf der Geraden h_{-6} liegt.

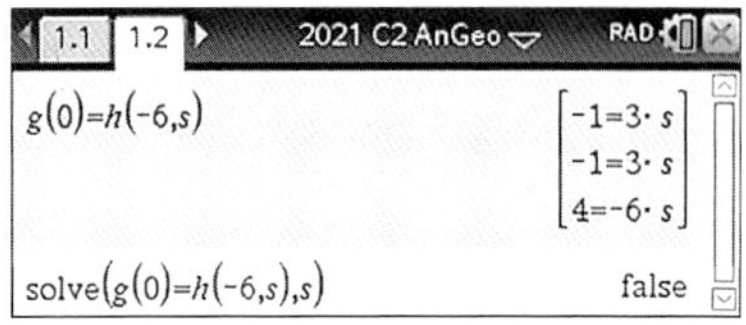

b) Bestimmung des betragskleinsten Vektors zwischen dem Punkt $P(0\,|\,0\,|\,0)$ der Geraden h_{-6} und einem allgemeinen Punkt Q der Geraden g:

$$\overrightarrow{PQ} = \begin{pmatrix} -1 \\ -1 \\ 4 \end{pmatrix} + r \cdot \begin{pmatrix} -1 \\ -1 \\ 2 \end{pmatrix} - \begin{pmatrix} 0 \\ 0 \\ 0 \end{pmatrix} = \begin{pmatrix} -1-r \\ -1-r \\ 4+2r \end{pmatrix}$$

Für den Betrag des Vektors $\overrightarrow{PQ}$ ergibt sich:
$$|\overrightarrow{PQ}| = \sqrt{2(3r^2+10r+9)}$$

Nun wird mit dem fmin-Befehl der betragsmäßig kleinste dieser Vektoren gesucht. Dieser ergibt sich für $r = -\frac{5}{3}$. Für den gesuchten Abstand erhält man schließlich über $|\overrightarrow{PQ}|$ und $r = -\frac{5}{3}$ den Wert $\underline{\underline{d = \frac{2\cdot\sqrt{3}}{3}\text{ LE.}}}$

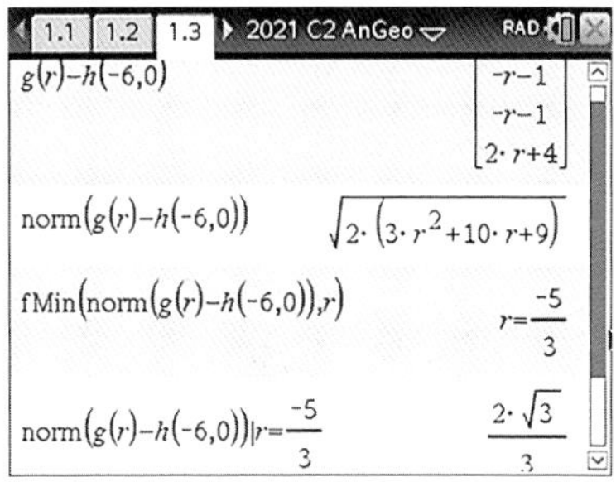

Alternative 1: Orthogonalitätsbedingung
Man bestimmt mit dem Skalarprodukt den Punkt auf der Geraden g, der sich als Lotfußpunkt für $P(0\,|\,0\,|\,0)$ ergibt, und berechnet damit den Abstand.

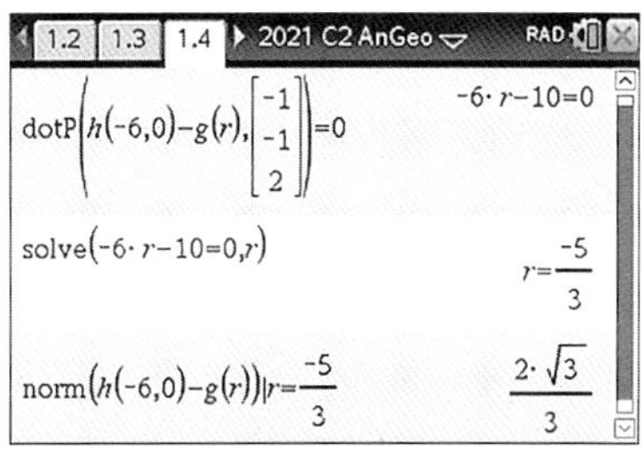

Alternative 2: Flächeninhalt eines Dreiecks
Man berechnet mithilfe der Ortsvektoren dreier Punkte A, B und P, von denen zwei auf der einen Geraden liegen und der dritte auf der anderen Geraden liegt, z. B. mit dem Kreuzprodukt den Flächeninhalt des Dreiecks ABP und nutzt dann die bekannte Formel $A = \frac{1}{2} g \cdot h$ zur Berechnung des Flächeninhaltes eines Dreiecks, um bei bekanntem Flächeninhalt A und bestimmbarer Länge der Grundseite g die Höhe h, also den Abstand, zu berechnen.

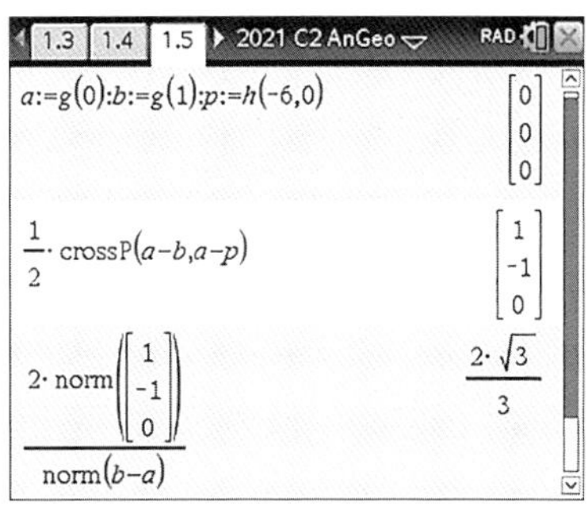

c) Es wird das Skalarprodukt der beiden Richtungsvektoren gleich null gesetzt.

$$\begin{pmatrix}-1\\-1\\2\end{pmatrix} \circ \begin{pmatrix}3\\3\\a\end{pmatrix} = 0 \quad \Rightarrow \quad \underline{\underline{a = 3}}$$

Gleichsetzen der beiden Geraden g und h_3 liefert die Lösungen:

$$r = -\frac{5}{3} \text{ und } s = \frac{2}{9}$$

Als Schnittpunkt erhält man:

$$\underline{\underline{S\left(\frac{2}{3} \middle| \frac{2}{3} \middle| \frac{2}{3}\right)}}$$

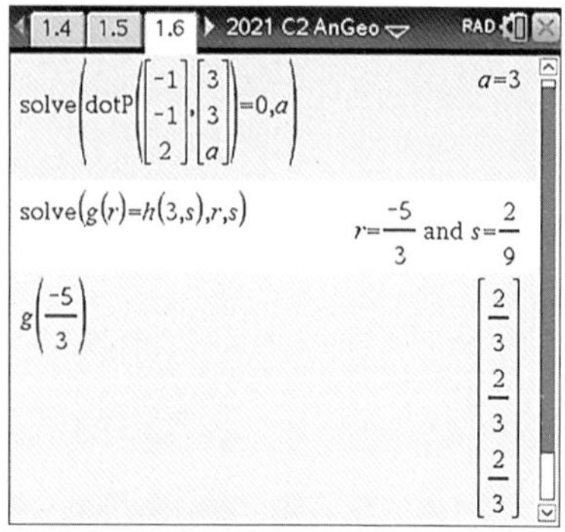

d) **Eigenschaften**

Alle Geraden der Schar verlaufen durch den Koordinatenursprung, da der Stützvektor $\begin{pmatrix}0\\0\\0\end{pmatrix}$ zu allen Geraden gehört. Die Ebene ε verläuft senkrecht zur xy-Ebene, da der von a abhängige Richtungsvektor der Geradenschar nur in z-Richtung variabel ist. Da im Richtungsvektor in x- und y-Richtung die gleichen Werte vorkommen und alle Ebenen durch den Koordinatenursprung verlaufen, muss die Ebene die Winkelhalbierende zwischen positiver x- und y-Achse enthalten.

Bestimmung einer Koordinatenform

Eine Koordinatengleichung der Ebene kann über die Normalenform $\vec{n} \circ (\vec{x} - \vec{x}_0) = 0$ gebildet werden. Der Normalenvektor $\vec{n}$ kann dabei über das Kreuzprodukt aus zwei unterschiedlichen Richtungsvektoren, z. B. mit a = 0 und a = 1, gefunden werden:

$$\begin{pmatrix}3\\3\\0\end{pmatrix} \times \begin{pmatrix}3\\3\\1\end{pmatrix} = \begin{pmatrix}3\\-3\\0\end{pmatrix}$$

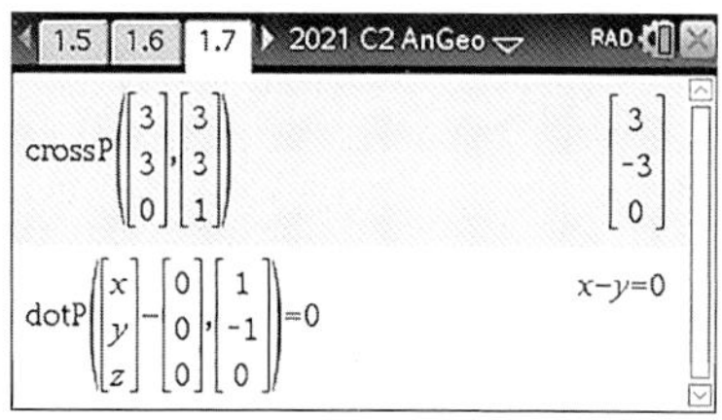

Man wählt dann z. B. den Normalenvektor $\vec{n} = \begin{pmatrix}1\\-1\\0\end{pmatrix}$. Der Vektor $\vec{x}_0$ ist der Ortsvektor eines Punktes, der in der Ebene liegt, also hier z. B. der Ortsvektor $\overrightarrow{OP} = \begin{pmatrix}0\\0\\0\end{pmatrix}$. Das Skalarprodukt $\vec{n} \circ (\vec{x} - \vec{x}_0) = 0$ führt auf die Koordinatenform der Ebene:

$\underline{\underline{\varepsilon\colon\ x - y = 0}}$

Alternative Lösung:

Man bestimmt mit den beiden oben genutzten Richtungsvektoren mit a = 0 und a = 1 und dem Punkt P eine Parametergleichung der Ebene und löst das Gleichungssystem, welches sich aus dieser Darstellung ergibt:

$$\begin{pmatrix}x\\y\\z\end{pmatrix} = \begin{pmatrix}0\\0\\0\end{pmatrix} + r \cdot \begin{pmatrix}3\\3\\0\end{pmatrix} + s \cdot \begin{pmatrix}3\\3\\1\end{pmatrix}$$

Die Koordinatengleichung ergibt sich zu x = y, also x − y = 0.

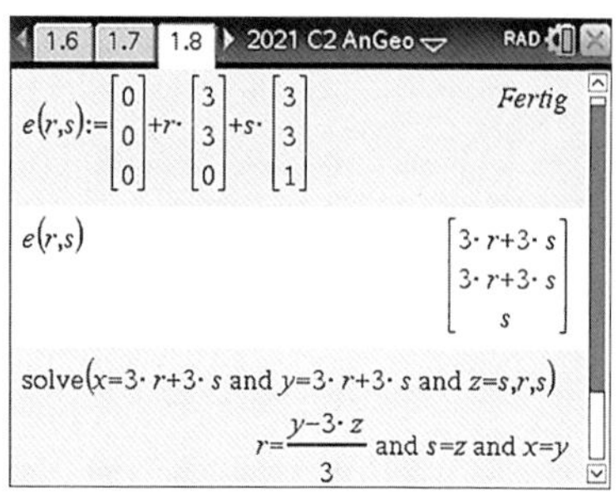

Kernfach Mathematik (Thüringen): Abiturprüfung 2022
Pflichtaufgaben Teil A

Um Ihnen die Prüfung 2022 schnellstmöglich zur Verfügung stellen zu können, bringen wir sie in digitaler Form heraus.

Sobald die Original-Prüfungsaufgaben 2022 freigegeben sind, können sie als PDF auf der Plattform **MyStark** heruntergeladen werden (Zugangscode vgl. Farbseiten vorne im Buch).

Prüfung 2022

www.stark-verlag.de/mystark